Friedrich U. Mathiak
Kontinuumsschwingungen
De Gruyter Studium

Weitere empfehlenswerte Titel

Technische Mechanik 1: Statik mit Maple-Anwendungen
F. U. Mathiak, 2012
ISBN 978-3-486-71285-8, e-ISBN 978-3-486-71491-3

Technische Mechanik 2: Festigkeitslehre mit Maple-Anwendungen
F. U. Mathiak, 2013
ISBN 978-3-486-73570-3, e-ISBN 978-3-486-75100-0

Technische Mechanik 3: Kinematik und Kinetik mit Maple-Anwendungen
F. U. Mathiak, 2015
ISBN 978-3-11-043804-8, e-ISBN 978-3-11-043805-5,
e-ISBN (EPUB) 978-3-11-042895-7

Nachgiebige Mechanismen
L. Zentner, 2014
ISBN 978-3-486-76881-7, e-ISBN 978-3-486-85890-7

Relative Dauerfestigkeit
J. Köhler, 2014
ISBN 978-3-11-035868-1, e-ISBN 978-3-11-035871-1

Friedrich U. Mathiak

Kontinuums-schwingungen

—

DE GRUYTER
OLDENBOURG

Autor

Prof. Dr.-Ing. Friedrich U. Mathiak war Hochschullehrer für die Fachgebiete Technische Mechanik und Bauinformatik an der Hochschule Neubrandenburg.
mathiak@mechanik-info.de

Maple ist ein eingetragenes Warenzeichen der Waterloo Maple, Inc.

ISBN 978-3-11-046285-2
e-ISBN (PDF) 978-3-11-046289-0
e-ISBN (EPUB) 978-3-11-057157-8

Library of Congress Cataloging-in-Publication Data
A CIP catalog record for this book has been applied for at the Library of Congress.

Bibliografische Information der Deutschen Nationalbibliothek
Die Deutsche Nationalbibliothek verzeichnet diese Publikation in der Deutschen National-
bibliografie; detaillierte bibliografische Daten sind im Internet über http://dnb.dnb.de abrufbar.

© 2018 Walter de Gruyter GmbH, Berlin/Boston
Einbandabbildung: the_guitar_mann/iStock/thikstock
Druck und Bindung: CPI books GmbH, Leck
♾ Gedruckt auf säurefreiem Papier
Printed in Germany

www.degruyter.com

Vorwort

Der hier vorliegende Band *Kontinuumsschwingungen* stellt eine Ergänzung zu meinem Buch *Strukturdynamik* dar, in dem die Kinetik der freien und erzwungenen Schwingungen von diskreten Systemen mit einem und mehreren Freiheitsgraden einführend behandelt wird. Im Fall der Kontinuumsschwingungen von Saiten, Stäben, Balken, Membranen und Platten ist der mathematische Aufwand zur Herleitung der Bewegungsgleichungen und deren Lösungen im Vergleich zu den diskreten Systemen höher anzusetzen. Deshalb habe ich die Betrachtungen zur Bewegung der Saite bewusst ausführlich gehalten, da die dort zum Einsatz kommenden Gedankengänge, Methoden (Produktansatz von Daniel Bernoulli, Wellenlösung nach d'Alembert) und Begriffe (Randwertproblem, Eigenwert, Eigenfunktion) weitgehend für alle anderen Probleme wie Stäbe, Balken, Membranen und Platten die gleichen sind.

Im Zusammenhang mit den Longitudinalschwingungen von Stäben wird das Verfahren der Übertragungsmatrizen vorgestellt, welches in der Herleitung eleganter und hinsichtlich der nummerischen Effektivität für diese Klasse von Anwendungen der Methode der finiten Elemente (FEM) weit überlegen ist.

Ausführlich werden die Transversalschwingungen von Balken nach Timoshenko und Bernoulli behandelt und der Einfluss der Schubelastizität auf die Eigenfrequenzen eines Balkens dargestellt. Um auch einen Einblick in die Ausbreitung von Wellen zu geben, wird am Beispiel des Balkens auf die Begriffe Phasen- und Gruppengeschwindigkeit eingegangen und gezeigt, dass eine d'Alembertsche Wellenlösung, wie sie bei der Saite existiert, beim Balken nicht möglich ist.

Da aufgrund der komplexen Zusammenhänge der allgemeinen Grundgleichungen der Elastizitätstheorie nur in wenigen Spezialfällen analytische Lösungen der Bewegungsgleichungen auffindbar sind, werden zur Beschaffung von Näherungslösungen verschiedene Methoden (Rayleigh-Ritz, Methode der gewichteten Residuen, Galerkin-Verfahren, Kollokationsmethode) vorgestellt, zu deren Verständnis im Vorfeld kurz auf die Grundzüge der Variationsrechnung sowie auf das Prinzip der virtuellen Verrückung eingegangen wird. Das in Kap. 4 vorgestellte Prinzip von d'Alembert eignet sich, wie das dortige Beispiel zum Balken zeigt, hervorragend zur Beschaffung von Näherungslösungen.

Auch bei den zweidimensionalen Kontinua (Membran, Platte) interessieren in erster Linie die Eigenfrequenzen. Hinsichtlich der Eigenformen von Membranen besteht eine enge Beziehung zu den Lösungen der Saite. Im Fall der Plattenschwingungen wird ausführlich auf die Theorie von Mindlin eingegangen, die in Erweiterung zur klassischen Plattentheorie auf ein System gekoppelter partieller Differenzialgleichungen sechster Ordnung führt. Damit können für jeden Punkt des Plattenrandes drei physikalisch sinnvolle Randbedingungen vorgegeben werden, womit die Einführung von Ersatzquerkräften entfallen kann.

Hinsichtlich der Mathematik werden Kenntnisse der Vektorrechnung, der einfachsten Operationen der Matrizenalgebra und einfachster linearer Differenzialgleichungen vorausgesetzt. Auf die Behandlung der Differenzialgleichungen mittels Integraltransformationen habe ich verzichtet und stattdessen die Methode der Entwicklung nach Eigenfunktionen in den Vordergrund gestellt, die für den Anfänger doch etwas überschaubarer ist als die Anwendung von Fourier- und Laplacetransformation.

Der Inhalt dieses Buches orientiert sich an den Vorlesungsplänen zur höheren Technischen Mechanik, wie sie in den Ingenieurwissenschaften an deutschsprachigen Hochschulen gelehrt wird. Die Erfahrung zeigt, dass der Lehrstoff der Dynamik den Studierenden höhere mathematische Anforderungen abverlangt. Hier können Computeralgebrasysteme (*CAS*) unterstützend wirken, denn im Vergleich zur rein zahlenmäßigen Bearbeitung von Ingenieurproblemen sind diese in der Lage, analytische Lösungen zu liefern, mit deren Hilfe der Anwender verstärkt Einblicke in das vorliegende Problem erhält. Unterstützend wirkt hier die Möglichkeit der grafischen Darstellung der Ergebnisse bis hin zur Animation des physikalischen Systems. Ist das Problem einmal in der Sprache eines *CAS* abgelegt, dann können recht schnell – ohne großen Mehraufwand – Parameterstudien durchgeführt werden. Sämtliche Rechnungen wurden mit den Programmsystemen *Maple 2016* durchgeführt. In einem einführenden Kompaktkurs werden dem Anwender in 11 Lektionen grundlegende Einsichten in das umfangreiche Programmsystem *Maple* vermittelt und Studienanfängern als Auffrischung des Schulstoffs dienen können. Weitere Teile enthalten auf Maple-Arbeitsblättern im Worksheet Mode die Lösungen der im Buch aufgeführten Beispiele. Das Lesen und Verstehen fertiger Quellcodes fördert übrigens das algorithmische Denken und die Technik des Programmierens, deshalb wurde auch hier wieder bewusst auf trickreiches Programmieren verzichtet. Die Maple-Arbeitsblätter zum Buch können unter dem Link

     www.degruyter.com

und dort unter dem Namen des Autors oder des Buchtitels als Zusatzmaterial vom Verlagsserver heruntergeladen und in Verbindung mit dem jeweiligen Theorieteil des Buches genutzt werden.

Zur Notationsweise ist noch anzumerken, dass in den symbolischen Darstellungen der Formeln die Vektoren, Matrizen und Tensoren **fett** gedruckt sind. Maple-Befehle sind durch die Designschriftart `Courant` kenntlich gemacht.

Beim Verlag Walter de Gruyter bedanke ich mich für die bereitwillige Aufnahme des vorliegenden Buches in sein Verlagsprogramm.

Berlin, im Juni 2017   Friedrich U. Mathiak

Inhalt

1   Die transversal schwingende Saite

Eine Saite (engl. *string*) ist ein vorgespanntes Tragwerk, welches per Definition keine nennenswerte Biegesteifigkeit besitzt. Die Saite darf im Übrigen nicht mit dem Seil verwechselt werden, obwohl die anfallenden Differenzialgleichungen im statischen Fall identisch aufgebaut sind. Im Gegensatz zum Seil ist die Saite nämlich eine mit der Spannkraft S vorgespannte Konstruktion, die Querlasten nur durch Auslenkungen aus der gestreckten Lage übertragen kann. Bei einem Seil werden die Gleichgewichtsbedingungen an der unverformten Konstruktion angeschrieben, bei der Saite hingegen in der verformten Lage.

Zum besseren Verständnis der im Folgenden auftretenden Begriffe Eigenwerte, Eigenform, Eigenvektoren usw. soll vorbereitend die Saite mit diskret verteilter Masse behandelt werden.

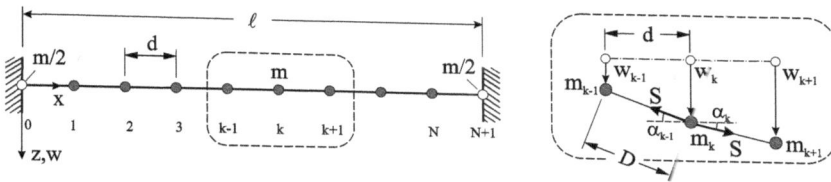

Abb. 1.1 *Vorgespannte Saite mit diskret verteilten Massen*

Bei dem in Abb. 1.1 skizzierten System handelt es sich um eine mit der Spannkraft S vorgespannte und als masselos angenommene elastische Saite der Länge ℓ, auf der in gleichen Abständen d insgesamt N gleichgroße starre Einzelmassen m angebracht sind. Wenn bei k = 0 und k = N + 1 jeweils eine ruhende Masse m/2 ergänzt wird, können wir die Teilmassen über

$$\sum_{k=0}^{N+1} m_k = (N+1)m = M$$

zur Gesamtmasse M aufsummieren. Nehmen wir an, dass die Verschiebungen der Massen m angenähert transversal in z-Richtung erfolgen, dann liegt ein diskreter Schwinger mit genau N Freiheitsgraden vor.

Wir wollen die Bewegung des Systems unter der Voraussetzung kleiner Auslenkungen untersuchen. Ist die Masse m_k um w_k bzw. die Masse m_{k-1} um w_{k-1} aus der gestreckten Ruhelage ausgelenkt, so hat sich das dazwischenliegende Saitenstück von d auf

$$D = \sqrt{d^2 + \left(w_k - w_{k-1}\right)^2} = d\sqrt{1 + \left(\frac{w_k - w_{k-1}}{d}\right)^2}$$

verlängert. Für kleine Auslenkungen gilt unter Beachtung von $\sqrt{1+x^2} = 1 + x^2/2 + O(x^4)$ näherungsweise

$$D = d\left[1 + \frac{1}{2}\left(\frac{w_k - w_{k-1}}{d}\right)^2\right].$$

Für kleine Auslenkungen und angesichts der damit geringen Verlängerung der Saite können wir annehmen, dass die Spannkraft in der ausgelenkten Saite näherungsweise konstant geblieben ist.

Die Bewegungsgleichungen gewinnen wir, indem wir auf jede ausgelenkte und sodann freigeschnittene Teilmasse m den Schwerpunktsatz anwenden und dazu näherungsweise

$$\sin\alpha_{k-1} \approx \tan\alpha_{k-1} \approx \frac{w_k - w_{k-1}}{d} \qquad \text{und} \qquad \sin\alpha_k \approx \tan\alpha_k \approx \frac{w_{k+1} - w_k}{d}$$

setzen. Das führt zunächst auf

$$m\,\ddot{w}_k = S\sin\alpha_k - S\sin\alpha_{k-1} \approx \frac{S}{d}\left[w_{k+1} - w_k - (w_k - w_{k-1})\right],$$

und zusammengefasst erhalten wir für jede Teilmasse die Bewegungsgleichung

$$m\,\ddot{w}_k = \frac{S}{d}\left(w_{k+1} - 2w_k + w_{k-1}\right), \qquad (k = 1,\dots,N). \tag{1.1}$$

Befinden sich beispielsweise auf der Saite $N = 3$ bewegliche Teilmassen, dann erhalten wir folgendes Gleichungssystem:

$$k = 1: \qquad m\,\ddot{w}_1 + S/d\left(-w_2 + 2w_1 - w_0\right) = 0\,.$$

$$k = 2: \qquad m\,\ddot{w}_2 + S/d\left(-w_3 + 2w_2 - w_1\right) = 0\,.$$

$$k = 3: \qquad m\,\ddot{w}_3 + S/d\left(-w_4 + 2w_3 - w_2\right) = 0\,.$$

Wir verwenden im Folgenden zweckmäßigerweise die Vektor- und Matrizenschreibweise. Dazu fassen wir die drei Freiheitsgrade des Systems im *Freiheitsgradvektor*

$$\mathbf{w}(t) = \begin{bmatrix} w_1(t) & \cdots & w_N(t) \end{bmatrix}^{\mathrm{T}}$$

zusammen. Da für die Randmassen die Verschiebungen $w_0 = 0$ und $w_4 = 0$ gilt, sind diese bekannt und brauchen deshalb nicht mehr berechnet zu werden. Dann können wir mit

$$\mathbf{M} = m \begin{bmatrix} 1 & 0 & 0 \\ 0 & 1 & 0 \\ 0 & 0 & 1 \end{bmatrix} = m\,\mathbf{1} \quad \text{und} \quad \mathbf{K} = \frac{S}{d} \begin{bmatrix} 2 & -1 & 0 \\ -1 & 2 & -1 \\ 0 & -1 & 2 \end{bmatrix} \tag{1.2}$$

das obige Gleichungssystem symbolisch auch in der Form

$$\mathbf{M} \cdot \ddot{\mathbf{w}} + \mathbf{K} \cdot \mathbf{w} = \mathbf{0} \tag{1.3}$$

notieren. Demnach ist die Massenmatrix $\mathbf{M}$ nach (1.2) ein Vielfaches der Einheitsmatrix $\mathbf{1}$, und die Stei*figkeitsmatrix* $\mathbf{K}$ ergibt sich als eine symmetrische *Tridiagonalmatrix*. Zur Lösung von (1.3) wird der Ansatz

$$\mathbf{w} = \mathbf{a}\cos(\omega t - \alpha) \tag{1.4}$$

gemacht, wobei die Komponenten des Vektors $\mathbf{a}$ konstant sind. Alle Massen sollen also eine um den Winkel α phasenverschobene harmonische Schwingung mit einheitlicher Kreisfrequenz ω ausführen. Eine solche Bewegung wird *Eigenschwingung* genannt. Einsetzen von (1.4) in (1.3) liefert

$$(\mathbf{K} - \omega^2 \mathbf{M}) \cdot \mathbf{a} = \mathbf{0}\,. \tag{1.5}$$

Für dieses lineare homogene Gleichungssystem existieren nur dann nichttriviale Lösungen $\mathbf{a}$, wenn die *Eigenwertgleichung*

$$\det(\mathbf{K} - \omega^2 \mathbf{M}) = 0$$

erfüllt ist. Sie liefert genau N reelle und positive *Eigenkreisfrequenzen* ω_ℓ ($\ell = 1, \ldots, N$), womit wir (1.4) mit

$$\mathbf{w} = \mathbf{a}_\ell \cos(\omega_\ell t - \alpha_\ell)$$

weiter konkretisieren können. Die Eigenkreisfrequenzen ω_ℓ legen dabei diejenigen *Eigenformen* $\mathbf{a}_\ell$ des Mehrmassenschwingers fest, die während der Bewegung ihre Konfiguration nur proportional ändern. Der ℓ-te Eigenvektor lässt sich dann letztlich immer in der Form $\mathbf{a}_\ell = A_\ell\,\mathbf{e}_\ell$ mit einer beliebigen Konstante A_ℓ darstellen. Die passend normierten Eigenvektoren[1]

$$\mathbf{e}_\ell = \begin{bmatrix} e_{1,\ell} & \cdots & e_{N,\ell} \end{bmatrix}^T = f(\omega_\ell, \mathbf{K}, \mathbf{M})$$

sind dabei Funktionen, die vom jeweiligen Eigenwert ω_ℓ und den Systemwerten $\mathbf{K}$ und $\mathbf{M}$ abhängen. Sie besitzen die wichtigen *Orthogonalitätseigenschaften*

---

[1]   etwa $|\mathbf{e}_\ell| = 1$

$$\mathbf{e}_\ell^T \cdot \mathbf{M} \cdot \mathbf{e}_m = 0 \qquad \text{und} \qquad \mathbf{e}_\ell^T \cdot \mathbf{K} \cdot \mathbf{e}_m = 0 \qquad \text{für } \ell \neq m. \tag{1.6}$$

Beim Mehrmassenschwinger lässt sich eine durch die Anfangswerte

$$\mathbf{w}(t = 0) = \mathbf{w}_0, \qquad \dot{\mathbf{w}}(t = 0) = \dot{\mathbf{w}}_0$$

eingeleitete freie Schwingung durch Superposition der *Synchronbewegungen* darstellen[1]

$$\mathbf{w}(t) = \sum_{\ell=1}^{N} A_\ell \, \mathbf{e}_\ell \cos(\omega_\ell t - \alpha_\ell), \quad \dot{\mathbf{w}}(t) = -\sum_{\ell=1}^{N} A_\ell \, \omega_\ell \, \mathbf{e}_\ell \sin(\omega_\ell t - \alpha_\ell). \tag{1.7}$$

Aus (1.7) folgen die Anfangswerte zum Zeitpunkt t = 0:

$$\mathbf{w}_0 = \sum_{\ell=1}^{N} A_\ell \, \mathbf{e}_\ell \cos\alpha_\ell, \quad \dot{\mathbf{w}}_0 = \sum_{\ell=1}^{N} A_\ell \, \omega_\ell \mathbf{e}_\ell \sin\alpha_\ell. \tag{1.8}$$

Multiplizieren wir (1.8) von links mit $\mathbf{e}_j^T \cdot \mathbf{M}$ und beachten (1.6), dann erhalten wir

$$A_j \cos\alpha_j = \frac{\mathbf{e}_j^T \cdot \mathbf{M} \cdot \mathbf{w}_0}{\mathbf{e}_j^T \cdot \mathbf{M} \cdot \mathbf{e}_j}, \qquad A_j \sin\alpha_j = \frac{1}{\omega_j} \frac{\mathbf{e}_j^T \cdot \mathbf{M} \cdot \dot{\mathbf{w}}_0}{\mathbf{e}_j^T \cdot \mathbf{M} \cdot \mathbf{e}_j} \tag{1.9}$$

und damit

$$A_j = \frac{\sqrt{(\mathbf{e}_j^T \cdot \mathbf{M} \cdot \mathbf{w}_0)^2 + 1/\omega_j^2 \, (\mathbf{e}_j^T \cdot \mathbf{M} \cdot \dot{\mathbf{w}}_0)^2}}{\mathbf{e}_j^T \cdot \mathbf{M} \cdot \mathbf{e}_j}. \tag{1.10}$$

Berechnen wir die Eigenkreisfrequenzen mit (1.5) aus $\mathbf{e}_\ell^T \cdot (\mathbf{K} - \omega_\ell^2 \, \mathbf{M}) \cdot \mathbf{e}_\ell = 0$ zu

$$\omega_\ell^2 = \frac{\mathbf{e}_\ell^T \cdot \mathbf{K} \cdot \mathbf{e}_\ell}{\mathbf{e}_\ell^T \cdot \mathbf{M} \cdot \mathbf{e}_\ell} > 0 \,, \tag{1.11}$$

dann sehen wir, dass aufgrund der positiv definiten[2] Matrizen $\mathbf{M}$ und $\mathbf{K}$ die Eigenwerte alle reell und positiv sein müssen. Diese Beziehung wird *Rayleigh-Quotient*[3] genannt; er liefert zum ℓ-ten Eigenvektor das Quadrat der ℓ-ten Eigenkreisfrequenz. Dieser Quotient kann zur

---

[1] Das ist der wichtige *Entwicklungssatz*, der besagt, dass sich ein beliebiger *N*-dimensionaler Vektor immer als Linearkombination der Eigenvektoren einer *N*-reihigen reellen Matrix darstellen lässt.

[2] Eine Matrix $\mathbf{A}$ heißt positiv definit, wenn für beliebige Vektoren die Beziehung $\mathbf{p}^T \cdot \mathbf{A} \cdot \mathbf{p} > 0$ erfüllt ist.

[3] John William *Strutt*, 3. Baron Rayleigh (seit 1873), brit. Physiker, 1842-1919

näherungsweisen Berechnung einer Eigenkreisfrequenz ω_ℓ benutzt werden, wenn bei vorgegebenen Systemwerten **K** und **M** für den entsprechenden Eigenvektor $\mathbf{e}_\ell$ eine brauchbare Abschätzung möglich ist.

Beispiel 1-1:

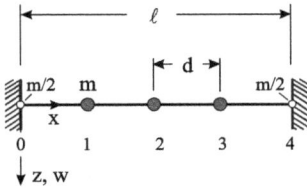

Abb. 1.2 *Vorgespannte Saite mit symmetrisch verteilten Massen m*

Auf der in Abb. 1.2 skizzierten elastischen Saite befinden sich im Abstand d drei symmetrisch verteilte frei bewegliche Teilmassen m. Die Saite ist mit der Spannkraft S = 55 N vorgespannt und an den Enden eingeklemmt, womit $w_0 = w_4 = 0$ zu fordern sind. Es sind folgende Teilaufgaben zu lösen:

1. Berechnung der Eigenwerte und Eigenvektoren.
2. Berechnung des Bewegung, wenn die Massen ohne Anfangsgeschwindigkeit aus der Ruhelage mit $w_{10} = w_{20} = w_{30} = 1$ cm ausgelenkt und dann sich selbst überlassen werden.
3. Stellen sie zur automatisierten Auswertung der Bewegungsgleichung eine Maple-Prozedur zur Verfügung, und animieren Sie den Bewegungsvorgang.

Geg.: Durchmesser der Saite D = 0,6 mm, Saitenlänge ℓ = 65 cm, Dichte des Saitenmaterials ρ = 2,5 g/cm³. Die Gesamtmasse der Saite beträgt M = ρ D² $\pi\ell/4$ = 0,4595·10⁻³ kg. Für die Teilmassen folgt m = M/4 = 0,1148·10⁻³ kg. Wegen N = 3 ist d = $\ell/4$ = 16,25 cm.

Lösung: Mit (1.5) erhalten wir

$$\left\{\begin{bmatrix} 2 & -1 & 0 \\ -1 & 2 & -1 \\ 0 & -1 & 2 \end{bmatrix} - \lambda \begin{bmatrix} 1 & 0 & 0 \\ 0 & 1 & 0 \\ 0 & 0 & 1 \end{bmatrix}\right\} \begin{bmatrix} A_1 \\ A_2 \\ A_3 \end{bmatrix} = \begin{bmatrix} 0 \\ 0 \\ 0 \end{bmatrix}, \qquad \left(\lambda = \frac{m\,d}{S}\omega^2 = \frac{m\,\ell}{4S}\omega^2\right)$$

oder symbolisch

$$(\overline{\mathbf{K}} - \lambda\mathbf{1})\cdot\mathbf{a} = \mathbf{0}. \tag{a}$$

Da bei λ die Einheitsmatrix **1** steht, sprechen wir hier von einem *speziellen Eigenwertproblem*. Das homogene Gleichungssystem (a) hat bekanntlich nur dann eine nichttriviale Lösung, wenn die Polynomgleichung

$$p = \det(\overline{\mathbf{K}} - \lambda\mathbf{1}) = (\lambda - 2)(\lambda^2 - 4\lambda + 2) = 0 \tag{b}$$

besteht. Sie hat die Lösungen $\lambda_1 = 2 - \sqrt{2}$, $\lambda_2 = 2$, $\lambda_3 = 2 + \sqrt{2}$, wobei die Platzziffern der Eigenwerte nach zunehmender Größe geordnet wurden. Die *Eigenkreisfrequenzen* ermitteln wir aus der Beziehung $\omega_\ell = \sqrt{\lambda_\ell\, S/(m\,d)}$ zu:

$$\omega_1 = 1313{,}75\,\mathrm{s}^{-1}, \quad \omega_2 = 2427{,}49\,\mathrm{s}^{-1}, \quad \omega_3 = 3171{,}66\,\mathrm{s}^{-1}.$$

Damit liegen auch die Eigenfrequenzen $f_\ell = \omega_\ell/(2\pi)$ fest:

$$f_1 = 209{,}09\,\mathrm{s}^{-1}, \quad f_2 = 386{,}35\,\mathrm{s}^{-1}, \quad f_3 = 504{,}79\,\mathrm{s}^{-1}.$$

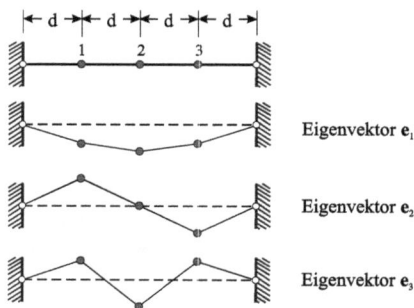

Abb. 1.3   *Eigenvektoren der vorgespannten Saite mit drei symmetrisch verteilten Massen m*

Die Eigenvektoren ergeben sich sodann als die zugehörigen nichttrivialen Lösungen des homogenen Gleichungssystems (a). Wir überlassen Maple diese Rechnung und erhalten:

$$\Phi = \begin{bmatrix} 1 & -1 & -1 \\ \sqrt{2} & 0 & \sqrt{2} \\ 1 & 1 & -1 \end{bmatrix}.$$

In der i-ten Spalte der Eigenvektormatrix Φ steht der Eigenvektor zum i-ten Eigenwert λ_i. Wir normieren die Eigenvektoren auf die Länge eins und erhalten

$$\mathbf{e}_1 = \frac{1}{2}\begin{bmatrix} 1 \\ \sqrt{2} \\ 1 \end{bmatrix}, \quad \mathbf{e}_2 = \frac{\sqrt{2}}{2}\begin{bmatrix} -1 \\ 0 \\ 1 \end{bmatrix}, \quad \mathbf{e}_3 = \frac{1}{2}\begin{bmatrix} -1 \\ \sqrt{2} \\ -1 \end{bmatrix}. \tag{c}$$

Da die Teilmassen keine Anfangsgeschwindigkeiten besitzen ($\dot{\mathbf{w}}_0 = \mathbf{0}$) und $\mathbf{M}$ ein Vielfaches der Einheitsmatrix ist, ermitteln wir mit (1.10) und den normierten Einheitsvektoren die Konstanten A_j aus der Beziehung

$$A_j = \frac{\sqrt{(\mathbf{e}_j^T \cdot \mathbf{M} \cdot \mathbf{w}_0)^2 + 1/\omega_j^2 (\mathbf{e}_j^T \cdot \mathbf{M} \cdot \dot{\mathbf{w}}_0)^2}}{\mathbf{e}_j^T \cdot \mathbf{M} \cdot \mathbf{e}_j} = \sqrt{(\mathbf{e}_j^T \cdot \mathbf{w}_0)^2} \ .$$

Im Einzelnen sind: $A_1 = 1{,}7071$ cm, $A_2 = 0$ cm, $A_3 = 0{,}2929$ cm. Wir benötigen noch die Phasenverschiebungswinkel α_j, für die von (1.9) aufgrund fehlender Anfangsgeschwindigkeiten die beiden Beziehungen

$$A_j \cos \alpha_j = \mathbf{e}_j^T \cdot \mathbf{w}_0 \quad \text{und} \quad A_j \sin \alpha_j = 0$$

verbleiben, womit $\alpha_1 = 0$ und $a_3 = \pi$ gilt. Mit (1.7) bekommen wir dann die Bewegungsgleichungen

$$\mathbf{w}(t) = \sum_{\ell=1}^{3} A_\ell \mathbf{e}_\ell \cos \omega_\ell t = \begin{bmatrix} 0{,}8536 \\ 1{,}2071 \\ 0{,}8536 \end{bmatrix} \cos 1313{,}75\,t + \begin{bmatrix} 0{,}1464 \\ -0{,}2071 \\ 0{,}1465 \end{bmatrix} \cos 3171{,}66\,t \ \ [\text{cm}]$$

$$\dot{\mathbf{w}}(t) = -\sum_{\ell=1}^{3} A_\ell \omega_\ell \mathbf{e}_\ell \sin \omega_\ell t = -\begin{bmatrix} 1121{,}35 \\ 1585{,}83 \\ 1121{,}47 \end{bmatrix} \cos 1313{,}75\,t - \begin{bmatrix} 464{,}48 \\ -656{,}87 \\ 464{,}48 \end{bmatrix} \cos 3171{,}66\,t \ \ [\text{cm/s}].$$

Die Bewegung dieses Systems lässt sich grundsätzlich aus drei trigonometrischen Funktionen $\cos \omega_\ell t$ mit verschiedenen Eigenkreisfrequenzen ω_ℓ aufbauen. Wegen $A_2 = 0$ verbleiben hier jedoch nur zwei Funktionen. Eine *synchrone*[1] Bewegung des Systems, derart, dass alle drei Massen im gleichen Takt schwingen, kann i. Allg. nicht erwartet werden. Doch lässt sich eine solche Bewegung erreichen, wenn neben $A_2 = 0$ zusätzlich A_1 oder A_3 verschwindet. Wenn A_1 verschwindet, das ist der Fall für $\mathbf{e}_1^T \cdot \mathbf{w}_0 = 0$, dann verbleibt

$$\mathbf{w}(t) = A_3 \mathbf{e}_3 \cos \omega_3 t = \begin{bmatrix} 0{,}1464 \\ -0{,}2071 \\ 0{,}1465 \end{bmatrix} \cos 3171{,}66\,t \ \ [\text{cm}], \qquad\qquad (\text{d})$$

und wenn $A_3 = 0$ ist, also für $\mathbf{e}_3^T \cdot \mathbf{w}_0 = 0$, dann erhalten wir

$$\mathbf{w}(t) = A_1 \mathbf{e}_1 \cos \omega_1 t = \begin{bmatrix} 0{,}8536 \\ 1{,}2071 \\ 0{,}8536 \end{bmatrix} \cos 1313{,}75\,t \ \ [\text{cm}]. \qquad\qquad (\text{e})$$

---

[1] zu griech. chrónos ›Zeit‹, gleichzeitig, zeitgleich, gleichlaufend

Der Fall (e) entspricht einer symmetrischen Synchronschwingung mit der Grundkreisfrequenz ω_1 und der Fall (d) einer antimetrischen Synchronschwingung mit der größeren Eigenkreisfrequenz ω_3. Mit den oben dargestellten Synchronlösungen lassen sich somit freie Schwingungen durch *Superposition* aufbauen.

1.1   Der Grenzübergang zur homogenen Saite

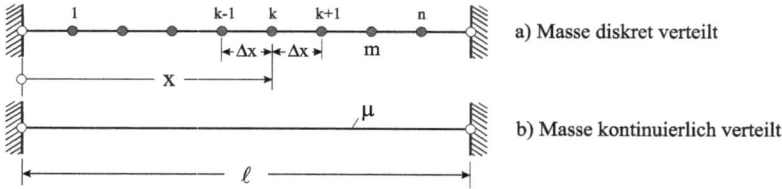

Abb. 1.4   *Grenzübergang zur homogenen Saite*

Wird bei Beibehaltung der Saitenlänge ℓ die Anzahl n der Einzelmassen erhöht, dann verringert sich folglich deren gegenseitiger Abstand $d = \Delta x$. Je kleiner der Abstand Δx der Einzelmassen wird, umso mehr nähert sich die diskrete Massenverteilung einer Saite mit kontinuierlich verteilter Masse an. Setzen wir für die Einzelmasse $m = \mu \Delta x$, wobei die Gesamtmasse der Saite $m_{ges} = \mu \ell$ erhalten bleibt, dann geht (1.1) über in

$$\mu \Delta x \frac{d^2 w_k}{dt^2} = \frac{S}{\Delta x}(w_{k+1} - 2w_k + w_{k-1}).$$

Auf der rechten Seite stehen in der Klammer die Differenzen zweiter Ordnung (Mathiak, 2010)

$$\Delta^2 w = w_{k+1} - 2w_k + w_{k-1},$$

womit wir $\mu \ddot{w}_k = S \frac{\Delta^2 w}{\Delta x^2}$ erhalten. Der Grenzübergang $\Delta x \to 0$ liefert dann nach Regeln der Differentialrechnung die homogene partielle Differenzialgleichung

$$\frac{\partial^2 w(x,t)}{\partial t^2} - c^2 \frac{\partial^2 w(x,t)}{\partial x^2} = 0.$$

Die Konstante

$$c = \sqrt{S/\mu} \qquad\qquad\qquad (1.12)$$

hat die Dimension einer Geschwindigkeit und heißt deshalb *Wellenfortpflanzungsgeschwindigkeit*.

Bei kontinuierlichen Schwingungssystemen wird deren Zustand nicht mehr durch eine endliche Anzahl von Zustandswerten wie Auslenkung und Geschwindigkeit von Teilmassen beschrieben, vielmehr werden jetzt, entsprechend der unendlichen Anzahl von Punkten in einem endlichen Kontinuum, Ortsfunktionen benötigt, die gewissen Stetigkeitsforderungen genügen müssen. In Analogie zur Anzahl der schwingenden Punkte eines diskreten Mehrmassenschwingers hat ein Kontinuum unendlich viele Freiheitsgrade.

1.2 Die Bewegungsgleichung der Saite

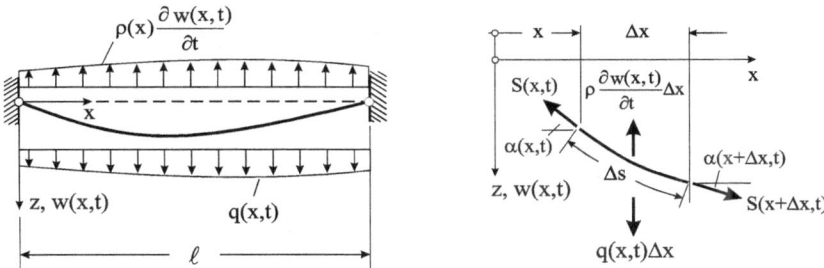

Abb. 1.5 *Saite mit Querbelastung, Freischnittskizze*

Abb. 1.5 zeigt eine an beiden Enden befestigte vorgespannte Saite in der verformten Lage, die durch orts- und zeitabhängige Linienkräfte q(x,t) sowie durch geschwindigkeitsproportionale Reibungskräfte $\rho(x)\partial w(x,t)/\partial t$ belastet wird, wobei die ortsabhängige Größe $\rho(x)$ aus Experimenten zu bestimmen ist.

$$[\rho] = \frac{\text{Masse}}{\text{Länge} \cdot \text{Zeit}}, \text{ Einheit: kg m}^{-1}\text{ s}^{-1}.$$

Der Bewegungsvorgang der Saite spiele sich ausschließlich in der (x,z)-Ebene ab, wobei näherungsweise eine Beschleunigung des Saitenelementes in longitudinaler x-Richtung außer Acht gelassen wird. Da die Saite als biegeschlaff angenommen wird, kann nur eine die Auslenkung w(x,t) tangierende Vorspannkraft S übertragen werden.

Zur Herleitung der Bewegungsgleichung schneiden wir aus der verformten Saite ein Stück der Länge Δs heraus (Abb. 1.5, rechts) und tragen sämtliche äußeren Belastungen an. Am linken Schnittufer wirkt in vertikaler Richtung die Kraft $S(x,t)\sin\alpha(x,t)$, und am rechten Ende haben wir $S(x+\Delta x,t)\sin\alpha(x+\Delta x,t)$. Notieren wir nun den Schwerpunktsatz (Mathiak, 2015) in vertikaler Richtung, dann folgt mit der ortsabhängigen Massenbelegung $\mu(x)$

$$[\mu] = \frac{\text{Masse}}{\text{Länge}}, \text{ Einheit: kg m}^{-1}.$$

die Beziehung

$$\mu(x)\Delta s \frac{\partial^2 w(x,t)}{\partial t^2} = -\rho(x)\frac{\partial w(x,t)}{\partial t}\Delta x + q(x,t)\Delta x + S(x+\Delta x,t)\sin\alpha(x+\Delta x,t)$$
$$- S(x,t)\sin\alpha(x,t).$$

Das Eigengewicht der Saite wurde dabei vernachlässigt. Dividieren wir mit Δx, führen anschließend den Grenzprozess $\Delta x \rightarrow 0$ durch und beachten

$$\lim_{\Delta x \to 0} \frac{\Delta s}{\Delta x} = 1, \quad \lim_{\Delta x \to 0} \frac{S(x+\Delta x,t)\sin\alpha(x+\Delta x,t) - S(x,t)\sin\alpha(x,t)}{\Delta x} = \frac{\partial}{\partial x}[S(x,t)\sin\alpha(x,t)],$$

dann folgt mit der Annahme kleiner Verschiebungen und kleiner erster Ableitung der Verschiebungen

$$\sin\alpha(x,t) = \frac{\tan\alpha(x,t)}{\sqrt{1+\tan^2\alpha(x,t)}} = \frac{\partial w(x,t)}{\partial x} \Big/ \sqrt{1+\left[\frac{\partial w(x,t)}{\partial x}\right]^2} \approx \frac{\partial w(x,t)}{\partial x}$$

die allgemeine Bewegungsgleichung der Saite

$$\mu(x)\frac{\partial^2 w(x,t)}{\partial t^2} = q(x,t) - \rho(x)\frac{\partial w(x,t)}{\partial t} + \frac{\partial}{\partial x}\left[S(x)\frac{\partial w(x,t)}{\partial x}\right]. \tag{1.13}$$

Sind die Größen S, ρ und μ nicht ortsabhängig, dann verbleibt

$$\mu\frac{\partial^2 w(x,t)}{\partial t^2} = q(x,t) - \rho\frac{\partial w(x,t)}{\partial t} + S\frac{\partial^2 w(x,t)}{\partial x^2}, \tag{1.14}$$

und im Fall der freien ($q = 0$) und ungedämpften ($\rho = 0$) Schwingungen geht (1.14) über in

$$\frac{\partial^2 w(x,t)}{\partial t^2} - c^2\frac{\partial^2 w(x,t)}{\partial x^2} = 0, \qquad c = \sqrt{S/\mu}. \tag{1.15}$$

Die Gleichung (1.15) wird eindimensionale Wellengleichung genannt. Eine andere Darstellung von c erhalten wir, wenn wir die als konstant angenommene Vorspannkraft durch $S = \sigma A$ und die Massenbelegung μ durch $\mu = \rho A$ ausdrücken. Dabei ist σ die konstante Spannung, A der Flächeninhalt des Querschnitts und ρ die konstante Dichte der Saite, womit (1.12) übergeht in

$$c = \sqrt{\sigma/\rho}. \tag{1.16}$$

Hinweis: Bei der Herleitung von (1.15) wurde die Rotationsträgheit (engl. *rotatory inertia*) vernachlässigt. Da sich jedoch jedes Massenelement *dm* während des Bewegungsvorganges verdreht, hätten wir neben dem Schwerpunktsatz auch noch den Drallsatz um die y-Achse notieren müssen. Wie Vergleichsrechnungen jedoch zeigen, ist der Einfluss der Drehträgheit auf das Schwingungsverhalten der Saite vernachlässigbar gering.

1.3   Die Wellenlösung der Bewegungsgleichung nach d'Alembert

Von der homogenen Bewegungsgleichung (1.15) soll nun eine allgemeine Lösung beschafft werden. Zur Vereinfachung der Gleichungsstruktur transformieren wir zunächst die Ortsvariable x und die Zeit t auf die beiden neuen unabhängigen Veränderlichen ξ und τ:

$$\begin{aligned} x &= x(\xi, \tau), \quad t = t(\xi, \tau), \\ \xi &= \xi(x, t), \quad \tau = \tau(x, t). \end{aligned} \tag{1.17}$$

Die Funktion $w(x,t)$ geht dann über in

$$w(x,t) = \hat{w}(\xi, \tau). \tag{1.18}$$

Für den weiteren Rechengang benötigen wir die Ableitungen der Funktion $w(x,t)$ nach den Variablen x und t, ausgedrückt durch die Ableitungen der neuen Funktion $\hat{w}$ nach den Variablen ξ und τ. Unter Beachtung der Kurzschreibweise $\partial(\ )/\partial x = (\ )_x$ usw. erhalten wir

$$\begin{aligned} w_x &= \hat{w}_\xi \, \xi_x + \hat{w}_\tau \tau_x, \quad w_{xx} = \hat{w}_{\xi\xi} \, \xi_x^2 + 2\hat{w}_{\xi\tau}\xi_x\tau_x + \hat{w}_{\tau\tau}\tau_x^2 + \hat{w}_\xi \, \xi_{xx} + \hat{w}_\tau\tau_{xx}, \\ w_t &= \hat{w}_\xi \, \xi_t + \hat{w}_\tau\tau_t, \quad w_{tt} = \hat{w}_{\xi\xi} \, \xi_t^2 + 2\hat{w}_{\xi\tau}\xi_t\tau_t + \hat{w}_{\tau\tau}\tau_t^2 + \hat{w}_\xi \, \xi_{tt} + \hat{w}_\tau\tau_{tt}. \end{aligned}$$

Berücksichtigen wir diese Ausdrücke in (1.15), so folgt nach Zusammenfassung

$$\begin{aligned} &(\xi_t^2 - c^2\xi_x^2)\,\hat{w}_{\xi\xi} + 2(\xi_t\tau_t - c^2\xi_x\tau_x)\,\hat{w}_{\xi\tau} + (\tau_t^2 - c^2\tau_x^2)\,\hat{w}_{\tau\tau} + \\ &(\xi_{tt} - c^2\xi_{xx})\,\hat{w}_\xi + (\tau_{tt} - c^2\tau_{xx})\,\hat{w}_\tau = 0. \end{aligned} \tag{1.19}$$

Die Koeffizienten der zweiten Ableitungen von $\hat{w}_{\xi\xi}$ und $\hat{w}_{\tau\tau}$ lassen sich noch zum Verschwinden bringen, wenn wir für $\xi(x,t)$ und $\tau(x,t)$ Funktionen wählen, die den Differenzialgleichungen

$$\begin{aligned} 0 &= \xi_t^2 - c^2\xi_x^2 = (\xi_t - c\xi_x)(\xi_t + c\xi_x) \\ 0 &= \tau_t^2 - c^2\tau_x^2 = (\tau_t - c\tau_x)(\tau_t + c\tau_x), \end{aligned} \tag{1.20}$$

genügen. Das ist beispielsweise der Fall für

$$\xi_t - c\xi_x = 0, \quad \tau_t + c\tau_x = 0. \tag{1.21}$$

Die Lösungen dieser Gleichungen sind die linearen Transformationen

$$\xi = x + ct, \quad \tau = x - ct, \qquad x = \frac{1}{2}(\xi + \tau), \quad t = \frac{1}{2c}(\xi - \tau). \tag{1.22}$$

Hinweis: Damit in (1.19) der Koeffizient bei der gemischten Ableitung $\hat{w}_{\xi\tau}$ nicht auch verschwindet, müssen aus den möglichen Faktoren in (1.20) solche mit unterschiedlichen Vorzeichen gewählt werden.

Einsetzen von (1.22) in (1.19) führt auf die vereinfachte Differenzialgleichung

$$\hat{w}_{\xi\tau} = 0. \tag{1.23}$$

Schreiben wir (1.23) in der Form $\dfrac{\partial}{\partial\xi}\left(\dfrac{\partial\hat{w}}{\partial\tau}\right) = 0$, so kann $\dfrac{\partial\hat{w}}{\partial\tau}$ nicht von ξ abhängen, was

$\dfrac{\partial\hat{w}}{\partial\tau} = \hat{\varphi}(\tau)$ erfordert. Nochmalige Integration liefert

$$\hat{w} = \int \hat{\varphi}(\tau)d\tau + \hat{u}(\xi).$$

Darin ist $\hat{u}(\xi)$ eine zunächst willkürliche Funktion von ξ, und mit

$$\hat{v}(\tau) = \int \hat{\varphi}(\tau)d\tau$$

erhalten wir als Lösung:

$$\hat{w}(\xi,\tau) = \hat{u}(\xi) + \hat{v}(\tau),$$

sowie unter Berücksichtigung von (1.22)

$$w(x,t) = u(x + ct) + v(x - ct). \tag{1.24}$$

Diese Lösung wird d'Alembertsche[1] Lösung der eindimensionalen Wellengleichung genannt, und sie besagt, dass jede Summe zweimal stetig differenzierbarer aber sonst beliebiger Funktionen von Linearkombinationen der Argumente $x = x + ct$ und $\tau = x - ct$ die Differenzialgleichung erfüllt. Um die Funktionen u und v festzulegen, sind Aussagen über die Anfangs- und Randwerte des Systems zu treffen. Aus (1.24) folgt zunächst

---

[1] Jean Le Ronde d'Alembert, franz. Philosoph, Mathematiker und Literat, 1717-1783

$$\frac{\partial w(x,t)}{\partial t} = \dot{w}(x,t) = c\left[u'(x+ct) - v'(x-ct)\right],$$ (1.25)

wobei der Strich die Ableitung nach dem jeweiligen Argument bedeutet. Die noch unbekannten Funktionen *u* und *v* ergeben sich nun in einfacher Weise aus den Anfangsbedingungen

$$w\big|_{t=0} = \Phi(x), \quad \frac{\partial w}{\partial t}\bigg|_{t=0} = \Psi(x).$$ (1.26)

Wir betrachten zunächst eine unendlich lange Saite, für die zum Zeitpunkt t = 0 die Anfangsauslenkung $\Phi(x)$ und die Anfangsgeschwindigkeit $\Psi(x)$ gegeben sind. Damit lauten die durch die Funktionen *w* und *v* ausgedrückten Anfangsbedingungen

$$w(x,0) = u(x) + v(x) = \Phi(x), \quad \dot{w}(x,0) = c\left[u'(x) - v'(x)\right] = \Psi(x).$$ (1.27)

Leiten wir die erste Gleichung nach *x* ab und lösen mit der zweiten nach u' und v' auf, dann sind

$$u'(x) = \frac{1}{2}\left[\Phi'(x) + \frac{1}{c}\Psi(x)\right], \qquad v'(x) = \frac{1}{2}\left[\Phi'(x) - \frac{1}{c}\Psi(x)\right].$$ (1.28)

Die Integration beider Gleichungen ergibt

$$u(x) = \frac{1}{2}\left[\Phi(x) + \frac{1}{c}\int\limits_{\zeta=x_0}^{x}\Psi(\zeta)d\zeta\right], \qquad v(x) = \frac{1}{2}\left[\Phi(x) - \frac{1}{c}\int\limits_{\zeta=x_0}^{x}\Psi(\zeta)d\zeta\right],$$ (1.29)

wobei x_0 eine Integrationskonstante bedeutet. Damit sind *u* und *v* über die Saitenlänge im Intervall $0 \leq x \leq \ell$ auf die Anfangsbedingungen zurückgeführt. Einsetzen dieser Ausdrücke in (1.24) liefert

$$w(x,t) = u(x+ct) + v(x-ct) = \frac{1}{2}\left[\Phi(x+ct) + \frac{1}{c}\int\limits_{\zeta=x_0}^{x+ct}\Psi(\zeta)d\zeta\right] + \frac{1}{2}\left[\Phi(x-ct) - \frac{1}{c}\int\limits_{\zeta=x_0}^{x-ct}\Psi(\zeta)d\zeta\right],$$

und zusammengefasst erhalten wir

$$w(x,t) = \frac{1}{2}\left[\Phi(x+ct) + \Phi(x-ct) + \frac{1}{c}\int\limits_{\zeta=x-ct}^{x+ct}\Psi(\zeta)d\zeta\right].$$ (1.30)

Die Integrationskonstante x_0 spielt in der obigen Darstellung offensichtlich keine Rolle mehr. Aus (1.30) können noch folgende Spezialfälle abgeleitet werden: Ist die Anfangsgeschwindigkeit $\Psi(x)$ Null, dann verbleibt

$$w(x,t) = \frac{1}{2}[\Phi(x+ct)+\Phi(x-ct)],\qquad\qquad\qquad\qquad (1.31)$$

während zu Beginn der Bewegung

$$w(x,t=0) = \Phi(x)\qquad\qquad\qquad\qquad\qquad\qquad (1.32)$$

festgestellt wird. Die Bedeutung der Lösung (1.31) können wir uns wie folgt klar machen: Ein Beobachter befinde sich zum Zeitpunkt t = 0 an der Stelle x = a und bewege sich mit der Geschwindigkeit c in Richtung der positiven x-Achse. Sein aktueller Standpunkt ist dann x = a + ct, was x – ct = a = const bedeutet. Für einen solchen Beobachter bleibt somit die Teillösung v(x = a, t = 0) = 1/2 Φ(a) immer konstant. Die durch v(x, t) = Φ(x – ct)/2 beschriebene Auslenkung der Saite wird Ausbreitung einer *fortschreitenden Welle* genannt. Der Term Φ(x – ct) entspricht demzufolge einer Welle, die sich in positiver *x*-Richtung mit der Geschwindigkeit c ausbreitet, ohne dass sich dabei ihr Profil verändert, und entsprechend definiert der noch verbleibende Term in (1.31) mit Φ(x + ct) eine Welle, die sich in negativer *x*-Richtung ebenfalls mit der Geschwindigkeit c ausbreitet. In diesem Fall wird von der Ausbreitung einer *rücklaufenden Welle* gesprochen. Dieser Sachverhalt ist in Abb. 1.6 am Beispiel einer unendlich langen gezupften Saite mit einer dreieckförmigen Anfangsauslenkung Φ(x) gezeigt. Wird die Saite ohne Anfangsgeschwindigkeit losgelassen, dann sind die gegenläufigen Profile u(x + ct) = Φ(x + ct)/2 und v(x – ct) = Φ(x – ct)/2 identisch mit der halben Anfangsauslenkung Φ(x). Fehlt die Anfangsauslenkung, dann verbleibt von (1.30)

$$w(x,t) = \frac{1}{2c}\int_{x-ct}^{x+ct}\Psi(\zeta)\,d\zeta\,.\qquad\qquad\qquad\qquad (1.33)$$

Auch in diesem Fall handelt es sich wegen

$$\int_{x-ct}^{x+ct}\Psi(\zeta)\,d\zeta = \Psi_1(x+ct) - \Psi_1(x-ct)$$

um die Ausbreitung einer hin- und herlaufenden Welle. Es kann noch der Fall auftreten, dass die hin- oder herlaufende Welle vollständig fehlt. Ist nämlich die Bedingung

$$\Phi(x) + \frac{1}{c}\int_{\zeta=0}^{x}\Psi(\zeta)\,d\zeta = 0$$

gegeben, dann ist nach (1.29) u(x) = 0, und damit fehlt in der vollständigen Lösung die rücklaufende Welle. Vergleichbares gilt für die Anfangsbedingungen

$$\Phi(x) - \frac{1}{c}\int_{\zeta=0}^{x}\Psi(\zeta)\,d\zeta = 0$$

In diesem Fall fehlt die fortschreitende Welle.

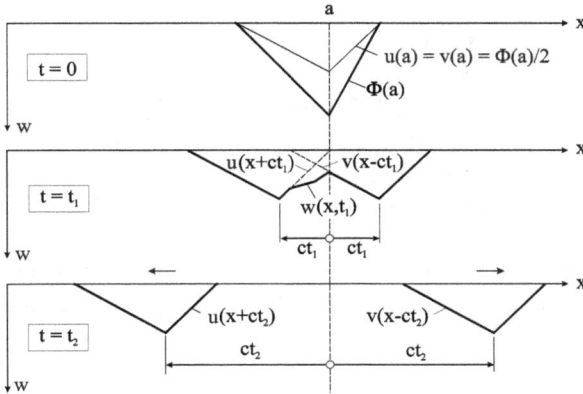

Abb. 1.6 *Dreieckförmige Auslenkung einer Saite, Wellenlösung*

<u>Hinweis:</u> Im Vergleich zu einer gewöhnlichen Differenzialgleichung, deren allgemeine Lösung von endlich vielen *Konstanten* bestimmt wird, hängt die Wellengleichung von beliebig wählbaren *Funktionen* ab, die erst über die Rand- und Anfangswerte festgelegt werden.

1.3.1   Die begrenzte Saite

Handelt es sich um eine begrenzte Saite, so sind an den Randpunkten ($x = 0, \ell$) neben den Anfangsbedingungen zusätzlich *Randwerte* zu erfüllen. Ist beispielsweise die Saite beidseitig eingespannt, dann gilt:

$$w(x,t)\big|_{x=0} = 0, \quad w(x,t)\big|_{x=\ell} = 0 . \tag{1.34}$$

Diese Randwerte können mit (1.24) auch durch die Funktionen

$$u(ct) + v(-ct) = 0, \quad u(\ell + ct) + v(\ell - ct) = 0 \tag{1.35}$$

ausgedrückt werden. Wir sprechen in diesem Falle von einer Anfangs-Randwertaufgabe.

Hier tritt eine kleine Schwierigkeit auf, da die Funktionen $\Phi(x)$ und $\Psi(x)$ lediglich im Intervall $0 \le x \le \ell$ definiert sind, hingegen können die Argumente $x \pm ct$ der Funktionen *u* und *v* auch außerhalb dieses Gebietes liegen. Um hier zu einer Klärung zu kommen, ersetzen wir in (1.35) *ct* durch *x* und erhalten zunächst

$$v(-x) = -u(x), \quad u(\ell + x) = -v(\ell - x).$$ (1.36)

Für x-Werte aus dem Intervall $(0, \ell)$ sind auch die Argumente ℓ-x aus demselben Intervall, womit die rechten Seiten in (1.36) als bekannt vorausgesetzt werden können. Die Argumente -x und ℓ + x variieren dann im Intervall $(-\ell, 0)$ und $(\ell, 2\ell)$. Die erste Beziehung in (1.36) liefert somit die Werte v(x) im Intervall $(-\ell, 0)$ und die zweite die Werte von w(x) im Intervall $(\ell, 2\ell)$. Für x-Werte aus dem Intervall $(\ell, 2\ell)$ variiert ℓ-x im Intervall $(-\ell, 0)$, womit die rechten Seiten aus den bisherigen Betrachtungen bekannt sind. Die Argumente der linken Seiten -x und ℓ + x variieren dann im Intervall $(-2\ell, -\ell)$ und $(2\ell, 3\ell)$. Damit sind die Funktionen w und v so fortgesetzt, dass wir sie zur Bestimmung der Auslenkung nach (1.24) verwenden können. Ersetzen wir in der zweiten Gleichung von (1.36) die Variable x durch ℓ + x, dann erhalten wir unter Beachtung der ersten Gleichung

$$u(2\ell + x) = -v(\ell - x) = u(x),$$ (1.37)

womit die Funktion u die Periode 2ℓ besitzt. Das gilt dann auch mit der ersten Gleichung für die Funktion v(x). Wir können die bisherigen Betrachtungen auch auf die Funktionen Φ und Ψ ausdehnen. Es folgt nämlich aus (1.29):

$$\Phi(x) = u(x) + v(x), \quad \frac{1}{c} \int_{\zeta=0}^{x} \Psi(\zeta) d\zeta = u(x) - v(x).$$ (1.38)

Differenzieren wir die zweite Gleichung nach x, dann folgt $\Psi(x) = c[u\_(x) - v\_(x)]$. Ersetzen wir außerdem in der ersten Gleichung x durch $-x$, also v(x) = $-$ u(−x) und differenzieren, dann erhalten wir v$\_$(−x) = u$\_$(x) und v$\_$(x) = u$\_$(−x). Damit sind

$$\Phi(-x) = -\Phi(x), \quad \Psi(-x) = -\Psi(x).$$ (1.39)

Die im Intervall $(0, \ell)$ definierten Funktionen Φ und Ψ werden somit antimetrisch in das Intervall $(-\ell, 0)$ und weiter mit der Periode 2ℓ fortgesetzt.

1.4   Die Produktlösung der Bewegungsgleichung nach Bernoulli

Wir beschränken uns wieder auf die beidseitig eingeklemmte Saite mit vorgegebener Anfangsauslenkung $\Phi(x)$ und Anfangsgeschwindigkeit $\Psi(x)$. Das komplette Anfangs-Randwertproblem stellt sich dann in folgender Form:

$$\frac{\partial^2 w(x,t)}{\partial t^2} - c^2 \frac{\partial^2 w(x,t)}{\partial x^2} = 0$$

$$w(x,t)\big|_{x=0} = 0, \qquad\qquad w(x,t)\big|_{x=\ell} = 0,$$ (1.40)

$$w(x,t)\big|_{t=0} = \Phi(x), \qquad\qquad \dot{w}(x,t)\big|_{t=0} = \Psi(x).$$

Anstelle der allgemeinen Lösung der Bewegungsgleichung suchen wir nun eine spezielle in Form eines Produktes zweier Funktionen X(x) und T(t), von denen die eine nur von der Orts-koordinate x und die andere nur von der Zeit t abhängt, also

$$w(x,t) = X(x)\,T(t)\,.$$ (1.41)

Dieser Lösungsansatz geht auf Daniel Bernoulli[1] zurück und wird deshalb auch Bernoulli-sche Lösung genannt. Einsetzen von (1.41) in (1.40) liefert nach einigen Umstellungen mit $d/dx = ()_{\_}$ und $d/dt = \dot{()}$:

$$\frac{\ddot{T}(t)}{T(t)} = c^2 \frac{X''(x)}{X(x)}\,.$$ (1.42)

Auf der linken Seite steht eine reine Zeitfunktion und auf der rechten eine reine Ortsfunktion, die nach der Bernoullischen Schlussweise nur dann gleich sein können, wenn sie ein und der-selben Konstanten gleich sind, die wir zweckmäßigerweise mit $-\omega^2$ bezeichnen. Damit zerfällt die partielle Differenzialgleichung (1.40) in die beiden über den noch offenen Parameter ω gekoppelten gewöhnlichen Differenzialgleichungen

$$\ddot{T}(t) + \omega^2 T(t) = 0\,, \qquad X''(x) + \kappa^2 X(x) = 0\,.$$ (1.43)

Der Separationsparameter

$$\kappa = \frac{\omega}{c} = \omega\sqrt{\frac{\mu}{S}}$$ (1.44)

heißt *Wellenzahl* der transversal schwingenden Saite. Die Gleichungen (1.43) besitzen die Lö-sungen

$$T(t) = A\cos\omega t + B\sin\omega t$$ (1.45)

und

$$X(x) = C \cos \kappa x + D \sin \kappa x \, , \tag{1.46}$$

die wir nach (1.41) zur Gesamtlösung

$$w(x, t) = (C \cos \kappa x + D \sin \kappa x)(A \cos \omega t + B \sin \omega t) \tag{1.47}$$

zusammenfassen können.

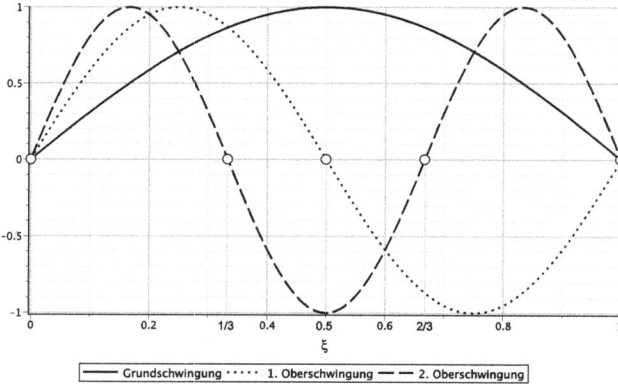

Abb. 1.7 *Grund- und Oberschwingungen einer Saite mit beidseits eingeklemmten Rändern*

Hinweis: Hätten wir für den Separationsparameter nicht $-\omega^2$ sondern $+\omega^2$ gewählt, dann wäre anstelle von (1.47) die Lösung w(x, t) = [C exp(κx) + D exp(-κx)][A cosh(ωt) + B sinh(ωt)] gekommen, eine Funktion, die mit ansteigendem *t* über alle Grenzen wächst und deshalb für unsere Anwendungen keinen praktischen Nutzen hat.

Die Lösung (1.47) besitzt noch vier freie Konstanten, die aus den Rand- und Anfangswerten des weiter zu konkretisierenden Problems zu bestimmen sind. Wir berücksichtigen zunächst die Randbedingungen

$$w(x = 0, t) = 0 = X(x = 0) \, T(t) = C \, T(t) \qquad \rightarrow C = 0$$
$$w(x = \ell, t) = 0 = X(x = \ell) \, T(t) = D \sin \kappa \ell \, T(t) \qquad \rightarrow \sin \kappa \ell = 0$$

einer beidseitig eingeklemmten Seite. Aus sin $\kappa \ell$ = 0 ergeben sich die *Eigenwerte* κ_n und *Eigenkreisfrequenzen* ω_n

$$\kappa_n = \frac{n\pi}{\ell} \qquad \rightarrow \omega_n = \kappa_n c = \frac{n\pi c}{\ell} \quad (n = 1, 2, 3, \ldots). \tag{1.48}$$

Damit liegen auch die *Eigenfunktionen* fest, wobei hier die Konstante *D* uninteressant ist:

$$X_n(x) = \sin \kappa_n x = \sin \frac{n\pi}{\ell} x \, . \tag{1.49}$$

Die dem Index $n = 1$ zugeordnete kleinste Eigenkreisfrequenz $\omega_1 = \pi c/\ell$ wird *Grundfrequenz* genannt. Die Grundschwingung hat die Schwingungszeit

$$T_1 = 2\pi/\omega_1 = 2\ell/c \, .$$

Die Frequenzen $\omega_2, \omega_3, \ldots$ werden *Oberfrequenzen* und deren zugehörige Schwingungen *Oberschwingungen* genannt. Die ausgezeichneten Punkte $X(x) = 0$ mit

$$x = \frac{(n-1)\ell}{n}$$

heißen *Knoten* der *n*-ten Harmonischen. An diesen Stellen erfährt die Saite keine Auslenkung. Die Grundschwingung besitzt keinen Knoten im Feld. Bei der 1. Oberschwingung tritt ein Knoten bei $x = \ell/2$ und bei der 2. Oberschwingung treten zwei Knoten bei $x = \ell/3$ und $x = 2\ell/3$ auf (Abb. 1.7). Zwischen den Knoten schwingt die Saite so, als ob sie aus *n* einzelnen nicht miteinander verbundenen Teilstücken bestünde, die an den Knoten eingespannt sind. In den Punkten

$$x = \frac{(2n-1)\ell}{2n}$$

erreicht die *n*-te Harmonische ihren Größtwert; diese Punkte liefern die Bäuche der *n*-ten Harmonischen.

Setzen wir nacheinander $n = 1,2,3\ldots$, so erhalten wir unendlich viele Lösungen der Form

$$w_n(x,t) = X_n(x)T_n(t) = \sin \kappa_n x \, (A_n \cos \omega_n t + B_n \sin \omega_n t) \, . \tag{1.50}$$

Führen wir die Amplitude E_n und den Nullphasenverschiebungswinkel φ_n der harmonischen Schwingung durch

$$A_n \cos \omega_n t + B_n \sin \omega_n t = E_n \sin(\omega_n t + \varphi_n)$$

mit

$$E_n = \sqrt{A_n^2 + B_n^2} \, , \quad \sin \varphi_n = \frac{A_n}{E_n} \, , \quad \cos \varphi_n = \frac{B_n}{E_n}$$

ein, dann stellt jedes Glied

$$w_n(x,t) = \sin \kappa_n x \, (A_n \cos \omega_n t + B_n \sin \omega_n t) = E_n \sin \kappa_n x \sin(\omega_n t + \varphi_n)$$

eine sogenannte *stehende Welle* dar, bei der die Punkte der Saite eine harmonische Schwingung mit gleicher Phase und einer vom Ort abhängigen Amplitude

$$E_n \sin \kappa_n x$$

ausführen. Bei einer derartigen Schwingung liefert die Saite einen Ton, dessen Höhe von der Frequenz ω_n und dessen Tonstärke vom Größtwert der Schwingung mit der Amplitude E_n abhängt. Aufgrund der Linearität der Bewegungsgleichung ist dann die Superposition

$$w(x,t) = \sum_{n=1}^{\infty} X_n(x) T_n(t) = \sum_{n=1}^{\infty} \sin \kappa_n x \left(A_n \cos \omega_n t + B_n \sin \omega_n t \right) \qquad (1.51)$$

Lösung unseres Problems. Um nun noch die Anfangsbedingungen zu erfüllen, sind die Konstanten A_n und B_n entsprechend zu wählen. Dazu benötigen wir die Anfangsbedingungen

$$w\big|_{t=0} = \sum_{n=1}^{\infty} A_n \sin \kappa_n x = \Phi(x), \quad \frac{\partial w}{\partial t}\bigg|_{t=0} = \sum_{n=1}^{\infty} B_n \omega_n \sin \kappa_n x = \Psi(x). \qquad (1.52)$$

Offensichtlich stellen die obigen Beziehungen die Fourier[1]-Sinusentwicklungen der Funktionen $\Phi(x)$ und $\Psi(x)$ dar. Beachten wir die Orthogonalitätsrelationen

$$\int_{x=0}^{\ell} \sin \frac{j\pi}{\ell} x \, \sin \frac{k\pi}{\ell} x \, dx = \begin{cases} 0 & \text{für } j \neq k \\ \ell/2 & \text{für } j = k \end{cases} \qquad (1.53)$$

der Eigenfunktionen, dann ergeben sich die Koeffizienten A_n und B_n zu

$$A_n = \frac{2}{\ell} \int_0^{\ell} \Phi(x) \sin \kappa_n x \, dx, \quad B_n = \frac{2}{\ell \omega_n} \int_0^{\ell} \Psi(x) \sin \kappa_n x \, dx . \qquad (1.54)$$

Hinweis: Werden die Anfangsbedingungen entsprechend der *n*-ten Eigenform gewählt, so schwingt das System auch nur in dieser Eigenlösung.

Jede der Eigenfunktionen X_n genügt der Differenzialgleichung

$$X_n''(x) + \frac{\omega_n^2}{c^2} X_n(x) = 0 .$$

Multiplizieren wir diese Gleichung mit $X_n(x)$ und integrieren über die Saitenlänge ℓ, dann folgt

$$\int_{x=0}^{\ell} X_n''(x) X_n(x) \, dx + \frac{\omega_n^2}{c^2} \int_{x=0}^{\ell} X_n^2(x) \, dx = 0 .$$

Das links stehende Integral wird einmal partiell integriert, also

---

[1]   Jean-Baptiste Joseph Fourier, Baron de (seit 1808), frz. Mathematiker und Physiker, 1768–1830

$$X_n'(x)X_n(x)\Big|_0^\ell - \int\limits_{x=0}^\ell X_n'^2(x)\,dx + \frac{\omega_n^2}{c^2}\int\limits_{x=0}^\ell X_n^2(x)\,dx = 0\,.$$

Für die eingeklemmte Saite ist am Rand $X_n = 0$ und für den reibungsfrei geführten Rand $X_n' = 0$ zu fordern (s.h. auch Kap. 1.5), womit für alle denkbaren Kombinationen dieser Randlagerungen der Randterm verschwindet. Damit ist

$$\omega_n^2 = c^2\,\frac{\displaystyle\int\limits_{x=0}^\ell X_n'^2(x)\,dx}{\displaystyle\int\limits_{x=0}^\ell X_n^2(x)\,dx}\,. \tag{1.55}$$

Das ist der *Rayleigh-Quotient* des Systems einer frei schwingenden Saite. Liegt beispielsweise für die Grundschwingung ($n = 1$) eine mindestens die kinematischen Randbedingungen erfüllende Näherungslösung für $X_1(x)$ vor, dann kann mit (1.55) die Eigenkreisfrequenz ω_1 abgeschätzt werden, die (hier ohne Beweis) immer geringfügig oberhalb der theoretisch exakten Lösung liegt. Wir demonstrieren die Vorgehensweise und wählen zur näherungsweisen Ermittlung der Grundfrequenz einer beidseitig eingeklemmten Saite für die Ortsfunktion $X(x)$ den Polynomansatz

$$X(x) = 4\frac{x}{\ell}\left(1 - \frac{x}{\ell}\right),\quad \to X'(x) = \frac{4}{\ell}\left(1 - 2\frac{x}{\ell}\right)\,.$$

Dieser Ansatz erfüllt die Einspannbedingungen an den Rändern $x = 0$ und $x = \ell$ und ist somit kinematisch zulässig. Soll die kleinste Eigenkreisfrequenz ermittelt werden, dann ist darauf zu achten, dass sich mit der Näherungsfunktion die Tangentenneigung längs der Saitenachse möglichst wenig ändert, denn nur dann wird der Zähler in (1.55) klein gehalten. Mit den Teilintegralen

$$\int\limits_{x=0}^\ell X'^2(x)\,dx = \frac{16}{3\ell}\,,\quad \int\limits_{x=0}^\ell X^2(x)\,dx = \frac{8\ell}{15}\quad \text{ist}\quad \omega_1 = \sqrt{10}\,\frac{c}{\ell} = 3{,}16\frac{c}{\ell}\,.$$

Im Vergleich zum exakten Wert $\omega_1 = \pi c/\ell$ ist damit die Näherung nur geringfügig größer und für praktische Anwendungen durchaus verwendbar.

1.4.1 Übereinstimmung der Lösungen von Bernoulli und d´Alembert

Wir zeigen abschließend noch die Übereinstimmung der Lösungen von Bernoulli und d´Alembert. Die Produktlösung nach Bernoulli

$$w(x,t) = \sum_{n=1}^{\infty} \sin\frac{n\pi}{\ell}x\left(A_n \cos\omega_n t + B_n \sin\omega_n t\right) \qquad \left(\omega_n = \frac{n\pi c}{\ell}\right)$$

kann unter Berücksichtigung der trigonometrischen Beziehungen

$$2\sin\alpha\cos\beta = \sin(\alpha-\beta) + \sin(\alpha+\beta), \quad 2\sin\alpha\sin\beta = \cos(\alpha-\beta) - \cos(\alpha+\beta)$$

auch in folgender Form geschrieben werden:

$$w(x,t) = \frac{1}{2}\sum_{n=1}^{\infty}\left(\begin{array}{l} A_n\left[\sin\frac{n\pi}{\ell}(x-ct) + \sin\frac{n\pi}{\ell}(x+ct)\right] + \\ B_n\left[\cos\frac{n\pi}{\ell}(x-ct) - \cos\frac{n\pi}{\ell}(x+ct)\right] \end{array}\right). \qquad (1.56)$$

Demgegenüber geht die d´Alembertsche Lösung

$$w(x,t) = \frac{1}{2}\left[\Phi(x+ct) + \Phi(x-ct) + \frac{1}{c}\int_{\zeta=x-ct}^{x+ct}\Psi(\zeta)d\zeta\right] \qquad (1.57)$$

mit den Beziehungen nach (1.52)

$$\Phi(x) = \sum_{n=1}^{\infty}A_n\sin\frac{n\pi}{\ell}x, \quad \Psi(x) = \sum_{n=1}^{\infty}B_n\frac{n\pi c}{\ell}\sin\frac{n\pi}{\ell}x$$

über in

$$w(x,t) = \frac{1}{2}\left[\begin{array}{l} \sum_{n=1}^{\infty}A_n\sin\frac{n\pi}{\ell}(x-ct) + \sum_{n=1}^{\infty}A_n\sin\frac{n\pi}{\ell}(x+ct) + \\ \frac{1}{c}\int_{\zeta=x-ct}^{x+ct}\sum_{n=1}^{\infty}B_n\frac{n\pi c}{\ell}\sin\frac{n\pi}{\ell}\zeta d\zeta \end{array}\right].$$

Vertauschen wir im letzten Term Summation und Integration, dann erhalten wir zunächst

$$\frac{1}{c}\int_{\zeta=x-ct}^{x+ct}\sum_{n=1}^{\infty}B_n\frac{n\pi c}{\ell}\sin\frac{n\pi}{\ell}\zeta d\zeta = \sum_{n=1}^{\infty}B_n\frac{n\pi}{\ell}\int_{\zeta=x-ct}^{x+ct}\sin\frac{n\pi}{\ell}\zeta d\zeta =$$

$$\sum_{n=1}^{\infty}B_n\left[\cos\frac{n\pi}{\ell}(x-ct) - \cos\frac{n\pi}{\ell}(x+ct)\right],$$

und zusammengefasst

$$w(x,t) = \frac{1}{2}\left[\begin{array}{l} \displaystyle\sum_{n=1}^{\infty} A_n \sin\frac{n\pi}{\ell}(x-ct) + \sum_{n=1}^{\infty} A_n \sin\frac{n\pi}{\ell}(x+ct) + \\ \displaystyle\sum_{n=1}^{\infty} B_n \cos\frac{n\pi}{\ell}(x-ct) - \sum_{n=1}^{\infty} B_n \cos\frac{n\pi}{\ell}(x+ct) \end{array} \right]$$

erkennt man die Übereinstimmung beider Lösungen. Damit haben wir zwei Möglichkeiten zur Berechnung der freien Schwingungen einer Saite kennengelernt:

1. Beschreibung der Lösung durch zwei gegenläufig *fortschreitende Wellen*, die an den Enden der Saite reflektiert (gespiegelt) werden.
2. Darstellung der Lösung durch die Überlagerung von unendlich vielen Eigenschwingungen, die auch als *stehende Wellen* bezeichnet werden.

Wächst die Saitenlänge über alle Grenzen (unendlich ausgedehnte Saite), dann existiert nur die Wellenlösung.

Beispiel 1-2:

Eine Gitarrensaite der Masse M und der Länge ℓ ist mit der Kraft S vorgespannt. Zum Zeitpunkt t = 0 wird sie an der Stelle x = a um das Maß h angezupft und sodann sich selbst überlassen. Es ist die Auslenkung w(x, t) zu bestimmen. Animieren Sie mit Maple diesen Bewegungsvorgang. Mit welcher Spannkraft S muss die Saite vorgespannt werden, damit sie in der 1. Eigenschwingung (Grundschwingung) mit der Frequenz f = 264 Hz (in der C-Dur Tonleiter das kleine c) schwingt?

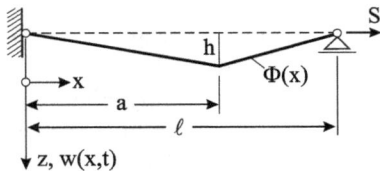

Abb. 1.8   Die gezupfte Gitarrensaite

Geg.: Durchmesser der Saite D = 0,6 mm, Saitenlänge ℓ = 65 cm, Dichte des Saitenmaterials, ρ = 2,5 g/cm³.

Lösung: Die Masse der Saite beträgt M = ρ D² $\pi\ell$/4 = 0,45946·10⁻³ kg, und für die Massenbelegung folgt μ = M/ℓ = 0,70686·10⁻³ kg/m. Die Anfangsauslenkung ist:

$$w(x,t=0) = \Phi(x) = \begin{cases} \dfrac{h}{a}x & \text{für} \quad 0 \le x \le a \\[2mm] h\dfrac{\ell-x}{\ell-a} & \text{für} \quad a \le x \le \ell. \end{cases}$$

Da die Saite ohne Anfangsgeschwindigkeit losgelassen wird, ist $\Psi(x) = 0$, und damit verschwinden alle B_n. Es verbleiben lediglich die Konstanten

$$A_n = \frac{2}{\ell} \int_0^\ell \Phi(x) \sin \kappa_n x \, dx = \frac{2}{\ell} \left[\frac{h}{a} \int_{x=0}^a x \sin \kappa_n x \, dx + \frac{h}{\ell-a} \int_{x=a}^\ell (\ell-x) \sin \kappa_n x \, dx \right].$$

Mit Einführung der dimensionslosen Größen $\eta = h/\ell$ und $\alpha = a/\ell$ liefert die Integration

$$A_n = \frac{2\eta\ell}{\pi^2\alpha(1-\alpha)} \frac{\sin n\pi\alpha}{n^2}, \qquad (n = 1,2,3\ldots),$$

und wir erhalten

$$w(x,t) = \sum_{n=1}^\infty A_n \sin \kappa_n x \cos \omega_n t = \frac{2\eta\ell}{\pi^2\alpha(1-\alpha)} \sum_{n=1}^\infty \frac{\sin n\pi\alpha}{n^2} \sin \kappa_n x \cos \omega_n t.$$

Der von der Gitarrensaite gelieferte Ton setzt sich aus den Einzeltönen oder Harmonischen zusammen, und deren Amplituden, und damit die von der Saite erzeugten Tonhöhen, nehmen bei zunehmender Ordnung *n* der Harmonischen mit dem Faktor $1/n^2$ ab. Wird die Gitarrensaite in der Mitte angezupft, also bei $\alpha = 1/2$, dann erhalten wir

$$A_n = \frac{8\eta\ell}{\pi^2} \frac{1}{n^2} (-1)^{\frac{n-1}{2}}, \qquad (n = 1,3,5,\ldots).$$

In der Abb. 1.9 sind die Absolutbeträge der Amplituden A_n für die *n*-ten Harmonischen in Abhängigkeit von der Zupfstelle α dargestellt. Wird die Saite in der Mitte angezupft ($\alpha = 1/2$), dann fehlen alle geraden Harmonischen und damit alle Oktaven. Der Ton klingt hohl und dumpf. Für kleine Werte α sind auch die höheren Harmonischen relativ stark ausgebildet und bewirken einen harten Klang. Prägend für die *Klangfarbe* eines mechanischen Instrumentes sind neben weiteren Einflüssen auch gerade die relativen Stärken dieser Obertöne.

Nähern wir uns mit kleinen Werten α immer mehr dem Rand, dann ist im Grenzfall

$$\lim_{\alpha \to 0} \tilde{A}_n = 1/n.$$

Hinweis: Bei einem Zupfinstrument wie der Gitarre liegt die *musikalisch optimale Stelle* über dem Schall-Loch und damit etwa bei $\alpha = 0{,}15$ bis $0{,}30$.

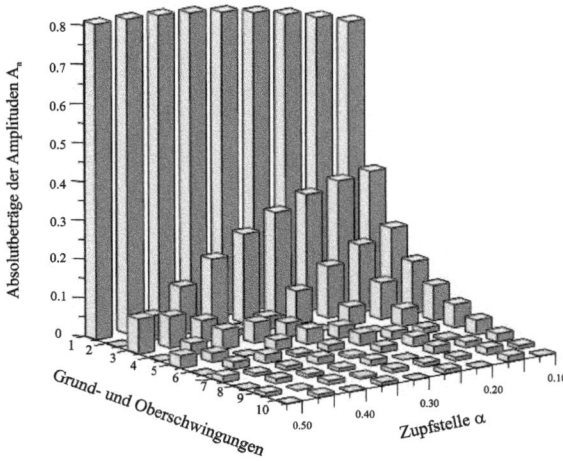

Abb. 1.9 *Amplituden der gezupften Saite*

Sind die Konstanten A_n bestimmt, dann folgen für die Auslenkung und die Geschwindigkeit

$$w(x,t) = \sum_{n=1}^{\infty} A_n \sin \kappa_n x \cos \omega_n t, \quad \dot{w}(x,t) = -\sum_{n=1}^{\infty} A_n \omega_n \sin \kappa_n x \sin \omega_n t.$$

Zur Berechnung der Spannkraft S, die benötigt wird, damit die Saite in der Grundschwingung (1. Eigenschwingung) mit der Frequenz $f = 264$ Hz schwingt, gehen wir aus von der Beziehung

$$f = \frac{\omega_1}{2\pi} = \frac{c}{2\ell} = \frac{1}{2\ell}\sqrt{\frac{S}{\mu}}, \quad \to S = 4f^2 \ell M = 83{,}26 \text{ N}.$$

Beispiel 1-3:

Eine Klaviersaite der Masse M und der Länge ℓ ist mit der Kraft S = 80 N vorgespannt. Zum Zeitpunkt t = 0 wird sie in gestreckter Lage an der Stelle x = a vertikal durch einen Hammer der Breite b getroffen. Die daraus resultierende Anfangsgeschwindigkeit kann näherungsweise mit

$$\Psi(x) = \begin{cases} \dfrac{v_0}{2}\left[\cos\dfrac{2\pi(x-a)}{b}+1\right] & \text{für} \quad a - \dfrac{b}{2} \leq x \leq a + \dfrac{b}{2} \\ 0 & \text{sonst} \end{cases}$$

angenommen werden. Es sind der Ausschlag w(x,t) und die Geschwindigkeit $\dot{w}(x,t)$ zu bestimmen. Animieren Sie mit Maple den Bewegungsvorgang.

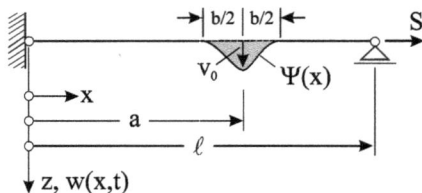

Abb. 1.10 *Angeschlagene Klaviersaite, Anfangsgeschwindigkeit Ψ(x)*

Geg.: Durchmesser der Saite D = 0,6 mm, Saitenlänge ℓ = 65 cm, Dichte des Saitenmaterials ρ = 7,5 g/cm³ (Stahl). Die Geschwindigkeit der Saite an der Stelle x = a zum Zeitpunkt t = 0 ist v_0 = 5 m/s.

Lösung: Die Masse der Saite beträgt M = ρ D² $\pi\ell/4$ = 0,13784·10⁻² kg, und für die Massenbelegung erhalten wir μ = M/ℓ = 0,21206·10⁻² kg/m. Da keine Anfangsauslenkung vorhanden ist, sind alle A_n = 0, und es verbleibt mit (1.51)

$$w(x,t) = \sum_{n=1}^{\infty} B_n \sin \kappa_n x \sin \omega_n t .$$

Die Konstanten B_n berechnen wir mit Einführung der dimensionslosen Längen $\xi = x/\ell$, $\alpha = a/\ell$ und $\beta = b/\ell$ aus der Beziehung

$$B_n = \frac{2}{\ell\omega_n}\int_0^\ell \Psi(x)\sin\kappa_n x\, dx = \frac{2}{\omega_n}\int_{\xi=\alpha-\beta/2}^{\alpha+\beta/2}\Psi(\xi)\sin\kappa_n\ell\xi\, d\xi = \frac{2v_0\ell}{c\pi^2}\frac{\sin n\pi\alpha\, \sin(n\pi\beta/2)}{n^2[1-(n\beta/2)^2]} .$$

Führen wir ferner die dimensionslose Zeit τ = t/T_1 ein, wobei T_1 = 2π/ω_1 = 2ℓ/c der Schwingungszeit der Grundschwingung entspricht, dann führt das mit ω_n t = nπct/ℓ = 2n$\pi\tau$ auf die Auslenkung

$$w(\xi,\tau) = \frac{2v_0\ell}{c\pi^2}\sum_{n=1}^{\infty}\frac{1}{n^2[1-(n\beta/2)^2]}\sin n\pi\alpha\,\sin\frac{n\pi\beta}{2}\sin n\pi\xi\,\sin 2n\pi\tau .$$

Durch Ableitung nach der Zeit *t* bekommen wir die Geschwindigkeit

$$\dot{w}(\xi,\tau) = \frac{2v_0}{\pi}\sum_{n=1}^{\infty}\frac{1}{n[1-(n\beta/2)^2]}\sin n\pi\alpha\,\sin\frac{n\pi\beta}{2}\sin n\pi\xi\,\cos 2n\pi\tau .$$

Insbesondere sind für α = 1/2:

$$w(\xi,\tau) = \frac{2v_0\ell}{c\pi^2}\sum_{n=1,3,5}^{\infty}\frac{(-1)^{\frac{n-1}{2}}}{n^2[1-(n\beta/2)^2]}\sin\frac{n\pi\beta}{2}\sin n\pi\xi\,\sin 2n\pi\tau ,$$

$$\dot{w}(\xi,\tau) = \frac{2\,v_0}{\pi} \sum_{n=1,3,5}^{\infty} \frac{(-1)^{\frac{n-1}{2}}}{n[1-(n\beta/2)^2]} \sin\frac{n\pi\beta}{2} \sin n\pi\xi \cos 2n\pi\tau .$$

Hinweis: Für $n\beta = 2$ erhalten wir den unbestimmten Ausdruck $B_n = 0/0$. Nach der Regel von Bernoulli-L´Hospital[1] ersetzen wir in diesem Fall B_n durch den Grenzwert

$$B_n = \lim_{n\beta \to 2} \left(\frac{2v_0\ell}{c\pi^2} \frac{\sin n\pi\alpha \, \sin(n\pi\beta/2)}{n^2[1-(n\beta/2)^2]} \right) = \frac{v_0\ell}{c\pi n^2} \sin n\pi\alpha .$$

1.4.2 Lösung der inhomogenen Differenzialgleichung

Die Eigenfunktionen $X_n(x)$ haben noch eine spezielle Bedeutung für die Lösung der inhomogenen Differenzialgleichung

$$\frac{\partial^2 w(x,t)}{\partial t^2} - c^2 \frac{\partial^2 w(x,t)}{\partial x^2} = \frac{1}{\mu} q(x,t). \tag{1.58}$$

Um hier zu einer Lösung zu kommen, verwenden wir gezielt den Eigenfunktionsansatz

$$w(x,t) = \sum_{n=1}^{\infty} \hat{T}_n(t) X_n(x), \tag{1.59}$$

wobei die Zeitfunktionen $\hat{T}_n(t)$ zunächst noch unbekannt sind. Der Ansatz hat den Vorteil, dass die Randbedingungen der beidseitig eingespannten Saite über die Eigenfunktionen von vornherein erfüllt sind. Zur Bestimmung der Funktionen $\hat{T}_n(t)$ setzen wir (1.59) in die Differenzialgleichung (1.58) ein und erhalten

$$\sum_{n=1}^{\infty} [X_n(x)\ddot{\hat{T}}_n(t) - c^2 X_n''(x)\hat{T}_n(t)] = \frac{1}{\mu} q(x,t) .$$

Unter Beachtung von

$$X_n''(x) = -\kappa_n^2 X_n(x) \text{ und } c^2\kappa_n^2 = \omega_n^2$$

folgt

---

[1] Die Regel ist benannt nach Guillaume François Antoine Marquis de L´Hospital, franz. Mathematiker, 1661–1704, der sie aber nicht selbst entdeckte, sondern aus einem Kurs von Johann Bernoulli übernahm, jenem abkaufte und 1696 in seinem Buch *Analyse des infiniment petits pour l´intelligence des lignes courbes*, dem ersten Lehrbuch der Differentialrechnung, veröffentlichte. Dieses Werk blieb bis zum Erscheinen von Leonhard Eulers *Introductio in analysin infinorum* (1748) das Standardwerk zur Analysis.

$$\sum_{n=1}^{\infty} [\ddot{\hat{T}}_n(t) + \omega^2 \,\hat{T}_n(t)] \, X_n(x) = \frac{1}{\mu} q(x,t) \,.$$

Multiplizieren wir diese Gleichung mit der Eigenfunktion

$$X_k(x) = \sin \kappa_k x = \sin \frac{k\pi}{\ell} x$$

und integrieren zwischen x = 0 und x = ℓ, dann folgt unter Beachtung der Orthogonalitätsrelationen (1.53)

$$\ddot{\hat{T}}_n(t) + \omega_n^2 \,\hat{T}_n(t) = \frac{2}{\mu\ell} \int_{x=0}^{\ell} q(x,t) X_n(x) dx \,. \tag{1.60}$$

Mit der Abkürzung

$$f_n(t) = \frac{2}{\mu\ell} \int_{x=0}^{\ell} q(x,t) X_n(x) dx \tag{1.61}$$

können wir dann Gleichung (1.60) kürzer in der Form

$$\ddot{\hat{T}}_n(t) + \omega_n^2 \,\hat{T}_n(t) = f_n(t) \tag{1.62}$$

notieren. Die Lösung der obigen Gleichung setzt sich zusammen aus der allgemeinen Lösung der homogenen Differenzialgleichung

$$\hat{T}_{n,h}(t) = \hat{A}_n \cos \omega_n t + \hat{B}_n \sin \omega_n t \,, \qquad \left(\omega_n = \frac{n\pi c}{\ell} = \frac{n\pi}{\ell} \sqrt{\frac{S}{\mu}} \right)$$

und einer partikulären Lösung

$$\hat{T}_{n,p}(t) = \frac{1}{\omega_n} \int_{\tau=0}^{t} f_n(\tau) \sin \omega_n (t-\tau) d\tau$$

der inhomogenen Differenzialgleichung, womit wir für die vollständige Lösung

$$\hat{T}_n(t) = \hat{A}_n \cos \omega_n t + \hat{B}_n \sin \omega_n t + \frac{1}{\omega_n} \int_{\tau=0}^{t} f_n(\tau) \sin \omega_n (t-\tau) d\tau \tag{1.63}$$

erhalten. Die partikuläre Lösung erfüllt die beiden Anfangsbedingungen

$$\hat{T}_{n,p}(t=0) = 0 \qquad \text{und} \qquad \dot{\hat{T}}_{n,p}(t=0) = 0 \,.$$

Bei fehlender Anfangsauslenkung Φ und Anfangsgeschwindigkeit Ψ stellt somit das Partikularintegral bereits die vollständige Lösung dar.

Beispiel 1-4:

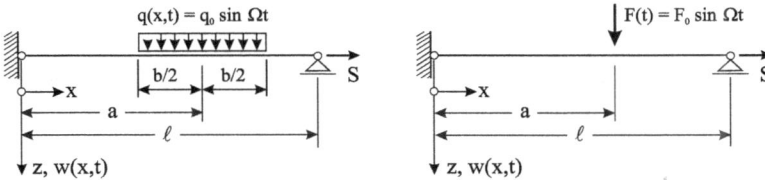

Abb. 1.11   *Saite mit harmonischer Erregerbelastung q(x,t) und Einzelkraftbelastung F(t)*

Eine Saite der Masse M und der Länge ℓ ist mit der Kraft S vorgespannt und wird aus der Ruhelage durch die äußere Linienkraft $q(x,t) = q_0 \sin \Omega t$ zu Schwingungen angeregt. Gesucht werden die Auslenkung $w(x,t)$ und die Geschwindigkeit $\dot{w}(x,t)$. Untersuchen Sie den Fall der Anregung durch die harmonische Kraft $F(t) = F_0 \sin \Omega t$ an der Stelle $x = a$. Animieren Sie mit Maple die Bewegungsvorgänge.

<u>Geg.</u>: Durchmesser der Saite D = 0,6 mm, Saitenlänge ℓ = 65 cm, Dichte des Saitenmaterials ρ = 7,5 g/cm^3 (Stahl). Die Vorspannkraft beträgt S = 120 N. Die zeitabhängige Linienkraftbelastung ist $q(x,t) = 50 \sin(300\,t)$ [N/m]. Die Laststellung wird mit $a = b = \ell/4$ angenommen. Die Einzelkraft $F = 10 \sin(300\,t)$ [N] steht an der Stelle $x = a$.

<u>Lösung</u>: Die Masse der Saite beträgt $M = \rho\,D^2\,\pi\ell/4 = 0,13784 \cdot 10^{-2}$ kg, und für die Massenbelegung erhalten wir $\mu = M/\ell = 0,21206 \cdot 10^{-2}$ kg/m. Wir beschaffen uns zunächst eine allgemeine Lösung. Mit (1.61) und den Eigenfunktionen (1.49) sowie mit den dimensionslosen Längen

$\alpha = a/\ell$, $\beta = b/\ell$, $\xi = x/\ell$ ist

$$\begin{aligned} f_n(t) &= \frac{2}{\mu\ell} \int_{x=0}^{\ell} q(x,t)\,X_n(x)\,dx = \frac{2q_0 \sin \Omega t}{\mu\ell} \int_{x=a-b/2}^{a+b/2} \sin \kappa_n x \, dx \\ &= \frac{4q_0}{\mu n \pi} \sin \Omega t \sin \kappa_n a \sin \frac{\kappa_n b}{2}. \end{aligned}$$

(a)

Für den zeitabhängigen Lösungsanteil, der hier wegen der homogenen Anfangsbedingungen auch die vollständige Lösung der Bewegungsgleichung darstellt, folgt

$$\hat{T}_n(t) = \frac{1}{\omega_n} \int\limits_{\tau=0}^{t} f_n(\tau) \sin \omega_n(t-\tau) d\tau$$

$$= \frac{4q_0 \ell^2}{S\pi^3} \frac{1}{n^3(1-\eta_n^2)} \sin \frac{\kappa_n b}{2} \sin \kappa_n a \left(\sin \Omega t - \eta_n \sin \omega_n t \right).$$

(b)

In der obigen Gleichung wurden zur Abkürzung die Frequenzverhältnisse $\eta_n = \Omega/\omega_n$ eingeführt. Mit (1.59) folgt dann die Auslenkung

$$w(x,t) = \frac{4q_0 \ell^2}{S\pi^3} \sum_{n=1}^{\infty} \frac{1}{n^3(1-\eta_n^2)} \sin \frac{\kappa_n b}{2} \sin \kappa_n a \, \sin \kappa_n x \left(\sin \Omega t - \eta_n \sin \omega_n t \right)$$

(c)

und durch Ableitung nach der Zeit t die Geschwindigkeit

$$\dot{w}(x,t) = \frac{4q_0 \Omega \ell^2}{S\pi^3} \sum_{n=1}^{\infty} \frac{1}{n^3(1-\eta_n^2)} \sin \frac{\kappa_n b}{2} \sin \kappa_n a \, \sin \kappa_n x \left(\cos \Omega t - \cos \omega_n t \right).$$

(d)

Stimmt die Erregerkraftfrequenz Ω mit einer der Kreisfrequenzen ω_n der Eigenschwingungen überein, dann erhalten wir wegen $\eta_n = 1$ aus (b) den unbestimmten Ausdruck $\hat{T}_n(t) = 0/0$. Nach der Regel von Bernoulli-L'Hospital ersetzen wir in diesen Fällen $\hat{T}_n$ durch den Grenzwert

$$\lim_{\Omega \to \omega_n} \hat{T}_n(t) = \frac{2q_0 \ell^2}{S\pi^3} \frac{1}{n^3} \sin \frac{\kappa_n b}{2} \sin \kappa_n a \left(\sin \omega_n t - \omega_n t \cos \omega_n t \right).$$

(e)

Wir können nun auch den Fall der Anregung durch eine harmonische Kraft $F(t) = F_0 \sin \Omega t$ behandeln, die sich an der Stelle $x = a$ befindet. Dazu fassen wir zunächst die statische Beanspruchung $q_0 b$ zur resultierenden Kraft F_0 zusammen, setzen sodann $q_0 = F_0/b$ und führen anschließend in (c) den Grenzübergang $b \to 0$ durch. Das führt auf die Verschiebung

$$w(x,t) = \frac{2F_0 \ell}{S\pi^2} \sum_{n=1}^{\infty} \frac{1}{n^2(1-\eta_n^2)} \sin \kappa_n a \, \sin \kappa_n x \left(\sin \Omega t - \eta_n \sin \omega_n t \right)$$

und die Geschwindigkeit

$$\dot{w}(x,t) = \frac{2F_0 \ell}{S\pi^2} \sum_{n=1}^{\infty} \frac{1}{n^2(1-\eta_n^2)} \sin \kappa_n a \, \sin \kappa_n x \left(\cos \Omega t - \cos \omega_n t \right).$$

<u>Hinweis:</u> Den obigen Gleichungen entnehmen wir den bemerkenswerten Sachverhalt, dass $\sin \kappa_n a$ immer dann verschwindet, wenn $\kappa_n a = k\pi$ oder $a = k\pi/\kappa_n = k\ell/n$ mit $k = (0,1,..,n)$ erfüllt ist, also wenn etwa für $n = 3$ die Einzelkraft bei $a = (0, \ell/3, 2\ell/3, \ell)$ und damit in den Schwingungsknoten der 2. Oberschwingung steht (Abb. 1.7). In diesen Fällen wird die entsprechende Eigenfunktion (hier X_3) nicht angeregt.

1.5 Die Eigenwertaufgabe bei allgemeineren Randbedingungen

Neben der festen Lagerung sind weitere Randbedingungen möglich. Besitzt die Saite beispielsweise ein in vertikaler Richtung reibungsfrei gelagertes freies Ende, dann kann dort nur die x-Komponente der Vorspannkraft S übernommen werden, dagegen muss die z-Komponente

$$S_z = S \sin\alpha \approx S \tan\alpha = S \frac{\partial y(x,t)}{\partial x}$$

wegen der unterstellten Reibungsfreiheit an dieser Stelle verschwinden.

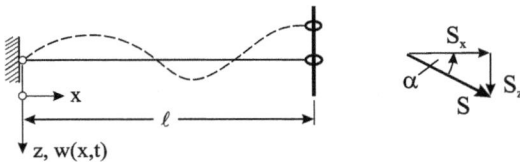

Abb. 1.12 *Die links eingespannte und rechts reibungsfrei geführte Saite*

Da i. Allg. $S \neq 0$ ist, besitzt wegen $S_z = 0$ die Funktion w am freien Ende $x = \ell$ eine horizontale Tangente und die Randbedingung lautet dort

$$\left. \frac{\partial w(x,t)}{\partial x} \right|_{x=\ell} = 0 = X'(x) \big|_{x=\ell} . \qquad (1.64)$$

Am linken Rand muss die Verschiebung w verschwinden. Mit der Bernoulli-Lösung (1.46) lassen sich beide Randwerte durch die Ortsfunktion

$$X(x) = C \cos\kappa x + D \sin\kappa x \quad \text{und damit} \quad X'(x) = -\kappa \left(C \sin\kappa x - D \cos\kappa x \right)$$

ausdrücken. Wir erhalten $X(0) = C = 0$ und $X_{\_}(\ell) = D\,\kappa \cos\kappa\ell = 0$. Eine nichttriviale Lösung $D \neq 0$ ist mit der Randbedingung (1.64) nur zu gewinnen, wenn

$$\cos\kappa\ell = 0 \qquad (1.65)$$

gilt. Damit ergeben sich folgende Eigenwerte und Eigenkreisfrequenzen:

$$\kappa_n = \frac{2n-1}{2\ell}\pi, \qquad \omega_n = \kappa_n c = \frac{2n-1}{2\ell} c\pi, \qquad (n = 1,2,3,\ldots). \qquad (1.66)$$

Für die Eigenfunktionen erhalten wir (die Konstante D spielt hier keine Rolle):

$$X_n(x) = \sin\kappa_n x , \qquad (n = 1,2,3,\ldots).$$ (1.67)

Diese Eigenfunktionen genügen ebenfalls den Orthogonalitätsrelationen (1.53).

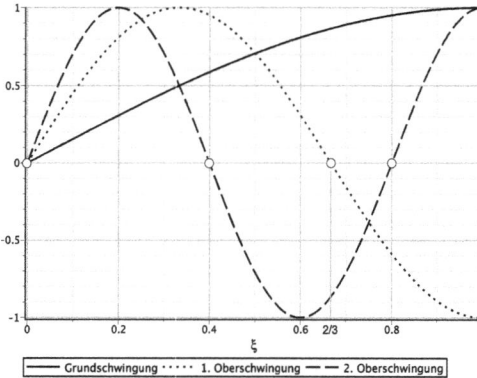

Abb. 1.13 *Eigenfunktionen der links eingespannten und rechts reibungsfrei geführten Saite*

Die allgemeine Lösung unseres Problems ist dann

$$w(x,t) = \sum_{n=1}^{\infty} X_n(x)T_n(t) = \sum_{n=1}^{\infty} \sin\kappa_n x \left(A_n \cos\omega_n t + B_n \sin\omega_n t\right)$$

$$\dot{w}(x,t) = \sum_{n=1}^{\infty} X_n(x)\dot{T}_n(t) = -\sum_{n=1}^{\infty} \omega_n \sin\kappa_n x \left(A_n \sin\omega_n t - B_n \cos\omega_n t\right).$$ (1.68)

Die Konstanten A_n und B_n sind wieder aus den Anfangsbedingungen zu bestimmen.

Beispiel 1-5:

Die Saite in Abb. 1.12 wird aus der Lage $\Phi(x) = h\,x/\ell$ mit $h = 1$ cm ohne Anfangsgeschwindigkeit losgelassen. Ermitteln Sie die Auslenkung $w(x,t)$ und die Geschwindigkeit $\dot{w}(x,t)$.

Geg.: Durchmesser der Saite $D = 0{,}6$ mm, Saitenlänge $\ell = 100$ cm, Dichte des Saitenmaterials $\rho = 7{,}5$ g/cm^3 (Stahl). Die Saite ist mit der Kraft $S = 80$ N vorgespannt.

Lösung: Da die Saite ohne Anfangsgeschwindigkeit ($\Psi = 0$) losgelassen wird, sind alle $B_n = 0$ und es verbleiben die Konstanten

$$A_n = \frac{2}{\ell}\int_0^\ell \Phi(x)\sin\kappa_n x\,dx = \frac{2h}{\ell^2}\int_{x=0}^\ell x\sin\kappa_n x\,dx = -\frac{8h\cos n\pi}{(2n-1)^2\pi^2} = \frac{8h(-1)^{n-1}}{(2n-1)^2\pi^2}.$$

Damit liegen auch die Auslenkung und die Geschwindigkeit fest:

$$w(x,t) = \sum_{n=1}^{\infty} A_n \sin\kappa_n x \cos\omega_n t, \quad \dot{w}(x,t) = -\sum_{n=1}^{\infty} A_n \omega_n \sin\kappa_n x \sin\omega_n t \,.$$

1.5.1 Die Saite mit einem Ende an einem Feder-Masse-System gefesselt

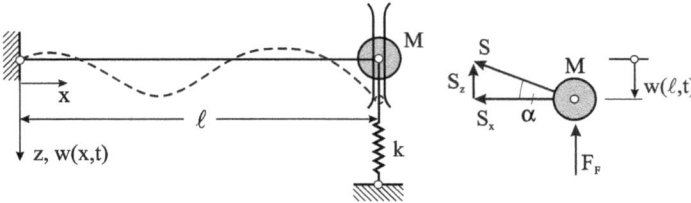

Abb. 1.14 *Saite mit Fesselung des rechten Endes an einem Feder-Masse-System*

Ist die Saite an einem Ende an einer federnd gelagerten Punktmasse M befestigt, die eine reine Translationsbewegung in z-Richtung durchführt (Abb. 1.14), dann liefert die Anwendung des Schwerpunktsatzes auf die freigeschnittene Masse M unter Vernachlässigung ihres Eigengewichts

$$M\frac{\partial^2 y(x,t)}{\partial t^2}\bigg|_{x=\ell} = -S_z(\ell,t) - k\,w(\ell,t)\,.$$

Die Vertikalkomponente der Vorspannkraft S können wir bei kleinen Verformungen wieder durch

$$S_z(\ell,t) \approx S\frac{\partial w(x,t)}{\partial x}\bigg|_{x=\ell}$$

annähern. Damit lautet die Randbedingung am rechten Rand:

$$M\frac{\partial^2 w(x,t)}{\partial t^2}\bigg|_{x=\ell} + S\frac{\partial w(x,t)}{\partial x}\bigg|_{x=\ell} + k\,w(\ell,t) = 0\,. \tag{1.69}$$

Am linken Rand ist $w(0,t) = 0$ zu fordern. Zur Lösung dieses Problems wird folgender Produktansatz gewählt:

$$w(x,t) = X(x)T(t) = \sinh\gamma x\, e^{\rho t}, \tag{1.70}$$

der bereits die Randbedingung am Rand $x = 0$ erfüllt. Die Konstanten γ und ρ sind dabei noch unbekannt, und dass diese nicht unabhängig voneinander sein können, sehen wir sofort, wenn wir (1.70) in die Wellengleichung (1.15)

$$\frac{\partial^2 w(x,t)}{\partial t^2} - c^2 \frac{\partial^2 w(x,t)}{\partial x^2} = 0 \,, \qquad c = \sqrt{S/\mu}$$

einsetzen, denn dann muss die Beziehung

$$(\rho^2 - c^2\gamma^2)e^{\rho t} \sinh \gamma x = 0$$

bestehen, was i. Allg. nur für

$$\rho = \pm c\gamma \qquad\qquad\qquad\qquad\qquad\qquad\qquad\qquad (1.71)$$

erfüllt ist. Aufgrund des Superpositionsprinzips für lineare Differenzialgleichungen können wir dann (1.70) entsprechend

$$w(x,t) = \sinh \gamma x \, (C_1 e^{c\gamma t} + C_2 e^{-c\gamma t}) \qquad\qquad\qquad (1.72)$$

mit zunächst beliebigen komplexwertigen Konstanten C_1 und C_2 erweitern. Mit (1.70) sind

$$\left.\frac{\partial^2 w(x,t)}{\partial t^2}\right|_{x=\ell} = \rho^2 e^{\rho t} \sinh \gamma\ell \quad \text{und} \quad \left.\frac{\partial w(x,t)}{\partial x}\right|_{x=\ell} = \gamma e^{\rho t} \cosh \gamma\ell$$

womit die Randbedingung (1.69) am rechten Rand das Bestehen der Gleichung

$$(Mc^2\gamma^2 + k)\sinh \gamma\ell + S\gamma \cosh \gamma\ell = 0 \,.$$

Unter Beachtung von $c^2 = S/\mu$ folgt dann die *Eigenwertgleichung*

$$\coth \gamma\ell + \frac{M}{\mu\ell}\gamma\ell + \frac{k\ell}{S}\frac{1}{\gamma\ell} = 0 \,.$$

Diese transzendente Gleichung zur Bestimmung von γ besitzt keine reellen Lösungen. Wir setzen deshalb

$$\gamma\ell = i\lambda \qquad \text{mit} \qquad i^2 = -1, \qquad\qquad\qquad (1.73)$$

beachten $\coth(i\lambda) = -i\cot(\lambda)$ und erhalten nun die reellwertige Eigenwertgleichung

$$\cot\lambda = a\lambda - b\frac{1}{\lambda}, \qquad \text{mit} \qquad a = \frac{M}{\mu\ell}, \quad b = \frac{k\ell}{S} \,. \qquad\qquad (1.74)$$

Eine gute Abschätzung des kleinsten Eigenwertes λ_1 erhalten wir mit

$$\lambda_1 \approx \overline{\lambda}_1 = \frac{1}{2}\sqrt{-30-90a+6\sqrt{a(225a+150)+45+20b}} \; . \tag{1.75}$$

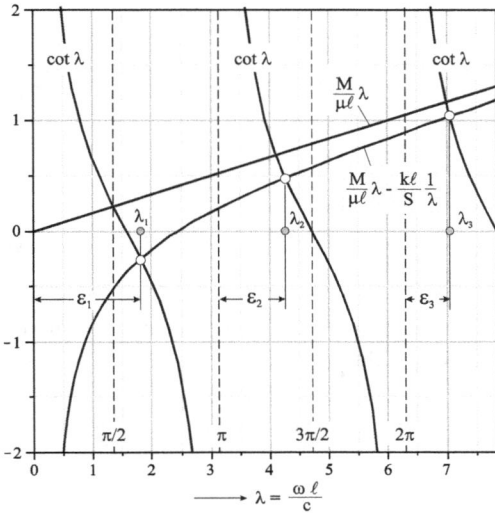

Abb. 1.15 *Grafische Darstellung der Eigenwertgleichung für die Parameter a = 1/6, b = 1*

In Abb. 1.15 sind jeweils die linke und rechte Seite der Eigenwertgleichung (1.74) dargestellt. Es gibt unendlich viele nichtharmonische Eigenwerte

$$\lambda_n = (n-1)\pi + \varepsilon_n, \qquad (n=1,2,3\dots), \tag{1.76}$$

die sich wegen $\lim\limits_{n\to\infty}\varepsilon_n = 0$ für große Werte von *n* nur wenig von $\lambda_n = (n-1)\pi$ unterscheiden. Mit

$$\gamma_n = i\frac{\lambda_n}{\ell} = i\kappa_n = i\frac{\omega_n}{c} \qquad \text{und damit} \qquad c\gamma_n = i\omega_n = i\frac{c\lambda_n}{\ell}$$

führt das auf den Teilausschlag

$$w_n(x,t) = \sinh\gamma_n x \,(C_{1,n}e^{c\gamma_n t}+C_{2,n}e^{-c\gamma_n t}) = \sinh i\kappa_n \,(C_{1,n}e^{i\omega_n t}+C_{2,n}e^{-i\omega_n t})\,.$$

Damit diese Lösung reell wird, muss $C_{2,n} = -\overline{C}_{1,n}$ gewählt werden, wobei die zu $C_{1,n}$ konjugiert komplexe Zahl durch $\overline{C}_{1,n}$ gekennzeichnet ist. Mit neuen reellen Konstanten folgt unter Beachtung der Eulerschen[1] Formel

$$e^{i\varphi} = \cos\varphi + i\sin\varphi$$

die durch den Index n gekennzeichnete Teillösung

$$w_n(x,t) = \sin\kappa_n x \, (A_n \cos\omega_n t + B_n \sin\omega_n t) \tag{1.77}$$

und damit

$$w(x,t) = \sum_{n=1}^{\infty} w_n(x,t) = \sum_{n=1}^{\infty} \sin\kappa_n x \, (A_n \cos\omega_n t + B_n \sin\omega_n t). \tag{1.78}$$

Wir können an dieser Stelle noch einige Sonderfälle betrachten. Ist das Saitenende nur mit der Masse M belastet dann lautet wegen $b = 0$ die Eigenwertgleichung

$$\cot\lambda = a\lambda$$

mit der Näherung für den kleinsten Eigenwert

$$\overline{\lambda}_1 = \frac{1}{2}\sqrt{-30 - 90a + 6\sqrt{a(225a + 150) + 45}} \; .$$

Ist das Ende der Saite lediglich federnd gelagert, dann ist $a = 0$, und die Eigenwertgleichung lautet

$$\cot\lambda = -b/\lambda \; . \tag{1.79}$$

Sind M und k beide Null, dann geht (1.74) über in die bereits mit (1.65) bekannte Eigenwertgleichung

$$\cos\lambda = 0.$$

Hinweis: Die Eigenfunktionen $\sin\kappa_n x$ sind <u>nicht</u> orthogonal im Sinne von (1.53), was die Bestimmung der noch offenen Konstanten A_n und B_n erheblich erschwert.

Beispiel 1-6:

Für das System in Abb. 1.14 sind die Eigenwerte und Eigenfunktionen zu berechnen. Die Saitenlänge beträgt $\ell = 1,0$ m, und die Massendichte ist $\mu = 0,006$ kg/m. Die Saite ist mit der Kraft

---

[1]   Leonhard Euler, schweizer. Mathematiker, Schüler von Johann Bernoulli, 1707–1783

S = 500 N vorgespannt. Die Endmasse M = 0,001 kg ist an eine lineare Feder mit der Feder-steifigkeit k = 500 N/m gefesselt.

<u>Lösung</u>: Wir berechnen zunächst die Eigenwerte. Mit den obigen Systemwerten sind a = 1/6 und b = 1. Damit lautet die Eigenwertgleichung

$$f(\lambda) = \cot\lambda - \frac{\lambda}{6} + \frac{1}{\lambda} = 0.$$

Wir können die Nullstellen dieser Gleichung unter Verwendung des *Newton-Verfahrens*[1]

$$\lambda_0^{i+1} = \lambda_0^i - \frac{f(\lambda_0^i)}{f'(\lambda_0^i)} \qquad \text{mit} \qquad \frac{df}{d\lambda} = f'(\lambda) = -\cot^2\lambda - \frac{7}{6} - \frac{1}{\lambda^2}$$

berechnen. Indem man das Verfahren *iteriert*[2], also λ_0^{i+1} anstelle von λ_0^i als neuen Nähe-rungswert benützt, können unter bestimmten Bedingungen (Schwarz, 1997) immer genauere Näherungen für λ_0 berechnet werden.

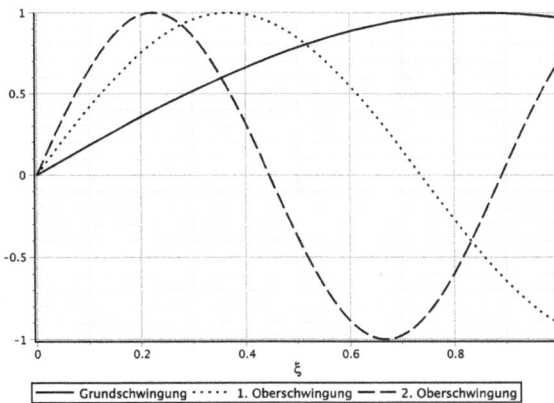

Abb. 1.16 *Die ersten drei Eigenfunktionen $X_n(\xi) = \sin(\lambda_n\xi)$*

Anhand des Grafen der Funktion $f(\lambda)$ in Abb. 1.15 beschaffen wir uns einen Überblick über die Lage der Nullstellen. Eine erste Näherung für den kleinsten Eigenwert erhalten wir mit der Beziehung (1.75) zu

---

[1] Newton, I.: *De analysi per aequationes numero terminorum infinitas*, Cap. 4. Etwa um 1669 verfasste Schrift, eine jedoch erst 1771 im Druck herausgegebene Abhandlung.

[2] zu lat. iterare, ›wiederholen‹

$$\overline{\lambda}_1 = 0{,}5\sqrt{-45+3\sqrt{385}} = 1{,}862 \ .$$

Ausgehend von diesem Startwert wird mit dem Newton-Verfahren die Lösung $\lambda_1 = 1{,}81453$ in nur zwei Schritten auf fünf Stellen hinter dem Komma genau berechnet. Die nächst höheren Eigenwerte sind $\lambda_2 = 4{,}26739$ und $\lambda_3 = 7{,}05209$. Die sich damit ergebenden ersten drei Eigenfunktionen $X_n(\xi) = \sin(\lambda_n \xi)$ mit $\xi = x/\ell$ sind in Abb. 1.16 dargestellt. Maple ermöglicht mit der Prozedur `fsolve`, bei Vorgabe eines sinnvollen Startwertes, die automatisierte Berechnung der Nullstellen unserer Eigenwertgleichung.

Beispiel 1-7:

Die Saite in Abb. 1.14 wird zum Zeitpunkt $t = 0$ mit $\Phi(x) = h\, x/\ell$ ohne Anfangsgeschwindigkeit ausgelenkt. Gesucht wird die Bewegung $w(x,t)$. Die Systemwerte entsprechen denjenigen in Beispiel 1-6.

<u>Lösung</u>: Die Anfangsbedingung für Auslenkung lautet mit (1.52):

$$w(x, t = 0) = \Phi(x) = \sum_{n=1}^{\infty} A_n \sin \kappa_n x \ , \qquad \left(\kappa_n = \frac{\omega_n}{c} \right).$$

Da Orthogonalitätsrelationen der Eigenfunktionen im Sinne von (1.53) nicht bestehen, gestaltet sich die Ermittlung der Amplituden A_n nun etwas aufwendiger. Um hier zu einer *Näherungslösung* zu kommen, ersetzen wir die Funktion $\Phi(x)$ durch die Näherungsfunktion

$$\Phi(x) \approx \overline{\Phi}(x) = \sum_{n=1}^{N} A_n \sin \kappa_n x = A_1 \sin \kappa_1 x + A_2 \sin \kappa_2 x + \ldots + A_N \sin \kappa_N x \ ,$$

die aus einer endlichen Anzahl von Eigenfunktionen mit noch unbekannten Konstanten A_n besteht.

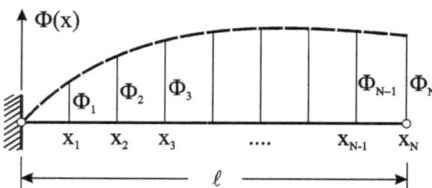

Abb. 1.17   Anordnung der Stützstellen zur punktweisen Erfüllung der Anfangsbedingung $\Phi(x)$

Zur Bestimmung der Konstanten $A_1,\ldots, A_N$ geben wir im Intervall $0 \le x \le \ell$ genau N äquidistante *Stützstellen* $x_1,\ldots, x_N$ vor und fordern, dass die Näherungsfunktion $\overline{\Phi}(x)$ die Anfangsbedingung $\Phi(x)$ wenigstens an diesen Stellen erfüllt. Das erfordert

$$\sum_{n=1}^{N} A_n \sin \kappa_n x_j = \Phi(x_j), \qquad (j = 1,\ldots,N).$$

Diese punktweise Erfüllung der Anfangsbedingung wird *Kollokation*[1] genannt. Mit

$$\mathbf{A} = \begin{bmatrix} \sin \kappa_1 x_1 & \cdots & \sin \kappa_N x_1 \\ \vdots & & \vdots \\ \sin \kappa_1 x_N & \cdots & \sin \kappa_N x_N \end{bmatrix}, \quad \mathbf{a} = \begin{bmatrix} A_1 \\ \vdots \\ A_N \end{bmatrix}, \quad \mathbf{b} = \begin{bmatrix} \Phi(x_1) \\ \vdots \\ \Phi(x_N) \end{bmatrix}$$

erfordert die Lösung des linearen Gleichungssystems $\mathbf{A} \cdot \mathbf{a} = \mathbf{b}$ lediglich Funktionsauswertungen der Eigenfunktionen und der Anfangsauslenkung. Beschränken wir uns auf die ersten drei Eigenfunktionen (N = 3) und wählen die drei äquidistanten Stützstellen $x_1 = \ell/3$, $x_2 = 2\ell/3$ und $x_3 = \ell$, dann folgt beispielsweise mit $h = 1$ cm:

$$\mathbf{A} = \begin{bmatrix} 0{,}569 & 0{,}989 & 0{,}711 \\ 0{,}936 & 0{,}292 & -1{,}000 \\ 0{,}970 & -0{,}903 & 0{,}695 \end{bmatrix}, \quad \mathbf{b} = \begin{bmatrix} 0{,}333 \\ 0{,}677 \\ 1{,}000 \end{bmatrix}, \quad \rightarrow \mathbf{a} = \begin{bmatrix} A_1 \\ A_2 \\ A_3 \end{bmatrix} = \begin{bmatrix} 0{,}826 \\ -0{,}177 \\ 0{,}055 \end{bmatrix} \text{ [cm]}.$$

Werten wir mit diesen Konstanten die Anfangsbedingungen aus, dann erhalten wir die in Abb. 1.18 gestrichelt dargestellte Näherungslösung $\overline{\Phi}$. Bei Verwendung von 10 Eigenfunktionen (N = 10) wird die Anfangsbedingung für die Verschiebung w schon recht gut wiedergegeben. Da keine Anfangsgeschwindigkeit vorhanden ist, sind alle $B_n = 0$, und es verbleiben:

$$w(x,t) = \sum_{n=1}^{N} A_n \cos \omega_n t \sin \kappa_n x, \quad \dot{w}(x,t) = -\sum_{n=1}^{N} \omega_n A_n \sin \omega_n t \sin \kappa_n x.$$

Abb. 1.19 zeigt bei Verwendung der ersten 10 Eigenfunktionen die Auslenkung des rechten Saitenendes. Führen wir mit

$$t = T_1 \tau = \frac{2\pi}{\omega_1} \tau = \frac{2\pi\ell}{\lambda_1 c} \tau \text{ die dimensionslose Zeit } \tau \text{ ein, dann erhalten wir mit } \omega_n t = 2\pi \frac{\lambda_n}{\lambda_1} \tau :$$

$$w(\ell,t) = \sum_{n=1}^{10} A_n \cos \omega_n t \sin \kappa_n \ell = \sum_{n=1}^{10} A_n \cos 2\pi \frac{\lambda_n}{\lambda_1} \tau \sin \lambda_n.$$

Die Konstanten A_n wurden nach der Kollokationsmethode unter Verwendung von 10 äquidistanten Stützstellen berechnet. Weitere Einzelheiten können dem entsprechenden Maple-Arbeitsblatt entnommen werden.

---

[1]   lat. collocatio ›Anordnung, Sammlung‹

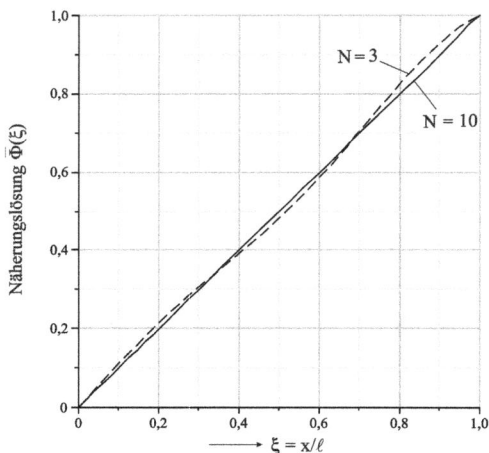

Abb. 1.18 *Anfangsauslenkung bei Verwendung der ersten 3 bzw. ersten 10 Eigenfunktionen*

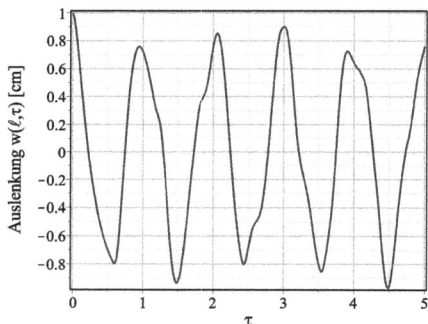

Abb. 1.19 *Auslenkung des rechten Saitenendes bei Verwendung der ersten 10 Eigenfunktionen*

1.6   Freie gedämpfte Saitenschwingungen

Wir beschränken uns auf die geschwindigkeitsproportional gedämpften freien Schwingungen nach (1.14). Dann verbleibt mit $q = 0$ die homogene Bewegungsgleichung

$$\mu \frac{\partial^2 w(x,t)}{\partial t^2} + \rho \frac{\partial w(x,t)}{\partial t} - S \frac{\partial^2 w(x,t)}{\partial x^2} = 0$$

Setzen wir noch $\rho = 2\delta\mu$ (ρ darf hier nicht mit der Dichte der Saite verwechselt werden), dann erhalten wir nach Division mit μ unter Beachtung von $S/\mu = c^2$ die partielle Differenzialgleichung zweiter Ordnung mit konstanten Koeffizienten

$$\frac{\partial^2 w(x,t)}{\partial t^2} + 2\delta \frac{\partial w(x,t)}{\partial t} - c^2 \frac{\partial^2 w(x,t)}{\partial x^2} = 0, \quad \left(\delta = \frac{\rho}{2\mu}\right).$$

Hier führt der Produktansatz $w(x,t) = X(x)T(t)$ auf die beiden gewöhnlichen Differenzialglei-chungen

$$\ddot{T}(t) + 2\delta \dot{T}(t) + \omega^2 T(t) = 0, \quad X''(x) + \kappa^2 X(x) = 0, \quad (\kappa = \dot{\omega}/c = \omega\sqrt{\mu/S}).$$

Für den zeitabhängigen Anteil erhalten ist die Lösung

$$T(t) = Ae^{\zeta_1 t} + Be^{\zeta_2 t}, \quad \zeta_{1,2} = -\delta \pm \lambda, \quad \lambda = \sqrt{\delta^2 - \omega^2},$$

und für die Ortsfunktion folgt:

$$X(x) = C\cos\kappa x + D\sin\kappa x.$$

Die vollständige Lösung lautet dann

$$w(x,t) = (Ae^{\zeta_1 t} + Be^{\zeta_2 t})(C\cos\kappa x + D\sin\kappa x).$$

Diese Lösung ist an die Rand- und Anfangsbedingungen anzupassen. Für die beidseitig einge-spannte Saite sind die Randbedingungen

$$w(x = 0, t) = 0 = X(x = 0) = C \qquad \rightarrow C = 0$$
$$w(x = \ell, t) = 0 = X(x = \ell) = D\sin\kappa\ell \qquad \rightarrow \sin\kappa\ell = 0$$

zu erfüllen. Aus $\sin\kappa\ell = 0$ folgen die Eigenwerte und die Eigenkreisfrequenzen

$$\kappa_n = \frac{n\pi}{\ell}, \qquad \omega_n = \kappa_n c, \qquad (n = 1,2,3,\ldots)$$

sowie die Eigenfunktionen

$$X_n(x) = \sin\kappa_n x = \sin\frac{n\pi}{\ell}x, \qquad (n = 1,2,3,\ldots).$$

Setzen wir nacheinander $n = 1,2,3\ldots$, so erhalten wir unendlich viele Teillösungen der Form

$$w_n(x,t) = T_n(t)X_n(x) = (A_n e^{\zeta_{1n} t} + B_n e^{\zeta_{2n} t})\sin\kappa_n x,$$

und aufgrund der Linearität der Bewegungsgleichung ist dann die Summe

$$w(x,t) = \sum_{n=1}^{\infty} w_n(x,t) = \sum_{n=1}^{\infty} (A_n e^{\zeta_{1,n} t} + B_n e^{\zeta_{2,n} t})\sin\kappa_n x$$

die allgemeine Lösung unseres Problems. Die Konstanten A_n und B_n ergeben sich aus den Anfangsbedingungen

$$w(x, t = 0) = \Phi(x) = \sum_{n=1}^{\infty} (A_n + B_n) \sin \kappa_n x$$

$$\dot{w}(x, t = 0) = \Psi(x) = \sum_{n=1}^{\infty} (A_n \zeta_{1,n} + B_n \zeta_{2,n}) \sin \kappa_n x.$$

Beachten wir die Orthogonalitätsrelationen der Eigenfunktionen, dann folgen mit den Hilfsfunktionen

$$I_{1,n} = \int_0^\ell \Phi(x) \sin \kappa_n x \, dx, \quad I_{2,n} = \int_0^\ell \Psi(x) \sin \kappa_n x \, dx$$

die Konstanten in der Form

$$A_n = \frac{I_{2,n} - I_{1,n} \zeta_{2,n}}{\ell \lambda_n}, \quad B_n = \frac{I_{1,n} \zeta_{1,n} - I_{2,n}}{\ell \lambda_n}, \quad \lambda_n = \sqrt{\delta^2 - \omega_n^2} \, .$$

Hinweis: In praktischen Anwendungen können bei sehr kleinen Dämpfungswerten δ die Ausschläge w(x,t) zunächst so bestimmt werden, als wäre die Bewegung ungedämpft. Die Dämpfung wird dann erst im Nachhinein berücksichtigt, indem die ungedämpfte Lösung mit $e^{-\delta t}$ multipliziert wird, also

$$w(x,t) = \sum_{n=1}^{\infty} w_n(x,t) = e^{-\delta t} \sum_{n=1}^{\infty} (A_n \cos \omega_n t + B_n \sin \omega_n t) X_n(x) \, .$$

Beispiel 1-8:

Für die gezupfte Gitarrensaite in Beispiel 1-2 sind die gedämpften Schwingungen w(x,t) zu ermitteln, wenn sich die Saite in einem Medium der Dichte $\rho = \rho_L$ bewegt. Stellen Sie eine Maple-Prozedur zur Verfügung, die den Bewegungsvorgang animiert.

Geg.: Saitenlänge ℓ = 65 cm, h = 1 cm, a = ℓ/3, μ = 0,707 g/m, ρ_L = 0,01 kg m^{-1} s^{-1}.

Lösung: Wir übernehmen die in Beispiel 1-2 eingeführten Abkürzungen $\alpha = a/\ell$ und $\eta = h/\ell$. Mit der dort vorgegebenen Anfangsauslenkung

$$w(x, t = 0) = \Phi(x) = \begin{cases} h \dfrac{\xi}{\alpha} & \text{für} \quad 0 \le \xi \le \alpha \\[2ex] h \dfrac{1 - \xi}{1 - \alpha} & \text{für} \quad \alpha \le \xi \le 1. \end{cases}$$

$$I_{1,n} = \int\limits_0^\ell \Phi(x)\sin\kappa_n x \, dx = \frac{h}{a}\int\limits_{x=0}^a x\sin\kappa_n x \, dx + \frac{h}{\ell-a}\int\limits_{x=a}^\ell (\ell-x)\sin\kappa_n x \, dx$$

$$= \frac{\eta\ell^2}{\alpha(1-\alpha)n^2\pi^2}\sin n\pi\alpha,$$

und wegen $\Psi(x) = 0$ sind alle $I_{2,n} = 0$. Für die Konstanten folgt

$$A_n = -\frac{I_{1,n}\zeta_{2,n}}{\ell\lambda_n} = \frac{I_{1,n}(\lambda_n+\delta)}{\ell\lambda_n}, \quad B_n = \frac{I_{1,n}\zeta_{1,n}}{\ell\lambda_n} = \frac{I_{1,n}(\lambda_n-\delta)}{\ell\lambda_n}.$$

Für die Auslenkung gilt dann

$$w(x,t) = \sum_{n=1}^\infty (A_n e^{\zeta_{1n}t} + B_n e^{\zeta_{2n}t})\sin\kappa_n x$$

$$= \frac{\eta\ell}{\alpha(1-\alpha)\pi^2}\sum_{n=1}^\infty \frac{1}{\lambda_n n^2}\left[(\lambda_n+\delta)e^{\zeta_{1n}t} + (\lambda_n-\delta)e^{\zeta_{2n}t}\right]\sin\alpha n\pi \sin\kappa_n x$$

$$= \frac{2\eta\ell e^{-\delta t}}{\alpha(1-\alpha)\pi^2}\sum_{n=1}^\infty \frac{1}{n^2}\left(\cosh\lambda_n t + \frac{\delta}{\lambda_n}\sinh\lambda_n t\right)\sin\alpha n\pi \sin\kappa_n x.$$

Ist δ sehr klein (schwache Dämpfung), dann können wir unter Beachtung des Grenzwertes

$$\lim_{\delta\to 0}\frac{\lambda_n\cosh\lambda_n t + \delta\sinh\lambda_n t}{\lambda_n} = \cos\omega_n t$$

näherungsweise

$$w(x,t) = \frac{2\ell\eta e^{-\delta t}}{\alpha(\alpha-1)\pi^2}\sum_{n=1}^\infty \frac{1}{n^2}\cos\omega_n t \sin\alpha n\pi \sin\kappa_n x$$

schreiben. Das entspricht der mit $e^{-\delta t}$ multiplizierten Lösung des ungedämpften Falls in Beispiel 1-2.

1.7 Freie Saitenschwingungen mit inhomogener Massenbelegung

Ist die Massenbelegung μ inhomogen, dann folgt aus der Beziehung (1.13) bei konstanter Spannkraft S sowie $q = \rho = 0$ die Differenzialgleichung

$$\mu(x)\frac{\partial^2 w(x,t)}{\partial t^2} - S\frac{\partial^2 w(x,t)}{\partial x^2} = 0, \tag{1.80}$$

die übrigens nicht von der d'Alembertschen Lösung $w(x,t) = u(x - ct) + v(x + ct)$ erfüllt wird. Hier führt der Separationsansatz (1.41) auf die Beziehung

$$\frac{\ddot{T}(t)}{T(t)} = S\frac{X''(x)}{\mu(x)X(x)} = -\omega^2,$$

die wir nach Bernoulli in die beiden gewöhnlichen Differenzialgleichungen

$$\ddot{T}(t) + \omega^2 T(t) = 0 \quad \text{und} \quad X''(x) + \frac{\omega^2 \mu(x)X(x)}{S} = 0 \tag{1.81}$$

zerlegen können.

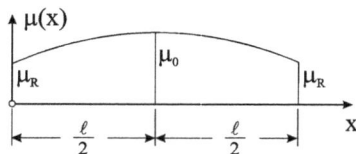

Abb. 1.20   *Quadratisch verteilte Massenbelegung μ(x)*

Wir beschränken uns auf die in skizzierte Abb. 1.20 quadratisch verteilte Massenbelegung

$$\mu(\xi) = \mu_0\left[\alpha + 4(1-\alpha)\xi(1-\xi)\right], \qquad (\xi = x/\ell, \ \alpha = \mu_R/\mu_0). \tag{1.82}$$

Die ortsabhängige Differenzialgleichung in (1.81) geht dann über in

$$X''(\xi) + \kappa_0^2\left[\alpha + 4(1-\alpha)\xi(1-\xi)\right]X(\xi) = 0, \quad (\kappa_0 = \omega\ell/c_0, c_0 = \sqrt{S/\mu_0}). \tag{1.83}$$

Die obige Gleichung besitzt die Lösung

$$X(\kappa_0, \alpha, \xi) = e^{-i\kappa_0\sqrt{\alpha-1}\,\xi(\xi-1)}\left[C\,H_1(\kappa_0, \alpha, \xi) + D\,(2\xi-1)\,H_2(\kappa_0, \alpha, \xi)\right]. \tag{1.84}$$

Darin bezeichnen C und D noch festzulegende Integrationskonstanten, und

$$
\begin{aligned}
H_1(\kappa_0, \alpha, \xi) &= hypergeom\left(\left[\frac{i\kappa_0\sqrt{\alpha-1}}{8(\alpha-1)} + \frac{1}{4}\right], \left[\frac{1}{2}\right], \frac{1}{2}i\kappa_0\sqrt{\alpha-1}\,(2\xi-1)^2\right) \\[2ex]
H_2(\kappa_0, \alpha, \xi) &= hypergeom\left(\left[\frac{i\kappa_0\sqrt{\alpha-1}}{8(\alpha-1)} + \frac{3}{4}\right], \left[\frac{3}{2}\right], \frac{1}{2}i\kappa_0\sqrt{\alpha-1}\,(2\xi-1)^2\right)
\end{aligned}
\tag{1.85}
$$

heißen hypergeometrische *Reihen* oder *Funktionen*, deren zahlenmäßige Auswertung wir selbstverständlich Maple überlassen. Diese Funktionen enthalten für spezielle Parameter eine Vielzahl bekannter Funktionen der Analysis. Im allgemeinen Fall kann jedoch eine hypergeometrische Reihe nicht durch elementare Funktionen ausgedrückt werden. Die Auswertung einer verallgemeinerten hypergeometrischen Reihe erfolgt in Maple mit dem Befehl `hypergeom`.

Im Fall $\alpha = 1$ (konstante Massenbelegung) ist eine Auswertung der obigen Reihen nicht möglich. Für $\alpha < 1$ ($\mu_0 > \mu_R$) sind H_1 und H_2 reell, und für $\alpha > 1$ ($\mu_0 < \mu_R$) ergeben sich H_1 und H_2 komplexwertig. Wir beschränken uns im Folgenden auf den Fall $\alpha < 1$. Dann geht (1.84) über in

$$X(\kappa_0,\alpha,\xi) = e^{\kappa_0 \sqrt{1-\alpha}\,\xi(\xi-1)} \left[C\,H_1(\kappa_0,\alpha,\xi) + D(2\xi-1)\,H_2(\kappa_0,\alpha,\xi) \right] \tag{1.86}$$

mit

$$H_1(\kappa_0,\alpha,\xi) = \textit{hypergeom}\left(\left[\frac{\kappa_0\sqrt{1-\alpha}}{8(1-\alpha)} + \frac{1}{4} \right], \left[\frac{1}{2} \right], -\frac{1}{2}\kappa_0\sqrt{1-\alpha}\,(2\xi-1)^2 \right)$$

$$H_2(\kappa_0,\alpha,\xi) = \textit{hypergeom}\left(\left[\frac{\kappa_0\sqrt{1-\alpha}}{8(1-\alpha)} + \frac{3}{4} \right], \left[\frac{3}{2} \right], -\frac{1}{2}\kappa_0\sqrt{1-\alpha}\,(2\xi-1)^2 \right). \tag{1.87}$$

Die noch freien Konstanten C und D in (1.86) werden aus der Forderung bestimmt, dass bei der beidseitig eingespannten Saite die Verschiebungen an den Rändern verschwinden müssen. Das bedingt

$$X(\kappa_0,\alpha,0) = \left[C\,H_1(\kappa_0,\alpha,0) - D\,H_2(\kappa_0,\alpha,0) \right] = 0$$
$$X(\kappa_0,\alpha,1) = \left[C\,H_1(\kappa_0,\alpha,1) + D\,H_2(\kappa_0,\alpha,1) \right] = 0.$$

In Matrizenschreibweise erhalten wir unter Beachtung von

$$H_1(\kappa_0,\alpha,\xi = 0) = H_1(\kappa_0,\alpha,\xi = 1), \quad H_2(\kappa_0,\alpha,\xi = 0) = H_2(\kappa_0,\alpha,\xi = 1)$$

das lineare homogene Gleichungssystem

$$\begin{bmatrix} H_1(\kappa_0,\alpha,1) & -H_2(\kappa_0,\alpha,1) \\ H_1(\kappa_0,\alpha,1) & H_2(\kappa_0,\alpha,1) \end{bmatrix} \begin{bmatrix} C \\ D \end{bmatrix} = \begin{bmatrix} 0 \\ 0 \end{bmatrix}, \tag{1.88}$$

welches nur dann eine nichttriviale Lösung besitzt, wenn die Determinante der Koeffizientenmatrix verschwindet, also die *Frequenzgleichung*

$$2H_1(\kappa_0,\alpha,1)H_2(\kappa_0,\alpha,1) = 0$$

besteht. Die Nullstellen der Funktionen

$$H_1(\kappa_0,\alpha,1) = \textit{hypergeom}\left(\left[\frac{\kappa_0\sqrt{1-\alpha}}{8(1-\alpha)}+\frac{1}{4}\right],\left[\frac{1}{2}\right],-\frac{1}{2}\kappa_0\sqrt{1-\alpha}\right)$$

$$H_2(\kappa_0,\alpha,1) = \textit{hypergeom}\left(\left[\frac{\kappa_0\sqrt{1-\alpha}}{8(1-\alpha)}+\frac{3}{4}\right],\left[\frac{3}{2}\right],-\frac{1}{2}\kappa_0\sqrt{1-\alpha}\right)$$

liefern bei festem Massenverhältnis α zweimal unendlich viele Eigenwerte $\kappa_{0,n}$ (n = 1...∞), womit dann auch die Eigenkreisfrequenzen $\omega_n = \kappa_{0,n}\,c_0/\ell$ festliegen. Die Eigenwerte, die aus den Eigenwertgleichungen $H_1 = 0$ und $H_2 = 0$ folgen, bezeichnen wir mit $\kappa_{0,n}^{(S)}$ bzw. $\kappa_{0,n}^{(A)}$. Zur Bestimmung der Konstanten C_n und D_n ist folgendes zu sagen: Eigenwerte $\kappa_{0,n}^{(S)}$ führen nach (1.88) auf das Gleichungssystem

$$\begin{bmatrix} 0 & -H_2(\kappa_{0,n},\alpha,1) \\ 0 & H_2(\kappa_{0,n},\alpha,1) \end{bmatrix}\begin{bmatrix} C_n \\ D_n \end{bmatrix} = \begin{bmatrix} 0 \\ 0 \end{bmatrix}.$$

Beide Gleichungen sind nur für $D_n = 0$ erfüllt, und C_n kann beliebig gewählt werden, also etwa $C_n = 1$. Eigenwerte $\kappa_{0,n}^{(A)}$, die die Gleichung $H_2 = 0$ erfüllen, liefern die Konstanten $C_n = 0$, und für die beliebig wählbaren Konstanten D_n setzen wir zweckmäßigerweise $D_n = 1$. Mit den symmetrischen (S) und antimetrischen (A) Eigenfunktionen

$$\begin{aligned} X_n^{(S)}(\xi) &= e^{\kappa_{0,n}^{(S)}\sqrt{1-\alpha}\,\xi(\xi-1)}\, H_1(\kappa_{0,n}^{(S)},\alpha,\xi) \\ X_n^{(A)}(\xi) &= e^{\kappa_{0,n}^{(A)}\sqrt{1-\alpha}\,\xi(\xi-1)}\,(2\xi-1)\,H_2(\kappa_{0,n}^{(A)},\alpha,\xi) \end{aligned} \qquad (1.89)$$

erhalten wir dann für den ortsabhängigen n-te Teillösung die Eigenfunktionen

$$X_n(\xi) = X_n^{(S)}(\xi) + X_n^{(A)}(\xi).$$

Um die vollständige Lösung der Bewegungsgleichung notieren zu können, benötigen wir noch den zeitabhängigen Anteil aus dem Produktansatzes nach Bernoulli, also

$$T_n(t) = A_n\cos\omega_n t + B_n\sin\omega_n t$$

und erhalten abschließend die Auslenkung

$$\begin{aligned} w(\xi,t) = &\sum_{n=1}^{\infty} X_n^{(S)}(\xi)(A_n^{(S)}\cos\omega_n^{(S)}t + B_n^{(S)}\sin\omega_n^{(S)}t) + \\ &\sum_{n=1}^{\infty} X_n^{(A)}(\xi)(A_n^{(A)}\cos\omega_n^{(A)}t + B_n^{(A)}\sin\omega_n^{(A)}t) \end{aligned} \qquad (1.90)$$

und die Geschwindigkeit

$$\dot{w}(\xi,t) = -\sum_{n=1}^{\infty} X_n^{(S)}(\xi)\omega_n^{(S)}(A_n^{(S)}\sin\omega_n^{(S)}t - B_n^{(S)}\cos\omega_n^{(S)}t)$$

$$-\sum_{n=1}^{\infty} X_n^{(A)}(\xi)\omega_n^{(A)}(A_n^{(A)}\sin\omega_n^{(A)}t - B_n^{(A)}\cos\omega_n^{(A)}t).$$

(1.91)

Zur Erfüllung spezieller Anfangsbedingungen sind die Konstanten A_n und B_n entsprechend zu wählen, etwa mittels der Kollokationsmethode (s.h. auch Beispiel 1-7).

Beispiel 1-9:

Für eine Saite der Länge ℓ mit quadratisch verteilter Massenbelegung $\mu(x)$ sind die Eigenwerte, Eigenkreisfrequenzen und Eigenfunktionen zu bestimmen. Die Saite, die mit der Spannkraft S vorgespannt ist, wird zum Zeitpunkt $t = 0$ entsprechend Beispiel 1-2 an der Selle $x = a$ um das Maß h angezupft. Stellen Sie eine Maple-Prozedur zur Verfügung, die automatisiert den Bewegungsvorgang animiert.

<u>Geg.</u>: $\mu_0 = 0{,}012$ kg/m, $\mu_R = 0{,}006$ kg/m, $\ell = 1$ m, a = 0,3 m, h = 0,01 m, S = 500 N.

<u>Lösung</u>: Mit den Systemwerten sind $\alpha = \mu_R/\mu_0 = 1/2 < 1$ und $c_0 = \sqrt{S/\mu_0} = 204{,}12\,\text{m}/\text{s}$.

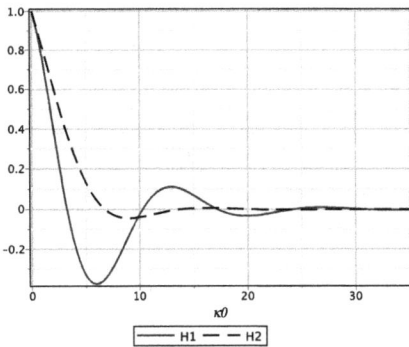

Abb. 1.21 *Die Funktionen H_1 und H_2*

Die Eigenwerte κ_0 werden aus den beiden transzendenten Gleichungen (Abb. 1.21)

$$H_1(\kappa_0) = hypergeom\left(\left[\frac{1}{8}\sqrt{2}\kappa_0 + \frac{1}{4}\right], \left[\frac{1}{2}\right], -\frac{1}{4}\sqrt{2}\kappa_0\right) = 0 \qquad \text{und}$$

$$H_2(\kappa_0) = hypergeom\left(\left[\frac{1}{8}\sqrt{2}\kappa_0 + \frac{3}{4}\right], \left[\frac{3}{2}\right], -\frac{1}{4}\sqrt{2}\kappa_0\right) = 0$$

mit der Maple-Prozedur `Roots` aus der Bibliothek `Student[Calculus1]` nummerisch berechnet. Wir fassen die mit Maple erzielten Ergebnisse in Tab. 1.1 zusammen.

Tab. 1.1 *Nullstellen (Eigenwerte) der Funktionen H_1 und H_2, zugehörige Eigenkreisfrequenzen*

n	$H_1 = 0$		$H_2 = 0$	
	$\kappa_{0,n}$	$\omega_n\,[\text{s}^{-1}]$	$\kappa_{0,n}$	$\omega_n\,[\text{s}^{-1}]$
1	3,24822	663,04001	6,76820	1381,55335
2	10,25922	2094,15456	13,73723	2804,10024
3	17,20835	3512,64061	20,67540	4220,34918
4	24,13985	4927,52588	27,60253	5634,34262
5	31,06396	6340,90493	34,52449	7047,28102

Sind die Eigenwerte ermittelt, dann können die bezüglich $\xi = 1/2$ symmetrischen bzw. antimetrischen Eigenfunktionen X_n bis auf eine willkürliche Konstante notiert werden:

$$X_n^{(S)} = e^{\frac{1}{2}\sqrt{2}\,\kappa_{0,n}^{(H_1)}\,\xi(\xi-1)}\,H_1(\kappa_{0,n}^{(H_1)},1/2,\xi),\quad X_n^{(A)} = e^{\frac{1}{2}\sqrt{2}\,\kappa_{0,n}^{(H_2)}\,\xi(\xi-1)}\,(2\xi-1)\,H_2(\kappa_{0,n}^{(H_2)},1/2,\xi).$$

a) Symmetrische Eigenfunktionen   b) Antimetrische Eigenfunktionen

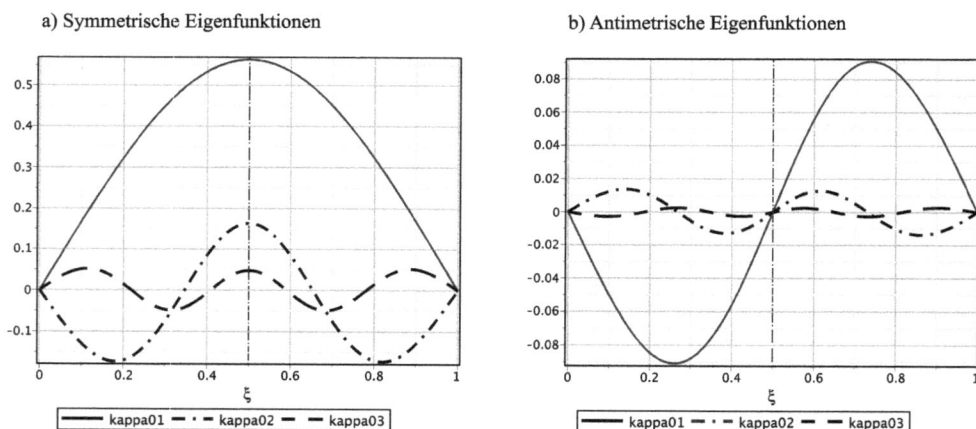

Abb. 1.22 *Die ersten drei symmetrischen bzw. antimetrischen Eigenfunktionen*

Wie wir der Abb. 1.22 entnehmen können, erfüllen die Eigenfunktionen bei $\xi = (0,1)$ die geforderten Randwerte einer eingespannten Saite. Die mit Maple animierte Bewegung kann dem entsprechenden Arbeitsblatt entnommen werden.

1.7.1 Näherungslösung mittels der Störungsrechnung

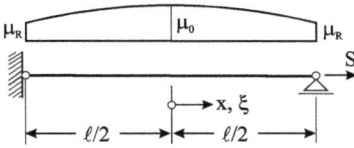

Abb. 1.23 Saite mit mittensymmetrische Massenverteilung

Wir haben im voranstehen Kapitel gesehen, dass wir mit den dort gegebenen Systemwerten die Eigenfunktionen einer Saite symmetrisch bzw. antimetrisch bezüglich $\xi = 1/2$ darstellen konnten. Wir verschieben deshalb für die folgenden Rechnungen den Ursprung des Koordinatensystems in die Systemmitte (Abb. 1.23) und erhalten so die Massenverteilung

$$\mu(\xi) = \mu_0\left[1 - 4(1-\alpha)\xi^2\right], \qquad (\xi = x/\ell, \ \alpha = \mu_R/\mu_0). \qquad (1.92)$$

Die ortsabhängige Differenzialgleichung in (1.81) geht dann über in

$$X''(\xi) + \kappa_0^2\left[1 - 4(1-\alpha)\xi^2\right]X(\xi) = 0, \qquad (\kappa_0 = \omega\ell/c_0, \ c_0 = \sqrt{S/\mu_0}). \qquad (1.93)$$

Führen wir nun mit $z = \kappa_0\,\xi$ die neue dimensionslose Ortsvariable ein, dann folgt aus (1.93) die Differenzialgleichung

$$X''(z,\varepsilon) + (1 - \varepsilon z^2)X(z,\varepsilon) = 0, \quad \text{mit} \qquad \varepsilon = 4(1-\alpha)/\kappa_0^2. \qquad (1.94)$$

Im Fall konstanter Massenbelegung mit $\alpha = 1$ ist $\varepsilon = 0$, und es verbleibt die bekannte Differenzialgleichung

$$X''(z) + X(z) = 0,$$

deren Lösung wir bereits kennen. Um zu einer Näherungslösung von (1.94) zu kommen, entwickeln wir $X(z,\varepsilon)$ in eine Reihe nach Potenzen des Parameters ε

$$X(z,\varepsilon) = X_0(z) + \varepsilon X_1(z) + \varepsilon^2 X_2(z) + \ldots, \qquad (1.95)$$

wobei die Punkte für Terme mit Potenzen in ε größer zwei stehen. Die Funktionen $X_n(z)$ sind dabei unabhängig von ε, und $X(z,0) = X_0(z)$ entspricht der Lösung für $\varepsilon = 0$. Von der unendlichen Reihe wird Konvergenz vorausgesetzt. Damit existiert für ε ein Konvergenzbereich, wobei ε allerdings nicht klein zu sein braucht. Diese mit dem Namen Poincaré[1] verbundene Methode wird *Störungsrechnung* (engl. *pertubation method*) oder auch *Entwicklung nach Potenzen eines Parameters* genannt.

Einsetzen von (1.95) in (1.94) führt auf

$$[X_0''(z) + \varepsilon X_1''(z) + \varepsilon^2 X_2''(z) + \ldots] + (1 - \varepsilon z^2)[X_0(z) + \varepsilon X_1(z) + \varepsilon^2 X_2(z) + \ldots] = 0,$$

und ein Vergleich der Potenzen in ε ergibt folgenden Satz von Differenzialgleichungen:

$$\varepsilon^0: \quad X_0''(z) + X_0(z) = 0$$

$$\varepsilon^1: \quad X_1''(z) + X_1(z) = z^2 X_0(z)$$

$$\varepsilon^2: \quad X_2''(z) + X_2(z) = z^2 X_1(z)$$

$$\vdots$$

Betrachten wir die erste Gleichung $X_0''(z) + X_0(z) = 0$, dann lautet ihre allgemeine Lösung

$$X_0(z) = C \cos z + D \sin z,$$

wobei die partikulären Lösungen

$$X_0^{(S)}(z) = \cos(z), \quad X_0^{(A)}(z) = \sin(z)$$

symmetrisch bzw. antimetrisch bezüglich $z = 0$ sind. Wir spalten deshalb aus rechentechnischen Gründen die Gesamtlösung (1.95) in symmetrische und antimetrische Lösungsanteile auf:

$$\begin{aligned} X^{(S)}(z,\varepsilon) &= X_0^{(S)}(z) + \varepsilon X_1^{(S)}(z) + \varepsilon^2 X_2^{(S)}(z) + \ldots \\ X^{(A)}(z,\varepsilon) &= X_0^{(A)}(z) + \varepsilon X_1^{(A)}(z) + \varepsilon^2 X_2^{(A)}(z) + \ldots \end{aligned} \tag{1.96}$$

Setzen wir die symmetrische Teillösung in die Differenzialgleichung für $X_1(z)$ ein, also

$$X_1''(z) + X_1(z) = z^2 X_0^{(S)}(z) = z^2 \cos(z),$$

dann ist folgendes Partikularintegral

$$\begin{aligned} X_1^{(S)}(z) &= \int_{\zeta=0}^{z} \zeta^2 X_0^{(S)}(\zeta) \sin(z - \zeta) d\zeta = \int_{\zeta=0}^{z} \zeta^2 \cos\zeta \sin(z - \zeta) d\zeta \\ &= \frac{1}{12} z(2z^2 - 3)\sin z + \frac{1}{4} z^2 \cos z \end{aligned}$$

---

[1]   Henri Poincaré, franz. Mathematiker, 1854-1912

ebenfalls symmetrisch bezüglich z = 0. Verfahren wir in gleicher Weise mit der dritten Differenzialgleichung, dann ist

$$X_2^{(S)}(z) = \int_{\zeta=0}^{z} \zeta^2 X_1^{(S)}(\zeta)\sin(z-\zeta)\,d\zeta$$

$$= -\frac{z^2(4z^4-57z^2+171)}{288}\cos z + \frac{z(32z^4-190z^2+285)}{480}\sin z.$$

Entsprechend erhalten wir für die antimetrischen Lösungsanteile folgende Partikularintegrale:

$$X_1^{(A)}(z) = \int_{\zeta=0}^{z} \zeta^2 \sin\zeta \sin(z-\zeta)\,d\zeta = \frac{1}{12}z(3-2z^2)\cos z + \frac{1}{4}(z-1)(z+1)\sin z,$$

$$X_2^{(A)}(z) = \int_{\zeta=0}^{z} \zeta^2 X_1^{(A)}(\zeta)\sin(z-\zeta)\,d\zeta$$

$$= \frac{z(210z^2-32z^4-315)}{480}\cos z + \left(\frac{21}{32}+\frac{19}{96}z^4-\frac{1}{72}z^6-\frac{21}{32}z^2\right)\sin z.$$

Brechen wir die Reihen in (1.96) nach dem quadratischen Glied in ε ab, dann sind

$$X^{(S)}(z,\varepsilon) = \left[1+\frac{\varepsilon z^2}{4}-\frac{1}{288}\varepsilon^2 z^2\left(4z^4-57z^2+171\right)\right]\cos z$$

$$+\left[\frac{1}{12}\varepsilon z\left(2z^2-3\right)+\frac{1}{480}\varepsilon^2 z\left(32z^4-190z^2+285\right)\right]\sin z.$$

$$X^{(A)}(z,\varepsilon) = \left[-\frac{1}{12}\varepsilon z\left(2z^2-3\right)-\frac{1}{480}\varepsilon^2 z\left(32z^4-210z^2+315\right)\right]\cos z$$

$$+\left[1+\frac{1}{4}\varepsilon\left(z^2-1\right)+\varepsilon^2\left(\frac{21}{32}-\frac{1}{72}z^6+\frac{19}{96}z^4-\frac{21}{32}z^2\right)\right]\sin z.$$

Die mit reellen Konstanten C und D versehene Superposition der obigen Teillösungen

$$X(z,\varepsilon) = C\,X^{(S)}(z,\varepsilon) + D\,X^{(A)}(z,\varepsilon),$$

die selbstverständlich nicht die Gleichung (1.94) erfüllt, soll nun an die Randbedingungen angepasst werden. Ist beispielsweise die Saite an beiden Enden eingespannt, dann sind

$$X(z=\kappa_0/2) = C\,X^{(S)}(\kappa_0/2,\varepsilon) + D\,X^{(A)}(\kappa_0/2,\varepsilon) = 0$$

$$X(z=-\kappa_0/2) = C\,X^{(S)}(-\kappa_0/2,\varepsilon) + D\,X^{(A)}(-\kappa_0/2,\varepsilon) = 0$$

zu fordern. Mit

$$X^{(S)}(-\kappa_0/2,\varepsilon) = X^{(S)}(\kappa_0/2,\varepsilon) \quad \text{und} \quad X^{(A)}(-\kappa_0/2,\varepsilon) = -X^{(A)}(\kappa_0/2,\varepsilon)$$

folgt in Matrizenschreibweise

$$\begin{bmatrix} X^{(S)}(\kappa_0/2,\varepsilon) & X^{(A)}(\kappa_0/2,\varepsilon) \\ X^{(S)}(\kappa_0/2,\varepsilon) & -X^{(A)}(\kappa_0/2,\varepsilon) \end{bmatrix} \cdot \begin{bmatrix} C \\ D \end{bmatrix} = \begin{bmatrix} 0 \\ 0 \end{bmatrix}.$$

Dieses homogene Gleichungssystem besitzt nur dann eine nichttriviale Lösung, wenn die Determinante der Koeffizientenmatrix

$$2X^{(S)}(\kappa_0/2,\varepsilon)\, X^{(A)}(\kappa_0/2,\varepsilon) = 0$$

verschwindet. Die Nullstellen von $X^S(\kappa_0/2,\varepsilon)$ und $X^A(\kappa_0/2,\varepsilon)$ liefern zweimal unendlich viele Eigenwerte $\kappa_{0,n}$, womit dann auch die Eigenkreisfrequenzen $\omega_n = \kappa_{0,n}\, c_0/\ell$ festliegen.

Beispiel 1-10:

Für die beidseitig eingeklemmte Saite in Beispiel 1-9 mit quadratisch verteilter Massenbelegung sind für den symmetrischen und den antimetrischen Lösungsanteil jeweils die ersten fünf Eigenwerte, Eigenkreisfrequenzen und die Eigenfunktionen mittels der Störungsrechnung zu berechnen. Verwenden Sie dazu das Koordinatensystem in Abb. 1.23.

Lösung: Mit den Systemwerten aus Beispiel 1-9 sind $\alpha = 1/2$, $z = \kappa_0 \xi$, $\varepsilon = 4(1-\alpha)/\kappa_0^2 = 2/\kappa_0^2$. Basierend auf den Reihendarstellungen für $X^{(S)}$ und $X^{(A)}$ liefert uns Maple folgende Werte:

Tab. 1.2 *Nullstellen (Eigenwerte) der Funktionen $X^{(S)}$ und $X^{(A)}$, zugehörige Eigenkreisfrequenzen*

n	$X^{(S)} = 0$		$X^{(A)} = 0$	
	$\kappa_{0,n}$	$\omega_n\,[s^{-1}]$	$\kappa_{0,n}$	$\omega_n\,[s^{-1}]$
1	3,24818	663,03237	6,76559	1381,02077
2	10,24687	2091,63377	13,71762	2800,09714
3	17,18423	3507,71584	20,64927	4215,01527
4	24,10611	4920,63953	27,55194	5624,01619
5	30,97885	6323,53068	34,38540	7018,89040

Obwohl die Reihen bereits nach dem quadratischen Glied in ε abgebrochen wurden, zeigen die Eigenwerte eine gute Übereinstimmung mit denjenigen aus Beispiel 1-9. Durch Mitnahme weiterer Reihenglieder kann das Ergebnis noch verbessert werden, was insbesondere positive Auswirkungen auf die höheren Eigenwerte hat.

1.8   Freie Schwingungen einer rotierenden Saite

Als Beispiel für eine Saite mit ortsveränderlicher Spannkraft betrachten wir die mit konstanter Winkelgeschwindigkeit Ω um die z-Achse rotierende Saite in Abb. 1.24. Die Bewegung findet im ungestörten Zustand in der (x,y)-Ebene statt. Um die *kreisende Ruhelage* kann die Saite

Schwingungen in der Rotationsebene und senkrecht dazu ausführen, wobei wir uns auf letztere beschränken.

Zur Ermittlung der Spannkraft schneiden wir die Saite an der Stelle x auf und bringen dort die unbekannte Spannkraft S(x) an. Vom Eigengewicht soll näherungsweise abgesehen werden.

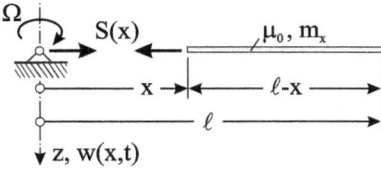

Abb. 1.24 *Rotierende Saite, Freischnittskizze*

Auf das invers dargestellte Saitenstück wenden wir den Schwerpunktsatz in radialer x-Richtung an und erhalten

$$m_x \ddot{x}_s = -S(x) .$$

Bei einer Kreisbewegung mit konstanter Winkelgeschwindigkeit Ω ist die radiale Schwerpunktbeschleunigung (Mathiak, 2015)

$$\ddot{x}_S = -\Omega^2 x_s = -\frac{1}{2}\Omega^2 (x + \ell) .$$

Gehen wir von einer konstanten Massenbelegung $\mu = \mu_0$ aus, dann folgt mit

$$m_x = \mu_0 (\ell - x)$$

die nun ortsabhängige Spannkraft

$$S(x) = -m_x \ddot{x}_s = \frac{1}{2}\mu_0 \Omega^2 (\ell^2 - x^2) , \tag{1.97}$$

und aus (1.13) erhalten wir mit q(x,t) = 0 und $\rho = 0$:

$$\mu_0 \frac{\partial^2 w(x,t)}{\partial t^2} = \frac{\partial}{\partial x}\left[S(x) \frac{\partial w(x,t)}{\partial x}\right] .$$

Die Separierung dieser Differenzialgleichung mit dem Ansatz (1.41) liefert

$$\frac{\ddot{T}(t)}{T(t)} = \frac{1}{\mu_0 X(x)}\frac{d}{dx}[S(x)X'(x)] = -\omega^2 .$$

Hieraus ergeben sich die beiden gewöhnlichen Differenzialgleichungen

$$\ddot{T}(t) + \omega^2 T(t) = 0 \quad \text{und} \quad \frac{d}{dx}[S(x)X'(x)] + \omega^2 \mu_0 X(x) = 0 \,,$$

wobei wir uns im Folgenden auf die ortsabhängige Gleichung konzentrieren werden. Beachten wir (1.97), dann folgt

$$\frac{d}{dx}\left[(\ell^2 - x^2)X'(x)\right] + \frac{2\omega^2}{\Omega^2}X(x) = 0 \,.$$

Hinweis: Bemerkenswerterweise taucht die Massenbelegung μ_0 in dieser Gleichung nicht mehr auf, sie hat somit auch keinen Einfluss auf die Lösung.

Führen wir die dimensionslose Koordinate $\xi = x/\ell$ ein, dann geht die obige Beziehung über in

$$(1-\xi^2)X''(\xi) - 2\xi X'(\xi) + \lambda(\lambda+1)X(\xi) = 0 \quad \text{mit} \quad \lambda(\lambda+1) = 2\omega^2/\Omega^2, \tag{1.98}$$

wobei $()'$ die Ableitung nach dem Argument ξ bedeutet. Das ist die Differenzialgleichung der *Legendreschen*[1] *Funktionen.* Sie hat die Lösung

$$X(\xi) = C\,P_\lambda(\xi) + D\,Q_\lambda(\xi) \,. \tag{1.99}$$

mit zunächst beliebigen Konstanten C und D. Die Legendreschen Funktionen 2. Art $Q_\lambda(\xi)$ müssen aus physikalischen Gründen ausgeschieden werden, da sie für $\xi \to 1$ über alle Grenzen wachsen. Um die Randbedingung bei $\xi = 0$ zu erfüllen – dort ist die Saite festgeklemmt – muss zunächst $\lambda = n \in \mathbb{N}$ ganzzahlig sein, womit die Legendreschen Funktionen 1. Art $P_\lambda(\xi)$ in die Legendreschen Polynome

$$P_n(\xi) = \frac{1}{2^n n!}\frac{d^n}{d\xi^n}(\xi^2-1)^n \tag{1.100}$$

übergehen, die ein vollständiges orthogonales Funktionensystem bilden (hier ohne Beweis). Sie können rekursiv aus der Beziehung

$$(n+1)P_{n+1}(\xi) = (2n+1)\xi\,P_n(\xi) - n\,P_{n-1}(\xi)$$

berechnet werden:

$$P_0(\xi) = 1 \,, \qquad\qquad P_1(\xi) = \xi \,,$$
$$P_2(\xi) = \frac{1}{2}(3\xi^2 - 1) \,, \qquad P_3(\xi) = \frac{1}{2}(5\xi^3 - 3\xi) \,,$$

---

[1]   Adrien-Marie Legendre, franz. Mathematiker, 1752–1833

$$P_4(\xi) = \frac{1}{8}(35\xi^4 - 30\xi^2 + 3), \quad P_5(\xi) = \frac{1}{8}(63\xi^5 - 70\xi^3 + 15\xi).$$

Um die Randbedingung bei $\xi = 0$ erfüllen zu können, dürfen von den Legendreschen Polynomen $P_n(\xi)$ überdies nur die ungeradzahligen verwendet werden, womit $n = 2m - 1$ ($m = 1,2,3,\ldots,\infty$) gesetzt werden muss und für die dann $P_{2m-1}(0) = 0$ gilt.

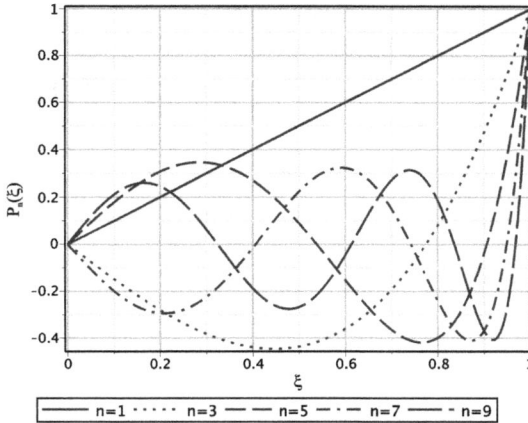

Abb. 1.25 *Die Legendreschen Polynome (n ungerade)*

Mit (1.100) folgen dann die Eigenfunktionen

$$X_m(\xi) = P_{2m-1}(\xi) = \frac{1}{2^{2m-1}(2m-1)!}\frac{d^{2m-1}}{d\xi^{2m-1}}(\xi^2 - 1)^{2m-1}. \qquad (1.101)$$

Die Beziehung $\lambda(\lambda + 1) = 2\omega^2/\Omega^2$ aus (1.98) geht mit $\lambda = n = 2m - 1$ über in

$$m(2m-1) = \omega^2/\Omega^2,$$

womit dann auch die unendlich vielen Eigenwerte bzw. Eigenkreisfrequenzen

$$\omega_m = \Omega\sqrt{m(2m-1)} \ (m = 1,2,3\ldots) \qquad (1.102)$$

festliegen. Sind die Eigenfunktionen und die Eigenwerte berechnet, dann folgt mit dem *m*-ten Teilausschlag

$$w_m(\xi,t) = X_m(\xi)T_m(t) = P_{2m-1}(\xi)(A_m\cos\omega_m t + B_m\sin\omega_m t)$$

die Bewegung

$$w(\xi, t) = \sum_{m=1}^{\infty} P_{2m-1}(\xi)(A_m \cos \omega_m t + B_m \sin \omega_m t)$$

$$\dot{w}(\xi, t) = -\sum_{m=1}^{\infty} P_{2m-1}(\xi)\omega_m (A_m \sin \omega_m t - B_m \cos \omega_m t).$$

Die vollständige Lösung muss noch an die Anfangsbedingungen angepasst werden. Sind zum Zeitpunkt t = 0 die Anfangsauslenkung und die Anfangsgeschwindigkeit

$$w(\xi, t = 0) = \sum_{m=1}^{\infty} A_m P_{2m-1}(\xi) = \Phi(\xi), \qquad \dot{w}(\xi, t = 0) = \sum_{m=1}^{\infty} B_m \omega_m P_{2m-1}(\xi) = \Psi(\xi)$$

gegeben, dann folgen unter Beachtung der Orthogonalitätsrelationen

$$\int_{\xi=0}^{1} P_{2m-1}(\xi) P_{2k-1}(\xi)\, d\xi = \begin{cases} 0 & \text{für } m \neq k \\ \dfrac{1}{4m-1} & \text{für } m = k \end{cases}$$

die Konstanten

$$A_m = (4m-1)\int_{\xi=0}^{1} \Phi(\xi)\, P_{2m-1}(\xi)\, d\xi, \qquad (m = 1,2,3,\ldots)$$

und

$$B_m = \frac{4m-1}{\omega_m}\int_{\xi=0}^{1} \Psi(\xi)\, P_{2m-1}(\xi)\, d\xi, \qquad (m = 1,2,3,\ldots).$$

Beispiel 1-11:

Eine mit der Winkelgeschwindigkeit Ω rotierende Saite erhält zum Zeitpunkt t = 0 an der Stelle x = a einen Hammerschlag senkrecht zur Rotationsebene, also in z-Richtung. Die daraus resultierende Anfangsgeschwindigkeit kann näherungsweise mit

$$\Psi(x) = \begin{cases} \dfrac{v_0}{2}\left[\cos\dfrac{2\pi(x-a)}{b} + 1\right] & \text{für} \quad a - \dfrac{b}{2} \leq x \leq a + \dfrac{b}{2} \\ 0 & \text{sonst} \end{cases}$$

angenommen werden. Es ist die Bewegung senkrecht zur Rotationsebene zu untersuchen. Verwenden Sie die in Beispiel 1-3 angegebenen Systemwerte. Animieren Sie den Bewegungsvorgang mit Maple.

<u>Lösung:</u> Da keine Anfangsauslenkung vorhanden ist, sind alle $A_m = 0$, und für die Konstanten B_m erhalten wir mit Einführung der dimensionslosen Längen $\alpha = a/\ell$ und $\beta = b/\ell$:

$$B_m = \frac{(4m-1)}{\omega_m} \int\limits_{\xi=0}^{1} \Psi(\xi) P_{2m-1}(\xi)\, d\xi = \frac{v_0(4m-1)}{2\Omega\sqrt{m(2m-1)}} \int\limits_{\xi=\alpha-\beta/2}^{\alpha+\beta/2} \left[\cos\frac{2\pi(\xi-\alpha)}{\beta} + 1 \right] P_{2m-1}(\xi)\, d\xi .$$

Die Auswertung der Integrale ergibt:

$$m=1: \quad \omega_1 = \Omega, \qquad\qquad B_1 = \frac{3}{2\pi} \frac{v_0 \alpha\beta}{\Omega},$$

$$m=2: \quad \omega_2 = \Omega\sqrt{6}, \qquad B_2 = \frac{7\sqrt{6}}{96\pi^2} \frac{v_0 \alpha\beta}{\Omega} \left[\pi^2\left(20\alpha^2 + 5\beta^2 - 12\right) - 30\beta^2 \right]$$

$$\vdots$$

und die Zustandsfunktionen ergeben sich zu

$$w(\xi,t) = \sum_{m=1}^{\infty} B_m\, P(2m-1,\xi)\sin\omega_m t, \quad \dot{w}(\xi,t) = \sum_{m=1}^{\infty} \omega_m\, B_m\, P(2m-1,\xi)\cos\omega_m t .$$

Handelt es sich bei dem Hammer um ein sehr schmales Werkzeug, etwa von der Breite einer Messerschneide, dann berechnen zunächst den Flächeninhalt

$$S = \int\limits_{\xi=\alpha-\beta/2}^{\alpha+\beta/2} \frac{1}{2} v_0 \left[\cos\frac{2\pi(\xi-\alpha)}{\beta} + 1 \right] d\xi = \frac{1}{2} v_0 \beta ,$$

den die Geschwindigkeitsfunktion mit der *x*-Achse einschließt und ersetzen in den Koeffizienten B_m die Geschwindigkeit v_0 durch $v_0 = 2S/\beta$. Anschließend vollziehen wir den Grenzübergang $\beta \to 0$. Das Ergebnis ist:

$$m=1: \quad \omega_1 = \Omega, \qquad\qquad B_1 = \frac{3}{\pi} \frac{\alpha S}{\Omega},$$

$$m=2: \quad \omega_2 = \Omega\sqrt{6}, \qquad B_2 = \frac{7\sqrt{6}}{12} \frac{\alpha S}{\Omega} (5\alpha^2 - 3),$$

$$\vdots$$

Die Animation des Bewegungsvorgangs kann dem entsprechenden Maple-Arbeitsblatt entnommen werden.

1.9   Freie Schwingungen der dehnbaren Saite

Bei der Herleitung der eindimensionalen Wellengleichung in Kap. 1.2 sind wir von folgenden Voraussetzungen ausgegangen:

1. Die Verformungen und deren erste Ableitungen sind klein gegenüber der Saitenlänge.
2. Die Vorspannkraft *S* ist konstant.

Wir beschäftigen uns zunächst mit dem kinematischen Zustand eines Saitenelements. Infolge der Bewegung erleiden die Elemente eine Verschiebung aus ihrer Bezugsplatzierung (BP), von der aus die Bewegung gemessen wird (Abb. 1.26). In der Bezugsplatzierung (das ist hier die gestreckte Lage) muss der kinematischer Zustand der Saite bekannt sein. Nach der Auslenkung befindet sich das Element in der Momentanplatzierung (MP). Bezugs- und Momentanplatzierung sind durch den Verschiebungsvektoren **u** und **u** + d**u** miteinander verbunden. Zur Beschreibung der Lageänderung eines Saitenelementes verwenden wir die *Lagrangesche*[1] *Betrachtungsweise*[2], bei der die relative Änderung des Deformationsvorganges eines Körperelementes hinsichtlich der Bezugsplatzierung registriert wird. Demzufolge kennzeichnen die Koordinaten u = u(x,t) und w = w(x,t) die Verschiebung eines Punktes der Saite aus der gestreckten Ruhelage.

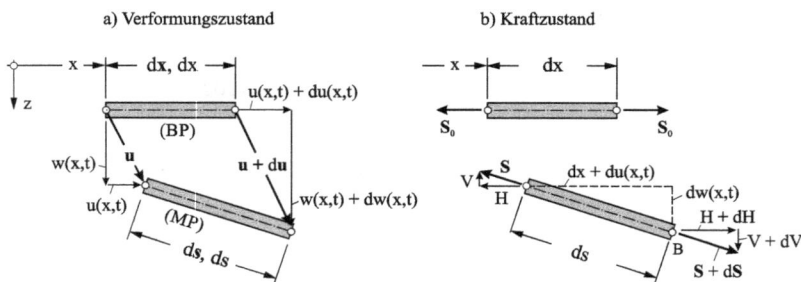

Abb. 1.26 *Saitenelement in ausgelenkter Lage, Verformungs- und Kraftzustand*

Wir betrachten das vektorielle Linienelement d**x** mit der Länge dx in der Bezugsplatzierung, das infolge der Bewegung in das Linienelement

$$d\mathbf{s} = -\mathbf{u} + d\mathbf{x} + \mathbf{u} + d\mathbf{u} = d\mathbf{x} + d\mathbf{u} = (dx + du)\mathbf{e}_x + dw\,\mathbf{e}_z = dx\left[\left(1 + \frac{\partial u}{\partial x}\right)\mathbf{e}_x + \frac{\partial w}{\partial x}\mathbf{e}_z\right]$$

der Momentanplatzierung übergeht. Die Länge des vektoriellen Linienelementes d**s** in der verformten Lage ist dann

$$ds = |d\mathbf{s}| = \sqrt{(dx + du)^2 + (dw)^2} = dx\sqrt{1 + 2\frac{\partial u}{\partial x} + \left(\frac{\partial u}{\partial x}\right)^2 + \left(\frac{\partial w}{\partial x}\right)^2}\,.$$

---

[1]   Joseph Louis de Lagrange, eigentlich Giuseppe Ludovico Lagrangia, frz. Mathematiker und Physiker italien. Herkunft (Findelkind), 1736–1813

[2]   Die *Lagrangesche Betrachtungsweise* wird mit großem Erfolg in der Festkörpermechanik eingesetzt, da einerseits eine Bezugsplatzierung relativ einfach definiert werden kann, und andererseits erfolgt die Veränderlichkeit materieller Eigenschaften während des Deformationsprozesses vorteilhaft durch partielle Ableitungen an den auftretenden Zustandsgrößen.

Vernachlässigen wir den gegenüber Eins von höherer Ordnung kleinen Term $(\partial u/\partial x)^2$, dann verbleibt

$$ds = dx\sqrt{1 + 2\frac{\partial u}{\partial x} + \left(\frac{\partial w}{\partial x}\right)^2} \approx dx\left\{1 + \frac{1}{2}\left[2\frac{\partial u}{\partial x} + \left(\frac{\partial w}{\partial x}\right)^2\right]\right\}, \qquad \left|2\frac{\partial u}{\partial x} + \left(\frac{\partial w}{\partial x}\right)^2\right| \leq 1.$$

Um uns von dem mathematisch unangenehmen Wurzelausdruck zu befreien, wurde ds in eine Potenzreihe entwickelt und nach dem linearen Glied abgebrochen. Im Sinne von *Cauchy*[1] erhalten wir dann die Dehnung

$$\Delta\varepsilon = \frac{ds - dx}{dx} = \frac{ds}{dx} - 1 = \frac{\partial u}{\partial x} + \frac{1}{2}\left(\frac{\partial w}{\partial x}\right)^2.$$

Soll der durch die Auslenkung *w* verursachte Anteil an der Dehnung berücksichtigt werden, dann dürfen wir das Glied $(\partial w/\partial x)^2$ nicht gegenüber $\partial u/\partial x$ vernachlässigen. Unterstellen wir *Hookesches*[2] Saitenmaterial, und damit den linearen Zusammenhang zwischen der Dehnung und der Normalspannung, dann folgt aus der Zusatzdehnung $\Delta\varepsilon$ die gegenüber der Bezugskonfiguration angewachsene Saitenkraft

$$\Delta S = EA\,\Delta\varepsilon = EA\left[\frac{\partial u}{\partial x} + \frac{1}{2}\left(\frac{\partial w}{\partial x}\right)^2\right],$$

womit die Saitenkraft in der ausgelenkten Lage

$$S(x,t) = S_0 + \Delta S(x,t) = S_0 + EA\left[\frac{\partial u}{\partial x} + \frac{1}{2}\left(\frac{\partial w}{\partial x}\right)^2\right] \qquad (1.103)$$

beträgt. Das Produkt EA (E: Elastizitätsmodul, A: Querschnittsfläche) wird *Dehnsteifigkeit* genannt. Für die folgenden Untersuchungen werden zwei zusätzliche Annahmen getroffen:

3. Der Querschnitt bleibt konstant.
4. Die Masse ist gleichmäßig längs der Saite verteilt.

Zur Herleitung der Bewegungsgleichung wenden wir auf das freigeschnittene Saitenelement den Schwerpunktsatz in *x*- und *z*-Richtung an. Das liefert mit der auf die Längeneinheit bezogenen Masse μ:

$$\rightarrow \qquad \mu\,dx\frac{\partial^2 u}{\partial t^2} = -H + H + dH = dH \approx dS,$$

---

[1] Augustin Louis Baron Cauchy, frz. Mathematiker, 1789–1857

[2] Robert Hooke, engl. Naturforscher, 1635–1703

$\downarrow \qquad \mu\,dx\,\dfrac{\partial^2 w}{\partial t^2} = -V + V + dV = dV\,.$

Vernachlässigen wir die Drehträgheit des Elementes, dann liefert das *Momentengleichgewicht* bezogen auf den Punkt *B* (Abb. 1.26, rechts):

$\circlearrowleft \qquad 0 = -V(dx + du) + H\,dw \approx -V\,dx + H\,dw \approx -V\,dx + S\,dw\,.$

Wir haben im Schwerpunktsatz den Horizontalzug *H* näherungsweise durch die Saitenkraft *S* ersetzt, was bei einer hinreichend flachen Auslenkung der Saite gewiss zulässig ist. Damit folgt unter Beachtung von (1.103) ein System zweier gekoppelter, nichtlinearer partieller Differenzialgleichungen für die beiden Funktionen u(x,t) und w(x,t):

$$\mu\,\dfrac{\partial^2 u}{\partial t^2} - EA\,\dfrac{\partial}{\partial x}\left[\dfrac{\partial u}{\partial x} + \dfrac{1}{2}\left(\dfrac{\partial w}{\partial x}\right)^2\right] = 0\,, \tag{1.104}$$

$$\mu\,\dfrac{\partial^2 w}{\partial t^2} - \dfrac{\partial}{\partial x}\left\{\left[S_0 + EA\left(\dfrac{\partial u}{\partial x} + \dfrac{1}{2}\left(\dfrac{\partial w}{\partial x}\right)^2\right)\right]\dfrac{\partial w}{\partial x}\right\} = 0\,. \tag{1.105}$$

Das obige Gleichungssystem kann analytisch nicht mehr gelöst werden. Jedoch gelingt eine Entkopplung, wenn folgende Annahme getroffen wird (Kirchhoff, 1897):

$$\dfrac{\partial}{\partial x}\left[\dfrac{\partial u}{\partial x} + \dfrac{1}{2}\left(\dfrac{\partial w}{\partial x}\right)^2\right] = \dfrac{\partial \Delta\varepsilon}{\partial x} = 0\,, \tag{1.106}$$

was bedeutet, dass die Zusatzdehnung

$$\Delta\varepsilon = \dfrac{\partial u}{\partial x} + \dfrac{1}{2}\left(\dfrac{\partial w}{\partial x}\right)^2 = \Delta\varepsilon(t) \tag{1.107}$$

eine reine Zeitfunktion ist, und damit auch die Spannkraft *S* nur noch von der Zeit *t* und nicht vom Ort *x* abhängt. Mit dieser Annahme verbleibt von (1.104)

$$\mu\,\dfrac{\partial^2 u}{\partial t^2} = 0 \quad \rightarrow u(x,t) = f_1(x)\,t + f_2(x) \tag{1.108}$$

sowie von (1.105)

$$\mu\,\dfrac{\partial^2 w}{\partial t^2} - \left[S_0 + EA\left(\dfrac{\partial u}{\partial x} + \dfrac{1}{2}\left(\dfrac{\partial w}{\partial x}\right)^2\right)\right]\dfrac{\partial^2 w}{\partial x^2} = 0\,. \tag{1.109}$$

Einen über die Saitenlänge ℓ gemittelten Wert der Zusatzdehnung $\Delta\varepsilon(t)$ können wir notieren, wenn wir bei festem *t* die Gleichung (1.107) von x = 0 bis x = ℓ integrieren. Das ergibt

$$\Delta\varepsilon(t) = \dfrac{1}{\ell}\int\limits_{x=0}^{\ell}\left[\dfrac{\partial u}{\partial x} + \dfrac{1}{2}\left(\dfrac{\partial w}{\partial x}\right)^2\right]dx = \dfrac{1}{\ell}\left[u(\ell,t) - u(0,t) + \dfrac{1}{2}\int\limits_{x=0}^{\ell}\left(\dfrac{\partial w}{\partial x}\right)^2 dx\right],$$

und (1.109) geht über in

$$\mu\frac{\partial^2 w}{\partial t^2} - \left[S_0 + \frac{EA}{\ell}\left(u(\ell,t) - u(0,t) + \frac{1}{2}\int_{x=0}^{\ell}\left(\frac{\partial w}{\partial x}\right)^2 dx \right)\right]\frac{\partial^2 w}{\partial x^2} = 0 .\qquad(1.110)$$

Ist die Saite an beiden Enden eingeklemmt, dann verbleibt mit $u(\ell,t) = u(0,t) = 0$:

$$\mu\frac{\partial^2 w}{\partial t^2} - \left[S_0 + \frac{EA}{2\ell}\int_{x=0}^{\ell}\left(\frac{\partial w}{\partial x}\right)^2 dx \right]\frac{\partial^2 w}{\partial x^2} = 0 .\qquad(1.111)$$

Bezeichnet s die Bogenlänge, dann beschreibt der Term

$$\frac{1}{2}\int_{x=0}^{\ell}\left(\frac{\partial w}{\partial x}\right)^2 dx$$

den linearisierten Längenzuwachs $s - \ell$ infolge der Auslenkung der Saite. Damit ist

$$\Delta S(t) = \frac{EA}{2\ell}\int_{x=0}^{\ell}\left(\frac{\partial w}{\partial x}\right)^2 dx \qquad(1.112)$$

der vom Ort unabhängige und über die Saitenlänge ℓ gemittelte Zuwachs der Saitenkraft.

<u>Hinweis</u>: Da in den obigen Gleichungen – neben den partiellen Ableitungen – die gesuchte Funktion w(x,t) zusätzlich unter einem Integral auftritt, wird hier von nichtlinearen partiellen *Integrodifferenzialgleichungen* gesprochen.

Wir sind daran interessiert, die Gleichung (1.111) in ein System gewöhnlicher Differenzialgleichungen zu überführen. Ist die Saite beidseits eingeklemmt, dann ist neben $u(\ell,t) = u(0,t) = 0$ zusätzlich $w(0,t) = w(\ell,t) = 0$ zu fordern. Es ist deshalb sinnvoll, die Funktion w(x,t) in eine trigonometrische Reihe der Form

$$w(x,t) = \sum_{m=1}^{\infty} f_m(t)\sin\frac{m\pi}{\ell}x \qquad (m = 1,2,3..) \qquad(1.113)$$

zu entwickeln, womit die Randbedingungen für w von vornherein erfüllt sind. Setzen wir diese Reihe in (1.111) ein, dann erhalten wir mit

$$\frac{1}{2}\int_{x=0}^{\ell}\left(\frac{\partial w}{\partial x}\right)^2 dx = \frac{1}{2}\left(\frac{\pi}{\ell}\right)^2\int_{x=0}^{\ell}\left(\sum_{m=1}^{\infty} m f_m(t)\cos\frac{m\pi}{\ell}x\right)^2 dx = \frac{1}{4}\frac{\pi^2}{\ell}\sum_{m=1}^{\infty} m^2 f_m^2(t)$$

das folgende System von gewöhnlichen Differenzialgleichungen:

$$\sum_{m=1}^{\infty}\left\{\mu\frac{d^2 f_m}{dt^2} + \frac{\pi^2 m^2}{\ell^2}\left[S_0 + \frac{EA\pi^2}{4\ell^2}\sum_{k=1}^{\infty} k^2 f_k^2 \right] f_m \right\}\sin\frac{m\pi}{\ell}x = 0 .$$

Soll diese Gleichung für alle x erfüllt sein, dann muss

$$\mu \frac{d^2 f_m}{dt^2} + \frac{\pi^2 m^2}{\ell^2}\left(S_0 + \frac{EA\pi^2}{4\ell^2}\sum_{k=1}^{\infty} k^2 f_k^2\right) f_m = 0$$

gelten. Wir formen diese Beziehung noch etwas um und erhalten

$$\frac{d^2 f_m}{dt^2} + \frac{\pi^2 m^2}{\ell^2}\frac{S_0}{\mu}\left(1 + \frac{EA\pi^2}{4S_0\ell^2}\sum_{k=1}^{\infty} k^2 f_k^2\right) f_m = 0 . \tag{1.114}$$

Aus der obigen Gleichung lassen sich nun einzelne Lösungen ableiten. Setzen wir beispielsweise alle Funktionen $f_m(t) = 0$, bis auf eine, die wir mit $f_n(t)$ bezeichnen (Kauderer, 1958), dann verbleibt die nichtlineare Differenzialgleichung zweiter Ordnung

$$\frac{d^2 f(t)}{dt^2} + \kappa^2\left[1 + \beta f^2(t)\right] f(t) = 0 . \tag{1.115}$$

Aus schreibtechnischen Gründen wurde in der obigen Beziehung auf den Index n verzichtet und die Abkürzungen

$$\kappa^2 = \frac{\pi^2 n^2}{\ell^2}\frac{S_0}{\mu} > 0, \quad \beta = \frac{\pi^2 n^2}{4\ell^2}\frac{EA}{S_0} > 0 \tag{1.116}$$

eingeführt. Die Gleichung (1.115) hat die Struktur eines konservativen Einmassenschwingers der Masse $m = 1$ mit einer nichtlinearen Federkraft (Rückstellkraft)

$$F_f = a_1 f(t) + a_3 f^3(t).$$

Zur Berechnung der *Phasenkurve* v(f) und der *Schwingungsdauer T* beschaffen wir uns zunächst ein erstes Integral der Gleichung (1.115). Dazu beachten wir folgende Definitionen

$$\frac{df(t)}{dt} = \dot{f}(t) = v, \quad \frac{dv(t)}{dt} = \ddot{f}(t) = \Phi(f) .$$

Damit gilt

$$\frac{dv}{df} = \frac{dv}{dt}\frac{dt}{df} = \frac{1}{v}\frac{dv}{dt} = \frac{1}{v}\Phi(f) . \tag{1.117}$$

Wir unterstellen, dass die Bewegung ein Potenzial U(f) besitzt, welches die Gleichung

$$\frac{dU}{df} = -\Phi(f) = \Psi(f) \quad \text{oder} \quad U(f) = -\int \Phi(f) df = \int \Psi(f) df \tag{1.118}$$

erfüllt. Mit den obigen Beziehungen erhalten wir

$$v\frac{dv}{df} + \frac{dU}{df} = \frac{d}{df}\left(\frac{1}{2}v^2 + U\right) = 0,$$

was

$$\frac{1}{2}v^2 + U = h = \text{const} \tag{1.119}$$

bedingt und eine Folgerung des Energieerhaltungssatzes für konservative Systeme darstellt. Lösen wir die obige Gleichung nach v auf, dann erhalten wir die Darstellung der Phasenkurve in Form des Energieerhaltungssatzes

$$v(f) = \pm\sqrt{2}\sqrt{h - U(f)}. \tag{1.120}$$

Die Berechnung des Potenzials U erfolgt mit (1.115) zu

$$U(f) = -\int \Phi(f)df = \int \Psi(f)df = \kappa^2 \int_{\bar{f}=0}^{f}\left(1 + \beta\bar{f}^2\right)\bar{f}\,d\bar{f} = \frac{1}{4}\kappa^2 f^2\left(2 + \beta f^2\right),$$

wobei wir $U(f = 0) = 0$ festgelegt haben. Mit der noch offenen Konstanten h geht die Phasenkurve dann über in

$$v = \pm\frac{\sqrt{2}}{2}\sqrt{4h - \kappa^2(2 + \beta f^2)\,f^2}. \tag{1.121}$$

Die Energiekonstante h legen wir derart fest, dass für die feste Amplitude $f = C$ die Geschwindigkeit $v = 0$ gilt. Damit folgt aus (1.121)

$$h = \frac{1}{4}\kappa^2 C^2\left(2 + \beta C^2\right),$$

und für die Geschwindigkeit erhalten wir

$$v(f) = \pm\frac{\kappa}{2}\sqrt{2}\sqrt{2(C^2 - f^2) + \beta(C^4 - f^4)}. \tag{1.122}$$

Den Betrag von $v(f)$ beim Nulldurchgang ($f = 0$) bezeichnen wir abkürzend mit

$$v_0 = \frac{\kappa}{2}\sqrt{2}\,C\sqrt{2 + \beta C^2}.$$

Mit Hilfe der dimensionslosen Größe $\zeta = f/C$ und den Konstanten

$$C^2 = \frac{2k^2}{\beta(1 - k^2)}, \quad k^2 = \frac{\beta C^2}{2 + \beta C^2},$$

können wir die Phasenkurve (1.122) in folgender Form notieren:

$$v(f) = \pm v_0 \sqrt{(1-\zeta^2)(1+k^2\zeta^2)}\;. \tag{1.123}$$

Beachten wir $dt = 1/v\, df$, dann ist

$$dt = \frac{1}{v}df = \frac{C}{v}d\zeta \;\rightarrow\; t = \frac{C}{v_0}\int\limits_{\zeta=0}^{\zeta}\frac{d\overline{\zeta}}{\sqrt{\left(1-\overline{\zeta}^2\right)\left(1+k^2\overline{\zeta}^2\right)}} = \frac{C}{v_0}\mathrm{EllipticF}(\zeta, ik)\;.$$

Vom Nulldurchgang $f = 0$ bis zum Erreichen der Auslenkung $f = C$ vergeht dann die Zeit

$$t_1 = \frac{C}{v_0}\int\limits_{\zeta=0}^{1}\frac{d\zeta}{\sqrt{\left(1-\zeta^2\right)\left(1+k^2\zeta^2\right)}} = \frac{C}{v_0}\mathrm{EllipticK}(ik)\;.$$

EllipticF: Unvollständiges elliptisches Integral 1. Art

EllipticK: Vollständiges elliptisches Integral 1. Art

Ausführliche Darstellungen der elliptischen Integrale finden sich in (Jahnke & Emde, 1938), (Oberhettinger & Magnus, 1949) und (Abramowitz & Stegun, 1972).

Die Zeit t_1 beschreibt die Dauer einer Viertelperiode. Für die Schwingungsdauer folgt somit

$$T = 4t_1 = 4\frac{C}{v_0}\mathrm{EllipticK}(ik)\;.$$

Entwickeln wir die obige Beziehung in eine Potenzreihe, also

$$T = \frac{2\pi}{\kappa}\left[1 - \frac{3}{8}\beta C^2 + \frac{57}{256}\beta^2 C^4 - \frac{315}{2048}\beta^3 C^6 + O(C^8)\right], \tag{1.124}$$

dann wird deutlich, dass die Schwingungsdauer von der Amplitude C abhängt (Abb. 1.27).

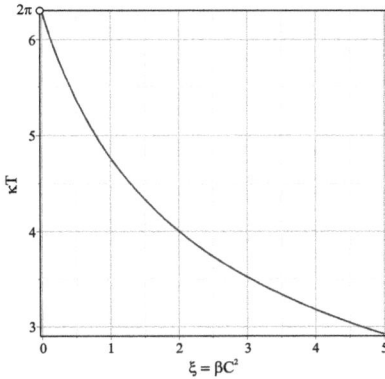

Abb. 1.27 *Schwingungsdauer T in Abhängigkeit von der Amplitude C*

Die Abbildung Abb. 1.27 zeigt den physikalisch sinnvollen Sachverhalt, dass mit anwachsender Amplitude C die Schwingungsdauer der Saite abnimmt. Das ist die Folge einer durch die Auslenkung hervorgerufene Selbstvorspannung der Saite, die zu einer erhöhten Rückstellkraft führt, und damit die Schwingungsdauer im Vergleich zur Lösung mit konstanter Vorspannung abnimmt.

Prinzipiell lässt sich die Gleichung t(f) durch Invertierung auch nach f(t) auflösen. Wir gehen hier einen anderen Weg und lassen uns von Maple die Lösung der Differenzialgleichung (1.115) direkt liefern. Das Ergebnis ist die Darstellung von f(t) in Form der *Jacobischen*[1] *elliptischen Funktion SN*

$$f(t) = C\,\text{JacobiSN}\big[z(t), i\,k\big] \tag{1.125}$$

mit

$$z(t) = \frac{\sqrt{2}}{2}\sqrt{2 + \beta C^2}\,\kappa\big(t - t_0\big)\,. \tag{1.126}$$

Über die Integrationskonstanten C und t_0 kann noch verfügt werden. Mit (1.113) erhalten wir dann die Auslenkung

$$w(x,t) = f(t)\sin\frac{n\pi}{\ell}x\,, \qquad\qquad (n = 1,2,3\ldots). \tag{1.127}$$

---

[1] Carl Gustav Jacob Jacobi, Mathematiker, 1804–1851. Das wichtigste Arbeitsgebiet Jacobis war die Theorie der elliptischen Funktionen. Seine Ergebnisse fasste er 1829 in ›*Fundamenta nova theoriae functionum ellipticarum*‹, Verlag Bornträger, Königsberg, zusammen.

Zum Zeitpunkt t = t_0 verschwindet mit CJacobiSN(0,k) = 0 die Auslenkung, und die Saite befindet sich in der gestreckten Lage. Beachten wir die Ableitung

$$\frac{\partial f(x,t)}{\partial t} = \frac{dz(t)}{dt}\, C\, JacobiCN(z,k)\, JacobiDN(z,k),$$

dann erhalten wir die Geschwindigkeit

$$\frac{\partial w(x,t)}{\partial t} = \frac{dz(t)}{dt}\, C\, JacobiCN(z,k)\, JacobiDN(z,k)\sin\frac{n\pi}{\ell}x\,. \tag{1.128}$$

Die Zustandsgrößen sowie die Animationen des Bewegungsvorgangs können dem entsprechenden Maple-Arbeitsblatt entnommen werden.

Mit (1.127) kann der Zuwachs der Saitenkraft noch weiter spezifiziert werden. Wir erhalten unter Beachtung von (1.112)

$$\Delta S(t) = \frac{EA}{2\ell}\int_{x=0}^{\ell}\left(\frac{\partial w}{\partial x}\right)^2 dx = EA\left(\frac{n\pi C}{2\ell}\right)^2 JacobiSN^2[z(t),ik]\,.$$

Zum Zeitpunkt t = t_1 erreicht die Saite ihre größte Auslenkung, und mit JacobiSN[z(t_1),ik] = 1 gilt dann für den Größtwert

$$\max \Delta S(t) = EA\left(\frac{n\pi C}{2\ell}\right)^2. \tag{1.129}$$

Sind die Amplituden der Auslenkung sehr klein, dann kann in (1.115) der Term βf^2 gegenüber Eins gestrichen werden, und es verbleibt die lineare Differenzialgleichung

$$\frac{d^2 f_n(t)}{dt^2} + \kappa_n^2\, f_n(t) = 0\,,$$

deren Lösung f(t) = $C_1\cos\kappa t + C_2\sin\kappa t$ wir bereits kennen. Für diesen Sonderfall beträgt die Schwingungsdauer

$$T = \frac{2\pi}{\kappa} = \frac{2\ell}{n\sqrt{S_0/\mu}}\,.$$

Ist die Saite sehr gering vorgespannt, dann kann näherungsweise $S_0 = 0$ gesetzt werden, und die Gleichung (1.115) geht dann über in

$$\frac{d^2 f(t)}{dt^2} + \eta^2 f^3(t) = 0 \qquad \text{mit} \qquad \eta^2 = \frac{n^4\pi^4}{4}\frac{EA}{\mu\ell^4}\,. \tag{1.130}$$

Maple liefert uns dazu die Lösung

$$f(t) = C \, \text{JacobiSN}(z,i), \quad z(t) = \frac{\sqrt{2}}{2} C \eta(t - t_0) \,, \tag{1.131}$$

wobei die Konstanten C und t_0 wieder frei gewählt werden können. Wir sind für diesen Fall noch an der Schwingungszeit T interessiert. Mit $\Psi(f) = h^2 \, f^3$ und damit

$$U(f) = \int \Psi(f) \, df = \eta^2 \int\limits_{\bar{f}=0}^{f} \bar{f}^3 \, d\bar{f} = \frac{1}{4} \eta^2 \, f^4$$

folgt mit der Festlegung der Energiekonstanten $h = \eta^2 \, C^4 / 4$ die Geschwindigkeit

$$v(f) = \pm \frac{\eta}{2} \sqrt{2} \, C^2 \sqrt{1 - \zeta^4} \,, \qquad (\zeta = f/C).$$

Der Betrag der Geschwindigkeit beim Nulldurchgang ($f = 0$) ist $v_0 = \frac{\eta}{2} \sqrt{2} \, C^2$.

Mit $dt = 1/v \, df$ und $df = C \, d\zeta$ erhalten wir dann

$$t = \frac{C}{v_0} \int\limits_{\bar{\zeta}=0}^{\zeta} \frac{d\bar{\zeta}}{\sqrt{1 - \bar{\zeta}^4}} = \frac{C}{v_0} \text{EllipticF}(\zeta, i) \,.$$

Vom Nulldurchgang $f = 0$ bis zum Erreichen der Auslenkung $f = C$ vergeht die Zeit

$$t_1 = \frac{C}{v_0} \int\limits_{\zeta=0}^{1} \frac{d\zeta}{\sqrt{1 - \zeta^4}} = \frac{C\sqrt{2}}{2v_0} \text{EllipticK}\left(\frac{1}{2}\sqrt{2}\right) = \frac{1}{C\eta} \text{EllipticK}\left(\frac{1}{2}\sqrt{2}\right),$$

und die Schwingungsdauer beträgt

$$T = 4t_1 = \frac{4}{C\eta} \text{EllipticK}\left(\frac{1}{2}\sqrt{2}\right) = \frac{7{,}4163}{C\eta} \,.$$

Beispiel 1-12:

Eine Stahlsaite der Länge ℓ und dem Durchmesser D ist mit einer Spannkraft S_0 vorgespannt. Die Amplitude der Grundschwingung ($n = 1$) beträgt C. Ermitteln Sie die Schwingungsdauer T der Saite, und vergleichen Sie das Ergebnis mit der Lösung der linearen Theorie. Geben Sie die Zustandsgrößen für den Fall einer sehr schwach vorgespannten Saite (Grenzfall $S_0 = 0$) an. Vom Einfluss des Eigengewichts auf die Bewegung soll in allen Fällen abgesehen werden.

Geg.: $D = 0{,}8$ mm, $\ell = 80$ cm, $\rho = 7{,}85$ g/cm³, $E = 2{,}1 \cdot 10^5$ N/mm², $S_0 = 150$ N, $C = 1{,}0$ cm. Damit sind $A = D^2 \pi / 4 = 0{,}503$ mm², $\mu = \rho A = 0{,}00377$ kg/m, $EA = 1{,}055 \cdot 10^5$ N.

Mit $n = 1$ sind: $\kappa = 765{,}66$ s⁻¹, $\beta = 2713{,}05$ m⁻², $k = 0{,}3456$.

1. Lösung für den allgemeinen Fall:

$$v_0 = \frac{\kappa}{2}\sqrt{2}\,C\sqrt{2+\beta C^2} = 8{,}16\,\text{m/s}\,, \quad T = 4\frac{C}{v_0}\,\text{EllipticK}(i\,k) = 0{,}0075\,\text{s}\,, \quad f = 1/T = 133{,}60\,\text{s}^{-1}.$$

2. Lösung für den Fall kleiner Amplituden C (linearer Fall):

$$T_{\text{lin}} = \frac{2\pi}{\kappa} = 0{,}0080\,\text{s}\,, \quad f_{\text{lin}} = 1/T_{\text{lin}} = 121{,}86\,\text{s}^{-1}.$$

3. Lösung für den Fall sehr schwacher Vorspannung (Grenzfall $S_0 = 0$):

$$\eta = \frac{\pi^2}{2}\sqrt{\frac{EA}{\mu\ell^4}} = 39880{,}87\,\text{m}^{-1}\text{s}^{-1}\,, \quad T = \frac{7{,}4163}{C\eta} = 0{,}0186\,\text{s}\,, \quad f = 1/T = 53{,}77\,\text{s}^{-1}.$$

2 Longitudinal- und Torsionsschwingungen von Stäben

Stäbe sind räumliche Tragelemente, die aus einem deformierbaren Werkstoff und räumlich verteilter Masse bestehen. Während bei den Transversalschwingungen (engl. *transverse vibrations* or *flexural vibrations*) der Saite eine Vorspannung erforderlich war, ist der Stab allein aufgrund seiner Materialeigenschaften (E: Elastizitätsmodul, ρ: Dichte) in der Lage, longitudinal[1] zu schwingen.

a) Verformungszustand   b) Kraftzustand

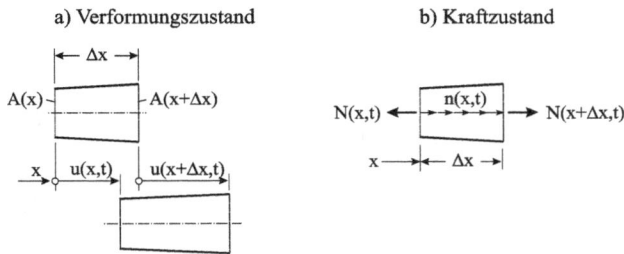

Abb. 2.1 *Verformungs- und Kraftzustand eines Stabelementes*

Wir bezeichnen mit u(x,t) diejenige Verschiebung, die eine an der Stelle *x* gelegene Querschnittsfläche A(x) zum Zeitpunkt *t* erfährt. Mit der linearen Dehnung

$$\varepsilon_{xx}(x,t) = \lim_{\Delta x \to 0} \frac{u(x + \Delta x, t) - u(x,t)}{\Delta x} = \frac{\partial u(x,t)}{\partial x}$$

folgt nach dem Hookeschen Gesetz die Spannung

$$\sigma_{xx}(x,t) = E\,\varepsilon_{xx}(x,t) = E\,\frac{\partial u(x,t)}{\partial x} \,.$$

---

[1] zu lat. longitudo, longitudinis ›Länge‹, in der Längsrichtung verlaufend

Die Integration der in der Querschnittsfläche A(x) als konstant angenommenen Normalspannungen $\sigma_{xx}(x,t)$ über die Querschnittsfläche führt auf die im Querschnitt allein wirkende Normalkraft

$$N(x,t) = \int_{A(x)} \sigma_{xx}(x,t)\,dA = \sigma_{xx}(x,t)A(x) = EA(x)\frac{\partial u(x,t)}{\partial x} \,. \tag{2.1}$$

Als äußere Kraftgröße wirkt lediglich die Normalkraftschüttung n(x,t). Notieren wir das Newtonsche Grundgesetz für das Massenelement $\Delta m = \rho(x)A(x)\Delta x$, dann folgt

$$\Delta m \frac{\partial^2 u(x,t)}{\partial t^2} = -N(x,t) + n(x,t)\Delta x + N(x+\Delta x,t) \,.$$

Führen wir die Massenbelegung $\mu(x) = \rho(x)A(x)$ ein und dividieren den obigen Ausdruck mit Δx, so erhalten wir

$$\mu(x)\frac{\partial^2 u(x,t)}{\partial t^2} = n(x,t) + \frac{N(x+\Delta x,t) - N(x,t)}{\Delta x} \,.$$

Der Grenzübergang $\Delta x \to 0$ liefert

$$\mu(x)\frac{\partial^2 u(x,t)}{\partial t^2} = n(x,t) + \frac{\partial N(x,t)}{\partial x} \,. \tag{2.2}$$

Beachten wir noch (2.1), so erhalten die allgemeine Bewegungsgleichung

$$\mu(x)\frac{\partial^2 u(x,t)}{\partial t^2} - \frac{\partial}{\partial x}\left[EA(x)\frac{\partial u(x,t)}{\partial x}\right] = n(x,t) \tag{2.3}$$

des longitudinal schwingenden Stabes. Für Stäbe mit konstanter Querschnittsfläche A und konstanter Massenbelegung $\mu = \mu_0$ vereinfacht sich (2.3) zu

$$\frac{\partial^2 u(x,t)}{\partial t^2} - c_L^2 \frac{\partial^2 u(x,t)}{\partial x^2} = \frac{n(x,t)}{\mu_0}, \qquad c_L = \sqrt{\frac{EA}{\mu_0}} = \sqrt{\frac{E}{\rho}} \,. \tag{2.4}$$

$$[c_L] = \frac{\text{Länge}}{\text{Zeit}}, \qquad \text{Einheit: m s}^{-1}.$$

In (2.4) wurde zur Abkürzung die Konstante c_L eingeführt, die als *Fortpflanzungsgeschwindigkeit* einer elastischen Störung des Stabes gedeutet werden kann und von den Materialwerten E und ρ abhängt. Beispielsweise erhalten wir für den Werkstoff Stahl mit $\rho = 7{,}85$ g/cm^3 und $E = 210000$ N/mm^2 die Fortpflanzungsgeschwindigkeit $c_L = 5172$ m/s. Im Vergleich dazu ist $c_{L,\text{Luft}}$ etwa 340 m/s.

Im Fall freier Longitudinalschwingungen geht mit n(x,t) = 0 die Gleichung (2.4) über in

$$\frac{\partial^2 u(x,t)}{\partial t^2} - c_L^2 \frac{\partial^2 u(x,t)}{\partial x^2} = 0 \,. \tag{2.5}$$

Die Gleichung (2.5) entspricht einer linearen, homogenen, partiellen Differenzialgleichung 2. Ordnung mit konstanten Koeffizienten, die formal mit der Differenzialgleichung (1.15) der frei schwingenden Saite übereinstimmt. Der transversalen Auslenkung w(x,t) eines materiellen Punktes der Saite entspricht hier die longitudinale Verschiebung u(x,t) der Stabquerschnitts- fläche und der Fortpflanzungsgeschwindigkeit c einer Auslenkungsform auf der Saite die analo- ge Größe c_L einer elastischen Störung des Stabes. Unter Berücksichtigung dieses Sachver- haltes kann, wenn wir c durch c_L ersetzen, die d'Alembertsche Wellenlösung für den Dehnstab

$$u(x,t) = w(x + c_L t) + v(x - c_L t) \tag{2.6}$$

sofort notiert werden.

Tab. 2.1 *Natürliche Randbedingungen beim Stab*

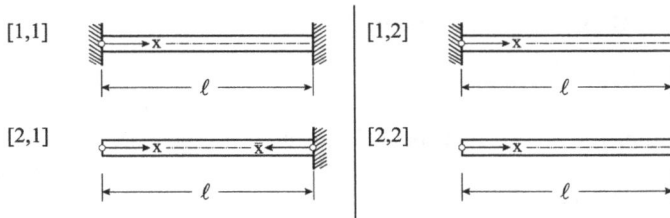

Zur vollständigen Beschreibung des Problems reicht die Bewegungsgleichung allein nicht aus. Es müssen zusätzlich Anfangs- und Randbedingungen formuliert werden. Die Bedingungen, denen u(x,t) zur Zeit t = 0 genügen muss, heißen Anfangsbedingungen. Sie lauten

$$u(x = 0, t) = \Phi(x), \quad \dot{u}(x,t)\big|_{t=0} = \Psi(x) \,. \tag{2.7}$$

Da die Stäbe von endlicher Länge sind, müssen außerdem Angaben über das zeitliche Verhal- ten von u an den Rändern x = 0 und x = ℓ gemacht werden. Verschieben sich die Staberden in vorgeschriebener Weise, so sind

$$u(x = 0, t) = \chi_1(t), \quad u(x = \ell, t) = \chi_2(t) \tag{2.8}$$

als gegebene Funktionen der Zeit bekannt. Sind beide Stabenden eingespannt, dann müssen die homogenen Randwerte

$$u(x = 0, t) = 0, \quad u(x = \ell, t) = 0 \tag{2.9}$$

erfüllt sein. Sind die Stabenden frei, dann müssen dort die Normalkräfte N verschwinden, was gleichbedeutend ist mit

$$u'(x,t)\big|_{x=0} = 0, \quad u'(x,t)\big|_{x=\ell} = 0\,.$$ (2.10)

Dynamische Randbedingungen treten auf, wenn an den Stabenden die Normalkräfte vorgegeben sind, also

$$N(x=0,t) = EAu'(x,t)\big|_{x=0} = \gamma_1(t),\ N(x=\ell,t) = EAu'(x,t)\big|_{x=\ell} = \gamma_2(t)\,.$$ (2.11)

Die homogenen Randbedingungen werden natürliche Randbedingungen genannt, sie führen auf die vier Lagerungsfälle in Tab. 2.1. Dabei bezeichnet beispielsweise das Symbol [1,2] den links eingespannten (1) und rechts freien (2) Rand.

2.1   Die Produktlösung der freien Longitudinalschwingung

Wir suchen in Anlehnung an Kap. 1.4 wieder eine spezielle Lösung[1] in Form des Produktes $u(x,t) = X(x)T(t)$ der beiden Funktionen $X(x)$ und $T(t)$, wobei die eine nur von x und die andere nur von t abhängt. Damit geht (2.5) über in

$$\frac{\ddot{T}(t)}{T(t)} = c_L^2\,\frac{X''(x)}{X(x)}\,.$$

Mit derselben Argumentationsweise, die zu (1.43) führte, erhalten wir die beiden gewöhnlichen Differenzialgleichungen

$$\ddot{T}(t) + \omega^2\,T(t) = 0 \quad \text{und} \quad X''(x) + \kappa_L^2\,X(x) = 0\,,$$ (2.12)

die über die Konstante ω miteinander gekoppelt sind. Der Separationsparameter

$$\kappa_L = \frac{\omega}{c_L} = \omega\sqrt{\frac{\rho}{E}}$$ (2.13)

heißt Longitudinal-Wellenzahl des Stabes.

$$[\kappa_L] = \frac{1}{\text{Länge}}\,, \quad \text{Einheit: m}^{-1}.$$

---

[1]   die, wenn sie gefunden ist, dann auch die allgemeine Lösung darstellt

Die Wellenlänge

$$\lambda_L = \frac{2\pi}{\kappa_L} = \frac{2\pi}{\omega} c_L \qquad (2.14)$$

ist das räumliche Analogon zur Periodendauer T, die hier nicht mit der Zeitfunktion $T(t)$ verwechselt werden darf.

$[\lambda_L]$ = Länge , Einheit: m.

Zwischen der Wellenlänge λ_L und der Periodendauer $T = 2\pi/\omega$ besteht der Zusammenhang

$$\lambda_L = \frac{2\pi}{\kappa_L} = c_L \frac{2\pi}{\omega} = c_L T, \quad \rightarrow c_L = \frac{\lambda_L}{T} = \lambda_L f .$$

Die Differenzialgleichungen (2.12) besitzen bekanntlich die allgemeinen Lösungen

$$T(t) = A\cos\omega t + B\sin\omega t, \quad X(x) = C\cos\kappa_L x + D\sin\kappa_L x , \qquad (2.15)$$

womit wir für (2.5) die Gesamtlösung

$$\begin{aligned}
u(x,t) &= \quad (C\cos\kappa_L x + D\sin\kappa_L x)(A\cos\omega t + B\sin\omega t) \\
\dot{u}(x,t) &= -\omega\,(C\cos\kappa_L x + D\sin\kappa_L x)(A\sin\omega t - B\cos\omega t)
\end{aligned} \qquad (2.16)$$

erhalten. Die vier freien Konstanten A–D sind aus den Rand- und Anfangswerten des noch weiter zu konkretisierenden Problems zu bestimmen.

Beispiel 2-1:

Für die vier Lagerungsfälle in Tab. 2.1 sind die Eigenwerte, Eigenkreisfrequenzen und Eigenfunktionen zu bestimmen.

Geg.: ρ = 7850 kg/m^3, E = 2,1·10^5 N/mm^2, A = 1 cm^2, ℓ = 1 m.

Lösung: Wir zeigen exemplarisch den Lösungsweg für den links eingespannten und rechts freien Stab in Abb. 2.2.

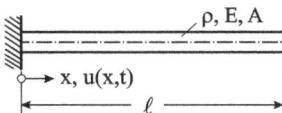

Abb. 2.2 *Freie Schwingungen eines links eingespannten und rechts freien Stabes*

Am eingespannten Rand muss die Bedingung $u(x = 0,t) = 0$ erfüllt sein, und am rechten Rand ist $N(x = \ell,t) = 0$ sicherzustellen. Die Randwerte lassen sich durch die Ortsfunktion

$$X(x) = C \cos \kappa_L x + D \sin \kappa_L x$$

und deren Ableitung allein ausdrücken. Wir erhalten:

$$X(x = 0) = 0 = C, \quad X'(x = \ell) = 0 = - C \kappa_L \sin \kappa_L \ell + D \kappa_L \cos \kappa_L \ell$$

oder symbolisch

$$\begin{bmatrix} 1 & 0 \\ -\kappa_L \sin \kappa_L \ell & \kappa_L \cos \kappa_L \ell \end{bmatrix} \cdot \begin{bmatrix} C \\ D \end{bmatrix} = \begin{bmatrix} 0 \\ 0 \end{bmatrix}.$$

Für dieses lineare homogene Gleichungssystem existieren nur dann nichttriviale Lösungen, wenn die *Systemdeterminante* verschwindet, wenn also gilt:

$$\begin{vmatrix} 1 & 0 \\ -\kappa_L \sin \kappa_L \ell & \kappa_L \cos \kappa_L \ell \end{vmatrix} = 0 = \cos \kappa_L \ell .$$

Aus der Eigenwertgleichung $\cos \kappa_L \ell = 0$ ergeben sich unendlich viele Eigenwerte

$$\kappa_{L,n} \ell = \frac{(2n-1)\pi}{2} , \qquad (n = 1,2,3,\ldots),$$

bzw. Eigenkreisfrequenzen

$$\omega_n = \kappa_{L,n} c_L = \frac{(2n-1)\pi}{2\ell} \sqrt{\frac{E}{\rho}} , \qquad (n = 1,2,3,\ldots).$$

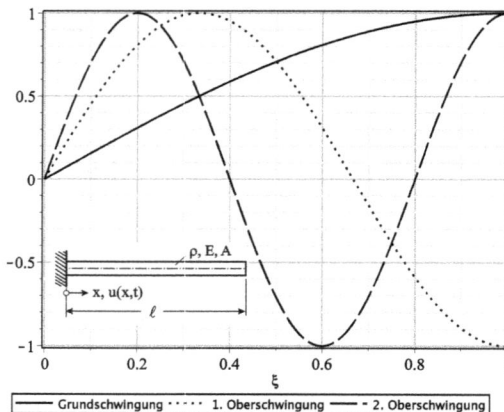

Abb. 2.3 *Die ersten drei Eigenfunktionen der Lagerung [1,2] nach Tab. 2.1*

Damit liegen, bis auf eine beliebige multiplikative Konstante, auch die normierbaren Eigenfunktionen $X_n(x) = \sin \kappa_{L,n} x$ fest. Für die Schwingungsdauer T_n und die Wellenlänge λ_n errechnen wir

$$T_n = \frac{2\pi}{\omega_n} = \frac{4}{2n-1} \sqrt{\frac{\rho \ell^2}{E}} \; , \quad \lambda_n = \frac{2\pi}{\kappa_{L,n}} = \frac{4\ell}{2n-1} \; .$$

Die ersten drei Eigenfunktionen sind in Abb. 2.3 dargestellt. Jede dieser Funktionen erfüllt die geforderten Randbedingungen der Lagerung [1,2]. Setzen wir nacheinander $n = 1,2,3,\dots$, so ergeben sich unendlich viele Teillösungen der Form

$$u_n(x,t) = X_n(x) T_n(t) = \sin \kappa_{L,n} x \, (A_n \cos \omega_n t + B_n \sin \omega_n t) \, ,$$

und aufgrund der Linearität der Bewegungsgleichung erhalten wir durch Superposition folgende allgemeine Lösung:

$$u(x,t) = \sum_{n=1}^{\infty} X_n(x) T_n(t) = \sum_{n=1}^{\infty} \sin \kappa_{L,n} x \, (A_n \cos \omega_n t + B_n \sin \omega_n t) \qquad \text{(a)}$$

Die obige Beziehung können wir auch in der Form

$$u(x,t) = \sum_{n=1}^{\infty} E_n \sin \kappa_{L,n} x \cos(\omega_n t - \varphi_n)$$

schreiben. Darin bedeuten

$$E_n \sin \kappa_{L,n} x = \sqrt{A_n^2 + B_n^2} \, \sin \kappa_{L,n} x$$

die ortsabhängigen Amplituden und

$$\cos \varphi_n = \frac{A_n}{C_n}, \sin \varphi_n = \frac{B_n}{C_n}$$

die *Nullphasenverschiebungswinkel*. Werden die verbleibenden drei Fälle entsprechend behandelt, dann bekommen wir die Zusammenstellung in Tab. 2.2.

Im Fall des beidseits freien Stabes [2,2] ist noch eine Besonderheit festzustellen. Für $n = 0$ folgt $X_0(x) = 1$ und $\omega_0 = 0$. Damit liefert die erste Gleichung in (2.12) die Differenzialgleichung $\ddot{T}(t) = 0$, was gleichbedeutend ist mit $T(t) = a + bt$. Die zugehörige Teilchenverschiebung $u_0(x,t) = a + bt$ stellt eine verzerrungsfreie und mit konstanter Geschwindigkeit ablaufende Starrkörperbewegung dar. In diesem Fall ist

$$u(x,t) = a + bt + \sum_{n=1}^{\infty} \sin \kappa_{L,n} x \, (A_n \cos \omega_n t + B_n \sin \omega_n t)$$

Durch die Transformation $x = \ell - \overline{x}$ geht im Übrigen die Eigenfunktion der Lagerung [1,2] in diejenige der Lagerung [2,1] über, denn es gilt:

$$\sin \kappa_{L,n}(\ell - \overline{x}) = \cos \kappa_{L,n}\overline{x} .$$

Die Ermittlung der Konstanten A_n und B_n im Zeitfaktor $T_n(t) = A_n \cos \omega_n t + B_n \sin \omega_n t$ erfolgt durch Festlegung der Anfangsbedingungen (2.7). Beachten wir mit (1.53) die Orthogonalitätsrelationen

$$\int_{x=0}^{\ell} X_j(x)X_k(x) \ dx = \begin{cases} 0 & \text{für } j \neq k \\ \ell/2 & \text{für } j = k, \end{cases} \tag{b}$$

dann ergeben sich die Koeffizienten A_n und B_n zu

$$A_n = \frac{2}{\ell}\int_0^{\ell} \Phi(x)\sin \kappa_n x \ dx, \quad B_n = \frac{2}{\ell\omega_n}\int_0^{\ell} \Psi(x)\sin \kappa_n x \ dx \tag{c}$$

Tab. 2.2 *Eigenwerte und Eigenfunktionen bei natürlichen Randbedingungen des longitudinal schwingenden Stabes*

Lagerungsfall	Eigenwertgleichung	Eigenwerte	Eigenfunktionen
[1,1]	$\sin \kappa_L \ell = 0$, $\quad \kappa_L \ell = n\pi$	$\omega_n = n\dfrac{\pi c_L}{\ell}$	$X_n(x) = \sin \dfrac{n\pi x}{\ell}$ $(n = 1,2,3,\ldots,\infty)$
[1,2]	$\cos \kappa_L \ell = 0$, $\quad \kappa_L \ell = \dfrac{2n-1}{2}\pi$	$\omega_n = \dfrac{2n-1}{2}\dfrac{\pi c_L}{\ell}$	$X_n(x) = \sin \dfrac{2n-1}{2}\dfrac{\pi x}{\ell}$ $(n = 1,2,3,\ldots,\infty)$
[2,1]	$\cos \kappa_L \ell = 0$, $\quad \kappa_L \ell = \dfrac{2n-1}{2}\pi$	$\omega_n = \dfrac{2n-1}{2}\dfrac{\pi c_L}{\ell}$	$X_n(x) = \cos \dfrac{2n-1}{2}\dfrac{\pi x}{\ell}$ $(n = 1,2,3,\ldots,\infty)$
[2,2]	$\sin \kappa_L \ell = 0$, $\quad \kappa_L \ell = n\pi$	$\omega_n = n\dfrac{\pi c_L}{\ell}$	$X_n(x) = \cos \dfrac{n\pi x}{\ell}$ $(n = 0,1,2,\ldots,\infty)$

<u>Hinweis:</u> Die Realisierung der Anfangsbedingungen ist beim Stab noch schwieriger als bei der Saite, weshalb man sich in den meisten Fällen auf die Ermittlung der Eigenfrequenzen beschränkt.

Nach den bisherigen Aussagen können wir folgende Zusammenfassung geben, die auch für die verbleibenden homogenen Randbedingungen gilt:

1. Die Randbedingungen liefern die Integrationskonstanten der ortsabhängigen Funktion $X(x)$.
2. Das Verschwinden der Koeffizientendeterminante des linearen homogenen Gleichungssystems zur Bestimmung der Integrationskonstanten führt auf die Eigenwertgleichung, die

unendlich viele Eigenkreisfrequenzen ergibt, womit dann auch die Eigenfunktionen festliegen.

3. Die Eigenfunktionen genügen den Orthogonalitätsrelationen und sind nur bis auf einen
   konstanten Faktor bestimmbar.
4. Die Integrationskonstanten der zeitabhängigen Lösung T(t) sind durch die Anfangsbedingungen determiniert.

Beispiel 2-2:

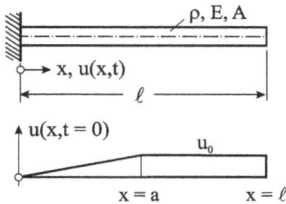

Abb. 2.4 *Anfangsauslenkung eines homogenen Stabes*

Der Stab in Abb. 2.4 wird zum Zeitpunkt t = 0 an der Stelle x = a um das Maß u_0 ausgelenkt
und dann sich selbst überlassen. Gesucht werden sämtliche Zustandsgrößen. Animieren Sie
den Bewegungsvorgang mit Maple.

<u>Geg.</u>: $\rho = 7850$ kg/m³, E = $2{,}1 \cdot 10^5$ N/mm², A = 1 cm², $\ell = 5$ m, $u_0 = 0{,}5$ cm.

<u>Lösung</u>: Die Eigenwerte und Eigenfunktionen können für die hier vorliegende Lagerung [1,2]
der Tabelle Tab. 2.2 entnommen werden. Mit (a) aus Beispiel 2-1 liegt dann auch die Verschiebung

$$u(x,t) = \sum_{n=1}^{\infty} \sin \kappa_{L,n} x \left(A_n \cos \omega_n t + B_n \sin \omega_n t \right)$$

fest. Diese Lösung ist an die Anfangsbedingungen anzupassen. Zum Zeitpunkt t = 0 wird

$$u(x, t = 0) = \Phi(x) = \sum_{n=1}^{\infty} A_n \sin \kappa_{L,n} x \quad .$$

Die Anfangsauslenkung wird analytisch beschrieben durch die stückweise definierte Funktion

$$\Phi(x) = \begin{cases} u_0 \, x / a & \text{für} \quad 0 \le x \le a \\ u_0 & \text{für} \quad a \le x \le \ell. \end{cases}$$

Mit (c) aus Beispiel 2-1 folgt

$$A_n = \frac{2}{\ell} \int\limits_{x=0}^{\ell} \Phi(x)\sin\kappa_{L,n}x\,dx = \frac{2}{\ell}\left[\frac{u_0}{a}\int\limits_{x=0}^{a} x\sin\kappa_{L,n}x\,dx + u_0\int\limits_{x=a}^{\ell}\sin\kappa_{L,n}x\,dx\right] = \frac{2u_0}{\ell a\,\kappa_{L,n}^2}\sin\kappa_{L,n}a.$$

Aufgrund fehlender Anfangsgeschwindigkeit sind alle $B_n = 0$. Es verbleibt

$$u(x,t) = \sum_{n=1}^{\infty} A_n\sin\kappa_{L,n}x\cos\omega_n t = \frac{2u_0}{\ell a}\sum_{n=1}^{\infty}\frac{\sin\kappa_{L,n}a}{\kappa_{L,n}^2}\sin\kappa_{L,n}x\cos\omega_n t\,.$$

Durch Ableitung nach der Zeit *t* erhalten wir daraus die Teilchengeschwindigkeit oder auch *Schnelle*

$$\dot{u}(x,t) = -\frac{2u_0 c_L}{\ell a}\sum_{n=1}^{\infty}\frac{\sin\kappa_{L,n}a}{\kappa_{L,n}}\sin\kappa_{L,n}x\sin\omega_n t\,,$$

und für die Normalkraft folgt:

$$N(x,t) = EA\frac{\partial u(x,t)}{\partial x} = \frac{2EAu_0}{\ell a}\sum_{n=1}^{\infty}\frac{\sin\kappa_{L,n}a}{\kappa_{L,n}}\cos\kappa_{L,n}x\cos\omega_n t\,.$$

Am linken Rand ergibt sich die Normalkraft

$$N(x=0,t) = \frac{2EAu_0}{\ell a}\sum_{n=1}^{\infty}\frac{\sin\kappa_{L,n}a}{\kappa_{L,n}}\cos\omega_n t\,,$$

die mit umgekehrtem Vorzeichen auf das Lager wirkt. Zum Zeitpunkt t = 0 erhalten wir die Normalkraft am eingespannten Rand zu

$$N(x=0,t=0) = \frac{2EAu_0}{\ell}\underbrace{\sum_{n=1}^{\infty}\frac{\sin\kappa_{L,n}a}{\kappa_{L,n}a}}_{=\,\ell/(2a)} = \frac{EA}{a}u_0\,.$$

Insbesondere gilt für $a = \ell$ die am Auflager wirkende Normalkraft

$$N(x=0,t=0) = \frac{EA}{\ell}u_0\,.$$

Der Stab wirkt also wie eine lineare Feder mit der Federsteifigkeit $k = EA/\ell$.

Beispiel 2-3:

Der Stab in Abb. 2.5 bewegt sich rein translatorisch mit der Geschwindigkeit v_0 nach links und stößt zum Zeitpunkt t = 0 auf eine starre Wand. Für die Zeit nach dem Stoß sind sämtliche Zustandsgrößen zu berechnen und mit Maple zu animieren.

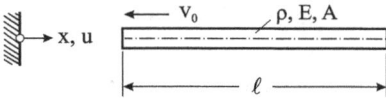

Abb. 2.5 *Stoß eines homogenen Stabes auf eine starre Wand*

<u>Geg.</u>: $\rho = 7850$ kg/m^3, E $= 2{,}1 \cdot 10^5$ N/mm^2, A $= 1$ cm^2, $\ell = 5$ m.

<u>Lösung</u>: Zum Zeitpunkt t $= 0$ kontaktiert der Stab die starre Wand, und es liegt der Lagerungs-fall [1,2] vor. Für die Verschiebung gilt:

$$u(x,t) = \sum_{n=1}^{\infty} \sin \kappa_{L,n} x \, (A_n \cos \omega_n t + B_n \sin \omega_n t).$$

Da zum Zeitpunkt t $= 0$ die Stabelemente keine Verschiebungen besitzen, müssen alle A_n zu Null gefordert werden. Zur Bestimmung der Konstanten B_n beachten wir $\Psi(x) = -v_0$ und erhalten

$$B_n = \frac{2}{\ell \omega_n} \int_0^\ell \Psi(x) \sin \kappa_{L,n} x \, dx = -\frac{2 v_0}{\ell \omega_n} \int_0^\ell \sin \kappa_{L,n} x \, dx = -\frac{2 v_0}{\ell \omega_n \kappa_{L,n}} = -\frac{2 v_0}{\ell c_L \kappa_{L,n}^2}.$$

Damit liegen alle Zustandsgrößen fest. Im Einzelnen sind:

$$u(x,t) = -\frac{2 v_0 \ell}{c_L} \sum_{n=1}^{\infty} \frac{1}{(\kappa_{L,n} \ell)^2} \sin \kappa_{L,n} x \, \sin \omega_n t,$$

$$\dot{u}(x,t) = -2 v_0 \sum_{n=1}^{\infty} \frac{1}{\kappa_{L,n} \ell} \sin \kappa_{L,n} x \cos \omega_n t,$$

$$N(x,t) = -2 E A \frac{v_0}{c_L} \sum_{n=1}^{\infty} \frac{1}{\kappa_{L,n} \ell} \cos \kappa_{L,n} x \, \sin \omega_n t.$$

In Abb. 2.6 ist die Entwicklung der Normalkraft dargestellt. Ausgehend vom Aufprallpunkt des linken Endes bei x $= 0$ baut sich im Stab die konstante Normalkraft $N_0 = E A v_0 / c_L$ als Druckkraft auf. Die Normalkraftfront bewegt sich dabei mit konstanter Wellengeschwindig-keit $c_L = \sqrt{E/\rho}$ nach rechts. Zwischen der Front und dem rechten Stabende ist der Stab noch spannungslos. Zum Zeitpunkt t $= \ell/c_L$ erreicht die Front den rechten freien Rand, und der Stab wird auf voller Länge mit der Druckkraft N_0 beansprucht. Zu diesem Zeitpunkt ist die Verschiebung linear auf den Wert max u $= u(x = \ell, t = \ell/c_L) = -v_0 \ell / c_L$ angewachsen. Für Zeitpunkte

$t > \ell/c_L$ läuft bei gleichem Vorzeichen die Normalkraftentwicklung rückwärts, bis zum Zeit-punkt $t = 2\ell/c_L$ der gesamte Stab normalkraftfrei ist. Für die Verschiebung errechnen wir $u(x, t = 2\ell/c_L) = 0$, und für die Geschwindigkeit gilt $\dot{u}(x, t = 2\ell/c_L) = v_0$.

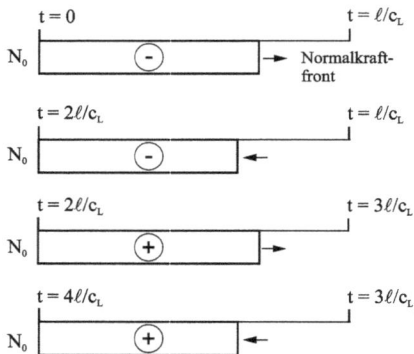

Abb. 2.6 *Bewegung der Normalkraftfront in einem Dehnstab*

Jedes Stabelement hat zu diesem Zeitpunkt die konstante Geschwindigkeit v_0. Für Zeitpunkte $t > 2\ell/c_L$ wiederholt sich der soeben beschriebene Vorgang, allerdings mit umgekehrtem Vorzeichen für die Normalkräfte und die Verschiebungen. Das ist freilich nur möglich, wenn das linke Ende festgehalten wird, denn im Fall der einseitigen Bindung würde sich der Stab von der starren Wand lösen, und das System entspräche jetzt einem beidseitig freien Stab mit den Anfangsbedingungen

$$u(x, t' = 0) = 0 \quad \text{und} \quad \dot{u}(x, t' = 0) = v_0.$$

2.2   Freie Longitudinalschwingungen bei veränderlicher Querschnittsfläche

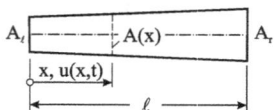

Abb. 2.7 *Stab mit veränderlicher Querschnittsfläche A(x)*

Ist die Querschnittsfläche A längs der geraden Stabachse x veränderlich, dann folgt aus (2.3) für die freien Schwingungen mit $n(x,t) = 0$

$$\mu(x)\frac{\partial^2 u(x,t)}{\partial t^2} - \frac{\partial}{\partial x}\left[EA(x)\frac{\partial u(x,t)}{\partial x}\right] = 0 \, .$$

Wir beschränken uns im Folgenden auf einen Stab mit linear veränderlicher Querschnittsfläche

$$A(x) = A_\ell\left(1+\eta\frac{x}{\ell}\right), \qquad \eta = \alpha - 1, \qquad \alpha = A_r/A_\ell.$$

Für einen homogenen Stab mit einheitlicher Dichte ρ ist $\mu(x) = \rho A(x)$, und wir erhalten

$$\frac{\partial^2 u(x,t)}{\partial t^2} - \frac{E}{\rho}\left[\frac{A'(x)}{A(x)}\frac{\partial u(x,t)}{\partial x} + \frac{\partial^2 u(x,t)}{\partial x^2}\right] = 0 \, .$$

Führen wir noch die Abkürzungen

$$z = 1 + \eta\frac{x}{\ell}, \quad \rightarrow dz = \frac{\eta}{\ell}dx \, , \quad \rightarrow \frac{d}{dx} = \frac{\eta}{\ell}\frac{d}{dz}$$

ein, dann folgt mit $A_-(x) = A_\ell\,\eta/\ell$:

$$\frac{\partial^2 u(z,t)}{\partial t^2} - \frac{E}{\rho}\left(\frac{\eta}{\ell}\right)^2\left[\frac{1}{z}\frac{\partial u(z,t)}{\partial z} + \frac{\partial^2 u(z,t)}{\partial z^2}\right] = 0 \, .$$

Mit dem Produktansatz $u(z,t) = Z(z)\,T(t)$ wird aus der obigen Beziehung zunächst

$$Z(z)\ddot{T}(t) - \frac{E}{\rho}\left(\frac{\eta}{\ell}\right)^2\left[\frac{1}{z}Z'(z) + Z''(z)\right]T(t) = 0 \, .$$

Nach Trennung der Variablen, also

$$\frac{\ddot{T}(t)}{T(t)} = \frac{\dfrac{E}{\rho}\left(\dfrac{\eta}{\ell}\right)^2\left[\dfrac{1}{z}Z'(z) + Z''(z)\right]}{Z(z)} = -\omega^2$$

erhalten wir die beiden gewöhnlichen Differenzialgleichungen $\ddot{T}(t) + \omega^2 T(t) = 0$, deren Lösung bekannt ist, und

$$Z''(z) + \frac{1}{z}Z'(z) + \kappa^2 Z(z) = 0 \, , \qquad \kappa^2 = \frac{\omega^2}{c_L^2}\left(\frac{\ell}{\eta}\right)^2, \qquad c_L = \sqrt{\frac{E}{\rho}} \, . \tag{2.17}$$

Die Besselsche[1] Differenzialgleichung (2.17) hat die allgemeine Lösung

---

[1]   Friedrich Wilhelm Bessel, deutsch. Astronom, Mathematiker und Geodät, 1784–1846

$$Z(z) = C\,J_0(\kappa z) + D\,Y_0(\kappa z)\,.$$ (2.18)

Darin bezeichnen:

J_0: Besselsche Funktion erster Art 0-ter Ordnung.

Y_0: Besselsche Funktion zweiter Art 0-ter Ordnung (Webersche[1] Funktion).

Die Funktion $Z(z)$ besitzt die Ableitungen:

$$Z'(z) = -\kappa\left[C\,J_1(\kappa z) + D\,Y_1(\kappa z)\right]$$

$$Z''(z) = -\kappa^2\left\{C\left[J_0(\kappa z) - \frac{J_1(\kappa z)}{\kappa z}\right] + D\left[Y_0(\kappa z) - \frac{Y_1(\kappa z)}{\kappa z}\right]\right\}.$$

Für große Werte von $\zeta = \kappa z$ gelten die folgenden asymptotischen Formeln:

$$J_0(\zeta) = \left(\frac{2}{\pi\zeta}\right)^{1/2}\left[\cos\left(\zeta - \frac{\pi}{4}\right) + O\left(\frac{1}{\zeta}\right)\right], \qquad J_1(\zeta) = \left(\frac{2}{\pi\zeta}\right)^{1/2}\left[\sin\left(\zeta - \frac{\pi}{4}\right) + O\left(\frac{1}{\zeta}\right)\right],$$

$$Y_0(\zeta) = \left(\frac{2}{\pi\zeta}\right)^{1/2}\left[\sin\left(\zeta - \frac{\pi}{4}\right) + O\left(\frac{1}{\zeta}\right)\right], \qquad Y_1(\zeta) = -\left(\frac{2}{\pi\zeta}\right)^{1/2}\left[\cos\left(\zeta - \frac{\pi}{4}\right) + O\left(\frac{1}{\zeta}\right)\right].$$

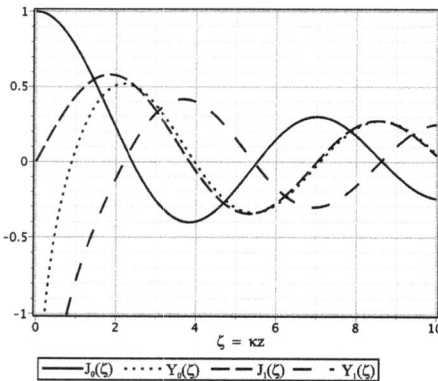

Abb. 2.8 *Besselsche Funktionen erster und zweiter Art*

Die grafischen Darstellungen der Besselschen Funktionen, die auch *Zylinderfunktionen* genannt werden, liefern ähnliche Bilder wie die Kosinusfunktion. Je weiter man vom Nullpunkt entfernt ist, nähert sich der Abstand zweier benachbarter Nullstellen der Zahl π. Im Vergleich

---

[1]   Wilhelm Eduard Weber, deutsch. Physiker, 1804–1891

zur Kosinusfunktion nehmen dagegen die Amplituden der Besselschen Funktionen immer mehr ab und gehen schließlich in die Abszisse über. Für große Werte der Argumente sind $J_1(\zeta)$ und $Y_0(\zeta)$ praktisch identisch. Bei Annäherung von rechts an den Punkt $\zeta = 0$ gilt:

$$Y_0(\zeta) = -\frac{2}{\pi\zeta} + O(\zeta), \qquad Y_1(\zeta) = \ln(\zeta) + [O(\zeta)]^2 .$$

Damit können die Verschiebungen und die Geschwindigkeiten

$$\begin{aligned}
u(\zeta,t) &= \quad [C\,J_0(\zeta) + D\,Y_0(\zeta)](A\cos\omega t + B\sin\omega t) \\
\dot{u}(\zeta,t) &= -\omega[C\,J_0(\zeta) + D\,Y_0(\zeta)](A\sin\omega t - B\cos\omega t)
\end{aligned}$$

(2.19)

sowie unter Beachtung von (2.1) die Normalkraft

$$N(\zeta,t) = -\frac{EA_\ell}{\ell}\eta\zeta[C\,J_1(\zeta) + D\,Y_1(\zeta)](A\cos\omega t + B\sin\omega t)$$

(2.20)

notiert werden.

Beispiel 2-4:

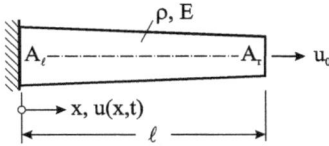

Abb. 2.9 *Stab mit linear veränderlicher Querschnittsfläche A(x), Lagerung [1,2]*

Der links eingespannte und rechts freie Stab in Abb. 2.9 mit linear veränderlicher Querschnittsfläche wird am rechten Rand zum Zeitpunkt $t = 0$ um das Maß u_0 ausgelenkt und sodann ohne Anfangsgeschwindigkeit sich selbst überlassen. Für den dann einsetzenden Schwingungsvorgang sind sämtliche Zustandsgrößen für die Flächenverhältnisse $\alpha = A_r/A_\ell = 2$ und $\alpha = 1/2$ zu berechnen und mit Maple zu animieren.

Geg.: $\rho = 7850$ kg/m^3, $E = 2{,}1\cdot10^5$ N/mm^2, $A_\ell = 10$ cm^2, $\ell = 5$ m, $u_0 = 0{,}1$ cm.

Lösung: Wir beschaffen uns zunächst die Eigenwerte des Systems. Am linken eingeklemmten Rand bei $x = 0$ und damit $z = 1$ muss die Verschiebung verschwinden, was

$$Z = C\,J_0(\kappa) + D\,Y_0(\kappa) = 0$$

erfordert. Das rechte freie Stabende bei $x = \ell$ und damit $z = \alpha$ ist normalkraftfrei, was mit

$$Z' = C\,J_1(\kappa\alpha) + D\,Y_1(\kappa\alpha)] = 0$$

erreicht wird. In Matrizenschreibweise erhalten wir

$$\begin{bmatrix} J_0(\kappa) & Y_0(\kappa) \\ J_1(\kappa\alpha) & Y_1(\kappa\alpha) \end{bmatrix} \begin{bmatrix} C \\ D \end{bmatrix} = \begin{bmatrix} 0 \\ 0 \end{bmatrix}. \tag{a}$$

Dieses homogene Gleichungssystem besitzt nur dann nichttriviale Lösungen, wenn die Determinante der Koeffizientenmatrix verschwindet, wenn also die Eigenwertgleichung

$$J_0(\kappa)\,Y_1(\kappa\alpha) - Y_0(\kappa)J_1(\kappa\alpha) = 0 \tag{b}$$

zur Bestimmung der Eigenwerte κ_n ($n = 1,2,\dots,\infty$) besteht.

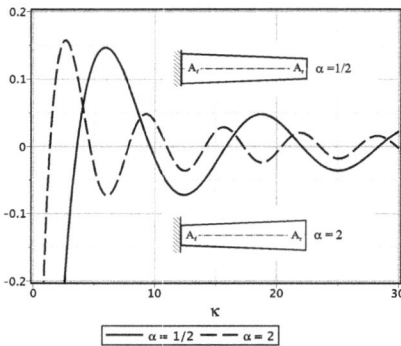

Abb. 2.10   *Eigenwertgleichungen für zwei verschiedene Flächenverhältnisse $\alpha = A_r/A_\ell$*

Einen Überblick über die Verteilung der Nullstellen der Eigenwertgleichung (b) liefert uns Abb. 2.10. Eine nummerische Rechnung, die dem entsprechenden Maple-Arbeitsblatt entnommen werden kann, ergibt mit den Werten des Beispiels die in Tab. 2.3 aufgelisteten ersten fünf Eigenwerte κ_n. Mit bekannten Eigenwerten folgen aus (2.17) die Eigenkreisfrequenzen ω_n und Eigenfrequenzen f_n zu:

$$\omega_n = \frac{\kappa_n c_L}{\ell}\sqrt{\eta^2}\,, \qquad f_n = \frac{\omega_n}{2\pi}\,.$$

Damit existieren für die Elementverschiebungen unendlich viele Lösungen

$$u_n(z,t) = [C_n J_0(\kappa_n z) + D_n Y_0(\kappa_n z)](A\cos\omega_n t + B\sin\omega_n t)\,,$$

wobei die Konstanten C_n und D_n wegen (a) nicht unabhängig voneinander sein können. Aus der ersten Gleichung folgt nämlich $C_n J_0(\kappa_n) + D_n Y_0(\kappa_n) = 0$ und damit

$$D_n = -\frac{J_0(\kappa_n)}{Y_0(\kappa_n)}C_n\,.$$

Tab. 2.3 *Die ersten fünf Eigenwerte, Eigenkreisfrequenzen und Eigenfrequenzen eines Stabes mit linear veränderlicher Querschnittsfläche A(x)*

n	$\alpha = 1/2$			$\alpha = 2$		
	κ_n	ω_n	f_n	κ_n	ω_n	f_n
1	3,588	1855,795	295,359	1,361	1407,641	224,033
2	9,604	4967,438	790,592	4,646	4805,899	764,883
3	15,818	8181,337	1302,100	7,814	8083,273	1286,493
4	22,070	11415,130	1816,774	10,967	11344,839	1805,587
5	28,336	14655,915	2332,561	14,115	14601,164	2323,847

Berücksichtigen wir diesen Sachverhalt, dann folgt mit der Wahl $C_n = Y_0(\kappa_n)$ die normierte Eigenfunktion

$$Z_n(z) = Y_0(\kappa_n)J_0(\kappa_n z) - J_0(\kappa_n)Y_0(\kappa_n z) \ . \tag{c}$$

Wie wir der Abb. 2.11 entnehmen können, erfüllen die Eigenfunktionen die geforderten Randbedingungen, denn am linken Rand sind alle $Z_n(0) = 0$ und am rechten freien Rand besitzen die Eigenfunktionen wegen $N(x = \ell) = 0$ und damit $Z_\smile(x = \ell) = 0$ eine horizontale Tangente.

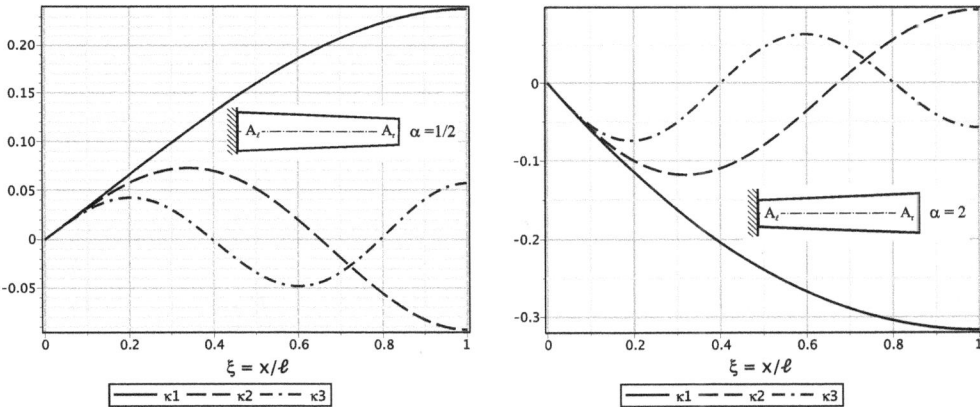

Abb. 2.11 *Die ersten drei Eigenfunktionen $Z_n(\xi)$ für $\alpha = 1/2$ und $\alpha = 2$*

Die vollständige Lösung erhalten wir wieder durch Superposition der Teillösungen, also

$$u(z,t) = \sum_{n=1}^{\infty} [Y_0(\kappa_n)J_0(\kappa_n z) - J_0(\kappa_n)Y_0(\kappa_n z)](A_n \cos\omega_n t + B_n \sin\omega_n t)$$

$$\dot{u}(z,t) = \sum_{n=1}^{\infty} [Y_0(\kappa_n)J_0(\kappa_n z) - J_0(\kappa_n)Y_0(\kappa_n z)](-A_n\omega_n \sin\omega_n t + B_n\omega_n \cos\omega_n t).$$

Für die Normalkraft folgt mit (2.20) zunächst die Teillösung

$$N_n(z,t) = -\frac{EA_\ell}{\ell} z\eta\kappa_n [Y_0(\kappa_n)J_1(\kappa_n z) - J_0(\kappa_n)Y_1(\kappa_n z)](A_n \cos\omega_n t + B_n \sin\omega_n t),$$

und deren allgemeine Lösung lautet dann:

$$N(z,t) = -\frac{EA_\ell}{\ell} z\eta\sum_{n=1}^{\infty} \kappa_n [Y_0(\kappa_n)J_1(\kappa_n z) - J_0(\kappa_n)Y_1(\kappa_n z)](A_n \cos\omega_n t + B_n \sin\omega_n t).$$

Abschließend sind noch die freien Konstanten A_n und B_n aus den Anfangsbedingungen

$u(x, t = 0) = \Phi(x)$ und $\dot{u}(x, t = 0) = 0 = \Psi(x)$ zu berechnen.

Zur Beschaffung einer verallgemeinerten Orthogonalitätsrelation notieren wir die Differenzialgleichung (2.17) für die beiden Eigenfunktionen Z_n und Z_k, dann haben wir:

$$Z_n'' + \frac{1}{z}Z_n' + \kappa_n^2 Z_n = 0, \quad Z_k'' + \frac{1}{z}Z_k' + \kappa_k^2 Z_k = 0.$$

Multiplizieren wir die erste Gleichung mit $z Z_k$ und die zweite mit $z Z_n$ und ziehen sodann beide voneinander ab, dann folgt nach kurzer Zusammenfassung

$$[z(Z_n' Z_k - Z_k' Z_n)]' + (\kappa_n^2 - \kappa_k^2)z Z_n Z_k = 0.$$

Integrieren wir nun über die Stablänge von $x = 0$ ($z = 1$) bis $x = \ell$ ($z = \alpha$), dann ergibt sich

$$[z(Z_n' Z_k - Z_k' Z_n)]_1^\alpha + (\kappa_n^2 - \kappa_k^2)\int_{z=1}^{\alpha} z Z_n Z_k dz = 0.$$

Da aufgrund der Normalkraftbedingung am rechten Rand mit $z = \alpha$ die Ableitungen Z_n' und Z_k' verschwinden müssen, und Z_n sowie Z_k an der unteren Grenze $z = 1$ der Verschiebungsrandbedingung am linken Rand entsprechen, entfällt das Glied in der eckigen Klammer. Somit verbleibt

$$(\kappa_n^2 - \kappa_k^2)\int_{z=1}^{\alpha} z Z_n Z_k dz = 0.$$

Für $n \neq k$ und einfache Eigenwerte $\kappa_n \neq \kappa_k$ ist die obige Beziehung nur erfüllt für

$$\int_{z=1}^{\alpha} z Z_n Z_k dz = 0, \qquad (n \neq k).$$

Wir kehren nun zur eigentlichen Aufgabe zurück und beachten, dass der Stab zum Startzeitpunkt $t = 0$ durch die Verschiebung $u(z, t = 0) = \Phi(z)$ ausgelenkt wird. Dann gilt:

$$u(z, t = 0) = \sum_{n=1}^{\infty} A_n [Y_0(\kappa_n) J_0(\kappa_n z) - J_0(\kappa_n) Y_0(\kappa_n z)] = \sum_{n=1}^{\infty} A_n Z_n(z) = \Phi(z).$$

Multiplizieren wir beide Seiten mit $z\, Z_k$ und integrieren von $z = 1$ bis $z = \alpha$, dann folgt

$$\int_{z=1}^{\alpha} z \Phi(z) Z_k(z)\, dz = \sum_{n=1}^{\infty} A_n \int_{z=1}^{\alpha} z Z_n(z) Z_k(z)\, dz.$$

Unter Beachtung der verallgemeinerten Orthogonalitätsrelationen der Eigenfunktionen verbleiben die Konstanten

$$A_n = \frac{\displaystyle\int_{z=1}^{\alpha} \Phi(z) z\, Z_n(z) dz}{\displaystyle\int_{z=1}^{\alpha} z Z_n^2(z)\, dz}.$$

Die Integrationen zur Bestimmung der Konstanten A_n erfolgen i. Allg. nummerisch. Wird der Stab am rechten Rand um das Maß u_0 ausgelenkt, dann stellt sich im statischen Fall nach Integration der Differenzialgleichung

$$\frac{d}{dx}\left[EA(x) \frac{du(x)}{dx} \right] = 0$$

und Anpassung der Lösung an die Randbedingungen die Verschiebung

$$u(z, t = 0) = \Phi(z) = u_0 \frac{\ln z}{\ln \alpha} = u_0 \xi \left\{ 1 + \frac{1}{2}(1 - \xi)(\alpha - 1) + O\!\left[(\alpha - 1)^2\right] \right\}$$

ein, und die konstante Normalkraft ist

$$N = \frac{EA_\ell}{\ell} u_0 \frac{\alpha - 1}{\ln \alpha} = \frac{EA_\ell}{\ell} u_0 \left\{ 1 + \frac{1}{2}(\alpha - 1) + O\!\left[(\alpha - 1)^2\right] \right\}.$$

Aufgrund fehlender Anfangsgeschwindigkeit verschwinden in unserem Beispiel alle B_n, und für die Zustandsgrößen erhalten wir:

$$u(z, t) = \sum_{n=1}^{\infty} A_n [Y_0(\kappa_n) J_0(\kappa_n z) - J_0(\kappa_n) Y_0(\kappa_n z)] \cos \omega_n t$$

$$\dot{u}(z, t) = -\sum_{n=1}^{\infty} A_n \omega_n [Y_0(\kappa_n) J_0(\kappa_n z) - J_0(\kappa_n) Y_0(\kappa_n z)] \sin \omega_n t$$

$$N(z, t) = -\frac{EA_0}{\ell} \eta z \sum_{n=1}^{\infty} A_n [Y_0(\kappa_n) J_1(\kappa_n z) - J_0(\kappa_n) Y_1(\kappa_n z)] \cos \omega_n t.$$

Die Animationen der Zustandsgrößen können dem entsprechenden Maple-Arbeitsblatt entnommen werden.

2.3 Longitudinalschwingungen von Stäben aus Kelvin-Material

Um einen Einblick in das Schwingungsverhalten von Stäben mit Werkstoffdämpfung zu bekommen, betrachten wir das rheologische Grundmodell in Abb. 2.12, das aus der Parallelschaltung von Feder (k: Federsteifigkeit) und Dämpfer(v: Dämpferkonstante) besteht.

$$[v] = \frac{Masse}{Zeit} \text{ , Einheit: kg s}^{-1}.$$

Bei diesem Modell, das *Kelvin-Modell*[1] genannt wird, sind die Längen beider Elemente gleich und die Kräfte addieren sich zu

$$F(t) = k[\ell(t) - \ell_0] + v\,\dot{\ell}(t) ,$$

wobei ℓ_0 die entspannte Federlänge bezeichnet.

Hinweis: Sprunghafte Längenänderungen sind bei diesem Modell nicht möglich.

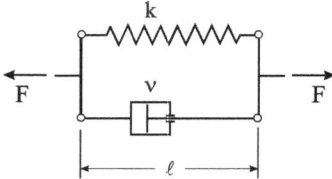

Abb. 2.12 *Das Kelvin-Modell, (k: Federkonstante, v: Dämpferkonstante)*

In Analogie zu diesem Werkstoffgesetz wählen wir für das Kontinuumsmodell des Stabes den Spannungsansatz

$$\sigma_{xx}(x,t) = E\,\varepsilon_{xx}(x,t) + v\,\dot{\varepsilon}_{xx}(x,t) = E\frac{\partial u(x,t)}{\partial x} + v\frac{\partial^2 u(x,t)}{\partial x \partial t} .$$

Die Summation der Spannungen über die Querschnittsfläche liefert die Normalkraft

---

[1]   Thomson, Sir (seit 1866) William Lord Kelvin of Largs, brit. Physiker, 1824–1907

$$N(x,t) = \sigma_{xx}(x,t)A(x) = EA(x)\left[\frac{\partial u(x,t)}{\partial x} + \gamma\frac{\partial^2 u(x,t)}{\partial x \partial t}\right], \qquad \left(\gamma = \frac{v}{E}\right), \qquad (2.21)$$

und mit (2.2) folgt

$$\mu(x)\frac{\partial^2 u(x,t)}{\partial t^2} - \frac{\partial}{\partial x}\left\{EA(x)\left[\frac{\partial u(x,t)}{\partial x} + \gamma\frac{\partial^2 u(x,t)}{\partial x \partial t}\right]\right\} = n(x,t). \qquad (2.22)$$

Für den Stab mit konstanten Werten für die Querschnittsfläche A und die Massenbelegung μ vereinfacht sich die obige Beziehung zu

$$\frac{\partial^2 u(x,t)}{\partial t^2} - c_L^2\frac{\partial^2}{\partial x^2}\left[u(x,t) + \gamma\frac{\partial u(x,t)}{\partial t}\right] = \frac{n(x,t)}{\mu}, \qquad c_L = \sqrt{\frac{E}{\rho}}. \qquad (2.23)$$

Im Fall freier Longitudinalschwingungen mit n(x,t) = 0 verbleibt

$$\frac{\partial^2 u(x,t)}{\partial t^2} - c_L^2\frac{\partial^2}{\partial x^2}\left[u(x,t) + \gamma\frac{\partial u(x,t)}{\partial t}\right] = 0. \qquad (2.24)$$

Der Produktansatz u(x,t) = X(x) T(t) nach Bernoulli führt mit

$$\frac{\ddot{T}(t)}{T(t) + \gamma\dot{T}(t)} = c_L^2\frac{X''(x)}{X(x)} = -\omega^2$$

auf die beiden gewöhnlichen Differenzialgleichungen

$$X''(x) + \kappa_L^2 X(x) = 0, \qquad (\kappa_L = \omega/c_L = \omega\sqrt{\rho/E})$$

und

$$\ddot{T}(t) + 2\delta\dot{T}(t) + \omega^2 T(t) = 0, \qquad (2\delta = \gamma\omega^2).$$

Die Lösungen dieser beiden Gleichungen sind

$$X(x) = C\cos\kappa_L x + D\sin\kappa_L x, \quad X'(x) = -\kappa_L[C\sin\kappa_L x - D\cos\kappa_L x],$$

$$T(t) = Ae^{\zeta_1 t} + Be^{\zeta_2 t}, \quad \dot{T}(t) = A\zeta_1 e^{\zeta_1 t} + B\zeta_2 e^{\zeta_2 t},$$

wobei zur Abkürzung die beiden *charakteristischen Exponenten*

$$\zeta_1 = -\delta + \lambda, \quad \zeta_2 = -\delta - \lambda, \quad \lambda = \sqrt{\delta^2 - \omega^2}$$

eingeführt wurden.

Hinweis: Bei diesem mechanischen Modell sind die Exponenten ζ_1 und ζ_2 frequenzabhängig, was zu Problemen bei der Interpretation experimenteller Befunde führen kann.

Die Anpassung der Lösung an die Randwerte erfolgt vermittels der Eigenfunktionen

$$X_n(x) = \sin \kappa_L x \,,$$

wobei die Eigenwerte und Eigenfunktionen eines Stabes aus Kelvin-Material denjenigen des ideal elastischen Werkstoffs nach Tab. 2.2 entsprechen. Die allgemeine Lösung kann dann immer in der Form

$$u(x,t) = \sum_{n=1}^{\infty} X_n(x)(A_n e^{\zeta_{1,n}t} + B_n e^{\zeta_{2,n}t})$$

$$\dot{u}(x,t) = \sum_{n=1}^{\infty} X_n(x)(A_n \zeta_{1,n} e^{\zeta_{1,n}t} + B_n \zeta_{2,n} e^{\zeta_{2,n}t})$$

$$(2.25)$$

geschrieben werden. Für die Normalkraft folgt mit (2.21)

$$N(x,t) = EA \sum_{n=1}^{\infty} X_n'(x)\left[T_n(t) + \gamma \dot{T}_n(t)\right]$$

$$= EA \sum_{n=1}^{\infty} X_n'(x)\left[A_n(1+\gamma\zeta_{1,n})e^{\zeta_{1,n}t} + B_n(1+\gamma\zeta_{2,n})e^{\zeta_{2,n}t}\right].$$

$$(2.26)$$

Die Konstanten A_n und B_n des zeitabhängigen Lösungsanteils werden aus den Anfangsbedingungen der Verschiebungen $u(x,t)$ und der Geschwindigkeiten zum Zeitpunkt $t = 0$ berechnet:

$$u(x, t=0) = \Phi(x) = \sum_{n=1}^{\infty} X_n(x)(A_n + B_n)\,,$$

$$\dot{u}(x, t=0) = \Psi(x) = \sum_{n=1}^{\infty} X_n(x)(A_n \zeta_{1,n} + B_n \zeta_{2,n})\,.$$

Mit den Abkürzungen

$$I_{1,n} = \int_{x=0}^{\ell} \Phi(x) X_n(x)dx = \frac{\ell}{2}(A_n + B_n) \text{ und}$$

$$I_{2,n} = \int_{x=0}^{\ell} \Psi(x) X_n(x)dx = \frac{\ell}{2}(A_n \zeta_{1,n} + B_n \zeta_{2,n})$$

ergeben sich die Konstanten zu:

$$A_n = \frac{2}{\ell} \frac{I_{2,n} - I_{1,n}\zeta_{2,n}}{\zeta_{1,n} - \zeta_{2,n}} \,, \quad B_n = -\frac{2}{\ell} \frac{I_{2,n} - I_{1,n}\zeta_{1,n}}{\zeta_{1,n} - \zeta_{2,n}} \,.$$

$$(2.27)$$

Beispiel 2-5:

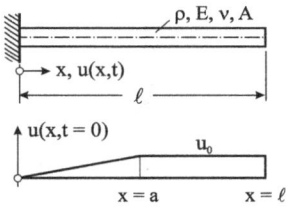

Abb. 2.13 *Anfangsauslenkung eines Stabes aus Kelvin-Material*

Der Stab in Abb. 2.13 wird zum Zeitpunkt t = 0 an der Stelle x = a um das Maß u_0 ausgelenkt und dann sich selbst überlassen. Gesucht werden sämtliche Zustandsgrößen. Animieren Sie den Bewegungsvorgang mit Maple.

Geg.: ρ = 3500 kg/m^3, E = 2,5·10^3 N/mm^2, ν = 2,8·10^5 kg m^{-1} s^{-1}, A = 7,57 cm^2, ℓ = 5,0 m, u_0 = 0,5 cm, a = $\ell/2$.

Lösung: Die Eigenfunktionen $X_n = \sin \kappa_L x$ mit $\kappa_L = \dfrac{(2n-1)\pi}{2\ell}$ können für den Lagerungsfall [1,2] der Tab. 2.2 entnommen werden. Die Eigenkreisfrequenzen berechnen sich dann zu

$$\omega_n = \kappa_L c_L = \frac{(2n-1)\pi}{2\ell}\sqrt{\frac{E}{\rho}}\ .$$

Zur Lösung des Anfangswertproblems benötigen wir den Verlauf der Auslenkungen $\Phi(x)$ zum Zeitpunkt t = 0. Der Abb. 2.13 entnehmen wir:

$$\Phi(x) = \begin{cases} u_0 x/a & \text{für} \quad 0 \le x \le a \\ u_0 & \text{für} \quad a \le x \le \ell. \end{cases}$$

Damit errechnen wir die Hilfsfunktionen

$$I_{1,n} = \int_{x=0}^{\ell}\Phi(x)X_n(x)dx = \frac{u_0 \sin \kappa_{L,n} a}{a\,\kappa_{L,n}^2}, \ I_{2,n} = \int_{x=0}^{\ell}\Psi(x)X_n(x)dx = 0\ ,$$

und mit (2.27) folgen die Konstanten

$$A_n = -\frac{2}{\ell}\frac{I_{1,n}\zeta_{2,n}}{\zeta_{1,n}-\zeta_{2,n}}, \ B_n = \frac{2}{\ell}\frac{I_{1,n}\zeta_{1,n}}{\zeta_{1,n}-\zeta_{2,n}}\ .$$

Damit liegen alle Zustandsgrößen fest, deren Animationen dem entsprechenden Maple-Arbeitsblatt entnommen werden können.

a) Verschiebung des rechten Randes in [m]   b) Einspannkraft in [N]

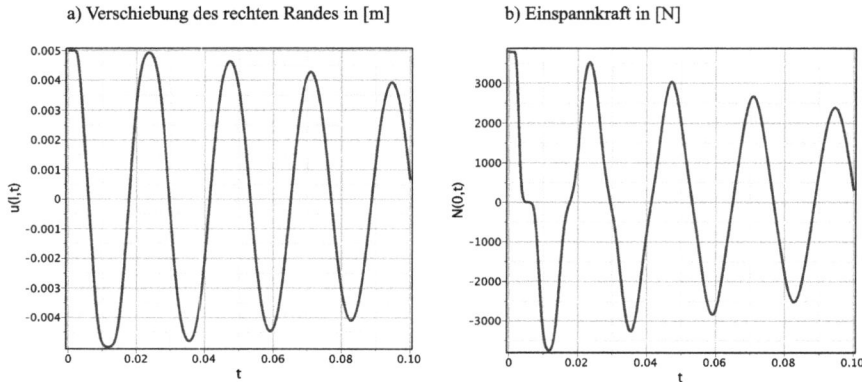

Abb. 2.14 *a) Verschiebung des rechten Randes und b) Einspannkraft in Abhängigkeit von der Zeit t*

In Abb. 2.14 ist deutlich der Einfluss der Materialdämpfung zu beobachten.

2.4   Der Stab mit Endmasse

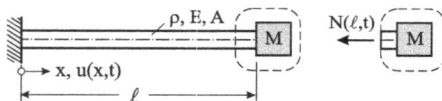

Abb. 2.15 *Stab mit Endmasse M, Freischnittskizze für das rechte Stabende*

Die Abb. 2.15 zeigt einen Stab, der links eingespannt ist und am rechten Ende eine konzentrierte Masse M trägt. Für dieses System sollen die Eigenwerte berechnet werden. Es gilt weiterhin mit (2.15) die Produktlösung u(x,t) = X(x) T(t) mit

$$T(t) = A\cos\omega t + B\sin\omega t, \quad X(x) = C\cos\kappa_L x + D\sin\kappa_L x .$$

Die Lösung des Randwertproblems (engl. *boundary-value problem*) erfolgt mittels des ortsabhängigen Lösungsanteils X(x). Da der Stab am linken Rand eingespannt ist, muss dort

$$X(x = 0) = 0 = C$$

gefordert werden, und weil die Konstante D hier ohne Bedeutung ist, verbleibt

$$X(x) = \sin\kappa_L x .$$

Die Randwertaussage am rechten Ende bei x = ℓ gestaltet sich dagegen etwas komplizierter, denn dieser Rand ist weder eingespannt noch frei gelagert. Zur Formulierung der dort geltenden Bedingung schneiden wir die Masse M frei und notieren deren Bewegungsgesetz:

$$M\ddot{u}(x,t)\big|_{x=\ell} = -N(x=\ell,t) = -EA\,u'(x,t)\big|_{x=\ell} \, .$$

Unter Beachtung des Separationsansatzes folgt aus der obigen Beziehung

$$\frac{\ddot{T}(t)}{T(t)} = -\frac{EA}{M}\frac{X'(\ell)}{X(\ell)} = -\omega^2 \, ,$$

was zunächst die Eigenwertgleichung

$$\cos\kappa_L\ell - \frac{M\omega^2}{EA\kappa_L}\sin\kappa_L\ell = 0$$

liefert. Beachten wir

$$\omega^2 = \kappa_L^2 c_L^2 = \kappa_L^2 EA/\mu_0$$

und führen noch die Stabmasse $m_{St} = \mu_0\,\ell$ sowie das Massenverhältnis $\varepsilon = M/m_{St}$ ein, dann geht die Eigenwertgleichung über in

$$\cot\lambda - \varepsilon\lambda = 0 \, , \qquad (\lambda = \kappa_L\ell). \qquad\qquad (2.28)$$

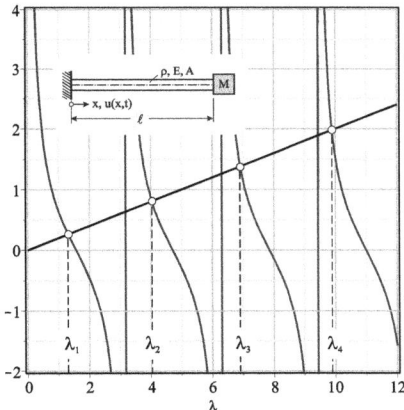

Abb. 2.16 *Auswertung der Eigenwertgleichung für den Dehnstab mit Endmasse ($\varepsilon = 0{,}2$)*

Die Eigenwerte λ hängen damit vom Masseverhältnis ε ab. Für $\varepsilon = 0$ (keine Endmasse) folgt mit $\cos\lambda = 0$ die Eigenwertgleichung für den einseitig eingespannten und für $\varepsilon \to \infty$ die Eigenwertgleichung $\sin\lambda = 0$ für den beidseitig eingespannten Stab. Eine sehr große Endmasse M wirkt aufgrund ihrer Trägheit offenbar wie eine feste Lagerung.

Die Eigenwertgleichung besitzt unendlich viele reelle Lösungen λ_n, und mit

$$\omega_n = \lambda_n \frac{c_L}{\ell} = \lambda_n \sqrt{\frac{E}{\rho \ell^2}} \qquad (n = 1,2,\dots,\infty) \tag{2.29}$$

existieren dann auch unendlich viele reelle Eigenwerte ω_n. Eine einfache Abschätzung für den kleinsten Eigenwert $\lambda_1 \approx \overline{\lambda}_1$ beschaffen wir uns, indem wir

$$\cot \lambda = \lambda^{-1} - \lambda/3 + O(\lambda^3)$$

durch die ersten beiden Reihenglieder ersetzen. Damit erhalten wir

$$\varepsilon \overline{\lambda}_1 = \overline{\lambda}^{-1} - \overline{\lambda}/3$$

und aufgelöst

$$\overline{\lambda}_1 = \frac{3}{\sqrt{3(1+3\varepsilon)}} \, .$$

Diese Näherungslösung ist umso genauer, je größer das Massenverhältnis ε ist, denn dann rückt mit zunehmendem Anstieg der Geraden $\varepsilon \lambda$ der 1. Eigenwert näher an Null heran, womit die Approximation von $\cot \lambda$ durch die ersten beiden Reihenglieder recht genau ist. Für $\varepsilon = 0,5$ erhalten wir die Näherung $\overline{\lambda}_1 = 1,095$, was dem genauen Wert $\lambda_1 = 1,077$ schon recht nahe kommt. Für $\varepsilon \gg 1$ ist offensichtlich der 1. Eigenwert sehr klein ($\lambda_1 \ll 1$), und wir dürfen dann

$$\cot \lambda_1 \approx 1/\overline{\lambda}_1$$

näherungsweise durch das erste Reihenglied ersetzen Die Eigenwertgleichung geht damit über in

$$\varepsilon \overline{\lambda}_1 = 1/\overline{\lambda}_1 \quad \to \overline{\lambda}_1^2 = 1/\varepsilon \, .$$

Die Grundfrequenz ist dann

$$\omega_1^2 = \overline{\lambda}_1^2 \frac{E}{\rho \ell^2} = \overline{\lambda}_1^2 \frac{EA}{m_{St}\ell} = \frac{1}{M} \frac{EA}{\ell} = \frac{k_{St}}{M}$$

und damit

$$\omega_1 = \sqrt{k_{St}/M} \, .$$

Das ist aber bekanntlich die Eigenkreisfrequenz eines Feder-Masse-Systems, wenn wir anstelle der Federsteifigkeit k die Dehnsteifigkeit $k_{St} = EA/\ell$ des Stabes setzen. Die Feder selbst ist in diesem Fall als masselos zu betrachten.

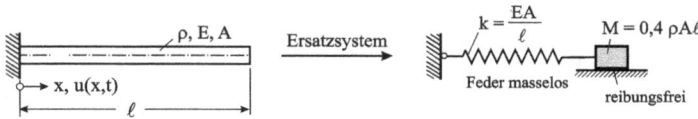

Abb. 2.17 *Diskretes Ersatzsystem eines Kontinuumsschwingers zur Berechnung der Grundfrequenz*

Vergleichen wir die Grundfrequenz

$$\omega_1 = \frac{\pi}{2}\sqrt{\frac{EA}{m_{St}\ell}} \equiv \omega = \sqrt{\frac{EA}{M\ell}}\,,$$

eines einseitig eingespannten Stabes ohne Endmasse mit derjenigen eines masselosen Stabes mit der Endmasse M, dann erhalten wir für beide Fälle identische Eigenkreisfrequenzen ($\omega_1 = \omega$), wenn wir für die konzentrierte Masse

$$M = (2/\pi)^2 m_{St} = 0{,}4\,m_{St}$$

annehmen, wobei m_{St} wieder die Masse des Stabes bezeichnet.

Beispiel 2-6:

Der Stab in Abb. 2.15 trägt am rechten Ende eine Masse M. Zum Zeitpunkt $t = 0$ wird diese um das Maß u_0 ausgelenkt und dann ohne Anfangsgeschwindigkeit sich selbst überlassen. Es sind die Zustandsgrößen für verschiedene Massenverhältnisse $\varepsilon = M/m_{st}$ zu berechnen. Stellen Sie dazu eine Maple-Prozedur zur Verfügung.

<u>Geg.</u>: $\rho = 3500$ kg/m^3, $E = 2{,}5\cdot10^8$ N/mm^2, $A = 7{,}57$ cm^2, $\ell = 5{,}0$ m, $u_0 = 0{,}5$ cm.

<u>Lösung:</u> Sind die Eigenwerte λ_n berechnet, dann stellt die Summe

$$u(\xi,t) = \sum_{n=1}^{\infty} u_n(\xi,t) = \sum_{n=1}^{\infty} \sin\lambda_n\xi\,(A_n\cos\omega_n t + B_n\sin\omega_n t)\,, \quad (\xi = x/\ell)$$

die vollständige Lösung dar. Die Amplituden A_n und B_n werden aus den Anfangsbedingungen

$$u(\xi,t=0) = \Phi(\xi) = \sum_{n=1}^{\infty} A_n\sin\lambda_n\xi\,, \quad \dot{u}(\xi,t=0) = \Psi(\xi) = \sum_{n=1}^{\infty} B_n\omega_n\cos\lambda_n\xi$$

bestimmt, wobei nun zu beachten ist, dass das Funktionensystem $\sin\lambda_n\xi$ nicht mehr orthogonal im Sinne von (b) aus Beispiel 2-1 ist. Wir berechnen deshalb die Konstanten näherungsweise mittels der Kollokationsmethode. Da das System aus der ausgelenkten Lage ohne Anfangsgeschwindigkeit startet, verschwinden alle B_n, und um

$$u(\xi,\,t=0) = \Phi(\xi) = u_0\,\xi$$

sicherzustellen, ist

$$u(\xi, t = 0) = \Phi(\xi) = u_0\xi = \sum_{n=1}^{\infty} A_n \sin \lambda_n \xi$$

zu fordern. Zur Beschaffung einer Näherungslösung ersetzen wir zunächst die Funktion $\Phi(\xi)$ durch die Näherungsfunktion

$$\overline{\Phi}(\xi) = \sum_{n=1}^{k} A_n \sin \lambda_n \xi = A_1 \sin \lambda_1 \xi + A_2 \sin \lambda_2 \xi + \dots + A_k \sin \lambda_k \xi,$$

indem wir die unendliche Reihe nach dem k-ten Glied abbrechen. Zur Berechnung der Konstanten $A_1,\dots,A_k$ geben wir im Intervall $0 \leq \xi \leq 1$ genau k äquidistante Stützstellen $\xi_1,\dots,\xi_k$ vor und fordern, dass die Näherungsfunktion $\overline{\Phi}(\xi)$ die Anfangsbedingungen $\Phi(\xi)$ zumindest an diesen Stützstellen erfüllt. Das führt auf das lineare Gleichungssystem

$$\sum_{n=1}^{k} A_n \sin \lambda_n \xi = \Phi(\xi_j), \quad (j = 1,\dots,k),$$

oder symbolisch $\mathbf{A} \cdot \mathbf{a} = \mathbf{b}$ mit

$$\mathbf{A} = \begin{bmatrix} \sin \lambda_1 \xi_1 & \cdots & \sin \lambda_k \xi_1 \\ \vdots & & \vdots \\ \sin \lambda_1 \xi_k & \cdots & \sin \lambda_k \xi_k \end{bmatrix}, \ \mathbf{a} = \begin{bmatrix} A_1 \\ \vdots \\ A_k \end{bmatrix}, \ \mathbf{b} = \begin{bmatrix} \Phi(\xi_1) \\ \vdots \\ \Phi(\xi_k) \end{bmatrix}.$$

Um die unsymmetrische Matrix $\mathbf{A}$ aufstellen zu können, benötigen wir die Eigenwerte λ_k aus der Eigenwertgleichung (2.28). Bei der Wahl von k = 4 Stützpunkten und ε = 0,2 liefert eine nummerische Rechnung mit Maple die folgenden vier Eigenwerte:

λ_1 = 1,314, λ_2 = 4,034, λ_3 = 6,910, λ_4 = 9,893.

Damit sind

$$\mathbf{A} = \begin{bmatrix} 0,3225 & 0,8460 & 0,9878 & 0,6197 \\ 0,6107 & 0,9022 & -0,3081 & -0,9727 \\ 0,8334 & 0,1162 & -0,8917 & 0,9071 \\ 0,9672 & -0,7783 & 0,5862 & -0,4511 \end{bmatrix}, \ \mathbf{b} = u_0 \begin{bmatrix} 0,25 \\ 0,50 \\ 0,75 \\ 1 \end{bmatrix}.$$

Die Lösung des linearen Gleichungssystems ergibt

$$\mathbf{a} = \begin{bmatrix} A_1 \\ A_2 \\ A_3 \\ A_4 \end{bmatrix} = u_0 \begin{bmatrix} 0,9460 \\ -0,0868 \\ 0,0236 \\ -0,0081 \end{bmatrix} = u_0 \begin{bmatrix} \overline{A}_1 \\ \overline{A}_2 \\ \overline{A}_3 \\ \overline{A}_4 \end{bmatrix}.$$

Damit liegen auch die Zustandsgrößen fest:

$$u(\xi,\tau) = u_0 \sum_{n=1}^{4} \overline{A}_n \sin\lambda_n\xi\cos\lambda_n\tau \,, \qquad \dot{u}(\xi,\tau) = -u_0 \frac{c_L}{\ell} \sum_{n=1}^{4} \overline{A}_n \lambda_n \sin\lambda_n\xi\sin\lambda_n\tau \,,$$

$$N(\xi,\tau) = u_0 \frac{EA}{\ell} \sum_{n=1}^{4} \overline{A}_n \lambda_n \cos\lambda_n\xi\cos\lambda_n\tau \,.$$

Die Animationen der Zustandsgrößen können dem entsprechenden Maple-Arbeitsblatt entnommen werden.

2.5 Erzwungene Longitudinalschwingungen

Wir sprechen von erzwungenen Stabschwingungen, wenn

  a) bei fehlender Feldbelastung die Ränder durch eingeprägte Kräfte oder Verschiebungen beansprucht werden, oder
  b) eine Linienkraftbelastung vorliegt.

Der Fall a) führt auf eine homogene Differenzialgleichung mit inhomogenen Randbedingungen und im Fall b) besitzt die inhomogene Differenzialgleichung auf der rechten Seite ein Störglied, welches die äußere Linienkraft enthält. In beiden Fällen wird die Anfangs-Randwertaufgabe als inhomogen bezeichnet; es liegt eine erzwungene Schwingung vor.

2.5.1 Erregungen durch Randkräfte

Wir behandeln zuerst den in a) enthaltenen Fall einer Randerregung durch die zeitabhängige Kraft. Als Beispiel dazu soll der am rechten Stabende durch die harmonische Kraft

$$F(t) = F_0 \sin\Omega t$$

belastete Stab in Abb. 2.18 betrachtet werden.

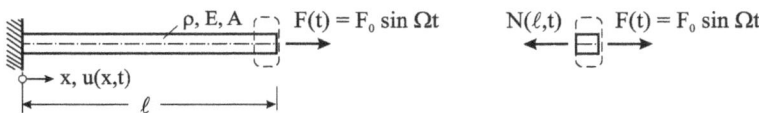

Abb. 2.18   *Stab mit harmonischer Krafterregung am rechten Stabende*

Wegen fehlender Feldbelastung ist die Bewegungsgleichung durch (2.5) gegeben, also

$$\frac{\partial^2 u(x,t)}{\partial t^2} - c_L^2 \frac{\partial^2 u(x,t)}{\partial x^2} = 0 \,, \qquad c_L = \sqrt{\frac{EA}{\mu_0}} = \sqrt{\frac{E}{\rho}} \,. \qquad (2.30)$$

Die Lösung dieser Differenzialgleichung muss am linken Ende die kinematische Randbedingung

$$u(x = 0, t) = 0$$

und am rechten Ende die dynamische Randbedingung

$$N(x = \ell, t) = EAu'(x,t)\big|_{x=\ell} = F_0 \sin \Omega t$$

erfüllen. Die Lösung $u(x,t)$ in Verbindung mit der inhomogenen Randbedingung setzt sich zusammen aus der allgemeinen Lösung $u_h(x,t)$ der homogenen und einer partikulären Lösung $u_p(x,t)$ der inhomogenen Randwertaufgabe, welche die Randerregung $F(t)$ in die Gesamtlösung einführt, damit ist also

$$u(x, t) = u_h(x, t) + u_p(x, t).$$

Die Lösung der homogenen Differenzialgleichung

$$u_h(x,t) = \sum_{n=1}^{\infty} X_{h,n}(x)(A_n \cos \omega_n t + B_n \sin \omega_n t)$$

mit

$$X_{h,n}(x) = \sin \kappa_{L,n} x$$

ist mit dem Lagerungsfall [1,2] aus der Tab. 2.2 bereits bekannt. Wir interessieren uns im Folgenden für das Partikularintegral $u_p(x,t)$ der homogenen Differenzialgleichung (2.30) und probieren dazu den Produktansatz

$$u_p(x,t) = X_p(x)\sin \Omega t .$$ (2.31)

Mit diesem Ansatz wird unterstellt, dass unser System auf die Randerregung mit der Frequenz Ω auch in gleicher Frequenz antwortet. Einsetzen von (2.31) in die Gleichung (2.30) liefert die gewöhnliche Differenzialgleichung

$$X_p''(x) + \overline{\kappa}_L^2 X_p(x) = 0 , \qquad (\overline{\kappa}_L = \Omega / c_L)$$

mit der Lösung

$$X_p(x) = C_1 \cos \overline{\kappa}_L x + C_2 \sin \overline{\kappa}_L x .$$

Die Anpassung an die Randwerte erfordert

$$u_p(x = 0, t) = 0 = X_p(x = 0)\sin \Omega t = C_1 ,$$

$$N(x = \ell, t) = F_0 \sin \Omega t = EAu_p'(x,t)\big|_{x=\ell} = C_2 EA \overline{\kappa}_L \cos \overline{\kappa}_L \ell \sin \Omega t .$$

und damit

$$C_2 = \frac{F_0}{EA\,\overline{\kappa}_L \cos\overline{\kappa}_L \ell} \; .$$

Für den ortsabhängigen Lösungsanteil erhalten wir dann

$$X_p(x) = u_{p0}\sin\overline{\kappa}_L x, \quad u_{p0} = \frac{F_0}{EA\,\overline{\kappa}_L \cos\overline{\kappa}_L \ell} \; . \tag{2.32}$$

Damit ist die partikuläre Lösung u_p nach (2.31) bekannt. Diese Lösung wird auch stationäre Lösung genannt. Die vollständige Lösung ist dann

$$u(x,t) = u_h(x,t) + u_p(x,t) = \sum_{n=1}^{\infty} X_{h,n}(x)(A_n\cos\omega_n t + B_n\sin\omega_n t) + X_p(x)\sin\Omega t \; .$$

Resonanz tritt immer dann auf, wenn in (2.32) mit $\cos\overline{\kappa}_L \ell = 0$ die Nennerfunktion verschwindet. Die Nullstellen dieser Funktion sind aber gerade die Eigenwerte des Systems, womit der Lösungsansatz (2.31) in der Umgebung der Resonanzstellen versagt.

Hinweis: Bei realen Schwingungen, die in der Regel gedämpft ablaufen, verschwindet nach kurzer Zeit der Lösungsanteil der homogenen Differenzialgleichung, und es verbleibt im eingeschwungenen Zustand nur die partikuläre Lösung, die dann praktisch die vollständige Lösung darstellt.

Beispiel 2-7:

Der Dehnstab in Abb. 2.18 wird aus der Ruhelage mit der Randerregung F(t) beansprucht. Gesucht werden sämtliche Zustandsgrößen des Systems. Animieren Sie den Bewegungsvorgang mit Maple.
Geg.: $\rho = 2100$ kg/m^3, $E = 3{,}0{\cdot}10^{10}$ N/m^2, $A = 0{,}01$ m^2, $\ell = 8{,}0$ m, $F_0 = 100$ kN, $\Omega = 600$ s^{-1}.

Lösung: Das System startet aus der Ruhelage, das erfordert das Bestehen der beiden Beziehungen

$$u(x,t=0) = 0 = \Phi(x) = u_h(x,t=0) + u_p(x,t=0) = \sum_{n=1}^{\infty} A_n X_{h,n}(x) \;\;\rightarrow A_n = 0 \; ,$$

sowie

$$u(x,t=0) = 0 = \Psi(x) = \dot{u}_h(x,t=0) + \dot{u}_p(x,t=0) = \sum_{n=1}^{\infty} \omega_n B_n X_{h,n}(x) + \Omega X_p(x) \; .$$

Aus der letzten Gleichung folgt mit (b) aus Beispiel 2-1

$$B_n = -\frac{2\Omega}{\ell\omega_n} u_{p0} \int_{x=0}^{\ell} \sin\overline{\kappa}_L x \sin\kappa_{L,n} x\,dx = -\frac{\Omega}{\omega_n} u_{p0}\left[\frac{\sin(\overline{\kappa}_L - \kappa_{L,n})\ell}{(\overline{\kappa}_L - \kappa_{L,n})\ell} - \frac{\sin(\overline{\kappa}_L + \kappa_{L,n})\ell}{(\overline{\kappa}_L + \kappa_{L,n})\ell}\right],$$

und für die vollständige Lösung erhalten wir

$$u(x,t) = \sum_{n=1}^{\infty} B_n \sin(\kappa_{L,n} x)\sin\omega_n t + u_{p0}\sin(\overline{\kappa}_L x)\sin\Omega t .$$

Ist die Erregerkreisfrequenz Ω identisch mit einer der Eigenkreisfrequenzen ω_n, etwa für den Index n = k, also $\Omega = \omega_\kappa$, dann erhalten wir für die Konstante B_k zunächst den unbestimmten Ausdruck 0/0, den wir nach der Regel von Bernoulli-L´Hospital durch den Grenzwert

$$\lim_{\Omega \to \omega_k} B_n = -u_{p0}$$

ersetzen.

a) Auslenkung des rechten Stabendes in [m]   b) Normalkräfte an den Stabenden in [N]

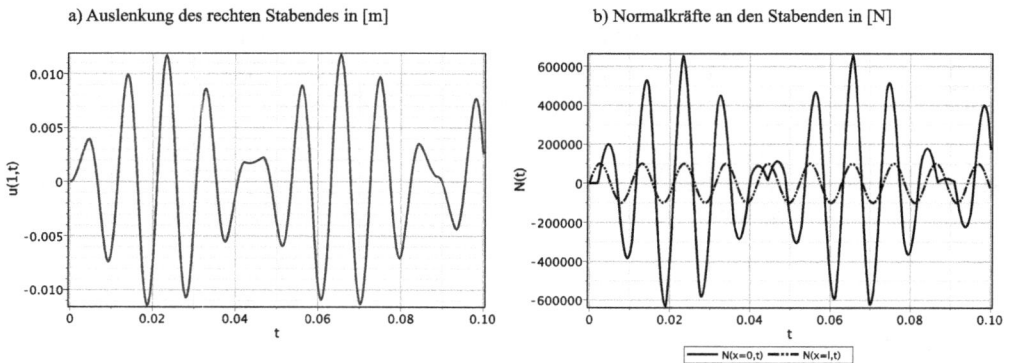

Abb. 2.19   *Zustandsgrößen an den Stabenden*

Auswertung und Animation der Zustandsgrößen können dem entsprechenden Maple-Arbeitsblatt entnommen werden. Betrachten wir den Dehnstab als lineare Feder mit der Federsteifigkeit $k_F = EA/\ell = 3{,}75\cdot10^7$ N/m, dann führt die Kraft F_0 zu einer statischen Auslenkung des rechten Stabendes $u(x = \ell) = F_0/k_F = 0{,}00267$ m. Im dynamischen Fall entnehmen wir der Abb. 2.19 zum Zeitpunkt t = 0,024 s mit u = 0,012 m eine etwa 4,5 mal größere Auslenkung. Zum selben Zeitpunkt beträgt die Normalkraft 651,16 kN, die damit gegenüber F_0 um den Faktor 6,5 angewachsen ist.

2.5.2   Erregungen durch Linienkräfte

Wird der Stab durch Linienkräfte n(x,t) beansprucht, dann ist mit (2.5) die Lösung der inhomogen Differenzialgleichung

$$\frac{\partial^2 u(x,t)}{\partial t^2} - c_L^2 \frac{\partial^2 u(x,t)}{\partial x^2} = \frac{n(x,t)}{\mu_0}, \qquad c_L = \sqrt{\frac{E}{\rho}} \tag{2.33}$$

an die Rand- und Anfangswerte anzupassen.

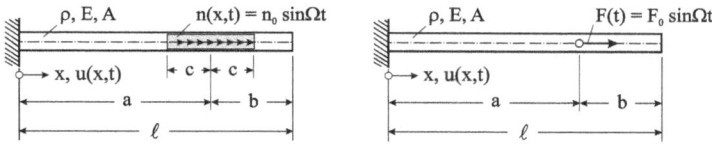

Abb. 2.20 *Stab unter linienhaft verteilter Kraft n(x,t) und Einzelkraft F(t)*

Dazu wird der Reihenansatz in Produktform

$$u(x,t) = \sum_{n=1}^{\infty} X_n(x) T_n^*(t)$$ (2.34)

gemacht. Darin bezeichnen $X_n(x)$ die Eigenfunktionen des betreffenden Stabes und $T_n^*(t)$ noch zu bestimmende Zeitfunktionen. Da die Eigenfunktionen die Randbedingungen bereits erfüllen, gilt das auch für u(x,t). Berücksichtigen wir diesen Ansatz in (2.33), dann folgt

$$\sum_{n=1}^{\infty} \left[X_n(x) \ddot{T}_n^*(t) - c_L^2 X_n''(x) T_n^*(t) \right] = \frac{n(x,t)}{\mu_0}.$$

Da die Ortsfunktion $X_n(x)$ der Differenzialgleichung

$$X_n''(x) + \kappa_{L,n}^2 X_n(x) = 0$$

genügt, erhalten wir zunächst

$$\sum_{n=1}^{\infty} \left[\ddot{T}_n^*(t) + \omega_n^2 T_n^*(t) \right] X_n(x) = \frac{n(x,t)}{\mu_0}.$$

Zur Entkopplung dieser Gleichung benutzen wir die Orthogonalitätsrelationen der Eigenfunktionen. Dazu multiplizieren wir beide Seiten mit $X_k(x)$ und integrieren über die Trägerlänge, also

$$\sum_{n=1}^{\infty} \left[\ddot{T}_n^*(t) + \omega^2 T_n^*(t) \right] \int_{x=0}^{\ell} X_n(x) X_k(x) dx = \frac{1}{\mu_0} \int_{x=0}^{\ell} n(x,t) X_k(x) dx.$$

Das Ergebnis ist

$$\ddot{T}_n^*(t) + \omega^2 T_n^*(t) = \frac{2}{\mu_0 \ell} \int_{x=0}^{\ell} n(x,t) X_n(x) dx \equiv \varphi_n(t).$$ (2.35)

Wie leicht nachgewiesen werden kann, besitzen diese inhomogenen Differenzialgleichungen die partikulären Lösungen

$$T_n^*(t) = \frac{1}{\omega_n} \int_{\tau=0}^{t} \varphi_n(\tau) \sin \omega_n(t-\tau) d\tau, \quad \dot{T}_n^*(t) = \int_{\tau=0}^{t} \varphi_n(\tau) \cos \omega_n(t-\tau) d\tau.$$

Damit kann das Problem als gelöst gelten.

Beispiel 2-8:

Der in Abb. 2.20 links dargestellte Stab wird durch die Linienkraft $n(x,t) = n_0 \sin \Omega t$ belastet. Das System startet aus der Ruhelage. Durch Grenzübergänge sind die Zustandsgrößen für den Fall der Einzelkraft $F(t) = F_0 \sin \Omega t$ zu ermitteln. Animieren Sie mit Maple sämtliche Zustandsgrößen.

Geg.: $\rho = 2100$ kg/m³, $E = 3,0 \cdot 10^{10}$ N/m², $A = 0,01$ m², $\ell = 8,0$ m, $a = 6,0$ m, $c = 1,0$ m, $n_0 = 50$ kN/m, $F_0 = 100$ kN, $\Omega = 600$ s^{-1}.

Lösung: Die Eigenfunktionen $X_n(x) = \sin \kappa_{L,n} x$ erfüllen die Randbedingungen des links eingespannten und rechts freien Stabes. Die rechte Seite der Gleichung (2.35) ist

$$\varphi_n(t) = \frac{2n_0 \sin \Omega t}{\mu_0 \ell} \int_{x=0}^{\ell} X_n(x) dx = \frac{2n_0 \sin \Omega t}{\mu_0 \ell} \int_{x=a-c}^{a+c} \sin \kappa_L x \, dx = \frac{4n_0 \sin \kappa_{L,n} a \sin \kappa_{L,n} c}{\mu_0 \kappa_{L,n} \ell} \sin \Omega t.$$

Damit folgt für den zeitabhängigen Teil der partikulären Lösung mit $\eta_n = \Omega/\omega_n$

$$T_n^*(t) = \frac{1}{\omega_n} \int_{\tau=0}^{t} \varphi_n(\tau) \sin \omega_n(t-\tau) d\tau = \frac{4n_0 \sin(\kappa_{L,n} a) \sin(\kappa_{L,n} c)(\eta_n \sin \omega_n t - \sin \eta_n \omega_n t)}{\mu_0 \kappa_{L,n} \ell \omega_n^2 (\eta_n^2 - 1)},$$

womit dann sämtliche Zustandsgrößen notiert werden können:

$$u(x,t) = \sum_{n=1}^{\infty} X_n(x) T_n^*(t) = \frac{4n_0 \ell^2}{\mu_0 c_L^2} \sum_{n=1}^{\infty} \frac{\sin \kappa_{L,n} a \sin \kappa_{L,n} c}{(\kappa_{L,n} \ell)^3 (\eta_n^2 - 1)} \sin \kappa_{L,n} x (\eta_n \sin \omega_n t - \sin \eta_n \omega_n t),$$

$$\dot{u}(x,t) = \sum_{n=1}^{\infty} X_n(x) \dot{T}_n^*(t) = \frac{4n_0 \ell}{\mu_0 c_L} \sum_{n=1}^{\infty} \frac{\eta_n \sin \kappa_{L,n} a \sin \kappa_{L,n} c}{(\kappa_{L,n} \ell)^2 (\eta_n^2 - 1)} \sin \kappa_{L,n} x (\cos \omega_n t - \cos \eta_n \omega_n t),$$

$$N(x,t) = EA \frac{\partial u(x,t)}{\partial x} = \frac{4EAn_0 \ell}{\mu_0 c_L^2} \sum_{n=1}^{\infty} \frac{\sin \kappa_{L,n} a \sin \kappa_{L,n} c}{(\kappa_{L,n} \ell)^2 (\eta_n^2 - 1)} \cos \kappa_{L,n} x (\eta_n \sin \omega_n t - \sin \eta_n \omega_n t).$$

Ist die Erregerkreisfrequenz Ω identisch mit einer der Eigenkreisfrequenzen ω_n, sagen wir für den Index $n = k$, also $\Omega = \omega_k$ und damit $\eta_k = \Omega/\omega_k = 1$, dann erhalten wir für den Term

$$\frac{\eta_k \sin \omega_k t - \sin \eta_k \omega_k t}{\eta_k^2 - 1}$$

zunächst den unbestimmten Ausdruck 0/0, den wir nach der Regel von Bernoulli-L´Hospital durch den Grenzwert

$$\lim_{\eta_k \to 1} \frac{\eta_k \sin \omega_k t - \sin \eta_k \omega_k t}{\eta_k^2 - 1} = \frac{1}{2}(\sin \omega_k t - \omega_k t \cos \omega_k t)$$

ersetzen. Das Reihenglied mit dem Index $n = k$ liefert dann eine linear mit der Zeit t anwachsende Verschiebung, und das ist der Resonanzfall.

Wir können noch einige Sonderfälle betrachten:

1. Für $a = c = \ell/2$ erstreckt sich die Belastung über den gesamten Stab. Unter Beachtung von

$$\sin \kappa_{L,n} a \sin \kappa_{L,n} c = \sin \frac{\kappa_{L,n} \ell}{2} \sin \frac{\kappa_{L,n} \ell}{2} = \frac{1}{2} \text{ verbleibt}$$

$$u(x,t) = \frac{2n_0 \ell^2}{\mu_0 c_L^2} \sum_{n=1}^{\infty} \frac{\sin \kappa_{L,n} x (\eta_n \sin \omega_n t - \sin \eta_n \omega_n t)}{(\kappa_{L,n} \ell)^3 (\eta_n^2 - 1)}.$$

2. Zur Ermittlung der singulären Lösung Einzelkraft $F_0 \sin \Omega t$ setzen wir $2n_0 c = F_0$ und damit $n_0 = F_0/(2c)$. Lassen wir nun bei konstantem F_0 die Aufstandslänge c gegen Null gehen, dann folgt

$$u(x,t) = \frac{2F_0 \ell}{\mu_0 c_L^2} \sum_{n=1}^{\infty} \frac{\sin \kappa_{L,n} a \sin \kappa_{L,n} x (\eta_n \sin \omega_n t - \sin \eta_n \omega_n t)}{(\kappa_{L,n} \ell)^2 (\eta_n^2 - 1)}.$$

Für $a \to \ell$ kommt die Einzelkraft dem rechten Stabende beliebig nahe, und wir erhalten

$$u(x,t) = \frac{2F_0 \ell}{\mu_0 c_L^2} \sum_{n=1}^{\infty} \frac{(-1)^{n-1} \sin \kappa_{L,n} x (\eta_n \sin \omega_n t - \sin \eta_n \omega_n t)}{(\kappa_{L,n} \ell)^2 (\eta_n^2 - 1)}.$$

2.6   Das Verfahren der Übertragungsmatrizen

Dieses Verfahren, das in der Baustatik auch als *Reduktionsverfahren* bekannt ist (Kersten & Falk, 1982), eignet sich besonders für unverzweigte Stabstrukturen und ist für diese Anwendungsfälle der Methode der finiten Elemente (FEM) hinsichtlich der Eleganz in der Herleitung der Grundgleichungen sowie des zu leistenden Rechenaufwandes weit überlegen. Zum einen ist nämlich die Größe des letztlich zu lösenden Gleichungssystems unabhängig von der Anzahl der Stabelemente, und zum anderen liefert das Verfahren der Übertragungsmatrizen die analytische Lösung. Rand- und Zwischenbedingungen können dabei beliebig sein.

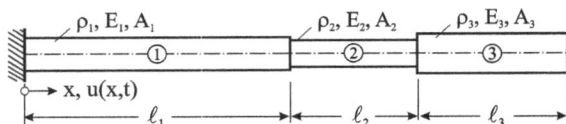

Abb. 2.21 *Stabsystem mit abschnittsweise konstanten Geometrie- und Materialwerten*

Dem Verfahren liegen Matrizen und Vektoren zugrunde (Fuhrke, 1955), die nach einem einheitlichen Schema aufgebaut sind und nur einmal aufgestellt werden müssen. Die Herleitung der Grundgleichungen erfolgt in Schritten. Wir beginnen mit der Zerlegung des Lösungsgebietes in Abschnitte, in denen die homogene Bewegungsgleichung

$$\frac{\partial^2 u(x,t)}{\partial t^2} - c_L^2 \frac{\partial^2 u(x,t)}{\partial x^2} = 0 \; , \; c_L = \sqrt{\frac{E}{\rho}} \; , \tag{2.36}$$

gilt (Abb. 2.21). Damit sind im Teilabschnitt zunächst nur Randlasten zulässig.

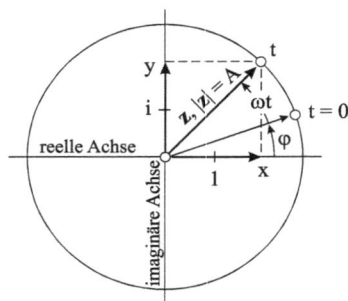

Abb. 2.22 *Rotierender Zeiger z in der komplexen Zahlenebene*

Die folgenden Ableitungen werden wir vorteilhaft im Komplexen formulieren. Dabei schicken wir voraus, dass in der komplexen Zahlenebene eine harmonische Schwingung mittels des rotierenden komplexen Zeigers

$$z = x + iy \quad \text{mit} \quad y = A\sin(\omega t + \varphi)$$

dargestellt werden kann (Abb. 2.22), wobei die Projektionen des rotierenden Zeigers auf die reelle bzw. imaginäre Achse

$$\text{Re}\{z(t)\} = x(t) = A\cos(\omega t + \varphi) \; , \qquad \text{Im}\{z(t)\} = y(t) = A\sin(\omega t + \varphi)$$

sind, und φ den Nullphasenverschiebungswinkel bezeichnet. Dann gilt

$$z = A[\cos(\omega t + \varphi) + i\sin(\omega t + \varphi)] = A\exp[i(\omega t + \varphi)] = A\exp(i\varphi)\exp(i\omega t)$$

mit

$$|z| = \sqrt{x^2 + y^2} = A \,.$$

Führen wir noch den ruhenden komplexen Zeiger

$$\hat{A} = A \exp(i\varphi)$$

ein, dann kann der rotierende komplexe Zeiger auch in der Form

$$z = \hat{A} \exp(i\omega t)$$

dargestellt werden. Die zeitliche Änderung von z ist dann

$$\dot{z} = i\omega \hat{A} \exp(i\omega t) = i\omega z \quad \rightarrow z = \frac{1}{i\omega}\dot{z} \,.$$

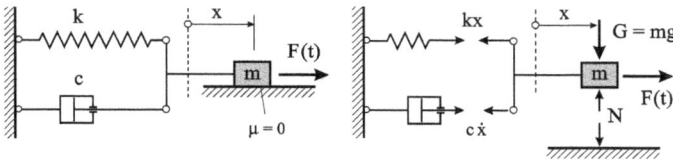

Abb. 2.23 *Der gedämpfte Einmassenschwinger*

<u>Hinweis</u>: Bei der Herleitung der Bewegungsgleichung für die Saite wurde für die Wellenfortpflanzungsgeschwindigkeit die Abkürzung c eingeführt. Da keine Verwechselungen möglich sind, wird im Folgenden mit c die Dämpfungskonstante bezeichnet.

Die Abb. 2.23 zeigt einen gedämpften Einmassenschwinger, der durch die harmonische Kraft

$$F(t) = \hat{F}\cos(\omega t + \varphi_F) = \mathrm{Re}\left\{\hat{F}\exp(i\varphi_F)\exp(i\omega t)\right\} = \mathrm{Re}\left\{\underline{\hat{F}}\exp(i\omega t)\right\}$$

erregt wird. Die dem Problem zugeordnete Bewegungsgleichung erhalten wir durch Anwendung des Newtonschen Grundgesetzes auf die freigeschnittene Masse m in der Form

$$m\ddot{x}(t) = F(t) - c\dot{x}(t) - k\,x(t), \qquad v(t) = \dot{x}(t)\,.$$

Die vollständige Lösung der obigen Gleichung setzt sich wieder zusammen aus der allgemeinen Lösung der homogenen Differenzialgleichung der freien gedämpften Bewegung und einem Partikularintegral der inhomogenen Differenzialgleichung. Der Lösungsanteil der homogenen Differenzialgleichung ist nach gewisser Zeit, die als Einschwingzeit bezeichnet wird, so abgeklungen, dass er gegenüber dem partikulären Anteil praktisch vernachlässigt werden kann. Die Auslenkung x(t) und Geschwindigkeit v(t) gehorchen dann demselben harmonischen Zeitgesetz.

Anstelle der reellen Größen

$$x(t) = \text{Re}\{\underline{\hat{x}}\exp(i\omega t)\}, \quad F(t) = \text{Re}\{\underline{\hat{F}}\exp(i\omega t)\}$$

der gesuchten Verschiebung x(t) und der Kraft F(t), werden zur Lösung der Bewegungsgleichung nun ihre rotierenden komplexen Zeiger eingesetzt. Das führt auf

$$m(i\omega)^2\,\underline{\hat{x}}(t)\exp(i\omega t) = \underline{\hat{F}}\exp(i\omega t) - c\,i\,\omega\,\underline{\hat{x}}(t)\exp(i\omega t) - k\,\underline{\hat{x}}(t)\exp(i\omega t)$$

Wegen $\exp(i\omega t) \neq 0$ dürfen wir kürzen und erhalten

$$\underline{\hat{x}}(t) = \frac{\underline{\hat{F}}}{k - m\omega^2 + i\,c\,\omega}, \qquad \underline{\hat{v}}(t) = i\,\omega\,\underline{\hat{x}}(t) = \frac{\underline{\hat{F}}}{-i\,k/\omega + i\,m\omega + c}\,.$$

Setzen wir noch

$$\omega_0^2 = k/m,\ \eta = \omega/\omega_0,\ c = 2Dm\omega_0 = 2D\sqrt{mk}\,,$$

dann sind

$$\underline{\hat{x}} = \frac{\underline{\hat{F}}}{k}\frac{1}{1-\eta^2+i2D\eta}, \qquad \underline{\hat{v}} = \frac{\underline{\hat{F}}}{\sqrt{mk}}\frac{i\eta}{1-\eta^2+i2D\eta}\,.$$

Die Trennung der obigen Ausdrücke nach Real- und Imaginärteil ergibt

$$\frac{\underline{\hat{x}}}{\underline{\hat{F}}} = \frac{1}{k}\frac{1-\eta^2-i2D\eta}{(1-\eta^2)^2+(2D\eta)^2}, \qquad \frac{\underline{\hat{v}}}{\underline{\hat{F}}} = \frac{1}{\sqrt{mk}}\frac{2D\eta^2+i\eta(1-\eta^2)}{(1-\eta^2)^2+(2D\eta)^2}\,.$$

Für die Beträge ermitteln wir

$$\hat{x} = \frac{\hat{F}}{k}\frac{1}{\sqrt{(1-\eta^2)^2+(2D\eta)^2}} = \frac{\hat{F}}{k}A(\eta,D)\,,$$

$$\hat{v} = \frac{\hat{F}}{\sqrt{mk}}\frac{\eta}{\sqrt{(1-\eta^2)^2+(2D\eta)^2}} = \frac{\hat{F}}{\sqrt{mk}}B(\eta,D)\,,$$

mit

$$A(\eta,D)\frac{1}{\sqrt{(1-\eta^2)^2+(2D\eta)^2}}, \quad B(\eta,D) = \frac{\eta}{\sqrt{(1-\eta^2)^2+(2D\eta)^2}}\,.$$

Den Realteil der Schwingungsgrößen der durch die Kraft

$$F(t) = \hat{F}\cos(\omega t + \varphi_F)$$

erzwungenen Schwingung für den eingeschwungenen (stationären) Zustand erhalten wir durch Projektion des rotierenden Zeigers auf die reelle Achse die Auslenkung

$$x(t) = \mathrm{Re}\{\underline{\hat{x}}\exp(i\omega t)\} = \mathrm{Re}\{\hat{x}\exp(i\varphi_x)\exp(i\omega t)\} = \hat{x}\cos(\omega t + \varphi_x)$$

mit dem Nullphasenverschiebungswinkel

$$\sin\varphi_x = \frac{\mathrm{Im}\{\underline{\hat{x}}\}}{\hat{x}} = -2D\eta\,A(\eta,D),\ \cos\varphi_x = \frac{\mathrm{Re}\{\underline{\hat{x}}\}}{\hat{x}} = (1-\eta^2)\,A(\eta,D)\,.$$

Entsprechend folgt für die Geschwindigkeit

$$v(t) = \mathrm{Re}\{\underline{\hat{v}}\exp(i\omega t)\} = \mathrm{Re}\{\hat{v}\exp(i\varphi_v)\exp(i\omega t)\} = \hat{v}\cos(\omega t + \varphi_v)$$

mit

$$\sin\varphi_v = \frac{\mathrm{Im}\{\underline{\hat{v}}\}}{\hat{v}} = (1-\eta^2)\,B(\eta,D),\ \cos\varphi_v = \frac{\mathrm{Re}\{\underline{\hat{v}}\}}{\hat{v}} = 2D\eta\,B(\eta,D)\,.$$

Zum Zeitpunkt t = 0 sind

$$x(t=0) = \hat{x}\cos\varphi_x = \frac{\hat{F}}{k}A(\eta,D)\cos\varphi_x\,,\ \ v(t=0) = \hat{v}\cos\varphi_v = \frac{\hat{F}}{\sqrt{m\,k}}B(\eta,D)\cos\varphi_v\,.$$

Hinweis: Sind davon abweichende Anfangswerte vorgegeben, dann ist der obigen partikulären Lösung ein Integral der homogenen Differenzialgleichung hinzuzufügen, womit die Zeitspanne vom Start des Schwingungsvorgangs bis zum eingeschwungenen Zustand geschlossen werden kann.

Wir kehren nun zu unserem Beispiel der Stabschwingung zurück und verwenden in (2.36) anstelle der reellen Stabachsverschiebung

$$u(x,t) = \mathrm{Re}\{\underline{\hat{u}}(x)\exp(i\omega t)\} \tag{2.37}$$

den komplexwertigen ortsabhängigen Zeiger $\underline{\hat{u}}(x)$ und ersetzen aus praktischen Gründen $\underline{\hat{u}}(x)$ durch den komplexen Zeiger

$$\underline{\hat{v}}(x) = i\omega\,\underline{\hat{u}}(x) \tag{2.38}$$

der Teilchengeschwindigkeit oder Schnelle. Mit

$$\underline{\hat{u}}(x) = \frac{1}{i\omega}\underline{\hat{v}}(x) \tag{2.39}$$

geht dann (2.36) über in die gewöhnliche Differenzialgleichung für den Zeiger der Schnelle

$$\frac{d^2\underline{\hat{v}}(x)}{dx^2} + \kappa_L^2\,\underline{\hat{v}}(x) = 0\,,\qquad \kappa_L = \frac{\omega}{c_L} = \omega\sqrt{\frac{\rho}{E}}\,. \tag{2.40}$$

Diese homogene Differenzialgleichung hat die Lösung

$$\hat{\underline{v}}(x) = \hat{\underline{C}} \cos \kappa_L x + \hat{\underline{D}} \sin \kappa_L x \ . \tag{2.41}$$

Für den komplexen Zeiger der Normalkraft erhalten wir mit (2.1)

$$\hat{\underline{N}}(x) = \frac{EA}{i\omega} \frac{d\hat{\underline{v}}(x)}{dx} = -\frac{EA}{i\omega} \kappa_L (\hat{\underline{C}} \sin \kappa_L x - \hat{\underline{D}} \cos \kappa_L x)$$
$$= i Z_L (\hat{\underline{C}} \sin \kappa_L x - \hat{\underline{D}} \cos \kappa_L x) \tag{2.42}$$

wobei

$$Z_L = \frac{EA}{\omega} \kappa_L = A\sqrt{\rho E} = A\rho c_L \tag{2.43}$$

als *Longitudinal-Wellenwiderstand* oder *Wellenimpedanz*[1] bezeichnet wird. Die Größe Z_L ist der Widerstand, den ein Stab infolge seiner physikalischen und geometrischen Eigenschaften der Ausbreitung einer mechanischen Welle entgegensetzt.

$$[Z_L] = \frac{Masse}{Zeit}, \quad \text{Einheit: kg s}^{-1}.$$

Die beiden noch unbekannten komplexwertigen Konstanten $\hat{\underline{C}}$ und $\hat{\underline{D}}$ können durch die Randwerte von Schnelle und Normalkraft am Stabanfang ausgedrückt werden. Es sind

$$\hat{\underline{v}}(x = 0) = \hat{\underline{v}}_0 = \hat{\underline{C}}, \quad \hat{\underline{N}}(x = 0) = \hat{\underline{N}}_0 = -i Z_L \hat{\underline{D}},$$

und die Gleichungen (2.41) und (2.42) gehen damit über in

$$\hat{\underline{v}}(x) = \hat{\underline{v}}_0 \cos \kappa_L x + i \frac{\hat{\underline{N}}_0}{Z_L} \sin \kappa_L x$$
$$\hat{\underline{N}}(x) = i Z_L \hat{\underline{v}}_0 \sin \kappa_L x + \hat{\underline{N}}_0 \cos \kappa_L x \tag{2.44}$$

oder übersichtlicher in Matrizenschreibweise

$$\begin{bmatrix} \hat{\underline{v}}_x \\ \hat{\underline{N}}_x \end{bmatrix} = \begin{bmatrix} \cos \kappa_L x & \frac{i}{Z_L} \sin \kappa_L x \\ i Z_L \sin \kappa_L x & \cos \kappa_L x \end{bmatrix} \begin{bmatrix} \hat{\underline{v}}_0 \\ \hat{\underline{N}}_0 \end{bmatrix}. \tag{2.45}$$

Damit sind die komplexen Zeiger von Schnelle und Normalkraft an der beliebigen Stelle *x* des Stabes durch ihre Anfangswerte an der Stelle x = 0 ausgedrückt. Mit

---

[1]   zu lat. impedire ›verstricken‹, ›hemmen‹

$$\hat{\underline{z}}_x = \begin{bmatrix} \hat{\underline{v}}_x \\ \hat{\underline{N}}_x \end{bmatrix}, \quad \underline{U}_x = \begin{bmatrix} \cos\kappa_L x & \dfrac{i}{Z_L}\sin\kappa_L x \\ i Z_L \sin\kappa_L x & \cos\kappa_L x \end{bmatrix}, \quad \hat{\underline{z}}_0 = \begin{bmatrix} \hat{\underline{v}}_0 \\ \hat{\underline{N}}_0 \end{bmatrix} \qquad (2.46)$$

können wir dafür auch symbolisch

$$\hat{\underline{z}}_x = \underline{U}_x \, \hat{\underline{z}}_0$$

schreiben. In den Vektoren $\hat{\underline{z}}_x$ und $\hat{\underline{z}}_0$ wurden die Zustandsgrößen des Dehnstabes zusammengefasst. Am rechten Rand bei $x = \ell$ gilt dann

$$\begin{bmatrix} \hat{\underline{v}}_\ell \\ \hat{\underline{N}}_\ell \end{bmatrix} = \begin{bmatrix} \cos\kappa_L \ell & \dfrac{i}{Z_L}\sin\kappa_L \ell \\ i Z_L \sin\kappa_L \ell & \cos\kappa_L \ell \end{bmatrix} \begin{bmatrix} \hat{\underline{v}}_0 \\ \hat{\underline{N}}_0 \end{bmatrix} . \qquad (2.47)$$

Die komplexwertige Matrix

$$\underline{U}(\omega,\rho,E,A,\ell) = \begin{bmatrix} \cos\kappa_L \ell & \dfrac{i}{Z_L}\sin\kappa_L \ell \\ i Z_L \sin\kappa_L \ell & \cos\kappa_L \ell \end{bmatrix} \qquad (2.48)$$

mit $\det(\underline{U}) = 1$ verknüpft die an den Stabenden wirkenden Zustandsgrößen $\hat{\underline{v}}$ und $\hat{\underline{N}}$ miteinander (Abb. 2.24) und wird deshalb *Übertragungsmatrix* genannt.

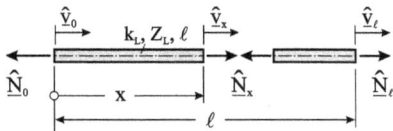

Abb. 2.24 *Zustandsgrößen des Dehnstabes*

Mit den Zustandsvektoren

$$\hat{\underline{z}}_0 = \begin{bmatrix} \hat{\underline{v}}_0 \\ \hat{\underline{N}}_0 \end{bmatrix}, \quad \hat{\underline{z}}_\ell = \begin{bmatrix} \hat{\underline{v}}_\ell \\ \hat{\underline{N}}_\ell \end{bmatrix}$$

können wir auch symbolisch

$$\hat{\underline{z}}_\ell = \underline{U} \, \hat{\underline{z}}_0 \qquad (2.49)$$

schreiben. Entsprechend gilt für die Umkehrung

$$\hat{\underline{z}}_0 = \underline{U}^{-1}\,\hat{\underline{z}}_\ell \qquad\qquad\qquad (2.50)$$

mit

$$\underline{U}^{-1}(\omega,\rho,E,A,\ell) = \begin{bmatrix} \cos\kappa_L\ell & -\dfrac{i}{Z_L}\sin\kappa_L\ell \\[2mm] -i\,Z_L\sin\kappa_L\ell & \cos\kappa_L\ell \end{bmatrix}.$$

Für den kurzen Stab mit

$$\kappa_L\ell = \omega\,\ell/c_L = \omega\,\ell\sqrt{\rho/E} \ll 1$$

darf vereinfachend $\cos\kappa_L\ell = 1$ und $\sin\kappa_L\ell = \kappa_L\ell$ gesetzt werden. Die Übertragungsmatrix (2.48) geht damit über in ihre linearisierte Form

$$\underline{U}_{lin} = \begin{bmatrix} 1 & \dfrac{i\,\kappa_L\ell}{Z_L} \\[2mm] iZ_L\kappa_L\ell & 1 \end{bmatrix}, \qquad \underline{U}_{lin}^{-1} = \begin{bmatrix} 1 & -\dfrac{i}{Z_L}\kappa_L\ell \\[2mm] -i\,Z_L\kappa_L\ell & 1 \end{bmatrix}.$$

Hinweis: In der Netzwerktheorie treten analog aufgebaute Gleichungen auf, die dort *Vierpol-* oder moderner *Zweitorgleichungen* genannt werden (Abb. 2.25), demzufolge kann hier auch von der Vierpolgleichung des Dehnstabes gesprochen werden. Bei der elektromechanischen Kraft-Spannungs-Analogie entsprechen sich neben der Kraft $\hat{\underline{N}}$ und der Spannung $\hat{\underline{U}}$ die Schnelle $\hat{\underline{v}}_x$ und der Strom $\hat{\underline{I}}$.

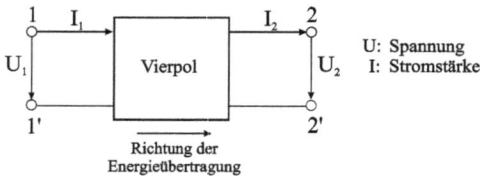

Abb. 2.25   *Vierpol mit Eingangstor (Klemmen 1 und 1⌐) und Ausgangstor (Klemmen 2 und 2⌐)*

Kehren wir nun zu dem Stabsystem in Abb. 2.21 zurück. Für jeden Stababschnitt kann eine Gleichung der Form (2.49) notiert werden, also

$$\hat{\underline{z}}_\ell^{(1)} = \underline{U}^{(1)}\,\hat{\underline{z}}_0^{(1)}, \quad \hat{\underline{z}}_\ell^{(2)} = \underline{U}^{(2)}\,\hat{\underline{z}}_0^{(2)}, \quad \hat{\underline{z}}_\ell^{(3)} = \underline{U}^{(3)}\,\hat{\underline{z}}_0^{(3)}. \qquad (2.51)$$

Um den Zusammenhang des Systems zu wahren, muss einerseits die Kompatibilität in den Verschiebungen gewährleistet sein, was

$$\hat{\underline{u}}_0^{(2)} = \hat{\underline{u}}_\ell^{(1)}, \quad \hat{\underline{u}}_0^{(3)} = \hat{\underline{u}}_\ell^{(2)}$$

erfordert, außerdem folgt aus dem Reaktionsprinzip an den Elementgrenzen

$$\hat{\underline{N}}_0^{(2)} = \hat{\underline{N}}_\ell^{(1)}, \quad \hat{\underline{N}}_0^{(3)} = \hat{\underline{N}}_\ell^{(2)}.$$

Damit sind

$$\hat{\underline{z}}_0^{(2)} = \hat{\underline{z}}_\ell^{(1)} \quad \text{und} \quad \hat{\underline{z}}_0^{(3)} = \hat{\underline{z}}_\ell^{(2)}$$

zu fordern, womit die Beziehungen (2.51) zusammengefasst werden können zu

$$\hat{\underline{z}}_\ell^{(3)} = \underline{U}^{(3)} \, \hat{\underline{z}}_0^{(3)} = \underline{U}^{(3)} \underline{U}^{(2)} \, \hat{\underline{z}}_0^{(2)} = \underline{U}^{(3)} \underline{U}^{(2)} \underline{U}^{(1)} \, \hat{\underline{z}}_0^{(1)}.$$

Führen wir noch die System-Übertragungsmatrix

$$\underline{U}_{\text{Sys}} = \underline{U}^{(3)} \underline{U}^{(2)} \underline{U}^{(1)} = \begin{bmatrix} \underline{u}_{11} & \underline{u}_{12} \\ \underline{u}_{21} & \underline{u}_{22} \end{bmatrix}$$

ein, dann folgt symbolisch

$$\hat{\underline{z}}_\ell^{(3)} = \underline{U}_{\text{Sys}} \, \hat{\underline{z}}_0^{(1)},$$

womit das Stabsystem in einer komplizierten Beziehung zu einem Einzelstab zusammengefasst ist. Randbedingungen treten nur noch an den Enden des Systems auf. Die Zwischenbedingungen wurden sämtlich eliminiert. Beispielsweise bestehen für das links eingespannte und rechts freie Stabsystem in Abb. 2.21 die Randwerte

$$\hat{\underline{v}}_0^{(1)} = \underline{0} \quad \text{und} \quad \hat{\underline{N}}_\ell^{(3)} = \underline{0}.$$

Das ergibt:

$$\begin{bmatrix} \hat{\underline{v}}_\ell^{(3)} \\ \underline{0} \end{bmatrix} = \begin{bmatrix} \underline{u}_{11} & \underline{u}_{12} \\ \underline{u}_{21} & \underline{u}_{22} \end{bmatrix} \begin{bmatrix} \underline{0} \\ \hat{\underline{N}}_0^{(1)} \end{bmatrix} \quad \rightarrow \quad \begin{matrix} \hat{\underline{v}}_\ell^{(3)} = \underline{u}_{12} \, \hat{\underline{N}}_0^{(1)} \\ \underline{0} = \underline{u}_{22} \, \hat{\underline{N}}_0^{(1)} \end{matrix}.$$

Die zweite Gleichung besitzt nur dann eine nichttriviale Lösung, wenn die *Eigenwertgleichung*

$$\underline{u}_{22} = 0$$

erfüllt ist und aus der die Eigenkreisfrequenzen ω_n folgen. Mit der ersten Gleichung können wir noch

$$\hat{\underline{N}}_0^{(1)} = \hat{\underline{v}}_\ell^{(3)} / \underline{u}_{12}$$

notieren, womit die Normalkraft $\hat{\underline{N}}_0^{(1)}$ am Stabanfang auf die Schnelle $\hat{\underline{v}}_\ell^{(3)}$ am Stabende zurückgeführt ist. Damit ist

$$\hat{\underline{z}}_0^{(1)} = \begin{bmatrix} 0 \\ \hat{\underline{v}}_\ell^{(3)} / \underline{u}_{12} \end{bmatrix},$$

und für die Eigenfunktionen der Zustandsgrößen im ersten Stababschnitt folgen

$$\hat{\underline{z}}_x^{(1)} = \underline{U}_x^{(1)}\, \hat{\underline{z}}_0^{(1)} = \begin{bmatrix} \cos\kappa_L x & \dfrac{i}{Z_L}\sin\kappa_L x \\ i Z_L \sin\kappa_L x & \cos\kappa_L x \end{bmatrix}^{(1)} \begin{bmatrix} 0 \\ \hat{\underline{v}}_\ell^{(3)} / \underline{u}_{12} \end{bmatrix},$$

$$\hat{\underline{z}}_\ell^{(1)} = \begin{bmatrix} \cos\kappa_L \ell & \dfrac{i}{Z_L}\sin\kappa_L \ell \\ i Z_L \sin\kappa_L \ell & \cos\kappa_L \ell \end{bmatrix}^{(1)} \begin{bmatrix} 0 \\ \hat{\underline{v}}_\ell^{(3)} / \underline{u}_{12} \end{bmatrix},$$

die naturgemäß nur bis auf eine Konstante festgelegt sind. Für den zweiten Stababschnitt erhalten wir unter Beachtung von

$$\hat{\underline{z}}_0^{(2)} = \hat{\underline{z}}_\ell^{(1)} = \underline{U}^{(1)}\hat{\underline{z}}_0^{(1)}$$

den Zustandsvektor

$$\hat{\underline{z}}_x^{(2)} = \underline{U}_x^{(2)}\, \hat{\underline{z}}_0^{(2)} = \underline{U}_x^{(2)}\, \hat{\underline{z}}_\ell^{(1)} = \underline{U}_x^{(2)}\underline{U}^{(1)}\hat{\underline{z}}_0^{(1)}, \qquad \hat{\underline{z}}_\ell^{(2)} = \underline{U}^{(2)}\underline{U}^{(1)}\hat{\underline{z}}_0^{(1)}.$$

Für den dritten Stababschnitt gilt mit $\hat{\underline{z}}_0^{(3)} = \hat{\underline{z}}_\ell^{(2)}$:

$$\hat{\underline{z}}_x^{(3)} = \underline{U}_x^{(3)}\, \hat{\underline{z}}_0^{(3)} = \underline{U}_x^{(3)}\, \hat{\underline{z}}_\ell^{(2)} = \underline{U}_x^{(3)}\underline{U}^{(2)}\underline{U}^{(1)}\hat{\underline{z}}_0^{(1)}, \quad \hat{\underline{z}}_\ell^{(3)} = \underline{U}^{(3)}\underline{U}^{(2)}\underline{U}^{(1)}\hat{\underline{z}}_0^{(1)}.$$

Aus den Vierpolgleichungen erhält man durch Nullsetzen von zwei Eingangs- und/oder Ausgangsgrößen die Eigenwertgleichungen der freien Schwingungen.

Beispiel 2-9:

Es sollen die Eigenkreisfrequenzen und Eigenfunktionen der freien Schwingungen für den beidseitig eingespannten Stab aus den Vierpolgleichungen abgeleitet werden.

Lösung: Für den beidseits eingespannten Stab sind $\hat{\underline{v}}_0 = \hat{\underline{v}}_\ell = 0$. Damit folgt aus (2.49):

$$\begin{bmatrix} 0 \\ \hat{\underline{N}}_0 \end{bmatrix} = \begin{bmatrix} \cos\kappa_L \ell & -\dfrac{i}{Z_L}\sin\kappa_L \ell \\ -i Z_L \sin\kappa_L \ell & \cos\kappa_L \ell \end{bmatrix} \begin{bmatrix} 0 \\ \hat{\underline{N}}_\ell \end{bmatrix} \;\rightarrow\; \begin{cases} 0 = -\dfrac{i \hat{\underline{N}}_\ell}{Z_L}\sin\kappa_L \ell \\[2mm] \hat{\underline{N}}_0 = \cos\kappa_L \ell\, \hat{\underline{N}}_\ell. \end{cases}$$

Aus der ersten Gleichung erhalten wir in Übereinstimmung mit dem Ergebnis des Lagerungsfalls [1,1] aus Tab. 2.2

$\sin \kappa_L \ell = 0, \quad \kappa_L \ell = n\pi, \quad (n = 1,2,3...\infty)$.

Zusätzlich liefert die zweite Gleichung

$$\underline{\hat{N}}_0 = \cos\kappa_L\ell \; \underline{\hat{N}}_\ell = \cos n\pi \; \underline{\hat{N}}_\ell = (-1)^n \; \underline{\hat{N}}_\ell$$

und damit eine Beziehung zwischen links- und rechtsseitiger Normalkraft. Die Eigenkreisfrequenzen sind

$$\omega_n = \kappa_{L,n} c_L = \frac{n\pi}{\ell} c_L, \quad (n = 1,2,3...\infty) ,$$

und die Eigenfunktionen ermitteln wir aus (2.45) zu

$$\begin{bmatrix} \hat{\underline{v}}_x \\ \underline{\hat{N}}_x \end{bmatrix} = \begin{bmatrix} \cos\kappa_L x & \dfrac{i}{Z_L}\sin\kappa_L x \\ i Z_L \sin\kappa_L x & \cos\kappa_L x \end{bmatrix} \begin{bmatrix} 0 \\ \underline{\hat{N}}_0 \end{bmatrix} \rightarrow \begin{cases} \hat{\underline{v}}_{x,n} = i\omega_n \hat{\underline{u}}_{x,n} = \dfrac{i\underline{\hat{N}}_{0,n}}{Z_L}\sin\kappa_{L,n} x \\ \underline{\hat{N}}_{x,n} = \underline{\hat{N}}_{0,n}\cos\kappa_{L,n} x. \end{cases}$$

Aus der ersten Gleichung folgen die Eigenfunktionen

$$\hat{\underline{u}}_{x,n} = \frac{\underline{\hat{N}}_{0,n}}{\omega_n Z_L}\sin\kappa_{L,n} x ,$$

die bekanntlich jeweils wieder nur bis auf eine Konstante festgelegt sind.

Beispiel 2-10:

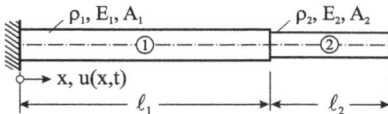

Abb. 2.26 *Ein aus zwei Stäben unterschiedlicher Material- und Geometriewerte zusammengesetzter Dehnstab*

Für das Stabsystem in Abb. 2.26 sind die Eigenfrequenzen und Eigenfunktionen zu bestimmen.

<u>Geg.</u>: $\rho_1 = 7850 \text{ kg/m}^3$, $E_1 = 2,1\cdot10^{11} \text{ N/m}^2$, $A_1 = 7,6\cdot10^{-4} \text{ m}^2$, $\ell_1 = 3,00 \text{ m}$,

$\rho_2 = 2500 \text{ kg/m}^3$, $E_2 = 0,2\cdot10^{11} \text{ N/m}^2$, $A_2 = 5,2\cdot10^{-4} \text{ m}^2$, $\ell_2 = 2,00 \text{ m}$.

<u>Lösung</u>: Wir benötigen die System-Übertragungsmatrix

$$\underline{U}_{Sys} = \underline{U}^{(2)} \underline{U}^{(1)} = \begin{bmatrix} \cos \kappa_L^{(2)} \ell_2 & \dfrac{i}{Z_L^{(2)}} \sin \kappa_L^{(2)} \ell_2 \\ i Z_L^{(2)} \sin \kappa_L^{(2)} \ell_2 & \cos \kappa_L^{(2)} \ell_2 \end{bmatrix} \begin{bmatrix} \cos \kappa_L^{(1)} \ell_1 & \dfrac{i}{Z_L^{(1)}} \sin \kappa_L^{(1)} \ell_1 \\ i Z_L^{(1)} \sin \kappa_L^{(1)} \ell_1 & \cos \kappa_L^{(1)} \ell_1 \end{bmatrix}$$

$$= \left[\begin{array}{c|c} \cos \kappa_L^{(2)} \ell_2 \cos \kappa_L^{(1)} \ell_1 - \dfrac{Z_L^{(1)}}{Z_L^{(2)}} \sin \kappa_L^{(2)} \ell_2 \sin \kappa_L^{(1)} \ell_1 & \dfrac{i}{Z_L^{(1)}} \cos \kappa_L^{(2)} \ell_2 \sin \kappa_L^{(1)} \ell_1 + \dfrac{i}{Z_L^{(2)}} \sin \kappa_L^{(2)} \ell_2 \cos \kappa_L^{(1)} \ell_1 \\ \hline i Z_L^{(2)} \sin \kappa_L^{(2)} \ell_2 \cos \kappa_L^{(1)} \ell_1 + i Z_L^{(1)} \cos \kappa_L^{(2)} \ell_2 \sin \kappa_L^{(1)} \ell_1 & -\dfrac{Z_L^{(2)}}{Z_L^{(1)}} \sin \kappa_L^{(2)} \ell_2 \sin \kappa_L^{(1)} \ell_1 + \cos \kappa_L^{(2)} \ell_2 \cos \kappa_L^{(1)} \ell_1 \end{array} \right].$$

Zur weiteren Berechnung führen wir folgende Abkürzungen ein:

$$\kappa_L^{(1)} \ell_1 = \lambda, \quad Z_L^{(2)} / Z_L^{(1)} = \zeta, \quad \kappa_L^{(2)} \ell_2 / (\kappa_L^{(1)} \ell_1) = \nu,$$

womit die System-Übertragungsmatrix in folgender Darstellung erscheint:

$$\underline{U}_{Sys} = \left[\begin{array}{c|c} \cos \nu\lambda \cos \lambda - \dfrac{1}{\zeta} \sin \nu\lambda \sin \lambda & \dfrac{i}{Z_L^{(1)}} \left(\cos \nu\lambda \sin \lambda + \dfrac{1}{\zeta} \sin \nu\lambda \cos \lambda \right) \\ \hline i Z_L^{(1)} (\cos \nu\lambda \sin \lambda + \zeta \sin \nu\lambda \cos \lambda) & \cos \nu\lambda \cos \lambda - \zeta \sin \nu\lambda \sin \lambda \end{array} \right] = \begin{bmatrix} \underline{u}_{11} & \underline{u}_{12} \\ \underline{u}_{21} & \underline{u}_{22} \end{bmatrix}.$$

Das Stabsystem ist links eingespannt und am rechten Rand frei gelagert. Das führt auf die beiden Zustandsvektoren

$$\hat{\underline{z}}_0^{(1)} = \begin{bmatrix} 0 \\ \hat{\underline{N}}_0^{(1)} \end{bmatrix}, \qquad \hat{\underline{z}}_\ell^{(2)} = \begin{bmatrix} \hat{\underline{v}}_\ell^{(2)} \\ 0 \end{bmatrix}.$$

Unter Berücksichtigung dieser Randbedingungen gilt:

$$\begin{bmatrix} \hat{\underline{v}}_\ell^{(2)} \\ 0 \end{bmatrix} = \begin{bmatrix} \underline{u}_{11} & \underline{u}_{12} \\ \underline{u}_{21} & \underline{u}_{22} \end{bmatrix} \begin{bmatrix} 0 \\ \hat{\underline{N}}_0^{(1)} \end{bmatrix} \quad \rightarrow \quad \begin{cases} \hat{\underline{v}}_\ell^{(2)} = \underline{u}_{12} \hat{\underline{N}}_0^{(1)} \\ 0 = \underline{u}_{22} \hat{\underline{N}}_0^{(1)} \end{cases}.$$

Mit der ersten Gleichung können wir noch

$$\hat{\underline{N}}_0^{(1)} = \hat{\underline{v}}_\ell^{(2)} / \underline{u}_{12}$$

notieren, womit die Einspannkraft $\hat{\underline{N}}_0^{(1)}$ am Stabanfang auf die Schnelle $\hat{\underline{v}}_\ell^{(2)}$ am Stabende zurückgeführt ist und den Zustandsvektor

$$\hat{\underline{z}}_0^{(1)} = \hat{\underline{v}}_\ell^{(2)} \begin{bmatrix} 0 \\ 1/\underline{u}_{12} \end{bmatrix}$$

liefert, der ebenfalls nur bis auf eine Konstante (hier $\hat{\underline{v}}_\ell^{(2)}$) festgelegt ist. Die Eigenwerte λ folgen aus der Eigenwertgleichung

$$\underline{u}_{22} = 0 = \cos \nu\lambda \cos \lambda - \zeta \sin \nu\lambda \sin \lambda.$$

Mit den Werten des Beispiels sind $\zeta = 0{,}1192$ und $\nu = 1{,}219$. Maple liefert uns die ersten fünf Eigenwerte: $\lambda_1 = 1{,}0999$, $\lambda_2 = 1{,}7551$, $\lambda_3 = 3{,}7914$, $\lambda_4 = 4{,}7722$, $\lambda_5 = 6{.}4282$.

Unter Beachtung von

$$\omega_n = \frac{\lambda_n \, c_L^{(1)}}{\ell_1} = \frac{\lambda_n}{\ell_1} \sqrt{\frac{E_1}{\rho_1}}$$

erhalten wir die Eigenkreisfrequenzen:

$\omega_1 = 1896{,}29 \text{ s}^{-1}$, $\omega_2 = 3025{,}86 \text{ s}^{-1}$, $\omega_3 = 6536{,}62 \text{ s}^{-1}$, $\omega_4 = 8227{,}52 \text{ s}^{-1}$, $\omega_5 = 11082{,}60 \text{ s}^{-1}$.

Es verbleibt noch die Bestimmung der Eigenfunktionen für die Verschiebungen und die Normalkräfte, die hier gemeinsam anfallen.

Bereich I: ($0 \le x_1 \le \ell_1, \xi_1 = x_1 / \ell_1$)

$$\hat{\underline{z}}_x^{(1)} = \begin{bmatrix} \hat{v}_x^{(1)} \\ \hat{N}_x^{(1)} \end{bmatrix} = \underline{U}_x^{(1)} \, \hat{\underline{z}}_0^{(1)} = \begin{bmatrix} \cos\lambda\xi_1 & \dfrac{i}{Z_L^{(1)}}\sin\lambda\xi_1 \\ i\,Z_L^{(1)}\sin\lambda\xi_1 & \cos\lambda\xi_1 \end{bmatrix} \begin{bmatrix} 0 \\ \hat{v}_\ell^{(2)} / \underline{u}_{12} \end{bmatrix}$$

$$\frac{\hat{v}_x^{(1)}}{\hat{v}_\ell^{(2)}} = \frac{\hat{u}_x^{(1)}}{\hat{u}_\ell^{(2)}} = \frac{\zeta\sin\lambda\xi_1}{\zeta\cos\nu\lambda\sin\lambda + \sin\nu\lambda\cos\lambda}, \quad \frac{i\,\hat{N}_x^{(1)}}{Z_L^{(1)}\,\hat{v}_\ell^{(2)}} = \frac{\zeta\cos\lambda\xi_1}{\zeta\cos\nu\lambda\sin\lambda + \sin\nu\lambda\cos\lambda} .$$

Bereich II: ($0 \le x_2 \le \ell_2, \xi_2 = x_2 / \ell_2$)

$$\hat{\underline{z}}_x^{(2)} = \begin{bmatrix} \hat{v}_x^{(2)} \\ \hat{N}_x^{(2)} \end{bmatrix} = \underline{U}_x^{(2)} \, \hat{\underline{z}}_0^{(2)} = \underline{U}_x^{(2)} \, \hat{\underline{z}}_\ell^{(1)} = \underline{U}_x^{(2)} \underline{U}^{(1)} \, \hat{\underline{z}}_0^{(1)} ,$$

$$\frac{\hat{v}_x^{(2)}}{\hat{v}_\ell^{(2)}} = \frac{\hat{u}_x^{(2)}}{\hat{u}_\ell^{(2)}} = \frac{\zeta\cos\nu\lambda\xi_2\sin\lambda + \sin\nu\lambda\xi_2\cos\lambda}{\zeta\cos\nu\lambda\sin\lambda + \sin\nu\lambda\cos\lambda} ,$$

$$\frac{i\,\hat{N}_x^{(2)}}{Z_L^{(1)}\,\hat{v}_\ell^{(2)}} = \frac{\zeta(\cos\nu\lambda\xi_2\cos\lambda - \zeta\sin\nu\lambda\xi_2\sin\lambda)}{\zeta\cos\nu\lambda\sin\lambda + \sin\nu\lambda\cos\lambda} .$$

Besitzen beide Stäbe dieselben Geometrie- und Materialwerte ($\nu = \zeta = 1$), dann lautet die Eigenwertgleichung

$$\underline{u}_{22} = \cos^2\lambda - \sin^2\lambda = \cos 2\lambda = 0 .$$

Mit $\lambda_n = (2n-1)\pi/4$ halbieren sich zwar die Eigenwerte, doch für die Eigenkreisfrequenzen erhalten wir mit $\ell_1 = \ell_2 = \ell/2$ wieder das bekannte Ergebnis

$$\omega_n = \frac{\lambda_n}{\ell_1} \sqrt{\frac{E_1}{\rho_1}} = \frac{(2n-1)\pi}{2\ell} \sqrt{\frac{E}{\rho}} .$$

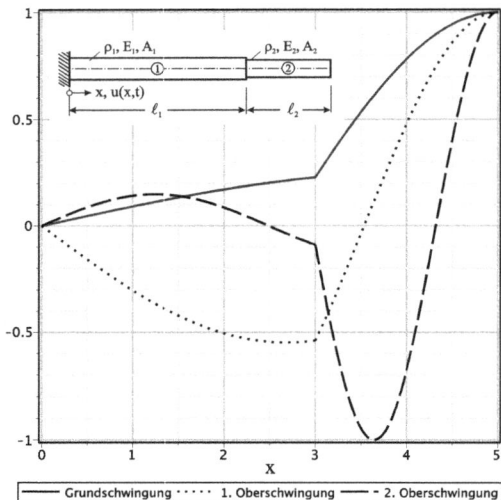

Abb. 2.27 *Die ersten drei Verschiebungs-Eigenfunktionen des zusammengesetzten Stabes*

Die Abb. 2.27 zeigt die mit $\underline{\hat{v}}_{\ell}^{(2)} = 1$ normierten ersten drei Verschiebungs-Eigenfunktionen, die wegen der Unstetigkeit in der Geometrie und in den Materialwerten an der Übergangsstelle von Element ① zu Element ② jeweils einen Knick aufweisen. Dem entsprechenden Maple-Arbeitsblatt können außerdem die Eigenfunktionen der Normalkräfte entnommen werden. Auch diese Funktionen verlaufen an der Elementgrenze zwar stetig aber nicht stetig differenzierbar.

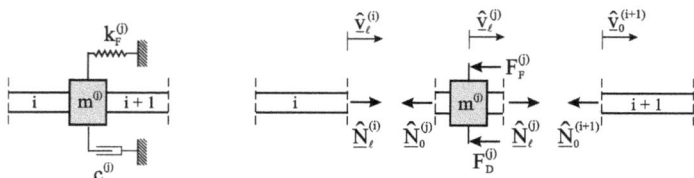

Abb. 2.28 *Punktmasse $m^{(j)}$ über Feder und Dämpfer an den Boden gefesselt*

Befindet sich innerhalb des Stabsystems, sagen wir an der Stelle *j*, eine konzentrierte Masse $m^{(j)}$, die über eine Feder mit der Federsteifigkeit $k_{F}^{(j)}$ und einen Dämpfer mit der Dämpferkonstanten $c^{(j)}$ neben der Anbindung an die links- und rechtsseitig angrenzenden Stäbe zusätzlich an den Boden gefesselt ist (Abb. 2.28), dann liefert das Newtonsche Grundgesetz für die freigeschnittene Masse $m^{(j)}$

$$m^{(j)} i\omega \, \hat{\underline{v}}_\ell^{(j)} = -\hat{\underline{N}}_0^{(j)} + \hat{\underline{N}}_\ell^{(j)} - \hat{\underline{F}}_F^{(j)} - \hat{\underline{F}}_D^{(j)} \, . \tag{2.52}$$

Beachten wir ferner die Materialgesetze für eine lineare Feder und einen geschwindigkeitspro-portionalen Dämpfer, also

$$\hat{\underline{F}}_F^{(j)} = k_F^{(j)} \frac{1}{i\omega} \hat{\underline{v}}_\ell^{(j)} = -k_F^{(j)} \frac{i}{\omega} \hat{\underline{v}}_\ell^{(j)} \, , \qquad \hat{\underline{F}}_D^{(j)} = c^{(j)} \hat{\underline{v}}_\ell^{(j)} \, , \tag{2.53}$$

dann ist

$$\hat{\underline{N}}_\ell^{(j)} = \left[i \left(m^{(j)} \omega - \frac{k_F^{(j)}}{\omega} \right) + c^{(j)} \right] \hat{\underline{v}}_\ell^{(j)} + \hat{\underline{N}}_0^{(j)} \, .$$

Führen wir für den Inhalt der eckigen Klammer die Abkürzung

$$\underline{Z}_\ell^{(j)} = i \left(m^{(j)} \omega - \frac{k_F^{(j)}}{\omega} \right) + c^{(j)} \tag{2.54}$$

ein, dann ist

$$\hat{\underline{N}}_\ell^{(j)} = \underline{Z}_\ell^{(j)} \hat{\underline{v}}_\ell^{(j)} + \hat{\underline{N}}_0^{(j)} \qquad \rightarrow \underline{Z}_\ell^{(j)} = \frac{\hat{\underline{N}}_\ell^{(j)} - \hat{\underline{N}}_0^{(j)}}{\hat{\underline{v}}_\ell^{(j)}} = \frac{\Delta \underline{N}^{(j)}}{\hat{\underline{v}}_\ell^{(j)}} \, .$$

Der Quotient aus Kraft und Geschwindigkeit wird *mechanische Kraftimpedanz* genannt, wobei die mechanische Ausgangsimpedanz $\underline{Z}_\ell^{(j)}$ nicht mit dem Longitudinal-Wellenwiderstand Z_L verwechselt werden darf. Unter Beachtung von $\hat{\underline{v}}_\ell^{(j)} = \hat{\underline{v}}_0^{(j)}$ folgt in Matrizenschreibweise

$$\begin{bmatrix} \hat{\underline{v}}_\ell^{(j)} \\ \hat{\underline{N}}_\ell^{(j)} \end{bmatrix} = \underbrace{\begin{bmatrix} 1 & 0 \\ \underline{Z}_\ell^{(j)} & 1 \end{bmatrix}}_{= \, \underline{U}_P^{(j)}} \begin{bmatrix} \hat{\underline{v}}_0^{(j)} \\ \hat{\underline{N}}_0^{(j)} \end{bmatrix} \, .$$

Fassen wir den Stab mit dem Index *i* und den rechts angrenzenden (*k-m-c*)-Schwinger mit dem Index *j* zu einem Element zusammen, dann erhalten wir unter Beachtung von

$$\hat{\underline{z}}_0^{(j)} = \hat{\underline{z}}_\ell^{(i)} = \underline{U}^{(i)} \hat{\underline{z}}_0^{(i)}$$

die Beziehung

$$\hat{\underline{z}}_\ell^{(j)} = \underline{U}_P^{(j)} \underline{U}^{(i)} \hat{\underline{z}}_0^{(i)} = \underline{U}_{SP} \hat{\underline{z}}_0^{(i)} \, .$$

Nach der Zusammenfassung schreiben wir, unter Fortlassung der Indizes *i* und *j*,

$$\hat{\underline{z}}_\ell = \underline{U}_{SP}\,\hat{\underline{z}}_0 \,, \tag{2.55}$$

wobei

$$\underline{U}_{SP} = \begin{bmatrix} \cos\kappa_L\ell & \dfrac{i}{Z_L}\sin\kappa_L\ell \\ \underline{Z}_\ell\cos\kappa_L\ell + i\,Z_L\sin\kappa_L\ell & \dfrac{i\underline{Z}_\ell}{Z_L}\sin\kappa_L\ell + \cos\kappa_L\ell \end{bmatrix} = \begin{bmatrix} \underline{u}_{11} & \underline{u}_{12} \\ \underline{u}_{21} & \underline{u}_{22} \end{bmatrix} \tag{2.56}$$

die komplexe Übertragungsmatrix bezeichnet. Für die Umkehrung gilt

$$\hat{\underline{z}}_0 = \underline{U}_{SP}^{-1}\,\hat{\underline{z}}_\ell \tag{2.57}$$

mit

$$\underline{U}_{SP}^{-1} = \begin{bmatrix} \dfrac{i\underline{Z}_\ell}{Z_L}\sin\kappa_L\ell + \cos\kappa_L\ell & -\dfrac{i}{Z_L}\sin\kappa_L\ell \\ -\underline{Z}_\ell\cos\kappa_L\ell - i\,Z_L\sin\kappa_L\ell & \cos\kappa_L\ell \end{bmatrix}. \tag{2.58}$$

Für den kurzen Stab kann wieder linearisiert werden. Das Ergebnis ist

$$\underline{U}_{SP,lin} = \begin{bmatrix} 1 & \dfrac{i\kappa_L\ell}{Z_L} \\ \underline{Z}_\ell + i\,Z_L\kappa_L\ell & \dfrac{i\underline{Z}_\ell\kappa_L\ell}{Z_L} \end{bmatrix}, \quad \underline{U}_{SP,lin}^{-1} = \begin{bmatrix} \dfrac{i\underline{Z}_\ell\kappa_L\ell}{Z_L}+1 & -\dfrac{i\kappa_L\ell}{Z_L} \\ -\underline{Z}_\ell - i\,Z_L\kappa_L\ell & 1 \end{bmatrix}.$$

Beispiel 2-11:

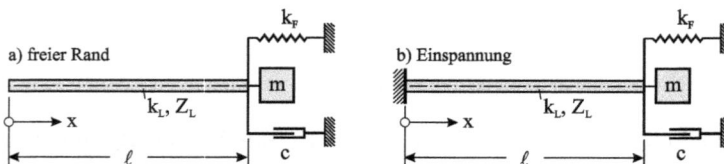

Abb. 2.29 Stab mit angekoppeltem (k-m-c)-Schwinger, Stab ist a) frei gelagert und b) eingespannt

Für die Systeme in Abb. 2.29 sind die Eigenwertgleichungen und Eigenwerte zu berechnen.

<u>Geg.</u>: ρ = 7850 kg/m³, E = 2,1·10^{11} N/m², A = 7,57·10⁻⁴ m², ℓ = 10,00 m, k_F = 7,95·10⁶ N/m, m = 59,42 kg, c = 30736 kg s⁻¹.

<u>Lösung zu a)</u>: Für den links frei gelagerten Stab ist dort $\hat{\underline{N}}_0 = 0$ zu setzen, und rechts muss für das aus Stab und (k-m-c)-Schwinger bestehende Gesamtelement mit $\hat{\underline{N}}_\ell = \underline{0}$ ebenfalls die Normalkraft verschwinden. Mit (2.55) und (2.56) folgt damit

$$\begin{bmatrix} \hat{\underline{v}}_\ell \\ \underline{0} \end{bmatrix} = \begin{bmatrix} \underline{u}_{11} & \underline{u}_{12} \\ \underline{u}_{21} & \underline{u}_{22} \end{bmatrix} \begin{bmatrix} \hat{\underline{v}}_0 \\ \underline{0} \end{bmatrix} \quad \rightarrow \quad \begin{cases} \hat{\underline{v}}_\ell = \underline{u}_{11}\hat{\underline{v}}_0 \\ \underline{0} = \underline{u}_{21}\hat{\underline{v}}_0 \end{cases}.$$

Der ersten Gleichung entnehmen wir: $\hat{\underline{v}}_0 = \hat{\underline{v}}_\ell / \underline{u}_{11}$. Die zweite Gleichung besitzt nur dann eine nichttriviale Lösung $\hat{\underline{v}}_0 \neq 0$, wenn die Eigenwertgleichung

$$u_{21} = \underline{Z}_\ell \cos\kappa_L\ell + iZ_L\sin\kappa_L\ell = 0 \quad \text{mit} \quad \underline{Z}_\ell = i(m\omega - k_F/\omega) + c$$

nach (2.54) besteht. Zur nummerischen Auswertung mit Maple führen wir die folgenden dimensionslosen Abkürzungen ein: $\lambda = \kappa_L\ell$, $\kappa = k_F/k_{St}$, $\varepsilon = m/m_{St}$, $\delta = c/Z_L$, wobei $m_{St} = \rho A\ell$ die Masse und $k_{St} = EA/\ell$ die Dehnsteifigkeit des Stabes bezeichnet. Die obige Eigenwertgleichung geht dann über in

$$(\varepsilon\lambda - \kappa/\lambda - i\delta)\cos\lambda + \sin\lambda = 0.$$

Im Fall $\delta = 0$ sind mit

$$(\varepsilon\lambda - \kappa/\lambda)\cos\lambda + \sin\lambda = -\kappa + (\kappa/2 + \varepsilon + 1)\lambda^2 + O(\lambda^4) = 0$$

sämtliche Nullstellen reell. Brechen wir die Reihendarstellung nach dem quadratischen Glied ab, dann liefert die Auflösung nach λ folgende Abschätzung des kleinsten Eigenwertes

$$\overline{\lambda}_1 = \sqrt{\frac{2\kappa}{2(1+\varepsilon)+\kappa}}$$

und mit $\varepsilon = 1$ und $\kappa = 1/2$ ist $\overline{\lambda}_1 = \sqrt{2}/3 = 0{,}4714$. Unter Beachtung von $\omega_n = \lambda_n c_L/\ell$ folgt mit $c_L = 5172{,}2 \text{ m s}^{-1}$ die Näherung für die kleinste Eigenkreisfrequenz $\overline{\omega}_1 = 243{,}82\,\text{s}^{-1}$. Für $\delta > 0$ werden die Eigenwerte komplex. Die nummerisch exakteren Eigenkreisfrequenzen für die Parameter $\delta = 0$ und $\delta = 1$ können der Tab. 2.4 entnommen werden.

<u>Lösung zu b)</u>: Für den links eingespannten Stab ist $\hat{\underline{v}}_0 = 0$ zu setzen, und rechts ist wieder $\hat{\underline{N}}_\ell = 0$ zu fordern. Mit (2.55) und (2.56) folgt unmittelbar

$$\begin{bmatrix} \hat{\underline{v}}_\ell \\ \underline{0} \end{bmatrix} = \begin{bmatrix} \underline{u}_{11} & \underline{u}_{12} \\ \underline{u}_{21} & \underline{u}_{22} \end{bmatrix} \begin{bmatrix} \underline{0} \\ \hat{\underline{N}}_0 \end{bmatrix} \quad \rightarrow \quad \begin{cases} \hat{\underline{v}}_\ell = \underline{u}_{12}\hat{\underline{N}}_0 \\ \underline{0} = \underline{u}_{22}\hat{\underline{N}}_0 \end{cases}.$$

Der ersten Gleichung entnehmen wir $\hat{\underline{N}}_0 = \hat{\underline{v}}_\ell / \underline{u}_{12}$. Die zweite Gleichung besitzt nur dann eine nichttriviale Lösung $\hat{\underline{N}}_0 \neq 0$, wenn die Eigenwertgleichung

$$u_{22} = \frac{iZ_\ell}{Z_L}\sin\kappa_L\ell + \cos\kappa_L\ell = 0 \quad \text{mit} \quad \underline{Z}_\ell = i(m\omega - k_F/\omega) + c$$

besteht. Mit den unter a) eingeführten Abkürzungen geht dann die obige Gleichung über in

$(\varepsilon\lambda - \kappa/\lambda - i\delta)\sin\lambda + \cos\lambda = 0$.

Im Fall $\delta = 0$ sind mit

$$(\varepsilon\lambda - \kappa/\lambda)\sin\lambda + \cos\lambda = -(1+\kappa)/\lambda + (\kappa/6 + \varepsilon + 1/2)\lambda + O(\lambda^3) = 0$$

sämtliche Nullstellen reell. Brechen wir die Reihendarstellung nach dem quadratischen Glied ab, dann liefert die Auflösung nach λ folgende Abschätzung des kleinsten Eigenwertes:

$$\overline{\lambda}_1 = \sqrt{\frac{6(1+\kappa)}{3(1+2\varepsilon) + \kappa}} \; .$$

Mit den Systemwerten $\varepsilon = 1$ und $\kappa = 1/2$ erhalten wir die Näherung $\overline{\lambda}_1 = \sqrt{2}/3 = 0{,}973$ und damit $\overline{\omega}_1 = \overline{\lambda}_1 c_L / \ell = 503{,}25\,\text{s}^{-1}$. Die mit Maple ermittelten Eigenkreisfrequenzen für die Parameter $\delta = 0$ und $\delta = 1$ können der Tab. 2.4 entnommen werden.

Tab. 2.4 *Die ersten fünf Eigenkreisfrequenzen ω_n für die Schwingungssysteme in Abb. 2.29*

n	a) Freier Rand		b) Einspannung	
	$\delta = 0$	$\delta = 1$	$\delta = 0$	$\delta = 1$
1	253,085	227,222 + i 123,666	543,045	512,676 + i 188,116
2	1071,164	1045,896 + i 90,106	1777,465	1768,360 + i 38,271
3	2543,242	2539,584 + i 19,882	3330,431	3328,685 + i 11,928
4	4127,218	4126,268 + i 7,884	4929,051	4928,481 + i 5,575
5	5733,843	5733,477 + i 4,142	6540,515	6540,266 + i 3,195

Beispiel 2-12:

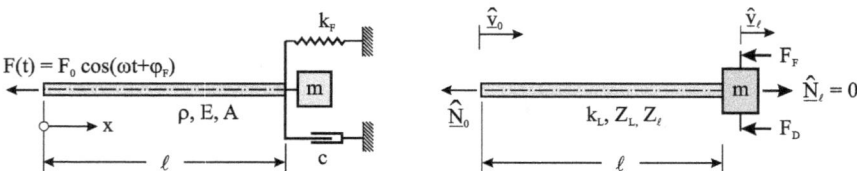

Abb. 2.30 *Dehnstab mit rechts angrenzendem (k-m-c)-Schwinger*

Der Stab in Abb. 2.30, der am linken Ende frei gelagert und rechts an einen $(k$-m-$c)$-Schwinger gekoppelt ist, wird durch die pulsierende Längskraft $F(t) = F_0 \cos(\omega t + \varphi_F)$ belastet. Gesucht werden Auslenkung und Geschwindigkeit im eingeschwungenen Zustand. Animieren Sie sämtliche Zustandsgrößen mit Maple.

Geg.: $\rho = 7850$ kg/m^3, E $= 2{,}1 \cdot 10^{11}$ N/m^2, A $= 7{,}57 \cdot 10^{-4}$ m^2, $\ell = 10{,}00$ m, $k_F = 7{,}95 \cdot 10^6$ N/m, m $= 59{,}42$ kg, c $= 30736$ kg s^{-1}.

Lösung: Es wird zunächst aus der Beziehung $\hat{\underline{z}}_0 = \underline{U}_{SP}^{-1} \hat{\underline{z}}_\ell$ nach (2.57) die mechanische Eingangs-Impedanz $\underline{Z}_0 = \hat{\underline{N}}_0 / \hat{\underline{v}}_0$ ermittelt. Da rechts vom (k-m-c)-Schwinger kein Stab vorhanden ist, muss dort $\hat{\underline{N}}_\ell = 0$ gefordert werden, was

$$\begin{bmatrix} \hat{\underline{v}}_0 \\ \hat{\underline{N}}_0 \end{bmatrix} = \begin{bmatrix} \dfrac{i\underline{Z}_\ell}{Z_L}\sin\kappa_L\ell + \cos\kappa_L\ell & -\dfrac{i}{Z_L}\sin\kappa_L\ell \\ -\underline{Z}_\ell\cos\kappa_L\ell - iZ_L\sin\kappa_L\ell & \cos\kappa_L\ell \end{bmatrix}\begin{bmatrix} \hat{\underline{v}}_\ell \\ 0 \end{bmatrix} \rightarrow \begin{cases} \hat{\underline{v}}_0 = \left[\dfrac{i\underline{Z}_\ell}{Z_L}\sin\kappa_L\ell + \cos\kappa_L\ell\right]\hat{\underline{v}}_\ell \\ \hat{\underline{N}}_0 = -\left[\underline{Z}_\ell\cos\kappa_L\ell + iZ_L\sin\kappa_L\ell\right]\hat{\underline{v}}_\ell \end{cases}.$$

ergibt. Damit liegt die Eingangsimpedanz

$$\underline{Z}_0 = \frac{\hat{\underline{N}}_0}{\hat{\underline{v}}_0} = -Z_L\frac{\dfrac{\underline{Z}_\ell}{Z_L}\cos\kappa_L\ell + i\sin\kappa_L\ell}{\cos\kappa_L\ell + i\dfrac{\underline{Z}_\ell}{Z_L}\sin\kappa_L\ell} \qquad \text{mit} \qquad \underline{Z}_\ell = i(m\omega - k_F/\omega) + c$$

fest, die von den Größen $Z_L = A\sqrt{\rho E}, \kappa_L = \omega/c_L = \omega\sqrt{\rho/E}$, der Stablänge ℓ und der mechanischen Ausgangsimpedanz $\underline{Z}_\ell$ nach (2.54) des am rechten Rand angeschlossenen (k-m-c)-Schwingers abhängt. Mit $\hat{\underline{v}}_0 = \hat{\underline{N}}_0 / \underline{Z}_0$ folgt der Zustandsvektor

$$\hat{\underline{z}}_x = \begin{bmatrix} \hat{\underline{v}}_x \\ \hat{\underline{N}}_x \end{bmatrix} = \begin{bmatrix} \cos\kappa_L x & \dfrac{i}{Z_L}\sin\kappa_L x \\ iZ_L\sin\kappa_L x & \cos\kappa_L x \end{bmatrix}\begin{bmatrix} \hat{\underline{N}}_0/\underline{Z}_0 \\ \hat{\underline{N}}_0 \end{bmatrix} \rightarrow \begin{cases} \hat{\underline{v}}_x = \hat{\underline{N}}_0\left[\dfrac{\cos\kappa_L x}{\underline{Z}_0} + \dfrac{i}{Z_L}\sin\kappa_L x\right] \\ \hat{\underline{N}}_x = \hat{\underline{N}}_0\left[\cos\kappa_L x + i\dfrac{Z_L\sin\kappa_L x}{\underline{Z}_0}\right] \end{cases}.$$

Mit $\hat{\underline{u}}(x) = \dfrac{1}{i\omega}\hat{\underline{v}}(x)$ und $\hat{\underline{N}}_0 = F_0\exp(i\varphi_F)$ sind

$$\hat{\underline{u}}_x = \frac{F_0}{i\omega}\exp(i\varphi_F)\left[\frac{\cos\kappa_L x}{\underline{Z}_0} + \frac{i}{Z_L}\sin\kappa_L x\right], \quad \hat{\underline{N}}_x = F_0\exp(i\varphi_F)\left[\cos\kappa_L x + i\frac{Z_L\sin\kappa_L x}{\underline{Z}_0}\right].$$

Die Teilchenverschiebung u(x,t) und die Normalkraft N(x,t) ergeben sich dann in kompakter Form als Realteile ihrer komplexen rotierenden Zeiger, also

$$u(x,t) = \text{Re}\{\hat{\underline{u}}_x\exp(i\omega t)\}, \quad N(x,t) = \text{Re}\{\hat{\underline{N}}_x\exp(i\omega t)\}.$$

Die Animationen dieser Zustandsgrößen können dem entsprechenden Maple-Arbeitsblatt entnommen werden.

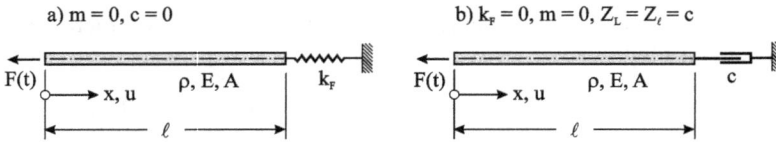

Abb. 2.31   *Entartungen des angekoppelten (k-m-c)-Schwingers*

Wir können hier noch die beiden in Abb. 2.31 skizzierten Sonderfälle betrachten:

a) Schwinger zu einer Feder entartet (m = 0, c = 0):

Mit den Abkürzungen $k_{St} = EA/\ell$, $u_0 = F_0/k_{St}$, $\kappa = k_F/k_{St}$, $\lambda = \kappa_L\ell$, $\xi = x/\ell$ sind

$$\underline{Z}_\ell = -i\,k_F/\omega\,, \quad \underline{Z}_0 = i\frac{\lambda\,k_{St}}{\omega}\,\frac{\kappa\cos\lambda - \lambda\sin\lambda}{\lambda\cos\lambda + \kappa\sin\lambda} \quad \text{und damit}$$

$$u(\xi,t) = \frac{u_0}{\lambda}\left[\sin\lambda\xi - \frac{\lambda\cos\lambda + \kappa\sin\lambda}{\kappa\cos\lambda - \lambda\sin\lambda}\cos\lambda\xi\right]\cos(\omega t + \varphi_F)\,,$$

$$N(\xi,t) = F_0\left[\cos\lambda\xi + \frac{\lambda\cos\lambda + \kappa\sin\lambda}{\kappa\cos\lambda - \lambda\sin\lambda}\sin\lambda\xi\right]\cos(\omega t + \varphi_F)\,.$$

Resonanz tritt auf für $\kappa\cos\lambda - \lambda\sin\lambda = 0$. Bei einer sehr großen Federsteifigkeit k_F erhalten wir im Grenzfall $\kappa \to \infty$ die Lösung für den eingespannten Stab:

$$u(\xi,t) = -u_0\frac{\sin\lambda(1-\xi)}{\lambda\cos\lambda}\cos(\omega t + \varphi_F)\,, \quad N(\xi,t) = F_0\frac{\cos\lambda(1-\xi)}{\cos\lambda}\cos(\omega t + \varphi_F)\,.$$

Resonanz tritt in diesem Fall auf für $\cos\lambda = 0$ oder $\lambda_n = (2n-1)\pi/2$ und damit $\omega_n = \lambda_n\,c_L/\ell$.

b) Schwinger zu einem Dämpfer entartet ($k_F = 0$, $m = 0$, $Z_\ell = c = Z_L$):

Damit ist die Eingangsimpedanz $\underline{Z}_0 = -c$ reell. Für die Teilchenverschiebung und die Normalkraft folgen nach kurzer Rechnung

$$u(\xi,t) = \frac{F_0}{\omega c}\sin(\lambda\xi - \omega t - \varphi_F)\,, \quad N(\xi,t) = \frac{F_0 A}{c}\sqrt{\rho E}\cos(\lambda\xi - \omega t - \varphi_F)\,.$$

2.7   Ein einfaches Diskretisierungsverfahren

Das folgende Verfahren hat zum Ziel, ein komplexes Stabsystem mit kontinuierlich verteilter Masse auf ein einfaches Ersatzmodell mit endlich vielen Freiheitsgraden abzubilden. Anstelle der kontinuierlichen Funktionen mit unendlich vielen Freiheitsgraden der Teilchenverschiebung u(x,t) treten jetzt an diskreten Stellen die Verschiebungen $u_i(t)$ (i = 1,…,n) auf, die indes nicht aus einem Differenzialgleichungssystem sondern aus einem linearen Gleichungssystem berechnet werden, womit das Problem der Auffindung der Teilchenverschiebungen algebraisiert und damit rechentechnisch vereinfacht wird.

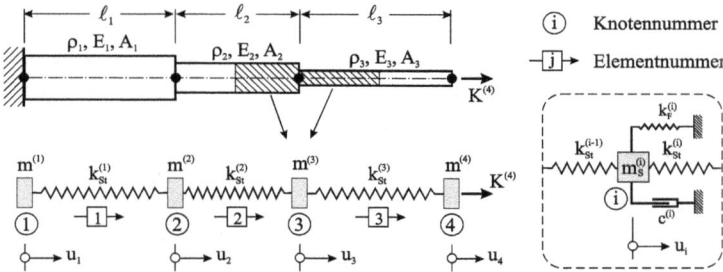

Abb. 2.32   *Stab als Kontinuumsmodell und diskretisiertes Ersatzmodell, (k-m-c)-Schwinger am Knoten i*

Wir beginnen den Diskretisierungsprozess mit der Wahl einer endlichen Zahl von Stützstellen und ordnen diesen Knoten die Translationsfreiheitsgrade u_i zu. Da dieser Prozess der Stützstellenauswahl das Ergebnis in starkem Maße beeinflusst, ist hier besondere Aufmerksamkeit und auch Erfahrung erforderlich. Natürliche Orte der Stützstellen sind dabei Sprünge in der äußeren Belastung und/oder in den Material- und Geometriewerten. Bei komplizierten Modellen kann es erforderlich werden, mit unterschiedlichen Ersatzmodellen zu arbeiten, um die damit gewonnen Ergebnisse untereinander vergleichen und bewerten zu können. Wird die Anzahl *n* der Freiheitsgrade erhöht, steigt mit der Genauigkeit auch der Rechenaufwand.

Das Stabsystem in Abb. 2.32 (oben) besteht aus drei Stababschnitten unterschiedlicher Geometrie- und Materialwerte. Insgesamt treten bei der darunter skizzierten Wahl der Stützstellen vier Knoten auf, die fortlaufend von links nach rechts durchnummeriert werden. Jedem Knoten wird sodann eine konzentrierte Masse (Punktmasse) zugeordnet. Sind Dichte ρ und Querschnittsfläche *A* innerhalb der Elemente konstant, dann werden – wie in Abb. 2.32 durch Schraffur in der Umgebung des Knotens ③ exemplarisch angedeutet – die halben Massen der angrenzenden Elemente auf den Knoten verteilt. Die Randknoten erhalten jeweils die Hälfte der Masse des angrenzenden Stabes. Ist am Knoten *i* ein (*k-m-c*)-Schwinger mit einer Zusatzmasse $m_S^{(i)}$ angebracht, dann errechnen sich die Knotenmassen an einem Mittenknoten zu:

$$m^{(i)} = \frac{1}{2}(\rho_{i-1}A_{i-1}\ell_{i-1} + \rho_i A_i \ell_i) + m_S^{(i)} \,.$$

Der Stababschnitt mit dem Index *j* wird fortan durch eine lineare Wegfeder mit der Federsteifigkeit $k_{St}^{(j)} = E_j A_j / \ell_j$ ersetzt. Damit besteht das diskrete System nur noch aus Punktmassen, die durch Wegfedern miteinander in Reihe geschaltet sind. Gegebenenfalls greifen an den Knoten noch eingeprägte Kräfte $K^{(i)}$ an. Befindet sich am Knoten *i* ein (*k-m-c*)-Schwinger, dann wird die Knotenmasse $m^{(i)}$ über eine Wegfeder ($k_F^{(i)}$: Federkonstante) und einen Dämpfer ($c^{(i)}$: Dämpferkonstante) zusätzlich an den Boden gefesselt.

Zur Beschaffung der Bewegungsgleichungen wird für jeden Knoten das Newtonsche Grundgesetz notiert (Abb. 2.33).

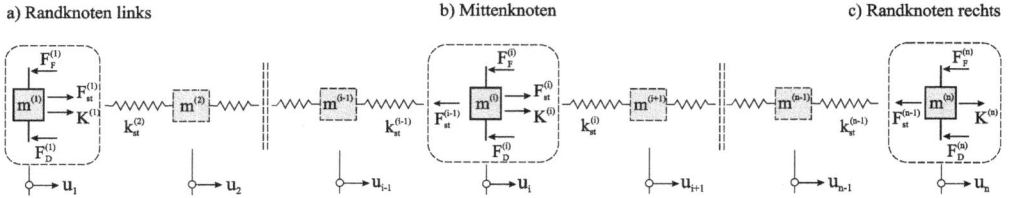

Abb. 2.33 *Freischnittskizzen für den a) Randknoten links, b) einen Mittenknoten und c) den Randknoten rechts*

Besitzt das diskrete System *n* Systemknoten, dann erhalten wir genau *n* gewöhnliche Differenzialgleichung für die *n* unbekannten Knotenverschiebungen $u_i(t)$ ($i = 1,\ldots,n$). Fehlen äußere Knotenbelastungen $K^{(i)}$, dann ist das resultierende Gleichungssystem homogen, sonst inhomogen. Für einen Mittenknoten mit dem Index *i* lautet das Newtonsche Grundgesetz:

$$m^{(i)}\ddot{u}_i = F_{St}^{(i)} + K^{(i)} - F_{St}^{(i-1)} - F_F^{(i)} - F_D^{(i)} = 0 \,.$$

Beachten wir die Materialgesetze

$$F_{St}^{(i)} = k_{St}^{(i)}(u_{i+1} - u_i)\,, \quad F_{St}^{(i-1)} = k_{St}^{(i-1)}(u_i - u_{i-1})\,, \quad F_F^{(i)} = k_F^{(i)} u_i \quad \text{und} \quad F_D^{(i)} = c^{(i)} x \dot{u}_i\,,$$

dann liefert das Grundgesetz für einen Mittenknoten die Gleichung

$$m^{(i)}\ddot{u}_i + c^{(i)}\dot{u}_i - k_{St}^{(i-1)}u_{i-1} + [k_{St}^{(i)} + k_{St}^{(i-1)} + k_F^{(i)}]u_i - k_{St}^{(i)}u_{i+1} = K^{(i)} \,. \tag{2.59}$$

Die Randknoten sind gesondert zu behandeln. Für den Randknoten links (*i* = 1) sowie den Randknoten rechts (*i* = *n*) folgen zwei weitere Gleichungen:

$$\begin{aligned} m^{(1)}\ddot{u}_1 + c^{(1)}\dot{u}_1 + [k_{St}^{(1)} + k_F^{(1)}]u_1 - k_{St}^{(1)}u_2 = K^{(1)} \\ m^{(n)}\ddot{u}_n + c^{(n)}\dot{u}_n - k_{St}^{(n-1)}u_{n-1} + [k_{St}^{(n-1)} + k_F^{(n)}]u_n = K^{(n)}. \end{aligned} \tag{2.60}$$

In Matrizenschreibweise erhalten wir für einen Innenknoten nach (2.59)

$$\begin{bmatrix} 0 & 0 & 0 \\ 0 & m^{(i)} & 0 \\ 0 & 0 & 0 \end{bmatrix}\begin{bmatrix} 0 \\ \ddot{u}_i \\ 0 \end{bmatrix} + \begin{bmatrix} 0 & 0 & 0 \\ 0 & c^{(i)} & 0 \\ 0 & 0 & 0 \end{bmatrix}\begin{bmatrix} 0 \\ \dot{u}_i \\ 0 \end{bmatrix} + \begin{bmatrix} 0 & 0 & 0 \\ -k_{St}^{(i-1)} & k_{St}^{(i)} + k_{St}^{(i-1)} + k_F^{(i)} & -k_{St}^{(i)} \\ 0 & 0 & 0 \end{bmatrix}\begin{bmatrix} u_{i-1} \\ u_i \\ u_{i+1} \end{bmatrix} = \begin{bmatrix} 0 \\ K^{(i)} \\ 0 \end{bmatrix} \,.$$

und für die Randknoten ergeben sich mit (2.60) folgen Darstellungen:

$$\begin{bmatrix} m^{(1)} & 0 \\ 0 & 0 \end{bmatrix}\begin{bmatrix} \ddot{u}_1 \\ \ddot{u}_2 \end{bmatrix} + \begin{bmatrix} c^{(1)} & 0 \\ 0 & 0 \end{bmatrix}\begin{bmatrix} \dot{u}_1 \\ \dot{u}_2 \end{bmatrix} + \begin{bmatrix} k_{St}^{(1)}+k_F^{(1)} & -k_{St}^{(1)} \\ 0 & 0 \end{bmatrix}\begin{bmatrix} u_1 \\ u_2 \end{bmatrix} = \begin{bmatrix} K^{(1)} \\ 0 \end{bmatrix},$$

$$\begin{bmatrix} 0 & 0 \\ 0 & m^{(n)} \end{bmatrix}\begin{bmatrix} \ddot{u}_{n-1} \\ \ddot{u}_n \end{bmatrix} + \begin{bmatrix} 0 & 0 \\ 0 & c^{(n)} \end{bmatrix}\begin{bmatrix} \dot{u}_{n-1} \\ \dot{u}_n \end{bmatrix} + \begin{bmatrix} 0 & 0 \\ -k_{St}^{(n-1)} & k_{St}^{(n-1)}+k_F^{(n)} \end{bmatrix}\begin{bmatrix} u_{n-1} \\ u_n \end{bmatrix} = \begin{bmatrix} 0 \\ K^{(n)} \end{bmatrix}.$$

Zusammenfassend können wir die Bewegungsgleichungen in symbolischer Form wie folgt notieren:

$$\mathbf{M} \cdot \ddot{\mathbf{u}}(t) + \mathbf{C} \cdot \dot{\mathbf{u}}(t) + \mathbf{K} \cdot \mathbf{u}(t) = \mathbf{k}(t). \tag{2.61}$$

Die Massenmatrix $\mathbf{M}$ und die Dämpfungsmatrix $\mathbf{C}$ erweisen sich bei diesem Verfahren als Diagonalmatrizen, und die Steifigkeitsmatrix $\mathbf{K}$ ist eine symmetrische Tridiagonalmatrix. Die Knotenkräfte wurden auf der rechten Seite im Vektor $\mathbf{k}(t)$ zusammengefasst. Für derartig strukturierte Gleichungssysteme existieren effektive Lösungsalgorithmen (Schwarz, 1997).

2.7.1 Freie ungedämpfte Bewegungen

Wir behandeln in einem ersten Schritt die Eigenschwingungen eines ungedämpften Systems. Unter Beachtung von (2.59) und (2.60) ist in diesem Fall das homogene Gleichungssystem

$$\mathbf{M} \cdot \ddot{\mathbf{u}}(t) + \mathbf{K} \cdot \mathbf{u}(t) = \mathbf{0} \tag{2.62}$$

unter den gegebenen Rand- und Anfangsbedingungen zu lösen. Im Folgenden können wir mit bekannten Eigenwerten ω_ℓ und Eigenvektoren $\mathbf{e}_\ell$ aus dem allgemeinen Eigenwertproblem (1.5) den Lösungsweg aus Kap. 1.1 mit

$$\mathbf{u}(t) = \sum_{\ell=1}^{N} A_\ell \, \mathbf{e}_\ell \cos(\omega_\ell t - \alpha_\ell), \quad \dot{\mathbf{u}}(t) = -\sum_{\ell=1}^{N} A_\ell \, \omega_\ell \, \mathbf{e}_\ell \sin(\omega_\ell t - \alpha_\ell). \tag{2.63}$$

sofort übernehmen. Aus (2.63) folgen die Anfangswerte zum Zeitpunkt $t = 0$:

$$\mathbf{u}_0 = \sum_{\ell=1}^{N} A_\ell \, \mathbf{e}_\ell \cos\alpha_\ell, \quad \dot{\mathbf{u}}_0 = \sum_{\ell=1}^{N} A_\ell \, \omega_\ell \mathbf{e}_\ell \sin\alpha_\ell. \tag{2.64}$$

Multiplizieren wir (2.64) von links mit $\mathbf{e}_j^T \cdot \mathbf{M}$ und beachten (1.6), dann erhalten wir

$$A_j \cos\alpha_j = \frac{\mathbf{e}_j^T \cdot \mathbf{M} \cdot \mathbf{u}_0}{\mathbf{e}_j^T \cdot \mathbf{M} \cdot \mathbf{e}_j}, \quad A_j \sin\alpha_j = \frac{1}{\omega_j}\frac{\mathbf{e}_j^T \cdot \mathbf{M} \cdot \dot{\mathbf{u}}_0}{\mathbf{e}_j^T \cdot \mathbf{M} \cdot \mathbf{e}_j} \tag{2.65}$$

und damit

$$A_j = \frac{\sqrt{(e_j^T \cdot M \cdot u_0)^2 + 1/\omega_j^2 \, (e_j^T \cdot M \cdot \dot{u}_0)^2}}{e_j^T \cdot M \cdot e_j} \, . \tag{2.66}$$

Beispiel 2-13:

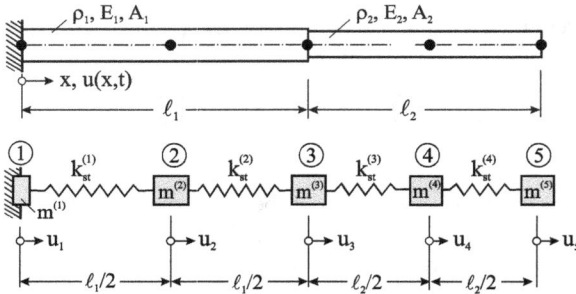

Abb. 2.34 *Diskretisiertes Stabsystem*

Der am linken Ende eingespannte Dehnstab in Abb. 2.34 wurde durch fünf Knotenmassen ersetzt, die durch lineare Wegfedern miteinander verbunden sind. Es sind folgende Teilaufgaben zu lösen:

1. Berechnung der Knotenmassen.
2. Berechnung der Federsteifigkeiten.
3. Berechnung der Eigenwerte und Eigenvektoren.
4. Berechnung der Bewegung, wenn die Massen ohne Anfangsgeschwindigkeit aus der Ruhelage mit $u_{10} = 0$ cm, $u_{20} = 0,3$ cm, $u_{30} = 0,6$ cm, $u_{40} = 0,8$ cm, $u_{50} = 1,0$ cm ausgelenkt und dann sich selbst überlassen werden.
5. Stellen sie zur automatisierten Auswertung der Bewegungsgleichung eine Maple-Prozedur zur Verfügung, und animieren Sie den Bewegungsvorgang.

<u>Geg.</u>: $\rho_1 = 7850$ kg/m³, $E_1 = 2,1 \cdot 10^{11}$ N/m², $A_1 = 7,6 \cdot 10^{-4}$ m², $\ell_1 = 3,00$ m, $\rho_2 = 2500$ kg/m³, $E_2 = 0,2 \cdot 10^{11}$ N/m², $A_2 = 5,2 \cdot 10^{-4}$ m², $\ell_2 = 2,00$ m.

<u>Lösung</u>: Bei der obigen Wahl der Stützstellen ergeben sich folgende Knotenmassen:

$$m^{(1)} = 1/4 \rho_1 A_1 \ell_1 = 1/4 \cdot 7850 \cdot 7,6 \cdot 10^{-4} \cdot 3,0 = 4,475 \text{ kg}, \quad m^{(2)} = 2m^{(1)} = 8,949 \text{ kg},$$

$$m^{(3)} = m^{(1)} + 1/4 \cdot 2500 \cdot 5,2 \cdot 10^{-4} \cdot 2,0 = 4,475 \text{ kg} + 0,650 \text{ kg} = 5,125 \text{ kg},$$

$$m^{(4)} = 1/2 \cdot 2500 \cdot 5,2 \cdot 10^{-4} \cdot 2,0 = 1,300 \text{ kg}, \quad m^{(5)} = 1/2 \cdot m^{(4)} = 0,650 \text{ kg}.$$

Die Federsteifigkeiten errechnen sich zu:

$$k_{St}^{(1)} = k_{St}^{(2)} = \frac{2E_1A_1}{\ell_1} = \frac{2 \cdot 2,1 \cdot 10^{11} \cdot 7,6 \cdot 10^{-4}}{3,0} = 1,064 \cdot 10^8 \; kg \, s^{-2} \, ,$$

$$k_{St}^{(3)} = k_{St}^{(4)} = \frac{2E_2A_2}{\ell_2} = \frac{2 \cdot 0,2 \cdot 10^{11} \cdot 5,2 \cdot 10^{-4}}{2,0} = 1,040 \cdot 10^7 \; kg \, s^{-2} \, .$$

Da der Stab ist am linken Ende eingespannt ist, verschwindet mit $u_1 = 0$ die dortige Verschiebung. Programmtechnisch wird in der bereitgestellten Maple-Prozedur die Einspannung durch einen (k-m-c)-Schwinger mit einer sehr hohen Federsteifigkeit $k^{(F)}$ realisiert. Der Mehrmassenschwinger besitzt dann nur noch die Verschiebungsfreiheitsgrade $u_2 \dots u_5$, die im Verschiebungsvektor $\mathbf{u}^T = [u_2 \; u_3 \; u_4 \; u_5]$ zusammengefasst werden. Der Aufbau der Massen- und Steifigkeitsmatrix ergibt:

$$\mathbf{M} = \begin{bmatrix} 8,949 & 0 & 0 & 0 \\ 0 & 5,125 & 0 & 0 \\ 0 & 0 & 1,300 & 0 \\ 0 & 0 & 0 & 0,650 \end{bmatrix}, \quad \mathbf{K} = 10^8 \begin{bmatrix} 2,128 & -1,064 & 0 & 0 \\ -1,064 & 1,168 & -0,104 & 0 \\ 0 & -0,104 & 0,208 & -0,104 \\ 0 & 0 & -0,104 & 0,104 \end{bmatrix}.$$

In diesem Fall ist das homogene Gleichungssystem $\mathbf{M} \cdot \ddot{\mathbf{u}}(t) + \mathbf{K} \cdot \mathbf{u}(t) = \mathbf{0}$ nach (2.62) zu lösen. Maple liefert uns aus der allgemeinen Eigenwertaufgabe $\det(\mathbf{K} - \omega^2 \mathbf{M}) = 0$ folgende Eigenwerte:

$\omega_1 = 1868,47 \; s^{-1}$, $\omega_2 = 2904,60 \; s^{-1}$, $\omega_3 = 5214,86 \; s^{-1}$, $\omega_4 = 6280,85 \; s^{-1}$.

Dem Beispiel 2-10 entnehmen wir die (theoretisch) exakten Werte:

$\omega_1 = 1896,29 \; s^{-1}$, $\omega_2 = 3025,86 \; s^{-1}$, $\omega_3 = 6536,62 \; s^{-1}$, $\omega_4 = 8227,52 \; s^{-1}$.

Trotz der groben Elementierung wird der kleinste Eigenwert ω_1 recht gut wiedergegeben. Das trifft für die höheren Eigenwerte allerdings nicht mehr zu. Um hier zu brauchbaren Ergebnissen zu gelangen, muss wesentlich feiner elementiert werden.

Dem entsprechenden Maple-Arbeitsblatt entnehmen wir die auf die Länge 1 normierten Eigenvektoren:

$$\Phi = \begin{bmatrix} -0,101 & -0,327 & 0,060 & 0,556 \\ -0,172 & -0,423 & -0,017 & -0,732 \\ -0,604 & 0,361 & -0,527 & 0,326 \\ -0,772 & 0,764 & 0,818 & -0,222 \end{bmatrix},$$

wobei in der i-ten Spalte der Eigenvektormatrix Φ der Eigenvektor zum Eigenwert ω_i ($i = 1,\dots,4$) steht. Die Eigenvektoren besitzen zwar die Orthogonalitätseigenschaften (1.6), sind aber wegen $\Phi^T \neq \Phi^{-1}$ nicht orthogonal.

Unter Beachtung von $\dot{\mathbf{u}}_0 = \mathbf{0}$ ermitteln wir mit (1.10) die Amplituden A_j sowie mit (1.9) die Phasenverschiebungswinkel α_j aus den Beziehungen

$$A_j = \frac{\sqrt{(\mathbf{e}_j^T \cdot \mathbf{M} \cdot \mathbf{u}_0)^2}}{\mathbf{e}_j^T \cdot \mathbf{M} \cdot \mathbf{e}_j}, \qquad A_j \cos\alpha_j = \frac{\mathbf{e}_j^T \cdot \mathbf{M} \cdot \mathbf{u}_0}{\mathbf{e}_j^T \cdot \mathbf{M} \cdot \mathbf{e}_j}, \qquad A_j \sin\alpha_j = 0 \,.$$

Im Einzelnen sind: $A_2 = 0{,}0995$ cm, $A_3 = 0{,}0490$ cm, $A_4 = 0{,}5389$ cm, $A_5 = 1{,}7480$ cm, und die Phasenverschiebungswinkel ergeben sich zu: $\alpha_2 = \pi$, $\alpha_3 = 0$, $\alpha_4 = \pi$, $\alpha_5 = \pi$. Die Verschiebungen und Geschwindigkeiten errechnen sich dann mit (2.63) zu

$$\mathbf{u}(t) = \sum_{\ell=2}^{5} A_\ell \, \mathbf{e}_\ell \cos(\omega_\ell t - \alpha_\ell), \quad \dot{\mathbf{u}}(t) = -\sum_{\ell=2}^{5} A_\ell \, \omega_\ell \, \mathbf{e}_\ell \sin(\omega_\ell t - \alpha_\ell).$$

Die Animation des Bewegungsvorgangs kann dem entsprechenden Maple-Arbeitsblatt entnommen werden.

2.7.2   Erzwungene ungedämpfte Bewegungen

Diese Bewegungen werden entweder durch äußere eingeprägte Kräfte oder durch zeitlich veränderliche Lagerverschiebungen verursacht. In Erweiterung zur freien ungedämpften Schwingung suchen wir nun Lösungen der inhomogene Bewegungsgleichung

$$\mathbf{M} \cdot \ddot{\mathbf{u}}(t) + \mathbf{K} \cdot \mathbf{u}(t) = \mathbf{k}(t) \,. \tag{2.67}$$

Mit den Eigenvektoren $\mathbf{e}_m$ des Eigenwertproblems (1.5) machen wir für die obige Gleichung den Verschiebungsansatz

$$\mathbf{u}(t) = \sum_{j=1}^{n} f_j(t)\, \mathbf{e}_j \tag{2.68}$$

mit noch unbekannten Zeitfunktionen $f_j(t)$. Damit erhalten wir die Differenzialgleichung

$$\sum_{j=1}^{n} \ddot{f}_j(t)\, \mathbf{M} \cdot \mathbf{e}_j + f_j(t)\, \mathbf{K} \cdot \mathbf{e}_j = \mathbf{k}(t) \,. \tag{2.69}$$

Durch Skalarmultiplikation von links mit $\mathbf{e}_m^T$ folgt zunächst

$$\sum_{m=1}^{n} \ddot{f}_j(t)\, \mathbf{e}_m^T \cdot \mathbf{M} \cdot \mathbf{e}_j + f_j(t)\, \mathbf{e}_m^T \cdot \mathbf{K} \cdot \mathbf{e}_j = \mathbf{e}_m^T \cdot \mathbf{k}(t) \,.$$

Beachten wir ferner die Orthogonalitätsrelationen (1.6), dann verbleibt mit

$$\ddot{f}_j(t)\, \mathbf{e}_j^T \cdot \mathbf{M} \cdot \mathbf{e}_j + f_j(t)\, \mathbf{e}_j^T \cdot \mathbf{K} \cdot \mathbf{e}_j = \mathbf{e}_j^T \cdot \mathbf{k}(t) \,.$$

eine gewöhnliche Differenzialgleichung für $f_j(t)$ allein. Berücksichtigen wir noch (1.11), also

$$\mathbf{e}_j^T \cdot \mathbf{K} \cdot \mathbf{e}_j = \omega_j^2 \; \mathbf{e}_j^T \cdot \mathbf{M} \cdot \mathbf{e}_j \,,$$

dann erhalten wir die entkoppelten inhomogenen Bewegungsgleichungen

$$\ddot{f}_j(t) + f_j(t) = \hat{k}_j(t) \,, \qquad \hat{k}_j(t) = \frac{\mathbf{e}_j^T \cdot \mathbf{k}(t)}{\mathbf{e}_j^T \cdot \mathbf{M} \cdot \mathbf{e}_j} \,, \qquad (j = 1,\ldots,n). \tag{2.70}$$

Die transformierten Größen $\hat{k}_j(t)$ werden modale Kräfte genannt. Die allgemeine Lösung

$$f_j(t) = f_{j,h}(t) + f_{j,p}(t)$$

der inhomogenen Differenzialgleichung (2.70) setzt sich additiv zusammen aus der bereits bekannten Lösung

$$f_{j,h}(t) = A_j \cos(\omega_j t - \alpha_j)$$

der homogenen Differenzialgleichung und einer partikulären Lösung $f_{j,p}(t)$ der inhomogenen Differenzialgleichung. Bei allgemeinen Erregerfunktionen $\hat{k}_j(t)$ ist

$$f_{j,p}(t) = \frac{1}{\omega_j} \int_{\tau=0}^{t} \hat{k}_j(\tau) \sin \omega_j(t - \tau) \, d\tau \,, \qquad f_{j,p}(t = 0) = \dot{f}_{j,p}(t = 0) = 0 \tag{2.71}$$

eine partikuläre Lösung von (2.70), die durch Anwendung des Lagrangeschen Verfahrens der Variation der Konstanten hergeleitet werden kann (Smirnow, 1977).

Handelt es sich bei den äußeren Erregerfunktion speziell um harmonische Funktionen

$$K^{(i)}(t) = A_i \cos \Omega_i t + B_i \sin \Omega_i t \,, \qquad (i = 1,\ldots n),$$

mit den Amplituden A_i und B_i sowie den Erregerkreisfrequenzen Ω_i, dann können wir mit Einführung der Diagonalmatrizen

$$\mathbf{A} = \text{diag}[A_i], \quad \mathbf{B} = \text{diag}[B_i]$$

den Vektor der Erregerfunktionen auch in folgende Form bringen:

$$\mathbf{k}(t) = \underbrace{\begin{bmatrix} A_1 & & & \\ & A_2 & & \\ & & \ddots & \\ & & & A_n \end{bmatrix}}_{\mathbf{A}} \cdot \underbrace{\begin{bmatrix} \cos \Omega_1 t \\ \cos \Omega_2 t \\ \vdots \\ \cos \Omega_n t \end{bmatrix}}_{\mathbf{c}(t)} + \underbrace{\begin{bmatrix} B_1 & & & \\ & B_2 & & \\ & & \ddots & \\ & & & B_n \end{bmatrix}}_{\mathbf{B}} \cdot \underbrace{\begin{bmatrix} \sin \Omega_1 t \\ \sin \Omega_2 t \\ \vdots \\ \sin \Omega_n t \end{bmatrix}}_{\mathbf{s}(t)}$$

oder symbolisch

$$\mathbf{k}(t) = \mathbf{A} \cdot \mathbf{c}(t) + \mathbf{B} \cdot \mathbf{s}(t) \,.$$

Für die modalen Kräfte erhalten wir in diesem Fall

$$\hat{k}_j(t) = \frac{e_j^T \cdot [\mathbf{A} \cdot \mathbf{c}(t) + \mathbf{B} \cdot \mathbf{s}(t)]}{e_j^T \cdot \mathbf{M} \cdot e_j},$$

womit sich die folgenden partikulären Lösungen ergeben:

$$f_{j,p}(t) = \frac{1}{\omega_j} \int_{\tau=0}^{t} \hat{k}_j(\tau) \sin \omega_j (t-\tau) d\tau$$

$$= \frac{e_j^T \cdot \mathbf{A}}{e_j^T \cdot \mathbf{M} \cdot e_j} \cdot \underbrace{\frac{1}{\omega_j} \int_{\tau=0}^{t} \mathbf{c}(\tau) \sin \omega_j (t-\tau) d\tau}_{\tilde{\mathbf{c}}_j(t)} + \frac{e_j^T \cdot \mathbf{B}}{e_j^T \cdot \mathbf{M} \cdot e_j} \cdot \underbrace{\frac{1}{\omega_j} \int_{\tau=0}^{t} \mathbf{s}(\tau) \sin \omega_j (t-\tau) d\tau}_{\tilde{\mathbf{s}}_j(t)}.$$

In der obigen Darstellung treten Integrale der Form

$$\frac{1}{\omega_j} \int_{\tau=0}^{t} \begin{bmatrix} \cos(\Omega_i \tau) \\ \sin(\Omega_i \tau) \end{bmatrix} \sin \omega_j (t-\tau) d\tau = \frac{1}{\Omega_i^2 - \omega_j^2} \begin{bmatrix} \cos \omega_j t - \cos \Omega_i t \\ (\Omega_i / \omega_j) \sin \omega_j t - \sin \Omega_i t \end{bmatrix}$$

auf. Mit den Abkürzungen

$$\tilde{\mathbf{c}}_j(t) = \begin{bmatrix} \dfrac{\cos \omega_j t - \cos \Omega_1 t}{\Omega_1^2 - \omega_j^2} \\ \dfrac{\cos \omega_j t - \cos \Omega_2 t}{\Omega_2^2 - \omega_j^2} \\ \vdots \\ \dfrac{\cos \omega_j t - \cos \Omega_n t}{\Omega_n^2 - \omega_j^2} \end{bmatrix}, \quad \tilde{\mathbf{s}}_j(t) = \begin{bmatrix} \dfrac{(\Omega_1 / \omega_j) \sin \omega_j t - \sin \Omega_1 t}{\Omega_i^2 - \omega_j^2} \\ \dfrac{(\Omega_2 / \omega_j) \sin \omega_j t - \sin \Omega_2 t}{\Omega_2^2 - \omega_j^2} \\ \vdots \\ \dfrac{(\Omega_n / \omega_j) \sin \omega_j t - \sin \Omega_n t}{\Omega_n^2 - \omega_j^2} \end{bmatrix}$$

können wir dann kürzer schreiben:

$$f_{j,p}(t) = \frac{e_j^T \cdot [\mathbf{A} \cdot \tilde{\mathbf{c}}_j(t) + \mathbf{B} \cdot \tilde{\mathbf{s}}_j(t)]}{e_j^T \cdot \mathbf{M} \cdot e_j}.$$

Sind die Zeitfunktionen $f_{j,p}(t)$ bekannt, dann werden mit (2.68) die Verschiebungen $\mathbf{u}(t)$ berechnet. Das führt zu Problemen, wenn die Erregerkreisfrequenz Ω_i die Eigenkreisfrequenz ω_j erreicht, denn dann sind die Integrale wegen der unbestimmte Form 0/0 nicht direkt auswertbar. Nach der Regel von Bernoulli-L´Hospital können wir diese jedoch durch ihre Grenzwerte

$$\lim_{\Omega_i \to \omega_j} \frac{\cos \omega_j t - \cos \Omega_i t}{\Omega_i^2 - \omega_j^2} = \frac{\omega_j t \sin \omega_j t}{2\omega_j^2}$$

$$\lim_{\Omega_i \to \omega_j} \frac{(\Omega_i / \omega_j)\sin \omega_j t - \sin \Omega_i t}{\Omega_i^2 - \omega_j^2} = \frac{\sin \omega_j t - \omega_j t \cos \omega_j t}{2\omega_j^2}$$

ersetzen, also durch linear in der Zeit t anwachsende Funktionen, was die Amplituden mit zunehmender Zeit über alle Grenzen wachsen lässt. Wir sprechen dann vom Resonanzfall.

2.7.3   Freie gedämpfte Bewegungen

Handelt es sich um eine freie gedämpfte Bewegung, dann ist mit (2.61) vom homogenen Gleichungssystem

$$\mathbf{M} \cdot \ddot{\mathbf{u}}(t) + \mathbf{C} \cdot \dot{\mathbf{u}}(t) + \mathbf{K} \cdot \mathbf{u}(t) = \mathbf{0} \tag{2.72}$$

auszugehen. Im Vergleich zum ungedämpften Fall haben sich Massen- und Steifigkeitsmatrix nicht geändert, allerdings enthält das Gleichungssystem nun in Diagonalform die konstante Dämpfungsmatrix $\mathbf{C}$, womit die Lösung etwas komplizierter ausfällt. Zunächst wird die Auslenkung $\mathbf{u}(t)$ mittels der Transformation

$$\mathbf{u}(t) = \mathbf{M}^{-1/2} \cdot \mathbf{p}(t) \tag{2.73}$$

in $\mathbf{p}(t)$ übergeführt. Einsetzen in (2.72) und Linksmultiplikation mit $\mathbf{M}^{-1/2}$ liefert die transformierte Bewegungsgleichung

$$\ddot{\mathbf{p}}(t) + 2\,\boldsymbol{\Delta} \cdot \dot{\mathbf{p}}(t) + \boldsymbol{\Omega}^2 \cdot \mathbf{p}(t) = \mathbf{0}\,, \tag{2.74}$$

wobei zur Abkürzung die symmetrischen Matrizen

$$\boldsymbol{\Delta} = \frac{1}{2}\mathbf{M}^{-1/2} \cdot \mathbf{C} \cdot \mathbf{M}^{-1/2}, \quad \boldsymbol{\Omega}^2 = \mathbf{M}^{-1/2} \cdot \mathbf{K} \cdot \mathbf{M}^{-1/2} \tag{2.75}$$

eingeführt wurden.

Hinweis: Die Matrizen $\mathbf{M}^{1/2}$ sowie auch $\mathbf{M}^{-1/2}$ sind als Matrizenfunktionen zu verstehen, zu deren Berechnung die Eigenwerte m_j $(j = 1,\ldots,n)$ aus $\det(\mathbf{M} - m\mathbf{1})$ und die Eigenvektoren $\mathbf{e}_j$ aus dem Eigenwertproblem $(\mathbf{M} - m_j\mathbf{1})\cdot\mathbf{e}_j = \mathbf{0}$ benötigt werden. Mit den Hauptwerten m_j liegt $\mathbf{M}$ in Diagonalform vor, und die Matrizen

$$\mathbf{M}^{1/2} = \mathrm{diag}\left[\sqrt{m_j}\right], \qquad \mathbf{M}^{-1/2} = \mathrm{diag}\left[1/\sqrt{m_j}\right]$$

sind dann in derselben Komponentendarstellung ebenfalls Diagonalmatrizen.

Da in kommerziellen Programmsystemen ausgezeichnete Integrationsalgorithmen und Eigen-
wertlöser für Differenzialgleichungssysteme 1. Ordnung zur Verfügung stehen, sind wir be-
strebt, das System 2. Ordnung (2.74) in ein solches 1. Ordnung zu überführen[1]. Dazu werden
die Hilfsfunktionen

$$\mathbf{z}_1(t) = \mathbf{p}(t), \quad \mathbf{z}_2(t) = \dot{\mathbf{p}}(t) = \dot{\mathbf{z}}_1(t) \tag{2.76}$$

eingeführt, womit (2.74) in das äquivalente Differenzialgleichungssystem 1. Ordnung

$$\begin{bmatrix} \dot{\mathbf{z}}_1(t) \\ \dot{\mathbf{z}}_2(t) \end{bmatrix} = \begin{bmatrix} \mathbf{z}_2(t) \\ -2\,\boldsymbol{\Delta}\cdot\mathbf{z}_2(t) - \boldsymbol{\Omega}^2\cdot\mathbf{z}_1(t) \end{bmatrix} \tag{2.77}$$

transformiert wird, allerdings mit einer nun verdoppelten Anzahl von Gleichungen. Mit

$$\mathbf{z} = \underbrace{\begin{bmatrix} \mathbf{z}_1(t) \\ \mathbf{z}_2(t) \end{bmatrix}}_{2n\times 1}, \quad \mathbf{A} = \underbrace{\begin{bmatrix} \mathbf{0} & \mathbf{1} \\ -\boldsymbol{\Omega}^2 & -2\boldsymbol{\Delta} \end{bmatrix}}_{2n\times 2n}, \quad \mathbf{A} \neq \mathbf{A}^\mathrm{T}, \tag{2.78}$$

können wir dann (2.77) kürzer wie folgt notieren:

$$\dot{\mathbf{z}}(t) = \mathbf{A}\cdot\mathbf{z}(t)\,. \tag{2.79}$$

Sollen von (2.79) Synchronlösungen gesucht werden, dann probieren wir den Ansatz

$$\mathbf{z}(t) = \exp(\zeta t)\mathbf{c} \;\rightarrow\; \dot{\mathbf{z}}(t) = \zeta\exp(\zeta t)\mathbf{c}\,, \quad \zeta = \text{const}, \quad \mathbf{c} = \text{const}. \tag{2.80}$$

Mit diesem Ansatz geht (2.79) über in das spezielle Eigenwertproblem

$$(\mathbf{A} - \zeta\,\mathbf{I})\cdot\mathbf{c} = \mathbf{0}\,, \quad \text{mit} \quad \mathbf{I} = \underbrace{\begin{bmatrix} \mathbf{1} & \mathbf{0} \\ \mathbf{0} & \mathbf{1} \end{bmatrix}}_{2n\times 2n}\,. \tag{2.81}$$

Die noch unbekannten charakteristischen Exponenten ζ_k ($k = 1,\ldots,2n$) sind aus

$$\det(\mathbf{A} - \zeta\,\mathbf{I}) = 0 \tag{2.82}$$

und die den Eigenwerten ζ_k zugeordneten $2k$ Eigenvektoren $\mathbf{e}_k$ aus

---

[1]   Allgemein ist festzustellen, dass sich jede lineare Differenzialgleichung n-ter Ordnung in n Differenzialgleichungen 1. Ordnung überführen lässt.

$$(\mathbf{A} - \zeta_k \mathbf{I}) \cdot \mathbf{e}_k = \mathbf{0}, \qquad (\mathbf{c}_k = a_k \, \mathbf{e}_k) \tag{2.83}$$

mit einer passenden Normierungsbedingung, etwa $\mathbf{e}_k^2 = 1$, zu berechnen. Maple liefert uns mit (2.83) die Eigenvektoren in der Eigenvektormatrix $\boldsymbol{\Phi}$, die jetzt die Größe $[2n \times 2n]$ besitzt. Im Vergleich zum ungedämpften Fall enthält die charakteristische Gleichung (2.82) jetzt auch ungerade Potenzen von ζ. Damit gibt es genau $2n$ Eigenwerte, die aufgrund der reellen Koeffizienten des charakteristischen Polynoms entweder reell oder paarweise konjugiert komplex sind. Reelle negative Eigenwerte treten nur dann auf, wenn die Dämpfung sehr stark ist. Im dämpfungsfreien Fall ist wegen $\Delta = 0$ und damit

$$\dot{z}_1(t) = z_2(t), \dot{z}_2(t) = -\boldsymbol{\Omega}^2 \, z_1(t)$$

das Gleichungssystem (2.79) entkoppelt, womit alle Eigenwerte und Eigenvektoren reell sind. Fassen wir die Eigenwerte in der Diagonalmatrix

$$\mathbf{Z} = \mathrm{diag}[\zeta_k] \qquad (k = 1, \dots, n)$$

zusammen und bilden damit die Exponentialmatrix

$$\mathbf{E}(t) = \exp(\mathbf{Z} t) = \sum_{n=0}^{\infty} \frac{1}{n!} (\mathbf{Z} t)^n = \mathbf{I} + \frac{\mathbf{Z} t}{1!} + \frac{(\mathbf{Z} t)^2}{2!} + \frac{(\mathbf{Z} t)^3}{3!} + \dots,$$

dann kann (2.80) auch in der Form

$$\mathbf{z}(t) = \boldsymbol{\Phi} \cdot \mathbf{E}(t) \cdot \mathbf{a}, \tag{2.84}$$

geschrieben werden, wobei wir die noch unbekannten skalaren Konstanten a_k $(k = 1, \dots, 2n)$ in $\mathbf{a}$ zusammengefasst haben. Diese Lösung muss an die Anfangsbedingungen angepasst werden. Zum Zeitpunkt $t = 0$ erhalten wir aus (2.84) die Anfangsbedingungen

$$\mathbf{z}(t = 0) = \mathbf{z}_0 = \boldsymbol{\Phi} \cdot \mathbf{E}(t = 0) \cdot \mathbf{a} = \boldsymbol{\Phi} \cdot \mathbf{I} \cdot \mathbf{a} = \boldsymbol{\Phi} \cdot \mathbf{a}.$$

Damit ist

$$\mathbf{a} = \boldsymbol{\Phi}^{-1} \mathbf{z}_0, \tag{2.85}$$

und mit (2.84) folgt dann

$$\mathbf{z}(t) = \boldsymbol{\Phi} \cdot \mathbf{E}(t) \cdot \boldsymbol{\Phi}^{-1} \mathbf{z}_0. \tag{2.86}$$

Wir hätten selbstverständlich die Differenzialgleichung (2.79) durch Trennung der Veränderlichen, also

$$\frac{d\mathbf{z}}{\mathbf{z}} = \mathbf{A}\,dt \quad \rightarrow \ln \mathbf{z} = \mathbf{A}t + \mathbf{c} \quad \rightarrow \mathbf{z} = \exp(\mathbf{A}t)\cdot\mathbf{a} \quad \rightarrow \mathbf{z}(t = 0) = \mathbf{z}_0 = \mathbf{a}$$

auch direkt integrieren können. Die Berücksichtigung der Anfangsbedingung $\mathbf{z}_0 = \mathbf{a}$ ergibt:

$$\mathbf{z}(t) = \exp(\mathbf{A}t)\cdot\mathbf{z}_0. \tag{2.87}$$

Vergleichen wir diese Lösung mit (2.86), dann ist offensichtlich

$$\exp(\mathbf{A}t) = \mathbf{\Phi}\cdot\mathbf{E}(t)\cdot\mathbf{\Phi}^{-1}.$$

Ist $\mathbf{z}(t)$ bekannt, dann folgt die Rücktransformation in physikalische Koordinaten durch

$$\begin{bmatrix}\mathbf{u}(t)\\ \dot{\mathbf{u}}(t)\end{bmatrix} = \begin{bmatrix}\mathbf{M}^{-1/2} & \mathbf{0}\\ \mathbf{0} & \mathbf{M}^{-1/2}\end{bmatrix}\cdot\begin{bmatrix}\mathbf{z}_1(t)\\ \mathbf{z}_2(t)\end{bmatrix}.$$

Beispiel 2-14:

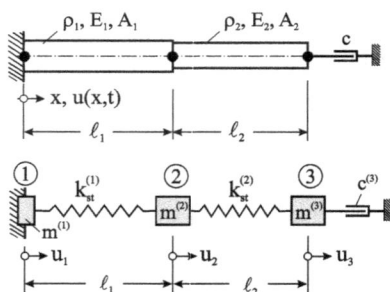

Abb. 2.35   *Freie Schwingungen eines gedämpften Systems*

Der am linken Ende eingespannte Dehnstab in Abb. 2.35 wird durch drei Knotenmassen ersetzt, die durch lineare Wegfedern miteinander verbunden sind. Das System besitzt die beiden Translationsfreiheitsgrade u_2 und u_3. Am rechten Ende befindet sich ein am Erdboden befestigter Dämpfer mit der Dämpferkonstanten $c^{(3)} = 300$ kg/s. Es sind folgende Teilaufgaben zu lösen:

1. Berechnung der Knotenmassen.
2. Berechnung der Federsteifigkeiten.
3. Berechnung der Eigenwerte und Eigenvektoren.
4. Berechnung der Bewegung, wenn die Massen ohne Anfangsgeschwindigkeit aus der Ruhelage mit $u_{10} = 0$ cm, $u_{20} = 0,6$ cm, $u_{30} = 1,0$ cm ausgelenkt und dann sich selbst überlassen werden.
5. Stellen sie zur automatisierten Auswertung der Bewegungsgleichung eine Maple-Prozedur zur Verfügung, und animieren Sie den Bewegungsvorgang.

<u>Geg.</u>: $\rho_1 = 7850$ kg/m^3, $E_1 = 2{,}1 \cdot 10^{11}$ N/m^2, $A_1 = 7{,}6 \cdot 10^{-4}$ m^2, $\ell_1 = 3{,}00$ m,
$\rho_2 = 2500$ kg/m^3, $E_2 = 0{,}2 \cdot 10^{11}$ N/m^2, $A_2 = 5{,}2 \cdot 10^{-4}$ m^2, $\ell_2 = 2{,}00$ m.

<u>Lösung</u>: Bei der obigen Wahl der Stützstellen ergeben sich folgende Knotenmassen:

$$m^{(1)} = 1/2\,\rho_1 A_1 \ell_1 = 1/2 \cdot 7850 \cdot 7{,}6 \cdot 10^{-4} \cdot 3{,}0 = 8{,}949 \text{ kg} ,$$

$$m^{(2)} = m^{(1)} + 1/2 \cdot 2500 \cdot 5{,}2 \cdot 10^{-4} \cdot 2{,}0 = 8{,}949 \text{ kg} + 1{,}300 \text{ kg} = 10{,}249 \text{ kg} ,$$

$$m^{(3)} = 1/2 \cdot 2500 \cdot 5{,}2 \cdot 10^{-4} \cdot 2{,}0 = 1{,}300 \text{ kg} .$$

Die Federsteifigkeiten errechnen sich zu:

$$k_{St}^{(1)} = \frac{E_1 A_1}{\ell_1} = \frac{2{,}1 \cdot 10^{11} \cdot 7{,}6 \cdot 10^{-4}}{3{,}0} = 5{,}320 \cdot 10^7 \text{ kg}\,\text{s}^{-2} ,$$

$$k_{St}^{(2)} = \frac{E_2 A_2}{\ell_2} = \frac{0{,}2 \cdot 10^{11} \cdot 5{,}2 \cdot 10^{-4}}{2{,}0} = 5{,}200 \cdot 10^6 \text{ kg}\,\text{s}^{-2} .$$

Damit sind:

$$\mathbf{M} = \begin{bmatrix} 10{,}249 & 0 \\ 0 & 1{,}300 \end{bmatrix}, \quad \mathbf{C} = \begin{bmatrix} 0 & 0 \\ 0 & 300 \end{bmatrix}, \quad \mathbf{K} = 10^7 \cdot \begin{bmatrix} 5{,}840 & -0{,}520 \\ -0{,}520 & 0{,}520 \end{bmatrix},$$

$$\mathbf{M}^{1/2} = \begin{bmatrix} 3{,}201 & 0 \\ 0 & 1{,}140 \end{bmatrix}, \quad \mathbf{M}^{-1/2} = \begin{bmatrix} 0{,}312 & 0 \\ 0 & 0{,}877 \end{bmatrix},$$

$$\Delta = \frac{1}{2}\mathbf{M}^{-1/2} \cdot \mathbf{C} \cdot \mathbf{M}^{-1/2} = \begin{bmatrix} 0 & 0 \\ 0 & 115{,}385 \end{bmatrix}, \quad \Omega^2 = \mathbf{M}^{-1/2} \cdot \mathbf{K} \cdot \mathbf{M}^{-1/2} = 10^6 \cdot \begin{bmatrix} 5{,}698 & -1{,}425 \\ -1{,}425 & 4{,}000 \end{bmatrix} .$$

1. Bereitstellung der Matrix $\mathbf{A}$

$$\mathbf{A} = \left[\begin{array}{c|c} \mathbf{0} & \mathbf{1} \\ \hline -\Omega^2 & -2\Delta \end{array} \right] = \left[\begin{array}{cc|cc} 0 & 0 & 1 & 0 \\ 0 & 0 & 0 & 1 \\ \hline -5{,}698 \cdot 10^6 & 1{,}425 \cdot 10^6 & 0 & 0 \\ 1{,}425 \cdot 10^6 & -4{,}000 \cdot 10^6 & 0 & -230{,}769 \end{array} \right] .$$

2. Berechnung der Eigenwerte

$$\det(\mathbf{A} - \zeta \mathbf{I}) = \det \left[\begin{array}{cc|cc} -\zeta & 0 & 1 & 0 \\ 0 & -\zeta & 0 & 1 \\ \hline -5{,}698 \cdot 10^6 & 1{,}425 \cdot 10^6 & -\zeta & 0 \\ 1{,}425 \cdot 10^6 & -4{,}000 \cdot 10^6 & 0 & -(230{,}769 + \zeta) \end{array} \right] = 0 .$$

Aus $\left(\zeta^2 + 175{,}312 + 3{,}200 \cdot 10^6\right)\left(\zeta^2 + 55{,}458 + 6{,}488 \cdot 10^6\right) = 0$ folgen die Eigenwerte

$$\zeta_{1,2} = -27{,}729 \pm i\, 2547{,}074, \quad \zeta_{2,3} = -87{,}656 \pm i\, 1786{,}717$$

und die (komplexen) Eigenvektoren

$$\boldsymbol{\Phi} = \left[\begin{array}{c|c|c|c} \mathbf{e}_1 & \mathbf{e}_2 & \mathbf{e}_3 & \mathbf{e}_4 \\ \hline \zeta_1 \mathbf{e}_1 & \zeta_2 \mathbf{e}_2 & \zeta_3 \mathbf{e}_3 & \zeta_4 \mathbf{e}_4 \end{array}\right]$$

mit

$$\mathbf{e}_1 = \begin{bmatrix} 3{,}72 \cdot 10^{-6} + i\, 3{,}42 \cdot 10^{-4} \\ 3{,}19 \cdot 10^{-5} - i\, 1{,}90 \cdot 10^{-4} \end{bmatrix}, \qquad \mathbf{e}_2 = \begin{bmatrix} 3{,}72 \cdot 10^{-6} - i\, 3{,}42 \cdot 10^{-4} \\ 3{,}19 \cdot 10^{-5} + i\, 1{,}90 \cdot 10^{-4} \end{bmatrix},$$

$$\mathbf{e}_3 = \begin{bmatrix} 2{,}05 \cdot 10^{-5} - i\, 2{,}73 \cdot 10^{-4} \\ -2{,}39 \cdot 10^{-5} - i\, 4{,}87 \cdot 10^{-4} \end{bmatrix}, \qquad \mathbf{e}_4 = \begin{bmatrix} 2{,}05 \cdot 10^{-5} + i\, 2{,}73 \cdot 10^{-4} \\ -2{,}39 \cdot 10^{-5} + i\, 4{,}87 \cdot 10^{-4} \end{bmatrix}.$$

Die zeitabhängigen Zustandsgrößen und deren Animationen werden aus schreibtechnischen Gründen hier nicht notiert, sie können dem zugeordneten Maple-Arbeitsblatt entnommen werden.

2.7.4   Erzwungene gedämpfte Bewegungen

Die erzwungenen gedämpften Bewegungen werden nach (2.61) mit einer zeitabhängigen Belastungsfunktion $\mathbf{k}(t)$ durch die Bewegungsgleichung

$$\mathbf{M} \cdot \ddot{\mathbf{u}}(t) + \mathbf{C} \cdot \dot{\mathbf{u}}(t) + \mathbf{K} \cdot \mathbf{u}(t) = \mathbf{k}(t)$$

beschrieben. Mittels der Transformation

$$\mathbf{u}(t) = \mathbf{M}^{-1/2} \cdot \mathbf{p}(t)$$

und den Abkürzungen

$$\boldsymbol{\Delta} = \frac{1}{2} \mathbf{M}^{-1/2} \cdot \mathbf{C} \cdot \mathbf{M}^{-1/2}, \quad \boldsymbol{\Omega}^2 = \mathbf{M}^{-1/2} \cdot \mathbf{K} \cdot \mathbf{M}^{-1/2}, \quad \mathbf{f}(t) = \mathbf{M}^{-1/2} \cdot \mathbf{k}(t)$$

erhalten wir die transformierte inhomogene Bewegungsgleichung

$$\ddot{\mathbf{p}}(t) + 2\, \boldsymbol{\Delta} \cdot \dot{\mathbf{p}}(t) + \boldsymbol{\Omega}^2 \cdot \mathbf{p}(t) = \mathbf{f}(t) \, .$$

Mit den Hilfsfunktionen (2.76) geht dann (2.79) über in

$$\dot{\mathbf{z}}(t) = \mathbf{A} \cdot \mathbf{z}(t) + \mathbf{y}(t), \qquad \mathbf{y}(t) = \begin{bmatrix} \mathbf{0} \\ \mathbf{f}(t) \end{bmatrix}. \tag{2.88}$$

Die Lösung der obigen Gleichung setzt sich wieder zusammen aus der Lösung der homogenen Differenzialgleichung

$$\dot{z}_h(t) - A \cdot z_h(t) = 0 \,,$$

deren Lösung mit (2.87) bekannt ist, und einem Partikularintegral der inhomogenen Differenzialgleichung

$$\dot{z}_p(t) - A \cdot z_p(t) = y(t) \,,$$

welches wir uns mittels der Methode der Variation der Konstanten beschaffen. Dazu setzen wir die Lösung in einer zu (2.87) analogen Form an, allerdings nicht mit konstantem Koeffizienten z_0, sondern als noch gesuchte zeitabhängige Funktion $v(t)$, also

$$z_p(t) = \exp(At) \cdot v(t) \quad \text{mit} \quad \dot{z}_p(t) = \exp(At)\big[A \cdot v(t) + \dot{v}(t)\big] \,. \tag{2.89}$$

Einsetzen von (2.89) in (2.88) führt auf die Differenzialgleichung

$$\dot{v}(t) = \exp(-At) \cdot y(t)$$

zur Bestimmung der Funktion $v(t)$. Wir schreiben die daraus folgende Stammfunktion

$$v(t) = \int\limits_{\tau=0}^{t} \exp(-A\tau) \cdot y(\tau)\,d\tau$$

als Integral mit veränderlicher oberer Grenze und bezeichnen die Integrationsvariable mit τ. Ziehen wir noch die von der Variablen τ unabhängige Funktion $\exp(At)$ unter das Integral, dann wird aus (2.89)

$$z_p(t) = \int\limits_{\tau=0}^{t} \exp\big[A(t-\tau)\big] \cdot y(\tau)\,d\tau \,, \qquad \dot{z}_p(t) = A\,z_p(t) + y(t) \,, \tag{2.90}$$

womit das Problem als gelöst gelten kann.

2.8 Näherungsweise Berechnung der Eigenkreisfrequenzen nach Rayleigh

Dieses auf dem Energieerhaltungssatz

$$E + U = E + W = \text{const} = E_{max} = W_{max} \tag{2.91}$$

basierende Verfahren ermöglicht die näherungsweise Berechnung der Eigenkreisfrequenzen, ohne die Verformung des Systems genau zu kennen. In (2.91) bezeichnet E die kinetische und U die potenzielle Energie des Systems. Um den Energieerhaltungssatz anwenden zu können, müssen wir von einer dämpfungsfreien Bewegung ausgehen und wählen für die zeit- und orts-abhängige Verschiebung des Stabes den Produktansatz

$$u(x,t) = X(x)(A\cos\omega t + B\sin\omega t) = X(x)\cos(\omega t - \varphi)\,, \tag{2.92}$$

der einer harmonischen Teilchenbewegung mit der gesuchten Eigenkreisfrequenz ω und dem konstanten Nullphasenverschiebungswinkel φ entspricht. Über die Ortsfunktion $X(x)$ muss noch sinnvoll verfügt werden.

Wir beschaffen uns zuerst die potenzielle Energie des Systems, die der Formänderungsenergie

$$W = \int_{(V)} W_S\, dV$$

entspricht. Bezeichnet $dV = A(x)\, dx$ das infinitesimale Volumen des transversal schwingenden Stabelementes, dann ergibt sich bei linear elasischem Material die spezifische (auf die Volumeneinheit bezogene) Formänderungsenergie W_S des Dehnstabes (Szabó, 1977) zu

$$W_S = \frac{E}{2}\varepsilon^2 = \frac{E}{2}\left[\frac{\partial u(x,t)}{\partial x}\right]^2 = \frac{E}{2}X'^2(x)\cos^2(\omega t - \varphi)\,.$$

Damit erhalten wir die Formänderungsenergie

$$W = \int_{(V)} W_S\, dV = \frac{1}{2}\cos^2(\omega t - \varphi)\int_{(\ell)} EA(x)X'^2\, dx\,. \tag{2.93}$$

Bezeichnet $\rho(x)$ die ortsabhängige Dichte des Stabes, dann ist

$$E = \frac{1}{2}\int_{(m)}\left(\frac{\partial u(x,t)}{\partial t}\right)^2 dm = \frac{1}{2}\omega^2\sin^2(\omega t - \varphi)\int_{(\ell)}\rho(x)A(x)X^2(x)dx \tag{2.94}$$

die kinetische Energie des Systems. Mit

$$E_{max} = \frac{1}{2}\omega^2\int_{(\ell)}\rho(x)A(x)X^2(x)dx \quad\text{und}\quad W_{max} = \frac{1}{2}\int_{(\ell)} EA(x)X'^2\, dx \tag{2.95}$$

liefert der Energieerhaltungssatz mit Einführung der bezogenen kinetischen Energie

$$\overline{E} = \frac{E_{max}}{\omega^2} = \frac{1}{2}\int_{(\ell)}\rho(x)A(x)X^2(x)dx \tag{2.96}$$

den Rayleigh-Quotienten

$$\omega^2 = \frac{W_{max}}{E} = \frac{\int\limits_{(\ell)} EA(x)X'^2\,dx}{\int\limits_{(\ell)} \rho(x)A(x)X^2(x)\,dx}.$$ (2.97)

Die Auswertung des Rayleigh-Quotienten erfordert die Konkretisierung der Funktion $X(x)$, die mindestens mit den geometrischen Lagerungsbedingungen verträglich sein muss und den Verlauf der gesuchten Eigenfunktion grob annähert. Diese Funktionen heißen *zulässige Funktionen* (engl. *admissible functions*). Werden durch $X(x)$ neben den geometrischen zusätzlich die dynamischen Randbedingungen erfüllt, dann wird von einer *Vergleichsfunktion* (engl. *comparison function*) gesprochen, die besonders gute Ergebnisse verspricht. Soll die kleinste Eigenkreisfrequenz berechnet werden, dann ist darauf zu achten, dass sich mit $X(x)$ die Tangentenneigung $X_{\_}(x)$ längs der Stabachse möglichst wenig ändert, denn nach (2.97) wird die kleinste Eigenkreisfrequenz dann berechnet, wenn mit W_{max} der Zähler möglichst klein gehalten wird. Die Rayleigh-Methode umgeht somit die Erfüllung der Differenzialgleichung und fordert nur die Befriedigung der Randbedingungen. Wird für $X(x)$ die exakte Eigenfunktion eingesetzt, dann liefert der Rayleigh-Quotient die zugehörige exakte Eigenkreisfrequenz ω.

Hinweis: Der Rayleigh-Quotient gilt auch dann, wenn am schwingenden System zusätzlich Federn und Einzelmassen befestigt sind. Dann müssen lediglich die Formänderungsengie *W* sowie die kinetische Energie *E* um die entsprechenden Anteile ergänzt werden.

Beispiel 2-15:

Es soll für den Stab in Beispiel 2-4 mit linear veränderlicher Querschnittsfläche *A* näherungsweise die erste Eigenkreisfrequenz durch Anwendung der Rayleigh-Formel (2.97) für die Flächenverhältnisse $\alpha = A_r/A_\ell = 2$, $\alpha = 1/2$ und $\alpha = 1$ berechnet werden. Verwenden Sie als Näherung für die exakte Eigenfunktion die beiden Vergleichsfunktionen X_1 und X_2:

$$X_1 = c\frac{x}{\ell}\left(2 - \frac{x}{\ell}\right) \;\rightarrow\; X_1' = 2\frac{c}{\ell}\left(1 - \frac{x}{\ell}\right), \quad X_2 = c\sin\frac{\pi x}{2\ell} \;\rightarrow\; X_2' = c\frac{\pi}{2\ell}\cos\frac{\pi x}{2\ell},$$

wobei *c* eine beliebige dimensionsbehaftete Konstante darstellt. Beide Funktionen erfüllen die Einspannbedingung bei $x = 0$ und mit $X_{\_}(\ell) = 0$ auch die dynamische Randbedingung $N = 0$ am rechten Stabende bei $x = \ell$. Der lineare Verlauf der Querschnittsfläche ist

$$A(x) = A_\ell\left[1 + (\alpha - 1)\frac{x}{\ell}\right].$$

Geg.: $\rho = 7850$ kg/m³, $E = 2{,}1\cdot10^5$ N/mm², $A_\ell = 10$ cm², $\ell = 5$ m.

Lösung: Wir beginnen mit der Funktion $X_1(x)$. Die Auswertung von (2.97) liefert

$$\omega^2 = \frac{\displaystyle\int_{(\ell)} EA(x)X_1'^2(x)\,dx}{\displaystyle\int_{(\ell)} \rho(x)A(x)X_1^2(x)\,dx} = \frac{E}{\rho\ell^2}\frac{10(\alpha+3)}{11\alpha+5}.$$

Für die Funktion $X_2(x)$ erhalten wir:

$$\omega^2 = \frac{\displaystyle\int_{(\ell)} EA(x)X_2'^2(x)\,dx}{\displaystyle\int_{(\ell)} \rho(x)A(x)X_2^2(x)\,dx} = \frac{\pi^2 E}{4\rho\ell^2}\frac{\pi^2(\alpha+1)-4(\alpha-1)}{\pi^2(\alpha+1)+4(\alpha-1)}.$$

In der Tab. 2.5 ist die Rayleigh-Formel für beide Funktionen X_1 und X_2 und verschiedenen Querschnittsverhältnissen α ausgewertet. Mit ω_1 sind zum Vergleich die theoretisch exakten Werte aus Beispiel 2-4 angegeben, und es gilt immer $\omega^2 \geq \omega_1^2$. Mit $\alpha = 1$ liegt ein prismatischer Stab vor. In diesem Fall entspricht X_2 nach Tab. 2.2 der exakten Eigenfunktion und liefert demzufolge mit

$$\omega = \omega_1 = \frac{\pi}{2\ell}\sqrt{\frac{E}{\rho}}$$

die im Sinne der Theorie exakte Eigenkreisfrequenz.

Tab. 2.5 *Näherungen für die Grundfrequenz nach Rayleigh*

	$\alpha = 1/2$		$\alpha = 2$		$\alpha = 1$	
	ω	ω_1	ω	ω_1	ω	ω_1
X_1	1888,618	1855,795	1407,693	1407,641	1635,591	1624,893
X_2	1861,472	1855,795	1418,381	1407,641	1624,893	1624,893

Beispiel 2-16:

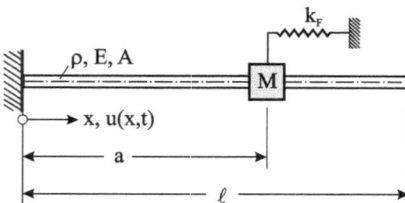

Abb. 2.36 *Stab mit Zusatzmasse M und Wegfeder der Steifigkeit k_F*

Für den Stab in Abb. 2.36 soll näherungsweise die Grundfrequenz berechnet werden. Als Näherung der Eigenfunktion soll die Ortsfunktion $X(x) = c\,x/\ell$ verwendet werden, wobei c eine beliebige dimensionsbehaftete Konstante darstellt. Mit diesem zulässigen – aber doch sehr groben Ansatz – wird lediglich die erforderliche Einspannbedingung $X(0) = 0$ am linken Rand erfüllt. Die Kraftrandbedingung $N(\ell) = 0$ wird dagegen nicht befriedigt. Die masselose Feder besitzt die Steifigkeit k_F und wird in der unverformten Lage des Stabes spannungslos eingebaut.

Geg.: ρ, E, A, ℓ, M, k_F.

Lösung: In Erweiterung zur potenziellen und kinetischen Energie des Stabes benötigen wir nun noch die Energieanteile der Wegfeder und der Zusatzmasse. Die Formänderungsenergie der Feder ist:

$$W^{(F)} = \frac{1}{2}k_F\,u^2(a,t) = \frac{1}{2}k_F X^2(a)\cos^2(\omega t - \varphi)\,.$$

Für die kinetische Energie der Masse m gilt:

$$E^{(m)} = \frac{1}{2}m\,\dot{u}^2(a,t) = \frac{1}{2}M\omega^2 X^2(a)\sin^2(\omega t - \varphi)\,.$$

Die Extremwerte der obigen Ausdrücke sind:

$$W^{(F)}_{max} = \frac{1}{2}k_F X^2(a)\,, \qquad E^{(m)}_{max} = \frac{1}{2}M\omega^2 X^2(a)\,.$$

Die Auswertung des Energieerhaltungssatzes ergibt mit der konstanter Dehnsteifigkeit EA und der Näherung der 1. Eigenfunktion $X(x) = cx/\ell$

$$\omega^2 = \frac{W_{max}}{\overline{E}} = \frac{\displaystyle\int_{(\ell)} EA(x)X'^2\,dx + k_F X^2(a)}{\displaystyle\int_{(\ell)} \rho(x)A(x)X^2(x)\,dx + M X^2(a)} = \frac{3(EA\ell + a^2 k_F)}{\rho A\,\ell^3 + 3M a^2}\,.$$

Bezeichnet $m_{St} = \rho A\ell$ die Masse des Stabes und $\varepsilon = M/m_{St}$ das Verhältnis von Zusatzmasse M zur Masse des Stabes, dann können wir kürzer

$$\omega^2 = \frac{3(EA\ell + a^2 k_F)}{m_{St}(\ell^2 + 3\varepsilon a^2)} = \frac{3(k_{St} + \alpha^2 k_F)}{m_{St}(1 + 3\varepsilon\alpha^2)}\,, \qquad \left(k_{St} = \frac{EA}{\ell}, \alpha = \frac{a}{\ell}\right)$$

schreiben. Für die Werte $k_F = 0$, $\alpha = 1$ und $\varepsilon = 1/2$ erhalten wir:

$$\omega_1^2 = \frac{6}{5}\frac{k_{St}}{m_{St}} = 1{,}2\,\frac{E}{\rho\ell^2} \quad \to \quad \omega_1 = 1{,}095\sqrt{\frac{E}{\rho\ell^2}}\,.$$

Das ist für praktische Anwendungen ein durchaus brauchbares Ergebnis, denn der theoretisch exakte Wert ergibt sich mit (2.29) und $\lambda_1 = 1{,}077$ zu

$$\omega_1 = 1{,}077 \sqrt{\frac{E}{\rho \ell^2}} \cdot$$

2.9 Torsionsschwingungen kreiszylindrischer Stäbe

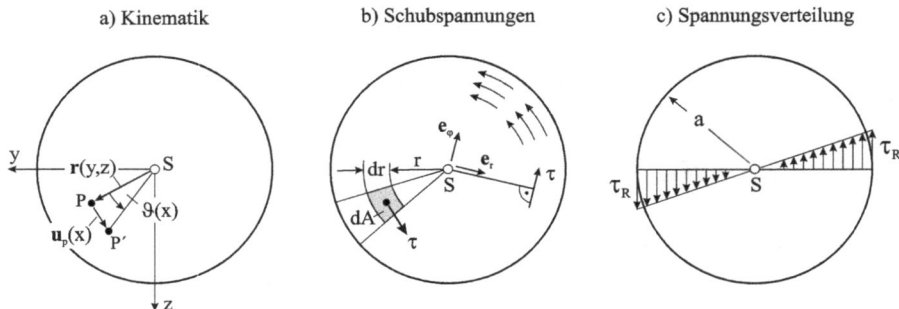

Abb. 2.37 *Kinematik und Spannungszustand im Fall der reinen Torsion*

Da sich die Lösung des allgemeinen Torsionsproblems[1] prismatischer Stäbe mathematisch schon sehr aufwendig gestaltet, werden wir hier nur einen Sonderfall behandeln. Relativ einfach zu beschreiben sind die Stäbe mit kreiszylindrischen Querschnitten sowie die dünnwandigen Hohlquerschnitte. In einem ersten Schritt soll deshalb der Fall der Verdrehung eines geraden prismatischen Stabes mit Kreisquerschnitt untersucht werden.

Als Folge der Torsionsbeanspruchung treten im Querschnitt Schubspannungen auf, die wir mit τ bezeichnen. Von Interesse ist dabei der Zusammenhang zwischen dem Torsions-Schnittlastmoment M_x, dem dadurch hervorgerufenen Spannungszustand τ und der Deformation des Stabes. Um mit einem erträglichen Rechenaufwand auszukommen, werden folgende Voraussetzungen[2] getroffen:

1. Der Stab ist prismatisch und der Querschnitt ist kreis- oder kreisringförmig.
2. Der Stabquerschnitte verdrehen sich in der (y,z)-Ebene gegeneinander als starres Ganzes (Konturerhaltung) um den Drehwinkel ϑ.
3. Es treten keine Verschiebungen aus der Ebene (*Verwölbungen*) der Querschnitte auf, weshalb in diesen Fällen von *wölbfreier Torsion* gesprochen wird.
4. Die Verformungen und deren 1. Ableitungen sind klein.
5. Das Material genügt dem Hooke*schen* Gesetz.

---

[1]   lat. torquere = drehen

[2]   Charles Augustin de Coulomb, frz. Physiker und Ingenieur, 1736-1806

Dieser Zustand wird auch als *reine Torsion* bezeichnet. Die Kinematik der reinen Torsion eines kreiszylindrischen Stabes können wir unter den getroffenen Voraussetzungen als reine Starr-körperdrehung einer dünnen Scheibe des Querschnitts mit dem Torsionswinkel $\vartheta(x)$ um die x-Achse beschreiben. Ein Punkt der Querschnittsebene verschiebt sich dann von P nach $P_{\backsim}$ (Abb. 2.37). Die planare Verschiebung lässt sich bei <u>kleinen</u> Verformungen mit dem aus dem Flächenmittelpunkt S heraus gemessenen Ortsvektor $\mathbf{r}(y,z)$ immer in der Form

$$\mathbf{u}_p(x) = \vartheta(x) \times \mathbf{r}(y,z) = \vartheta(x)\mathbf{e}_x \times (y\,\mathbf{e}_y + z\,\mathbf{e}_z) = -z\,\vartheta(x)\mathbf{e}_y + y\,\vartheta(x)\mathbf{e}_z$$

darstellen, und seine Komponenten sind:

$$u_{p,x} = 0, \quad u_{p,y} = -z\vartheta(x), \quad u_{p,z} = -z\vartheta(x).$$

Dieses Verschiebungsfeld liefert wegen

$$\varepsilon_{xx} = \frac{\partial u_{p,x}}{\partial x} = 0, \quad \varepsilon_{yy} = \frac{\partial u_{p,y}}{\partial y} = 0, \quad \varepsilon_{zz} = \frac{\partial u_{p,z}}{\partial z} = 0$$

keine Dehnungen und damit auch keine Normalspannungen. Die Gleitungen berechnen sich zu

$$\gamma_{xy} = \frac{\partial u_{p,x}}{\partial y} + \frac{\partial u_{p,y}}{\partial x} = -z\,\vartheta'(x), \quad \gamma_{xz} = \frac{\partial u_{p,x}}{\partial z} + \frac{\partial u_{p,z}}{\partial x} = y\,\vartheta'(x), \quad \gamma_{yz} = 0.$$

Berücksichtigen wir diese Beziehungen im *Hookeschen Gesetz* (Mathiak, 2013, p. 67), dann folgen mit der bei Stäben üblichen Annahme verschwindender Querdehnung ($\nu = 0$) die Schubspannungen (G: Schubmodul)

$$\sigma_{xy} = G\,\gamma_{xy} = -z\,G\,\vartheta'(x), \quad \sigma_{xz} = G\,\gamma_{xz} = y\,G\,\vartheta'(x).$$

Der resultierende Spannungsvektor ist dann

$$\boldsymbol{\tau} = \sigma_{xy}\,\mathbf{e}_y + \sigma_{xz}\,\mathbf{e}_z = \sigma_{xy}\,\mathbf{e}_y + \sigma_{xz}\,\mathbf{e}_z = G\,\vartheta'(x)(-z\,\mathbf{e}_y + y\,\mathbf{e}_z) = G\,\vartheta'(x)r\,\mathbf{e}_\varphi = \tau\,\mathbf{e}_\varphi.$$

Dieser Beziehung entnehmen wir die linear mit r anwachsende Schubspannung

$$\tau = G\,\vartheta'(x)r. \tag{2.98}$$

<u>Hinweis:</u> Wegen $\mathbf{r} \cdot \boldsymbol{\tau} = (y\,\mathbf{e}_y + z\,\mathbf{e}_z) \cdot (-z\,\mathbf{e}_y + y\,\mathbf{e}_z)G\vartheta'(x) = 0$ steht der Schubspannungsvektor senkrecht auf den Radien.

Das Torsionsmoment M_x ist das Äquivalent zur Summe aller aus den Schubspannungen τ re-sultierenden Elementarmomenten

$$d\mathbf{M}_x = \mathbf{r} \times \boldsymbol{\tau}\,dA = (y\,\mathbf{e}_y + z\,\mathbf{e}_z) \times (\sigma_{xy}\,\mathbf{e}_y + \sigma_{xz}\,\mathbf{e}_z)dA = G\vartheta'(x)r^2\,\mathbf{e}_x dA,$$

also

$$\mathbf{M}_x = \int d\mathbf{M}_x = G\vartheta'(x)\mathbf{e}_x \int_{(A)} r^2\, dA = G\,I_p\,\vartheta'(x)\mathbf{e}_x = M_x\,\mathbf{e}_x\,,$$

und damit

$$M_x = G\,I_p\,\vartheta'(x)\,, \tag{2.99}$$

wobei $I_p = 2I_{yy} = 2I_{zz}$ das polare Flächenträgheitsmoment des Querschnitts bedeutet[1]. Für einen Kreisringquerschnitt mit dem Innenradius b und dem Außenradius a errechnet sich das polare Flächenträgheitsmoment unter Beachtung des infinitesimalen Flächenelementes $dA = r\, dr\, d\varphi$ in ebenen Polarkoordinaten zu

$$I_p = \int_{(A)} r^2\, dA = \int_b^a r^3\, dr \int_0^{2\pi} d\varphi = \frac{\pi a^4}{2}(1-\beta^2)\,, \qquad (\beta = b/a).$$

Das Produkt GI_p wird *Torsionssteifigkeit* (engl. *torsional stiffnes*) genannt:

$$\left[GI_p\right] = \frac{\text{Masse}\cdot(\text{Länge})^3}{(\text{Zeit})^2}\,, \quad \text{Einheit: kg m}^3\text{ s}^{-2} = \text{N m}^2.$$

Aus (2.98) und (2.99) folgt unmittelbar die Schubspannung

$$\tau(x,r) = \frac{M_x(x)}{I_p}r\,, \qquad \tau_{max} = \tau(x,r=a) = \frac{M_x(x)}{I_p}a\,,$$

wobei die größte Spannung τ_{max} am äußeren Rand des Querschnitts auftritt. Zur Ermittlung des Torsionswinkels $\vartheta(x)$ integrieren wir (2.99) und erhalten:

$$\vartheta(x) = \int \frac{M_x(x)}{G\,I_p}\, dx + C_1\,.$$

---

[1]   Da der Querschnitt eben bleibt, stimmt das Torsionsflächenmoment I_t mit dem polaren Flächenträgheitsmoment I_p überein (Mathiak, 2013, p. 261)

2.9.1 Die Bewegungsgleichung der Torsionsschwingung

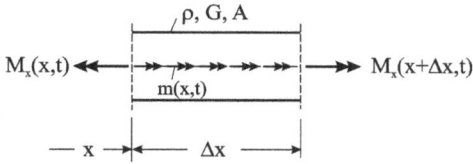

Abb. 2.38 *Freigeschnittenes Stabelement*

Mit dem Massenträgheitsmoment

$$\Delta\Theta = \int_{(V)} r^2 \, dm = \int_{(A)} r^2 \, \rho\,\Delta x\, dA = \rho\,\Delta x \int_{(A)} r^2 \, dA = \rho\,\Delta x\, I_p$$

eines Kreiszylinders der Länge Δx liefert die lokale Anwendung des Drallsatzes auf das Stabelement in Abb. 2.38 die Beziehung

$$\Delta\Theta \frac{\partial^2 \vartheta(x,t)}{\partial t^2} = -M_x(x,t) + m(x,t)\Delta x + M_x(x+\Delta x,t)\,.$$

Im dynamischen Fall hängen nun alle Zustandsgrößen zusätzlich von der Zeit *t* ab. Mit m(x,t) wird die auf die Längeneinheit bezogene *Torsionsmomentenschüttung* bezeichnet:

$$[m] = \frac{\text{Masse} \cdot \text{Länge}}{(\text{Zeit})^2}\,, \text{ Einheit: N.}$$

Durch den Grenzübergang $\Delta x \to 0$ erhalten wir aus dem Drallsatz die Beziehung

$$\rho\, I_p \frac{\partial^2 \vartheta(x,t)}{\partial t^2} = \lim_{\Delta x \to 0} \frac{M_x(x+\Delta x,t) - M_x(x,t)}{\Delta x} + m(x) = \frac{\partial M_x(x,t)}{\partial x} + m(x)\,.$$

Beachten wir noch (2.99), dann folgt mit

$$\rho\, I_p \frac{\partial^2 \vartheta(x,t)}{\partial t^2} - \frac{\partial}{\partial x}\left(G I_p \frac{\partial \vartheta(x,t)}{\partial x}\right) = m(x,t) \tag{2.100}$$

die allgemeine Bewegungsgleichung des Torsionsstabes. Für Stäbe mit konstanter Querschnittsfläche *A* sowie konstanter Dichte ρ vereinfacht sich (2.100) zu

$$\frac{\partial^2 \vartheta(x,t)}{\partial t^2} - c_T^2 \frac{\partial^2 \vartheta(x,t)}{\partial x^2} = \frac{m(x,t)}{\rho I_p}\,, \qquad c_T = \sqrt{\frac{G}{\rho}}\,. \tag{2.101}$$

In (2.101) wurde zur Abkürzung die von den Materialwerten G und ρ abhängige *Wellenfortpflanzungsgeschwindigkeit* c_T des Torsionsstabes eingeführt. Für G = E/2 beträgt

$$c_T = \sqrt{E/(2\rho)} \approx 0{,}71 c_L$$

nur etwa 70% der Wellenfortpflanzungsgeschwindigkeit c_L des longitudinal schwingenden Stabes.

Im Fall freier Torsionsschwingungen geht mit m(x,t) = 0 die Gleichung (2.101) über in

$$\frac{\partial^2 \vartheta(x,t)}{\partial t^2} - c_T^2 \frac{\partial^2 \vartheta(x,t)}{\partial x^2} = 0 . \qquad (2.102)$$

Vergleichen wir (2.102) mit (2.5), dann genügt der Drehwinkel $\vartheta(x,t)$ der Torsionsschwingung derselben Differenzialgleichung wie die Teilchenverschiebung u(x,t) des longitudinal schwingenden Stabes:

$$\frac{\partial^2 u(x,t)}{\partial t^2} - c_L^2 \frac{\partial^2 u(x,t)}{\partial x^2} = 0 \qquad (u, c_L \to \vartheta, c_T) \qquad \frac{\partial^2 \vartheta(x,t)}{\partial t^2} - c_T^2 \frac{\partial^2 \vartheta(x,t)}{\partial x^2} = 0 .$$

Für die Schnittlasten gelten folgende Analogien:

$$N(x,t) = EA \frac{\partial u(x,t)}{\partial x} \qquad \left(u, N, EA \to \vartheta, M, GI_p \right) \qquad M(x,t) = GI_p \frac{\partial \vartheta(x,t)}{\partial x} .$$

Damit können alle Ergebnisse der freien Longitudinalschwingungen des Stabes übernommen werden, wenn man (ϑ, M, c_T, GI_p) anstelle von (u, N, c_L, EA) schreibt. Insbesondere können wir mit (2.6) die d_Alembertsche Wellenlösung für den Torsionsstab

$$\vartheta(x,t) = u(x + c_T t) + v(x - c_T t) \qquad (2.103)$$

mit beliebigen Funktionen *u* und *v* sofort notieren, wie durch Einsetzen von (2.103) in (2.102) gezeigt werden kann.

Desgleichen können wir die Produktlösung $\vartheta(x,t) = X(x) T(t)$ der freien Torsionsschwingung mit den Teillösungen

$$T(t) = A \cos \omega t + B \sin \omega t, \quad X(x) = C \cos \kappa_T x + D \sin \kappa_T x \qquad (2.104)$$

sofort notieren, womit wir die Gesamtlösung

$$\begin{aligned} \vartheta(x,t) &= \quad (C \cos \kappa_T x + D \sin \kappa_T x)(A \cos \omega t + B \sin \omega t) \\ \dot{\vartheta}(x,t) &= -\omega (C \cos \kappa_T x + D \sin \kappa_T x)(A \sin \omega t - B \cos \omega t) \end{aligned} \qquad (2.105)$$

erhalten. Der Separationsparameter

$$\kappa_T = \frac{\omega}{c_T} = \omega\sqrt{\frac{\rho}{G}} \qquad (2.106)$$

heißt Torsions-Wellenzahl des Stabes.

$$[\kappa_T] = \frac{1}{\text{Länge}}, \quad \text{Einheit: } m^{-1}.$$

Die vier noch freien Konstanten sind wieder aus den Rand- und Anfangswerten des Problems zu bestimmen. Die natürlichen Randbedingungen beim Torsionsstab sind die verdrehungsfreie Einspannung mit $\vartheta = 0$ und der momentenfreie Rand mit $M_x = GI_p\,\vartheta_{\!\smile} = 0$ und damit $\vartheta_{\!\smile} = 0$.

Beispiel 2-17:

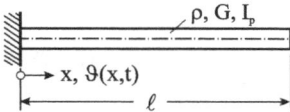

Abb. 2.39   Der eingespannte Torsionsstab mit Kreisquerschnitt

Für den links verdrehungsfrei und rechts freien Stab mit Kreisquerschnitt sind die Eigenkreisfrequenzen ω_n, die Eigenfunktionen $X_n(x)$ und die Gesamtlösung $\vartheta(x,t)$ zu ermitteln.

<u>Lösung:</u> Wir folgen hier der in Beispiel 2-1 skizzierten Lösung. Am linken Stabende muss die Verdrehungsrandbedingung $\vartheta(x = 0, t) = 0$ erfüllt sein. Am rechten Stabende ist für das Torsionsmoment $M_x(x = \ell, t) = 0$ sicherzustellen, womit die Lösung des Randwertproblems auf die Eigenkreisfrequenzen

$$\omega_n = \kappa_{T,n} c_T = \frac{(2n-1)\pi}{2\ell}\sqrt{\frac{G}{\rho}}, \qquad (n = 1,2,3,\ldots),$$

führt. Die zugehörigen Eigenfunktionen sind

$$X_n(x) = \sin\kappa_{T,n}x = \sin\frac{2n-1}{2}\frac{\pi x}{\ell}.$$

Durch Superposition folgt daraus die Gesamtlösung

$$\vartheta(x,t) = \sum_{n=1}^{\infty}X_n(x)T_n(t) = \sum_{n=1}^{\infty}\sin\kappa_{T,n}x\,(A_n\cos\omega_n t + B_n\sin\omega_n t).$$

Die noch offenen Konstanten A_n und B_n sind aus den Anfangswerten des Drehwinkels und der Drehwinkelgeschwindigkeit zu bestimmen.

2.9.2   Die Übertragungsmatrizen des Torsionsstabes

Wir können hier die Ergebnisse aus Kap. 2.6 übernehmen, wenn wir den komplexen Zeiger des Torsionswinkels $\hat{\underline{\vartheta}}(x)$ ersetzen durch den komplexen Zeiger der *Winkelschnelle*

$$\hat{\underline{w}}(x) = i\omega\,\hat{\underline{\vartheta}}(x)\,.\tag{2.107}$$

Mit

$$\hat{\underline{\vartheta}}(x) = \frac{1}{i\omega}\,\hat{\underline{w}}(x)\tag{2.108}$$

geht dann (2.102) über in die gewöhnliche Differenzialgleichung für den Zeiger der Winkelschnelle

$$\frac{d^2\,\hat{\underline{w}}(x)}{dx^2} + \kappa_T^2\,\hat{\underline{w}}(x) = 0\,.\tag{2.109}$$

Diese homogene Differenzialgleichung hat die Lösung

$$\hat{\underline{w}}(x) = \hat{\underline{C}}\cos\kappa_T x + \hat{\underline{D}}\sin\kappa_T x\,.\tag{2.110}$$

Für den komplexen Zeiger des Torsionsmomentes erhalten wir mit (2.99) und (2.110)

$$\hat{\underline{M}}_x(x) = \frac{GI_p}{i\omega}\frac{d\hat{\underline{w}}(x)}{dx} = i\,Z_T(\hat{\underline{C}}\sin\kappa_T x - \hat{\underline{D}}\cos\kappa_T x)\tag{2.111}$$

wobei

$$Z_T = \frac{GI_p}{\omega}\kappa_T = I_p\sqrt{\rho G} = I_p\,\rho\,c_T\tag{2.112}$$

den Torsions-Wellenwiderstand bezeichnet.

$$[Z_T] = \frac{\text{Masse}\cdot(\text{Länge})^2}{\text{Zeit}}\,,\ \ \text{Einheit: kg m}^2\,\text{s}^{-1}.$$

Die beiden noch unbekannten komplexwertigen Konstanten $\hat{\underline{C}}$ und $\hat{\underline{D}}$ können durch die Randwerte von Schnelle und Normalkraft am Stabanfang ausgedrückt werden. Es sind

$$\hat{\underline{w}}(x=0) = \hat{\underline{w}}_0 = \hat{\underline{C}},\ \ \hat{\underline{M}}(x=0) = \hat{\underline{M}}_0 = -i\,Z_T\hat{\underline{D}}\,,$$

und die Gleichungen (2.110) und (2.111) gehen damit über in

$$\underline{\hat{w}}(x) = \underline{\hat{w}}_0 \cos \kappa_T x + i \frac{\underline{\hat{M}}_0}{Z_T} \sin \kappa_T x$$

$$\underline{\hat{M}}(x) = i Z_T \underline{\hat{w}}_0 \sin \kappa_T x + \underline{\hat{M}}_0 \cos \kappa_T x \tag{2.113}$$

oder übersichtlicher in Matrizenschreibweise

$$\begin{bmatrix} \underline{\hat{w}}_x \\ \underline{\hat{M}}_x \end{bmatrix} = \begin{bmatrix} \cos \kappa_T x & \dfrac{i}{Z_T} \sin \kappa_T x \\ i Z_T \sin \kappa_T x & \cos \kappa_T x \end{bmatrix} \begin{bmatrix} \underline{\hat{w}}_0 \\ \underline{\hat{M}}_0 \end{bmatrix} . \tag{2.114}$$

Damit sind die komplexen Zeiger von Winkelschnelle und Torsionsmoment an der beliebigen Stelle x des Stabes durch ihre Anfangswerte an der Stelle x = 0 ausgedrückt. Mit

$$\underline{\hat{z}}_x = \begin{bmatrix} \underline{\hat{w}}_x \\ \underline{\hat{M}}_x \end{bmatrix} , \quad \underline{U}_x = \begin{bmatrix} \cos \kappa_T x & \dfrac{i}{Z_T} \sin \kappa_T x \\ i Z_T \sin \kappa_T x & \cos \kappa_T x \end{bmatrix} , \quad \underline{\hat{z}}_0 = \begin{bmatrix} \underline{\hat{w}}_0 \\ \underline{\hat{M}}_0 \end{bmatrix} \tag{2.115}$$

können wir dafür auch symbolisch

$$\underline{\hat{z}}_x = \underline{U}_x \, \underline{\hat{z}}_0$$

schreiben. In den Vektoren $\underline{\hat{z}}_x$ und $\underline{\hat{z}}_0$ wurden die Zustandsgrößen des Torsionsstabes zusammengefasst. Am rechten Rand bei x = ℓ gilt dann

$$\begin{bmatrix} \underline{\hat{w}}_\ell \\ \underline{\hat{M}}_\ell \end{bmatrix} = \begin{bmatrix} \cos \kappa_T \ell & \dfrac{i}{Z_T} \sin \kappa_T \ell \\ i Z_T \sin \kappa_T \ell & \cos \kappa_T \ell \end{bmatrix} \begin{bmatrix} \underline{\hat{w}}_0 \\ \underline{\hat{M}}_0 \end{bmatrix} . \tag{2.116}$$

Die komplexwertige Übertragungsmatrix

$$\underline{U}(\omega, \rho, G, I_p, \ell) = \begin{bmatrix} \cos \kappa_T \ell & \dfrac{i}{Z_T} \sin \kappa_T \ell \\ i Z_T \sin \kappa_T \ell & \cos \kappa_T \ell \end{bmatrix} , \tag{2.117}$$

die *Vierpolgleichung des Torsionsstabes* genannt wird, verknüpft in einer linearen Beziehung die an den Stabenden wirkenden Zustandsgrößen $\underline{\hat{w}}$ und $\underline{\hat{M}}$ miteinander. Mit den Zustandsvektoren

$$\underline{\hat{z}}_0 = \begin{bmatrix} \underline{\hat{w}}_0 \\ \underline{\hat{M}}_0 \end{bmatrix} , \quad \underline{\hat{z}}_\ell = \begin{bmatrix} \underline{\hat{w}}_\ell \\ \underline{\hat{M}}_\ell \end{bmatrix}$$

können wir auch symbolisch

$$\underline{\hat{z}}_\ell = \underline{U} \, \underline{\hat{z}}_0 \tag{2.118}$$

schreiben. Entsprechend gilt für die Umkehrung

$$\hat{\underline{z}}_0 = \underline{U}^{-1}\,\hat{\underline{z}}_\ell \tag{2.119}$$

mit

$$\underline{U}^{-1}(\omega,\rho,G,I_p,\ell) = \begin{bmatrix} \cos\kappa_T\ell & -\dfrac{i}{Z_T}\sin\kappa_T\ell \\[2mm] -i\,Z_T\sin\kappa_T\ell & \cos\kappa_T\ell \end{bmatrix}.$$

Beispiel 2-18:

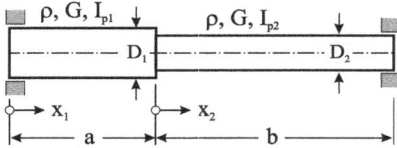

Abb. 2.40   *Abgesetzte kreiszylindrische Welle*

Die abgesetzte Welle mit Kreisquerschnitt in Abb. 2.40 ist beidseitig drehbar gelagert. Gesucht wird die Grundfrequenz der Torsions-Eigenschwingung.

Geg.: ρ, G, D_1, $D_2 = D_1/2$, a, $b = 2a$.

Lösung: Für jeden Stababschnitt kann eine Gleichung der Form (2.118) notiert werden, also

$$\hat{\underline{z}}_\ell^{(1)} = \underline{U}^{(1)}\hat{\underline{z}}_0^{(1)}\,, \quad \hat{\underline{z}}_\ell^{(2)} = \underline{U}^{(2)}\hat{\underline{z}}_0^{(2)}\,. \tag{a}$$

Um den Zusammenhang des Systems zu wahren, muss einerseits die Kompatibilität in den Verdrehungen gewährleistet sein, was

$$\hat{\underline{w}}_0^{(2)} = \hat{\underline{w}}_\ell^{(1)}$$

erfordert, außerdem ist unter Berücksichtigung des Reaktionsprinzips an den Elementgrenzen

$$\underline{M}_0^{(2)} = \underline{M}_\ell^{(1)} \text{ und damit } \hat{\underline{z}}_0^{(2)} = \hat{\underline{z}}_\ell^{(1)}$$

zu fordern, womit die Beziehungen (a) unter Beachtung der Übertragungsmatrizen

$$\underline{U}^{(1)} = \begin{bmatrix} \cos\kappa_T^{(1)}a & \dfrac{i}{Z_T^{(1)}}\sin\kappa_T^{(1)}a \\[2mm] i\,Z_T^{(1)}\sin\kappa_T^{(1)}a & \cos\kappa_T^{(1)}a \end{bmatrix}, \quad \underline{U}^{(2)} = \begin{bmatrix} \cos\kappa_T^{(2)}b & \dfrac{i}{Z_T^{(2)}}\sin\kappa_T^{(2)}b \\[2mm] i\,Z_T^{(2)}\sin\kappa_T^{(2)}b & \cos\kappa_T^{(2)}b \end{bmatrix}.$$

zusammengefasst werden können zu

$$\hat{\underline{z}}_\ell^{(2)} = \underline{U}^{(2)}\,\hat{\underline{z}}_0^{(2)} = \underline{U}^{(2)}\underline{U}^{(1)}\,\hat{\underline{z}}_0^{(1)}\,.$$

Führen wir noch die System-Übertragungsmatrix

$$\underline{U}_{Sys} = \underline{U}^{(2)}\underline{U}^{(1)} = \begin{bmatrix} \underline{u}_{11} & \underline{u}_{12} \\ \underline{u}_{21} & \underline{u}_{22} \end{bmatrix}$$

ein, dann folgt symbolisch

$$\hat{\underline{z}}_\ell^{(2)} = \underline{U}_{Sys}\,\hat{\underline{z}}_0^{(1)}\,.$$

Randbedingungen treten nur noch an den Enden des Stabsystems auf. Die Zwischenbedingungen wurden sämtlich eliminiert. Für den beidseitig frei drehbar gelagerten Torsionsstab sind die Randwerte $\underline{M}_0^{(1)} = \underline{0}$ und $\underline{M}_\ell^{(2)} = \underline{0}$ zu fordern. Das ergibt:

$$\begin{bmatrix} \hat{w}_\ell^{(2)} \\ 0 \end{bmatrix} = \begin{bmatrix} \underline{u}_{11} & \underline{u}_{12} \\ \underline{u}_{21} & \underline{u}_{22} \end{bmatrix}\begin{bmatrix} \hat{w}_0^{(1)} \\ 0 \end{bmatrix} \quad \rightarrow \quad \begin{array}{l} \hat{w}_\ell^{(2)} = \underline{u}_{11}\,\hat{w}_0^{(1)} \\ \underline{0} = \underline{u}_{21}\,\hat{w}_0^{(1)} \end{array}\,.$$

Die zweite Gleichung besitzt nur dann eine nichttriviale Lösung, wenn die Eigenwertgleichung

$$\underline{u}_{21} = 0 = Z_T^{(1)}\sin\kappa_T^{(1)}a\ \cos\kappa_T^{(2)}b + Z_T^{(2)}\sin\kappa_T^{(2)}b\ \cos\kappa_T^{(1)}a \tag{b}$$

erfüllt ist.

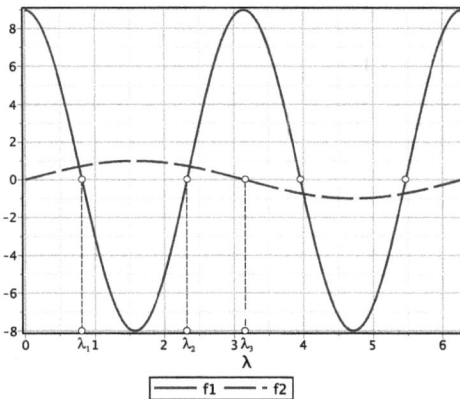

Abb. 2.41 *Nullstellen der Eigenfunktionen f_1 und f_2, kleinster Eigenwert λ_1*

Mit $\kappa_T^{(1)} = \kappa_T^{(2)} = \omega\sqrt{\rho/G}$ und den Abkürzungen

$$\lambda = \kappa_T^{(1)}a\,,\ \beta = b/a = 2\,,\ \zeta = Z_T^{(1)}/Z_T^{(2)} = I_p^{(1)}/I_p^{(2)} = (D_1/D_2)^4 = 16$$

geht (b) über in

$$0 = 16\sin\lambda\cos 2\lambda + \sin 2\lambda\cos\lambda = 2(17\cos^2\lambda - 8)\sin\lambda \,.$$

Die Nullstellen dieser Gleichung ermitteln wir aus den Faktoren

$$f_1 = 17\cos^2\lambda - 8 = 0 \;\; \text{und} \;\; f_2 = \sin\lambda = 0 \,.$$

Der kleinste Eigenwert λ_1 folgt aus der transzendenten Gleichung $f_1 = 0$ zu

$$\lambda_1 = \arccos\!\left(\frac{2}{17}\sqrt{34}\right) = 0{,}815 \;\; \text{und damit} \;\; \omega_1 = \lambda_1\sqrt{\frac{G}{\rho a^2}} \,.$$

Für den Werkstoff Stahl mit $\rho = 7850$ kg/m^3, $G = 0{,}81\ 10^{11}$ N/m^2 und $a = 2$ m erhalten wir die Grundkreisfrequenz $\omega_1 = 1309$ s^{-1} bzw. die Frequenz $f_1 = \omega_1/(2\pi) = 208$ Hz.

3   Biegeschwingungen von Balken

Als Balken (engl. *bars*) werden Tragwerke bezeichnet, die infolge äußerer Beanspruchung eine Verkrümmung ihrer Achse erfahren und deren Abmessungen in Richtung der Stabachse groß sind im Vergleich zu den dazu senkrechten Querschnittsabmessungen. Ist der Balken bereits im unbelasteten Ausgangszustand gekrümmt, dann wird von einem *Bogen* gesprochen. Die Verbindungslinie der Querschnittsflächenmittelpunkte S legt die Stabachse fest, die wir hier als Gerade annehmen. Wir wollen die Grundgleichungen der Balkentheorie durch Spezialisierung der bekannten Beziehungen der linearen Elastizitätstheorie gewinnen. Die Verformungen sollen also klein sein, und es gelte das Hookesche Gesetz (Mathiak, 2013).

3.1   Grundgleichungen des Timoshenko-Balkens

Wir beginnen mit der Definition der *Schnittlasten*. Durch Anwendung des Schnittprinzips werden in der betrachteten Schnittfläche flächenhaft verteilte Kräfte freigelegt, die Spannungen genannt werden und die es zu berechnen gilt. Dabei erweist es sich als zweckmäßig, nicht mit den Spannungen selbst zu rechnen, sondern mit deren Resultierenden, den Schnittlasten. Wir denken uns dazu das Tragwerk an der zu untersuchenden Stelle aufgeschnitten (Abb. 3.1).

a) Spannungsvektor $\mathbf{s}_1$ b) Schnittlastvektoren $\mathbf{M}$ und $\mathbf{Q}$

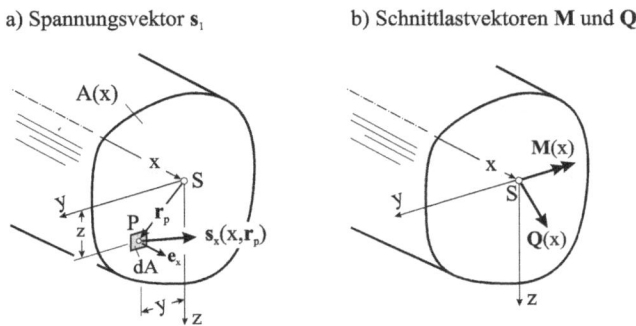

Abb. 3.1   *Spannungsvektor $\mathbf{s}_1$, resultierende Schnittlastvektoren $\mathbf{M}$ und $\mathbf{Q}$*

In einem Schnitt senkrecht zur Stabachse hat jedes in der Querschnittsfläche gelegene Flächenelement dA mit dem planaren Ortsvektor $\mathbf{r}_p$ den Normalenvektor $\mathbf{e}_x$. Diesem Flächenelement ordnen wir den i. Allg. schräg aus der Schnittfläche heraustretenden Spannungsvektor

$$\mathbf{s}_x(x, \mathbf{r}_p) = \sigma_{xx}\,\mathbf{e}_x + \sigma_{xy}\,\mathbf{e}_y + \sigma_{xz}\,\mathbf{e}_z$$

zu und definieren den *Schnittkraftvektor*

$$\mathbf{Q} := \int_{A(x)} \mathbf{s}_x\, dA = \left(\int_{A(x)} \sigma_{xx}\, dA\right)\mathbf{e}_x + \left(\int_{A(x)} \sigma_{xy}\, dA\right)\mathbf{e}_y + \left(\int_{A(x)} \sigma_{xz}\, dA\right)\mathbf{e}_z$$

mit den Komponenten

$$N(x) \;\;= \int_{A(x)} \sigma_{xx}\, dA \qquad\qquad \text{Längskraft oder Normalkraft}$$

$$Q_y(x) = \int_{A(x)} \sigma_{xy}\, dA \qquad\qquad \text{Querkraft in } y\text{-Richtung}$$

$$Q_z(x) = \int_{A(x)} \sigma_{xz}\, dA \qquad\qquad \text{Querkraft in } z\text{-Richtung.}$$

Ferner definieren wir den *Schnittmomentenvektor*

$$\mathbf{M} := \int_{A(x)} \mathbf{r}_p \times \mathbf{s}_x\, dA$$

$$= \left(\int_{A(x)} (y\,\sigma_{xz} - z\,\sigma_{xy})\, dA\right)\mathbf{e}_x + \left(\int_{A(x)} z\,\sigma_{xx}\, dA\right)\mathbf{e}_y - \left(\int_{A(x)} y\,\sigma_{xx}\, dA\right)\mathbf{e}_z$$

mit den Komponenten

$$M_x = \int_{A(x)} (y\sigma_{xz} - z\sigma_{xy})\, dA \qquad\qquad \text{Torsionsmoment}$$

$$M_y = \int_{A(x)} z\sigma_{xx}\, dA \qquad\qquad\qquad \text{Biegemoment um die } y\text{-Achse}$$

$$M_z = -\int_{A(x)} y\sigma_{xx}\, dA \qquad\qquad\;\; \text{Biegemoment um die } z\text{-Achse.}$$

Diesen sechs Schnittlasten stehen im statischen Fall genau sechs Gleichgewichtsbedingungen gegenüber.

Zur Reduktion des naturgemäß dreidimensionalen Problems auf ein zweidimensionales sind Annahmen über die Querschnittsverformung zu treffen. In den folgenden Untersuchungen beziehen wir uns auf die in (Timoshenko, 1921) getroffenen Hypothesen, wonach die Verformung des Balkenquerschnitts aus der Hintereinanderschaltung zweier Starrkörperbewegungen besteht, nämlich einer durch

$$\mathbf{u}_S(x) = u_S(x)\mathbf{e}_x + \mathbf{u}_p(x) = u_S(x)\mathbf{e}_x + v_S(x)\mathbf{e}_y + w_S(x)\mathbf{e}_z$$

festgelegten Translation und einer (planaren) Rotation

$$\boldsymbol{\psi}_p(x) = \psi_y(x)\mathbf{e}_y + \psi_z(x)\mathbf{e}_z$$

des Querschnitts mit den beiden Drehwinkeln $\psi_y(x)$ und $\psi_z(x)$. Bezeichnet $\mathbf{r}_p$ den in der Querschnittsebene liegenden Anteil des Ortsvektors des Punktes P, dann können wir im Fall kleiner Verformungen für den Verschiebungsvektor näherungsweise

$$\begin{aligned}
\mathbf{u}(x,\mathbf{r}_p) &= \mathbf{u}_S(x) + \boldsymbol{\psi}_p(x) \times \mathbf{r}_p \\
&= u_S(x)\mathbf{e}_x + v_S(x)\mathbf{e}_y + w_S(x)\mathbf{e}_z + [z\psi_y(x) - y\psi_z(x)]\mathbf{e}_x \\
&= [u_S(x) + z\psi_y(x) - y\psi_z(x)]\mathbf{e}_x + v_S(x)\mathbf{e}_y + w_S(x)\mathbf{e}_z
\end{aligned}$$

schreiben. In Komponenten sind

$$u_x(x) = u_S(x) + z\psi_y(x) - y\psi_z(x), \quad u_y(x) = v_S(x), \quad u_z(x) = w_S(x).$$

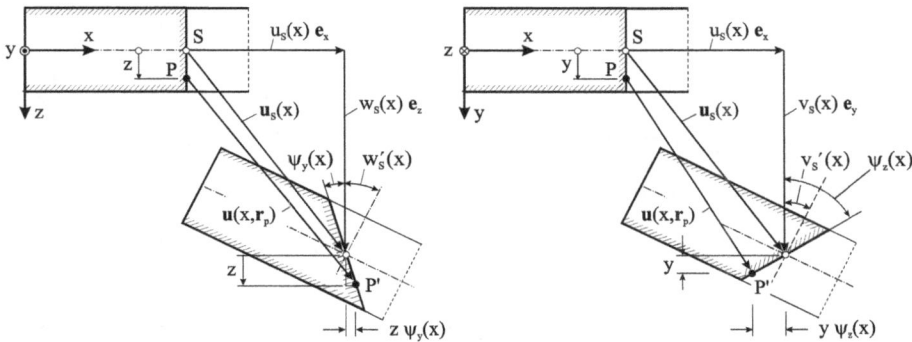

Abb. 3.2 *Die Kinematik des Timoshenko-Balkens*

Ausgehend vom klassischen Verzerrungstensor (Mathiak, 2013, p. 55)

$$\mathbf{E} = \begin{bmatrix} u_{x,x} & 1/2(u_{x,y} + u_{y,x}) & 1/2(u_{x,z} + u_{z,x}) \\ & u_{y,y} & 1/2(u_{y,z} + u_{z,y}) \\ sym. & & u_{z,z} \end{bmatrix} = \begin{bmatrix} \varepsilon_{xx} & 1/2\gamma_{xy} & 1/2\gamma_{xz} \\ & \varepsilon_{yy} & 1/2\gamma_{yz} \\ sym. & & \varepsilon_{zz} \end{bmatrix}$$

erhalten wir mit $()_{\underline{}} = \partial/\partial x$ folgende Dehnungen ε und Gleitungen γ:

$$\varepsilon_{xx} = u_{x,x} = u'_S(x) + z\psi'_y(x) - y\psi'_z(x), \qquad \varepsilon_{yy} = \varepsilon_{zz} = 0,$$

$$\gamma_{xy} = v'_S(x) - \psi_z(x), \quad \gamma_{xz} = w'_S(x) + \psi_y(x), \quad \gamma_{yz} = \gamma_{zy} = 0.$$

Querdehnungen ε_{yy} und ε_{zz} treten nicht auf. Diese kinematische Einschränkung ist als *zweite Bernoullische[1] Hypothese* bekannt. Die Gleitungen γ_{xy} und γ_{xz} sind nur von der Koordinate x abhängig und demnach konstant über den Querschnitt verteilt.

Führen wir den planaren *Schubwinkelvektor*

$$\boldsymbol{\gamma}(x) = \mathbf{u}'_p(x) + \mathbf{e}_x \times \boldsymbol{\psi}_p(x) = [v'_S(x) - \psi_z(x)]\mathbf{e}_y + [w'_S(x) + \psi_y(x)]\mathbf{e}_z,$$

ein, dann können wir die Verzerrungen $\mathbf{E}$ auch kompakter in der Form

$$\mathbf{E} = \varepsilon_{xx}\mathbf{e}_x \otimes \mathbf{e}_x + \mathrm{sym}(\mathbf{e}_x \otimes \boldsymbol{\gamma})$$

notieren, wobei *sym* allgemein den symmetrischen Anteil eines Tensors bezeichnet.

Hinweis: Die Komponentenmatrix des dyadischen Produktes $\mathbf{a} \otimes \mathbf{b}$ ergibt sich als Matrixprodukt des Spaltenvektors $\mathbf{a}$ mit dem Zeilenvektor $\mathbf{b}$ als (3×3)-Matrix zu

$$\mathbf{a} \otimes \mathbf{b} = \begin{array}{c|ccc} & b_1 & b_2 & b_3 \\ \hline a_1 & a_1b_1 & a_1b_2 & a_1b_3 \\ a_2 & a_2b_1 & a_2b_2 & a_2b_3 \\ a_3 & a_3b_1 & a_3b_2 & a_3b_3 \end{array}.$$

In der Literatur wird das dyadische Produkt oft auch in der Form $\mathbf{a} \otimes \mathbf{b} = \mathbf{a}\mathbf{b}^T$ notiert.

Den Verzerrungen $\mathbf{E}$ sind nach dem Hookeschen Gesetz die Spannungen

$$\mathbf{S} = \frac{E}{1+\nu}\left[\mathbf{E} + \frac{\nu}{1-2\nu}\mathrm{Sp}(\mathbf{E})\mathbf{1}\right]$$

zugeordnet (Mathiak, 2013). Um konform mit den Verschiebungsannahmen zu bleiben, müssen wir $\nu = 0$ fordern, denn für *Querkontraktionszahlen* $\nu \neq 0$ treten Spannungen auf, die zu Querdehnungen in der Querschnittsebene führen, die jedoch nicht Bestandteil der von uns getroffenen Annahmen sind, und es verbleibt somit der symmetrische *Spannungstensor*

$$\mathbf{S} = E[\varepsilon_{xx}\mathbf{e}_x \otimes \mathbf{e}_x + \mathrm{sym}(\mathbf{e}_x \otimes \boldsymbol{\gamma})],$$

mit der Normalspannung

$$\sigma_{xx} = E\varepsilon_{xx} = E[u'_S(x) + z\psi'_y(x) - y\psi'_z(x)]$$

und den Schubspannungen (G: Schubmodul)

$$\sigma_{xy}(x) = \sigma_{yx}(x) = G\gamma_{xy} = G[v'_S(x) - \psi_z(x)]$$

$$\sigma_{xz}(x) = \sigma_{zx}(x) = G\gamma_{xz} = G[w'_S(x) + \psi_y(x)].$$

---

[1]   Jakob Bernoulli, schweizer. Mathematiker, 1654–1705

Wenn in einer Balkentheorie, wie hier geschehen, die aus den Querkräften resultierenden Schubverformungen berücksichtigt werden, spricht man vom *Timoshenko[1]-Balken* oder auch vom *schubelastischen Balken*.

Unter Beachtung des Schubwinkelvektors γ führen wir noch den Schubspannungsvektor

$$\tau(x) = G\,\gamma(x)$$

ein. Werten wir die Schnittlastendefinitionen für den obigen Spannungszustand aus, dann erhalten wir unter Beachtung der Definitionen für die Flächenmomente 1. Grades (Statische Momente)

$$S_y(x) = \int_{(A)} z\,dA, \quad S_z(x) = \int_{(A)} y\,dA$$

die Normalkraft

$$N(x) = \int_{(A)} \sigma_{xx}(x)\,dA = \int_{(A)} E\left[u'_S(x) + z\,\psi'_y(x) - y\,\psi'_z(x)\right]dA$$
$$= EA(x)\,u'_S(x) + E S_y(x)\,\psi'_y(x) - E S_z(x)\,\psi'_z(x).$$

Bei Bezugnahme auf ein Zentralachsensystem (ZA) verschwinden wegen $r_S = 0$ die statischen Momente, und es verbleibt das bereits vom Stab bekannte Ergebnis für die Normalkraft

$$N(x) = EA(x)\,u'_S(x).$$

Für die Querkräfte errechnen wir folgende Elastizitätsgesetze

$$Q_y(x) = \int_{(A)} \sigma_{xy}(x)\,dA = GA(x)\,[v'_S(x) - \psi_z(x)],$$

$$Q_z(x) = \int_{(A)} \sigma_{xz}(x)\,dA = GA(x)\,[w'_S(x) + \psi_y(x)],$$

die mit dem Schubwinkelvektor γ bzw. dem Schubspannungsvektor τ kürzer in der Form

$$\mathbf{Q}(x) = GA(x)\,\gamma(x) = A(x)\,\tau(x)$$

notiert werden kann. Das Produkt *GA* wird *Schubsteifigkeit* genannt.

$$[GA] = \frac{\text{Masse} \cdot \text{Länge}}{(\text{Zeit})^2}, \quad \text{Einheit: } kg\,m\,s^{-2} = N.$$

Die Schubspannungen σ_{xy} und σ_{xz} sind in der Querschnittsfläche konstant verteilt, womit einerseits die Gleichgewichtsbedingungen an freien Oberseiten des Balkens nicht erfüllt werden können, andererseits führt eine realistische Schubspannungsverteilung zu einer *S*-förmigen Verwölbung des Querschnitts, der entgegen unserer Annahme also nicht eben bleibt. Aufgrund

---

[1]   Stephen Prokofyewich Timoshenko, ukrainischer Ingenieur, 1878–1972

energetischer Betrachtungen wird deshalb in Ingenieuranwendungen im Materialgesetz für die Querkräfte die Fläche A durch die *Schubfläche* $A_S = \kappa A < A$ ersetzt, was

$$\mathbf{Q}(x) = G\,\kappa A(x)\,\gamma(x) = G\,A_S(x)\left\{[v'_S(x) - \psi_z(x)]\mathbf{e}_y + [w'_S(x) + \psi_y(x)]\mathbf{e}_z\right\}$$

zur Folge hat. Für den Rechteckquerschnitt wäre $\kappa = 5/6$ und für ein I-Profil $A_S = A_{Steg}$ zu wählen (Szabó, 1977).

Werten wir die Definitionen der Schnittmomente aus, dann sind

$$M_x(x) = \int_{(A)} (y\sigma_{xz} - z\sigma_{xy})dA = \sigma_{xz}(x)\int_{(A)} y\,dA - \sigma_{xy}(x)\int_{(A)} z\,dA,$$

$$M_y(x) = \int_{(A)} z\sigma_{xx}\,dA = E\int_{(A)} z[u'_S(x) + z\psi'_y(x) - y\psi'_z(x)]dA$$

$$= Eu'_S(x)\int_{(A)} z\,dA + E\psi'_y(x)\int_{(A)} z^2\,dA - E\psi'_z(x)\int_{(A)} yz\,dA,$$

$$M_z(x) = -\int_{(A)} y\sigma_{xx}\,dA = -E\int_{(A)} y[u'_S(x) + z\psi'_y(x) - y\psi'_z(x)]dA$$

$$= -Eu'_S(x)\int_{(A)} y\,dA - E\psi'_y(x)\int_{(A)} yz\,dA + E\psi'_z(x)\int_{(A)} y^2\,dA.$$

Beachten wir in diesen Beziehungen die Definitionen für die Flächenmomente zweiten Grades

$$I_{yy}(x) = \int_{(A)} z^2\,dA, \quad I_{zz}(x) = \int_{(A)} y^2\,dA, \quad I_{yz}(x) = -\int_{(A)} yz\,dA,$$

dann lassen sich die obigen Ausdrücke für die Schnittmomente übersichtlicher notieren:

$$M_x(x) = \sigma_{xz}(x)S_z(x) - \sigma_{xy}(x)S_y(x)$$
$$M_y(x) = ES_y(x)u'_S(x) + EI_{yy}(x)\psi'_y(x) + EI_{yz}(x)\psi'_z(x)$$
$$M_z(x) = -ES_z(x)u'_S(x) + EI_{yz}(x)\psi'_y(x) + EI_{zz}(x)\psi'_z(x).$$

In einem Zentralachsensystem mit dem Ursprung im Flächenmittelpunkt S verschwinden die statischen Momente S_y und S_z, und es verbleiben die Elastizitätsgesetze für die Biegemomente

$$M_y(x) = EI_{yy}(x)\psi'_y(x) + EI_{yz}(x)\psi'_z(x),$$
$$M_z(x) = EI_{yz}(x)\psi'_y(x) + EI_{zz}(x)\psi'_z(x),$$

oder aufgelöst nach den Änderungen der Drehwinkel

$$\psi'_y(x) = \frac{1}{E}\frac{M_y(x)\,I_{zz}(x) - M_z(x)\,I_{yz}(x)}{I_{yy}(x)I_{zz}(x) - I_{yz}^2(x)}$$

$$\psi'_z(x) = -\frac{1}{E}\frac{M_y(x)\,I_{xz}(x) - M_z(x)\,I_{yy}(x)}{I_{yy}(x)I_{zz}(x) - I_{yz}^2(x)}.$$

Eine weitere Vereinfachung der obigen Gleichungen wird bei Bezugnahme auf *Hauptzentral-achsen* (HZA) möglich, denn dann verschwindet zusätzlich das Deviationsmoment I_{yz}, und es verbleiben die entkoppelten Beziehungen

$$M_y(x) = EI_{yy}(x)\psi'_y(x), \quad M_z(x) = EI_{zz}(x)\psi'_z(x),$$

$$\psi'_y(x) = \frac{M_y(x)}{EI_{yy}(x)}, \qquad \psi'_z(x) = \frac{M_z(x)}{EI_{zz}(x)}.$$

Die Produkte EI_{yy} und EI_{zz} werden Biegesteifigkeiten genannt.

$$[EI] = \frac{Masse \cdot (Länge)^3}{(Zeit)^2}, \quad \text{Einheit: kg m}^3 \text{ s}^{-2} = \text{N m}^2.$$

Sind die Schnittlasten aus Gleichgewichtsuntersuchungen bekannt, dann sind im statischen Fall die folgenden fünf Differenzialgleichungen

$$u'_S(x) = \frac{N(x)}{EA(x)},$$

$$v'_S(x) - \psi_z(x) = \frac{Q_y(x)}{GA_S(x)}, \qquad \psi'_z(x) = \frac{M_z(x)}{EI_{zz}(x)},$$

$$w'_S(x) + \psi_y(x) = \frac{Q_z(x)}{GA_S(x)}, \qquad \psi'_y(x) = \frac{M_y(x)}{EI_{yy}(x)}$$

zur Berechnung der fünf Funktionen u_S, v_S, w_S, ψ_y, ψ_z unter Beachtung der Randbedingungen zu integrieren.

Beschränken wir uns im Folgen auf Transversalschwingungen in der (x,z)-Ebene, ohne den Einfluss der Normalkraft N zu berücksichtigen, dann verbleiben bei Bezugnahme auf ein Hauptzentralachsensystem die Schnittlasten

$$Q = GA_S(w' + \psi), \quad M = EI_{yy}\,\psi', \tag{3.1}$$

wobei wir aus schreibtechnischen Gründen auf deren Indizierungen verzichtet haben.

3.2   Die Bewegungsgleichung des transversal schwingenden Timoshenko-Balkens

Im dynamischen Fall hängen nun alle Zustandsgrößen zusätzlich von der Zeit t ab. Die Anwendung des Schwerpunktsatzes auf das freigeschnittene Balkenelement liefert für die z-Richtung (Abb. 3.3)

$$\rho A \, \ddot{w} - Q' = q \, .$$ (3.2)

Das Massenelement *dm* besitzt bezüglich der durch den Schwerpunkt *S* verlaufenden *y*-Achse (Abb. 3.3) das infinitesimale axiale Massenträgheitsmoment

$$d\Theta = \int_{(dV)} z^2 \, dm = \rho \, dx \int_{(A)} z^2 \, dA = \rho \, dx \, I_{yy} \, .$$

Da das Balkenelement mit dem Winkel $\psi(x,t)$ um die *y*-Achse dreht, liefert der *Drallsatz* bezogen auf den Schwerpunkt *S* des Elementes

$$d\Theta \, \ddot{\psi} = -Q \, dx + dQ \frac{dx}{2} + dM + m \, dx \, .$$

Nach Division mit d*x* und Vollzug des Grenzübergangs d*x*→0 verbleibt

$$\rho \, I_{yy} \, \ddot{\psi} + Q - M' = m \, .$$ (3.3)

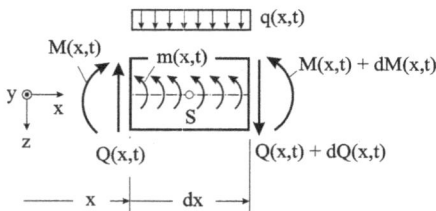

Abb. 3.3 *Der Timoshenko-Balken im Fall der einachsigen Biegung in der (x,z)-Ebene*

Werden aus dem Schwerpunktsatz (3.2) und dem Drallsatz (3.3) die Schnittlasten (3.1) eliminiert, dann erhalten wir das inhomogene gekoppelte partielle Differenzialgleichungssystem 2. Ordnung für die Verformungsgrößen *w* und ψ :

$$\rho A \, \ddot{w} - \left[GA_S (w' + \psi) \right]' = q$$
$$\rho I_{yy} \, \ddot{\psi} + GA_S (w' + \psi) - (EI_{yy} \psi')' = m.$$ (3.4)

Für einen prismatischen Balken vereinfachen sich die obigen Beziehungen und können unter Beachtung von (3.1) entkoppelt werden. Dazu wird die Gleichung (3.3) umgeformt in

$$\rho I_{yy} (\ddot{w}' + \ddot{\psi}) - \rho I_{yy} \ddot{w}' + Q - M' = m \, ,$$

anschließend partiell nach *x* differenziert und sodann die Schnittlasten (3.1) eingesetzt. Das ergibt nach kurzer Rechnung

$$\mu \frac{\rho I_{yy}}{GA_S}\overset{....}{w} + \mu\,\overset{..}{w} - \rho I_{yy}\left(1 + \frac{EA}{GA_S}\right)\overset{..}{w}'' + EI_{yy}\,w^{IV} = q + \frac{\rho I_{yy}}{GA_S}\overset{..}{q} - \frac{EI_{yy}}{GA_S}q'' + m'. \qquad (3.5)$$

Ist aus dieser Gleichung die Verschiebung w(x,t) bestimmt, dann folgt der Drehwinkel ψ(x,t) mit (3.1) und (3.2) durch Integration aus der Beziehung

$$\psi' = \frac{1}{GA_S}(\mu\,\overset{..}{w} - q) - w''. \qquad (3.6)$$

Die Lösungen der Gleichungen (3.5) und (3.6) müssen an die Rand- und Anfangsbedingungen angepasst werden. In Tab. 3.1 sind die wichtigsten Randbedingungen des Timoshenko-Balkens zusammengefasst.

Tab. 3.1 *Einige wichtige Lagerungsfälle des Timoshenko-Balkens, ebenes Problem*

Randlagerung	Symbol	u	w	ψ	N	M	Q
Gleitlager		$\neq 0$	0	$\neq 0$	0	0	$\neq 0$
Festes Lager		0	0	$\neq 0$	$\neq 0$	0	$\neq 0$
Einspannung		0	0	0	$\neq 0$	$\neq 0$	$\neq 0$
Freier Rand		$\neq 0$	$\neq 0$	$\neq 0$	0	0	0)

3.2.1 Freie Schwingungen des Timoshenko-Balkens

Im Fall der freien Schwingungen fehlen die äußeren Belastungen *q* und *m*, und es verbleiben für den prismatischen Balken die beiden homogenen Differenzialgleichungen

$$\overset{..}{w} + \frac{EI_{yy}}{\rho A}w^{IV} - i_y^2\left[\left(1 + \frac{EA}{GA_S}\right)\overset{..}{w}'' - \frac{\rho A}{GA_S}\overset{....}{w}\right] = 0, \qquad i_y = \sqrt{\frac{I_{yy}}{A}} \qquad (3.7)$$

sowie

$$\psi' = \frac{\rho A}{GA_S}\overset{..}{w} - w'', \qquad (3.8)$$

wobei i_y den *Trägheitsradius* des Querschnitts bezeichnet. Wie in Kap. 3.4 gezeigt wird, existiert für die Gleichung (3.7) keine *d'Alembertsche Wellenlösung* der Form

$$w(x,t) = u(x + c_B t) + v(x - c_B t) \qquad (3.9)$$

mit <u>beliebigen</u> Funktionen *u* und *v*. Die Gleichung (3.7) wird jedoch vom Separationsansatz für harmonische Schwingungen

$$w(x,t) = W(x)\sin(\omega t + \varphi) \tag{3.10}$$

erfüllt, der auf die zeitfreie Differenzialgleichung

$$W^{IV}(x) + \kappa_B^4\, i_y^2\left(1+\alpha\right)W''(x) - \kappa_B^4\,(1 - \kappa_B^4\, i_y^4\,\alpha)\, W(x) = 0 \tag{3.11}$$

mit den Abkürzungen

$$\kappa_B = \sqrt[4]{\frac{\omega^2\rho A}{E\,I_{yy}}}, \quad \alpha = \frac{EA}{GA_S} \tag{3.12}$$

führt. Der Separationsparameter κ_B wird Transversal-Wellenzahl des Balkens genannt.

$$[\kappa_B] = \frac{1}{\text{Länge}}, \quad \text{Einheit: } m^{-1}.$$

Auf dem homogenen Balken können sich damit sinus- oder auch cosinusförmige Wellen ausbreiten, in die folglich Wellen *u* und *v* beliebiger Form nach *Fourier* zerlegt werden müssen.

Die Gleichung (3.11) ist eine gewöhnliche Differenzialgleichung vierter Ordnung mit konstanten Koeffizienten mit der allgemeinen Lösung

$$W(x) = C_1 \sin\lambda_1 x + C_2 \cos\lambda_1 x + C_3 \sinh\lambda_2 x + C_4 \cosh\lambda_2 x\,. \tag{3.13}$$

Definieren wir den Eigenwert

$$z = i_y\kappa_B = \sqrt[4]{\frac{\omega^2\rho\,I_{yy}}{E\,A}}, \qquad z \geq 0, \tag{3.14}$$

dann sind

$$\lambda_{1,2} = \frac{\sqrt{2}}{2i_y}z\sqrt{\sqrt{4 + z^4(\alpha-1)^2}\,\pm(\alpha+1)z^2}\,. \tag{3.15}$$

Mit dem zur Bewegung w(x,t) isochronen[1] Produktansatz

$$\psi(x,t) = \Psi(x)\sin(\omega t + \varphi) \tag{3.16}$$

---

[1]   griech., zu chrónos ›Zeit‹, gleich lang dauernd, zu gleichen Zeitpunkten erfolgend.

folgt aus (3.10) mit (3.13) durch Integration entsprechend (3.8) die Ortsfunktion des Drehwinkels

$$\Psi(x) = \zeta_1(C_1\cos\lambda_1 x - C_2\sin\lambda_1 x) - \zeta_2(C_3\cosh\lambda_2 x + C_4\sinh\lambda_2 x)\,. \tag{3.17}$$

Der obige Ausdruck enthält folgende Abkürzungen:

$$\zeta_1 = \frac{\alpha z^4}{i_y^2\lambda_1} - \lambda_1\,, \quad \zeta_2 = \frac{\alpha z^4}{i_y^2\lambda_2} + \lambda_2\,. \tag{3.18}$$

Den Definitionen (3.15) entnehmen wir, dass λ_1 für alle $z \geq 0$ stets positiv ist. Das trifft für λ_2 nicht mehr zu. Hier existiert eine Grenze, ab der der Radikant in λ_2 negativ wird. Diesen Grenzwert bestimmen wir aus der Gleichung

$$\sqrt{4 + z_g^4(\alpha-1)^2} = (\alpha+1)z_g^2 \quad\text{zu}\quad z_g = \frac{1}{\sqrt[4]{\alpha}} > 0\,, \tag{3.19}$$

der für $\alpha \to 0$ ins Unendliche rückt. Für $z > z_g$ werden λ_2 und damit auch ζ_2 rein imaginär. Wir setzen in diesem Fall

$$\lambda_2 = i\lambda_2^*\,, \quad \zeta_2 = i\zeta_2^*\,, \quad\quad (i^2 = -1) \tag{3.20}$$

mit

$$\lambda_2^* = \frac{\sqrt{2}}{2i_y}z\sqrt{(\alpha+1)z^2 - \sqrt{4 + z^4(\alpha-1)^2}}\,, \quad \zeta_2^* = \lambda_2^* - \frac{\alpha z^4}{i_y^2\lambda_2^*}\,. \tag{3.21}$$

Unter Beachtung von

$$\cosh\lambda_2 x = \cos\lambda_2^* x, \sinh\lambda_2 x = i\sin\lambda_2^* x\,,$$

sowie mit Einführung einer neuen Konstanten C_3, sind dann

$$W(x) = C_1\sin\lambda_1 x + C_2\cos\lambda_1 x + C_3\sin\lambda_2^* x + C_4\cos\lambda_2^* x \tag{3.22}$$

und

$$\Psi(x) = \zeta_1(C_1\cos\lambda_1 x - C_2\sin\lambda_1 x) - \zeta_2^*(C_3\cos\lambda_2^* x - C_4\sin\lambda_2^* x)\,. \tag{3.23}$$

Der horizontale Verschiebungszustand

Der Timoshenko-Balken besitzt im Übrigen einen Verformungszustand, bei dem die Stabachse mit $w = 0$ gerade bleibt und Punkte, die nicht auf dieser Achse liegen, sich nur in horizontaler Richtung verschieben (Abb. 3.4). In diesem Fall verbleiben die Schnittlasten

$$Q = GA_S\psi, \quad M = EI_{yy}\,\psi' . \tag{3.24}$$

Einsetzen von (3.24) in den Drallsatz (3.3) ergibt

$$\rho I_{yy}\,\ddot\psi + GA_S\psi - EI_{yy}\,\psi'' = m . \tag{3.25}$$

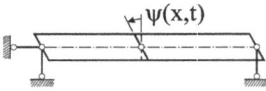

Abb. 3.4 *Horizontaler Verschiebungszustand beim Timoshenko-Balken*

Die freien Schwingungen mit $m = 0$ führen auf die partielle Differenzialgleichung

$$\frac{1}{c_L^2}\ddot\psi + \beta^2\psi - \psi'' = 0, \qquad c_L = \sqrt{\frac{E}{\rho}}, \quad \beta = \sqrt{\frac{GA_S}{EI_{yy}}} . \tag{3.26}$$

Trennen wir mit dem Ansatz $\psi(x,t) = \Psi(x)T(t)$ die Variablen, dann geht die obige Gleichung nach der Bernoullischen Schlussweise über in

$$\frac{\Psi''}{\Psi} = \frac{\beta^2 T + 1/c_L^2\,\ddot T}{T} = -p^2 .$$

Die ortsabhängige Differenzialgleichung $\Psi'' + p^2\Psi = 0$ hat die Lösung

$$\Psi(x) = C_1\sin px + C_2\cos px , \tag{3.27}$$

und für den zeitabhängigen Anteil $\ddot T + \omega^2 T = 0$ folgt die Lösung

$$T(t) = C_3\sin\omega t + C_4\cos\omega t , \qquad \omega = c_L\sqrt{p^2 + \beta^2} . \tag{3.28}$$

Im Fall des beidseitig eingespannten Timoshenko-Balkens müssen die Drehwinkel ψ an den Rändern verschwinden. Das erfordert

$$\Psi(x = 0) = 0 = C_2, \quad \Psi(x = \ell) = 0 = C_1\sin p\ell$$

und damit $p\ell = n\pi$ ($n = 1, 2, 3,..., \infty$). Die Eigenfunktionen ergeben sich dann zu

$$\Psi_n(x) = C_{1,n}\sin p_n x = C_{1,n}\sin n\pi\frac{x}{\ell}, \qquad p_n = \frac{n\pi}{\ell}. \tag{3.29}$$

Durch Superposition erhalten wir mit neuen Konstanten folgende allgemeine Lösung

$$\psi(x,t) = \sum_{n=1}^{\infty}\Psi_n(x)T_n(t) = \sum_{n=1}^{\infty}\sin n\pi\frac{x}{\ell}(A_n\sin\omega_n t + B_n\cos\omega_n t). \tag{3.30}$$

Die Konstanten A_n und B_n sind aus den Anfangswerten für $\psi(x,t)$ und $\dot\psi(x,t)$ zum Zeitpunkt $t = 0$ zu berechnen, wobei über die mechanische Realisierung dieser Anfangswerte hier keine Aussage getroffen wird.

Beispiel 3-1

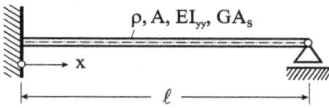

Abb. 3.5 Der links eingespannte und rechts frei drehbar gelagerte Timoshenko-Balken

Für den in der obigen Abbildung skizzierten Balken mit Rechteckquerschnitt der Breite b und der Höhe h sowie der Länge ℓ sind die Eigenkreisfrequenzen und Eigenfunktionen der zeitfreien Verschiebungen W(x) und Drehwinkel $\Psi(x)$ zu berechnen. Stellen Sie dazu ein Maple-Arbeitsblatt zur Verfügung.

Geg.: b = 20 cm, h = 60 cm, ℓ = 3 m , ρ = 2500 kg m^{-3}, E = 3.05·10^{10} N m^{-2}, G = E/2, A_S = 5/6 A.

Lösung: Im Vergleich zum Dehnstab sind beim Balken an jedem Rand nun zwei Randbedingungen zu erfüllen. Dazu stehen uns mit den Ortsfunktionen für Verschiebung und Drehwinkel genau vier Konstanten zur Verfügung. Am linken eingespannten Balkenende müssen die Verschiebung w und der Drehwinkel ψ verschwinden. Am rechten Balkenende sind die Verschiebung w und das Biegemoment M zu Null zu fordern. Die durch die Ortsfunktionen ausgedrückten Randbedingungen sind:

x = 0: W(x = 0) = 0, Ψ(x = 0) = 0,

x = ℓ: W(x = ℓ) = 0, $d\Psi(x)/dx|_{x=\ell} = 0$.

Mit den Werten des Beispiels ist α = 2,4 und damit $z_g = 1/\alpha^{(1/4)}$ = 0,8034. Wir untersuchen zunächst den Fall z < z_g. Die Einarbeitung der Randwerte in die Lösungen (3.13) und (3.17) liefert das homogene Gleichungssystem

$$W(0) = 0 = C_2 + C_4 , \qquad \Psi(0) = 0 = \zeta_1 C_1 - \zeta_2 C_3 ,$$

$$W(\ell) = 0 = C_1 \sin\lambda_1\ell + C_2 \cos\lambda_1\ell + C_3 \sinh\lambda_2\ell + C_4 \cosh\lambda_2\ell ,$$

$$d\Psi(x)/dx\big|_{x=\ell} = 0 = \lambda_1\zeta_1\big(C_1 \sin\lambda_1\ell + C_2 \cos\lambda_1\ell\big) + \lambda_2\zeta_2\big(C_3 \sinh\lambda_2\ell + C_4 \cosh\lambda_2\ell\big).$$

Das Verschwinden der Koeffizientendeterminate dieses Gleichungssystems führt auf die Eigenwertgleichung

$$\sin\lambda_1\ell + \frac{\zeta_1}{\zeta_2}\cos\lambda_1\ell\tanh\lambda_2\ell = 0 \qquad\qquad\qquad (a)$$

mit $\lambda_{1,2}$ nach (3.15) und $\zeta_{1,2}$ nach (3.18), aus der zunächst durch Nullstellenbestimmungen von (a) die Eigenwerte z_n (n = 1,2,3,...,∞) und alsdann die Eigenkreisfrequenzen

$$\omega_n = z_n^2 \sqrt{\frac{EA}{\rho I_{yy}}} = \frac{z_n^2}{i_y}\sqrt{\frac{E}{\rho}} = \frac{z_n^2}{i_y}c_L , \qquad c_L = \sqrt{\frac{E}{\rho}} \qquad\qquad (b)$$

folgen. Wir stellen die Eigenwertgleichung (a) als Funktion von $z < z_g$ grafisch dar (Abb. 3.6), der wir die Suchintervalle zur Nullstellenberechnung mit der Maple-Prozedur fsolve entnehmen können.

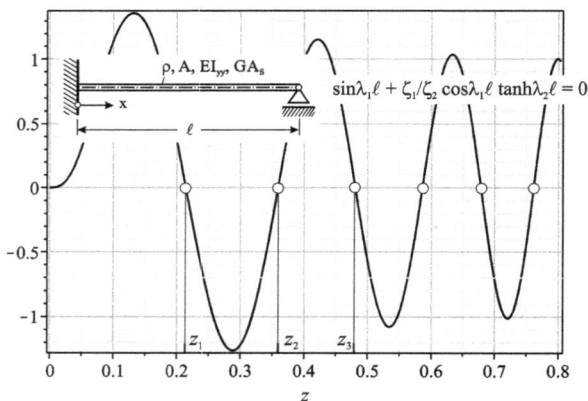

Abb. 3.6 *Grafische Darstellung der Eigenwertgleichung für $z < z_g$*

Maple liefert uns die drei ersten Wurzeln der Eigenwertgleichung (a)

$$z_1 = 0{,}2143 \qquad \to \omega_1 = 926{,}25\,s^{-1} \qquad \to f_1 = \frac{\omega_1}{2\pi} = 147{,}41\,s^{-1} ,$$

$$z_2 = 0{,}3588 \qquad \to \omega_2 = 2596{,}47\,s^{-1} \qquad \to f_2 = \frac{\omega_2}{2\pi} = 413{,}24\,s^{-1} ,$$

$$z_3 = 0,4808 \qquad \rightarrow \omega_3 = 4660,82\,s^{-1} \qquad \rightarrow f_3 = \frac{\omega_3}{2\pi} = 741,79\,s^{-1}.$$

Es fehlt noch die Bestimmung der freien Konstanten. Da eine Konstante willkürlich gewählt werden kann, folgen mit $C_{4,n} = 1$ die noch verbleibenden Konstanten

$$C_{1,n} = \frac{\zeta_{2,n}(\cos\lambda_{1,n}\ell - \cosh\lambda_{2,n}\ell)}{\zeta_{1,n}\sinh\lambda_{2,n}\ell + \zeta_{2,n}\sin\lambda_{1,n}\ell}, \; C_{2,n} = -1, \; C_{3,n} = \frac{\zeta_{1,n}(\cos\lambda_{1,n}\ell - \cosh\lambda_{2,n}\ell)}{\zeta_{1,n}\sinh\lambda_{2,n}\ell + \zeta_{2,n}\sin\lambda_{1,n}\ell}.$$

Mit $\lambda_{1,n}$ und $\lambda_{2,n}$ $(n = 1,2,\ldots,\infty)$ liegen dann auch die Eigenfunktionen der Verschiebung

$$W_n(x) = C_{1,n}\sin\lambda_{1,n}x - \cos\lambda_{1,n}x + C_{3,n}\sinh\lambda_{2,n}x + \cosh\lambda_{2,n}x$$

und des Drehwinkels

$$\Psi_n(x) = \zeta_{1,n}\left(C_{1,n}\cos\lambda_{1,n}x + \sin\lambda_{1,n}x\right) - \zeta_{2,n}\left(C_{3,n}\cosh\lambda_{2,n}x + \sinh\lambda_{2,n}x\right)$$

fest (Abb. 3.7). Aufgrund der Linearität der Bewegungsgleichungen führt die Superpositionen

$$w(x,t) = \sum_{n=1}^{\infty} W_n(x)T(t), \qquad \psi(x,t) = \sum_{n=1}^{\infty} \psi_n(x)T(t)$$

auf die allgemeine Lösung, die noch an die Anfangswerte anzupassen ist.

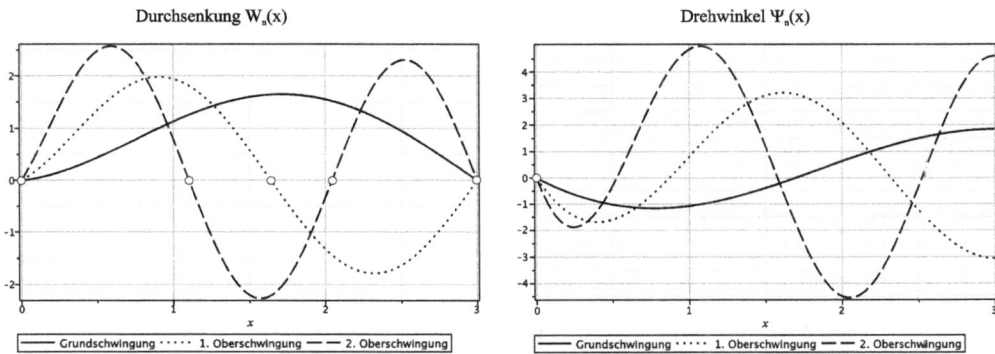

Abb. 3.7 *Grund- und Oberschwingungen eines Timoshenko-Balkens*

Wir untersuchen nun den Fall $z > z_g$. Mit den jetzt geltenden Lösungen (3.22) und (3.23) führen die Randwerte auf das homogene Gleichungssystem

$$W(0) = 0 = C_2 + C_4 \, ,$$

$$\Psi(0) = 0 = \zeta_1 C_1 + \zeta_2^* C_3 \, ,$$

$$W(\ell) = 0 = C_1 \sin \lambda_1 \ell + C_2 \cos \lambda_1 \ell + C_3 \sin \lambda_2^* \ell + C_4 \cos \lambda_2^* \ell \; ,$$

$$\Psi'(\ell) = 0 = \lambda_1 \zeta_1 \big(C_1 \sin \lambda_1 \ell + C_2 \cos \lambda_1 \ell\big) + \lambda_2^* \zeta_2^* (C_3 \sin \lambda_2^* \ell + C_4 \cos \lambda_2^* \ell) \; .$$

Das Verschwinden der Koeffizientendeterminate dieses Gleichungssystems führt auf folgende Eigenwertgleichung:

$$\sin \lambda_1 \ell \cos \lambda_2^* \ell - \frac{\zeta_1}{\zeta_2^*} \cos \lambda_1 \ell \sin \lambda_2^* \ell = 0 \; . \tag{c}$$

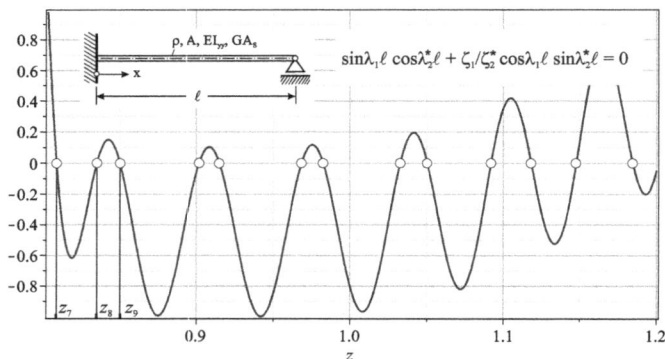

Abb. 3.8   *Grafische Darstellung der Eigenwertgleichung für* $z > z_g$

Maple liefert uns die auf $z > z_g$ folgenden drei Eigenwerte:

$$z_7 = 0{,}8089 \qquad \rightarrow \omega_7 = 13193{,}75\,\mathrm{s}^{-1} \qquad \rightarrow f_7 = \frac{\omega_7}{2\pi} = 2099{,}85\,\mathrm{s}^{-1} \; ,$$

$$z_8 = 0{,}8350 \qquad \rightarrow \omega_8 = 14061{,}48\,\mathrm{s}^{-1} \qquad \rightarrow f_8 = \frac{\omega_8}{2\pi} = 2237{,}95\,\mathrm{s}^{-1} \; ,$$

$$z_9 = 0{,}8501 \qquad \rightarrow \omega_9 = 14573{,}52\,\mathrm{s}^{-1} \qquad \rightarrow f_9 = \frac{\omega_9}{2\pi} = 2319{,}45\,\mathrm{s}^{-1} \; .$$

Die freien Konstanten ergeben sich in diesem Fall mit $C_{4,n} = 1$ zu

$$C_{1,n} = \frac{\zeta_{2,n}^* (\cos \lambda_{1,n} \ell - \cos \lambda_{2,n}^* \ell)}{\zeta_{2,n}^* \sin \lambda_{1,n} \ell - \zeta_{1,n} \sin \lambda_{2,n}^* \ell}, \; C_{2,n} = -1, \; C_{3,n} = -\frac{\zeta_{1,n} (\cos \lambda_{1,n} \ell - \cos \lambda_{2,n}^* \ell)}{\zeta_{2,n}^* \sin \lambda_{1,n} \ell - \zeta_{1,n} \sin \lambda_{2,n}^* \ell} \; .$$

<u>Hinweis:</u> Der Gleichung (3.1) entnehmen wir, dass am eingespannten Rand bei $x = 0$ wegen

$w'(0) = Q(0)/(GA_S)$ und $Q(0) \neq 0$

die dortige Tangentenneigung $w_{\frown}$ <u>nicht</u> verschwindet.

Beispiel 3-2:

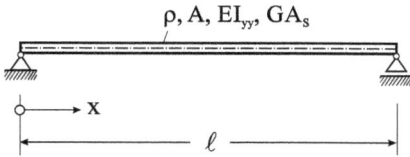

Abb. 3.9   Der beidseitig frei drehbar gelagerte Timoshenko-Balken

Für den in der obigen Abbildung skizzierten Balken mit einem Rechteckquerschnitt der Breite b, der Höhe h und der Länge ℓ sind die Eigenkreisfrequenzen und Eigenfunktionen zu berechnen. Stellen Sie dazu ein Maple-Arbeitsblatt zur Verfügung.

<u>Geg.</u>: b = 20 cm, h = 60 cm, ℓ = 3 m , ρ = 2500 kg m^{-3}, E = 3.05·10^{10} N m^{-2}, G = E/2, A_S = 5/6 A.

<u>Lösung</u>: Die Randbedingungen erfordern, dass an den drehbar gelagerten Balkenenden die Verschiebung w und das Biegemoment M verschwinden müssen. Die durch die zeitfreie Ortsfunktionen W(x) und Ψ(x) ausgedrückten Randbedingungen sind:

<u>x = 0</u>: $W(x = 0) = 0,$ $d\Psi(x)/dx\big|_{x=0} = 0$

<u>x = ℓ</u>: $W(x = \ell) = 0,$ $d\Psi(x)/dx\big|_{x=\ell} = 0$.

Wir betrachten zuerst den Fall $z < z_g = 0{,}8034$ mit W(x) nach (3.13) und Ψ(x) nach (3.17) sowie $\lambda_{1,2}$ nach (3.15) und $\zeta_{1,2}$ nach (3.18). Die Einarbeitung der homogenen Randwerte liefert das Gleichungssystem

$$W(0) = 0 = C_2 + C_4 \ ,$$

$$d\Psi(x)/dx\big|_{x=0} = 0 = \lambda_1\zeta_1 C_2 + \lambda_2\zeta_2 C_4 \ ,$$

$$W(\ell) = 0 = C_1 \sin\lambda_1\ell + C_2 \cos\lambda_1\ell + C_3 \sinh\lambda_2\ell + C_4 \cosh\lambda_2\ell \ ,$$

$$d\Psi(x)/dx\big|_{x=\ell} = 0 = \lambda_1\zeta_1\left(C_1 \sin\lambda_1\ell + C_2 \cos\lambda_1\ell\right) + \lambda_2\zeta_2\left(C_3 \sinh\lambda_2\ell + C_4 \cosh\lambda_2\ell\right),$$

das nur dann eine nichttriviale Lösung besitzt, wenn die Determinante der Koeffizientenmatrix verschwindet und damit die Eigenwertgleichung

$$\sin\lambda_1\ell \sinh\lambda_2\ell(\zeta_1\lambda_1 - \zeta_2\lambda_2)^2 = 0 \qquad \rightarrow \sin\lambda_1\ell \sinh\lambda_2\ell = 0 \qquad \text{(a)}$$

besteht. Da für $z < z_g$ das Argument $\lambda_2\ell$ reell ist, sind die Nullstellen aus der Gleichung

$$\sin\lambda_1\ell = 0 \qquad (z < z_g) \qquad\qquad\qquad \text{(b)}$$

zu berechnen. Sind mit (3.15) aus

$$\lambda_1(z) = \frac{n\pi}{\ell} = \frac{\sqrt{2}}{2i_y} z\sqrt{\sqrt{4 + z^4(\alpha - 1)^2} + (\alpha + 1)z^2} \,, \quad (z = i_y \kappa_B) \qquad \text{(c)}$$

die Eigenwerte

$$z_n = \frac{1}{\sqrt[4]{2\alpha}} \sqrt[4]{1 + (\alpha + 1)v_n^2 - \sqrt{1 + (\alpha - 1)^2 v_n^4 + 2(\alpha + 1)v_n^2}}$$

$$= v_n\left[1 - \frac{1}{4}(\alpha + 1)v_n^2\right] + O(v_n^5) \qquad \qquad \text{(d)}$$

mit der Abkürzung[1]

$$v_n = \frac{n\pi i_y}{\ell} \text{ für } n \le n_g = \text{trunc}\left(\frac{\lambda_1(z = z_g)\ell}{\pi}\right) = 6 \,, \qquad \text{(e)}$$

bzw. deren Quadrate

$$z_n^2 = \frac{1}{\sqrt{2\alpha}} \sqrt{1 + (\alpha + 1)v_n^2 - \sqrt{1 + (\alpha - 1)^2 v_n^4 + 2(\alpha + 1)v_n^2}}$$

$$= v_n^2\left[1 - \frac{1}{2}(\alpha + 1)v_n^2\right] + O(v_n^6) \qquad \qquad \text{(f)}$$

berechnet, dann folgen die Eigenkreisfrequenzen (s.h. auch Beispiel 3-1) aus

$$\omega_n = z_n^2 \sqrt{\frac{EA}{\rho I_{yy}}} \qquad (n = 1, 2, \ldots, n_g). \qquad \text{(g)}$$

Die rechenintensive Auswertung dieser Beziehungen überlassen wir wieder Maple. Mit den Werten des Beispiels sind die ersten drei Eigenwerte und Eigenfrequenzen:

$$z_1 = 0{,}1767 \qquad \rightarrow \omega_1 = 629{,}84\,\text{s}^{-1} \qquad \rightarrow f_1 = \frac{\omega_1}{2\pi} = 100{,}24\,\text{s}^{-1} \,,$$

$$z_2 = 0{,}3324 \qquad \rightarrow \omega_2 = 2218{,}45\,\text{s}^{-1} \qquad \rightarrow f_2 = \frac{\omega_2}{2\pi} = 354{,}67\,\text{s}^{-1} \,,$$

$$z_3 = 0{,}4637 \qquad \rightarrow \omega_3 = 4336{,}65\,\text{s}^{-1} \qquad \rightarrow f_3 = \frac{\omega_3}{2\pi} = 690{,}20\,\text{s}^{-1} \,.$$

---

[1]   Für $x \ge 0$ ist trunc(x) die größte Ganzzahl $\le x$.

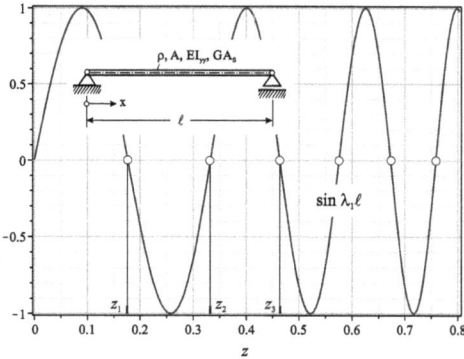

Abb. 3.10 *Grafische Darstellung der Eigenwertgleichung für $z < z_g$*

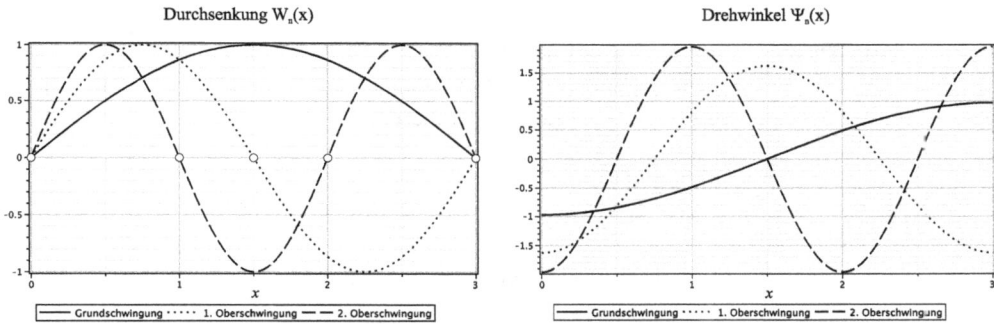

Abb. 3.11 *Grund- und Oberschwingungen eines Timoshenko-Balkens*

Die kleinste Eigenkreisfrequenz ($n = 1$) kann für praktische Anwendungen ausreichend genau aus

$$\omega_1 = z_1^2 \sqrt{\frac{EA}{\rho I_{yy}}} \approx \nu_1^2 \left[1 - \frac{1}{2}(\alpha + 1)\nu_1^2 \right] \sqrt{\frac{EA}{\rho I_{yy}}} \,, \qquad \nu_1 = \frac{\pi i_y}{\ell} \tag{h}$$

berechnet werden. Mit den Werten des Beispiels erhalten wir $\omega_1 \approx 626{,}33$ s^{-1}. Es fehlt noch die Bestimmung der freien Konstanten. Setzen wir $C_{1,n} = 1$, dann folgen unter Beachtung von (b) die noch verbleibenden Konstanten: $C_{2,n} = C_{3,n} = C_{4,n} = 0$. Mit $\lambda_{1,n}$ ($n = 1,2,3,\ldots,\infty$) liegen dann auch die Eigenfunktionen der Verschiebung und des Drehwinkels fest:

$$W_n(x) = \sin \lambda_{1,n} x \,, \quad \Psi_n(x) = \zeta_{1,n} \cos \lambda_{1,n} x \,. \tag{i}$$

<u>Hinweis:</u> Aufgrund der momentenfreien Lagerung des Balkens müssen die Drehwinkel $\Psi(x)$ an den Balkenenden mit einer horizontalen Tangente einlaufen (Abb. 3.11).

Im nächsten Schritt betrachten wir den Fall $z > z_g$ mit $W(x)$ nach (3.22) und $\Psi(x)$ nach (3.23) sowie λ_2^* und ζ_2^* nach (3.21) Die Einarbeitung der Randwerte führt auf das Gleichungssystem

$$W(0) = 0 = C_2 + C_4 \ ,$$

$$\Psi'(0) = 0 = \lambda_1 \zeta_1 C_2 + \lambda_2^* \zeta_2^* C_4 \ ,$$

$$W(\ell) = 0 = C_1 \sin \lambda_1 \ell + C_2 \cos \lambda_1 \ell + C_3 \sin \lambda_2^* \ell + C_4 \cos \lambda_2^* \ell \ ,$$

$$\Psi'(\ell) = 0 = \lambda_1 \zeta_1 (C_1 \sin \lambda_1 \ell + C_2 \cos \lambda_1 \ell) + \lambda_2^* \zeta_2^* (C_3 \sin \lambda_2^* \ell + C_4 \cos \lambda_2^* \ell) \ .$$

Dieses homogene Gleichungssystem besitzt für $z > z_g$ nur dann eine nichttriviale Lösung, wenn die Determinante der Koeffizientenmatrix verschwindet und damit die Eigenwertgleichung

$$\sin \lambda_1 \ell \sin \lambda_2^* \ell \, (\lambda_1 \zeta_1 - \lambda_2^* \zeta_2^*)^2 = 0, \quad \rightarrow \sin \lambda_1 \ell \sin \lambda_2^* \ell = 0 \ , \qquad (j)$$

besteht, die offensichtlich für $\sin \lambda_1 \ell = 0$ und $\sin \lambda_2^* \ell = 0$ erfüllt ist. Den Fall $\sin \lambda_1 \ell = 0$ haben wir für $z < z_g$ mit (e) bereits abgehandelt. Die dort hergeleiteten Beziehungen gelten auch für $z_n > z_g$. Für große Eigenwerte ($z_n \gg z_g$) kann die Näherung

$$z_n^2 = \frac{1}{\sqrt{\alpha}} \left[\nu_n - \frac{1}{2(\alpha - 1)\nu_n} \right] + O\left(\frac{1}{\nu_n^3} \right)$$

genutzt werden, und damit folgt für große Eigenfrequenzen die Abschätzung

$$\omega_n = z_n^2 \sqrt{\frac{EA}{\rho I_{yy}}} \approx \frac{1}{\sqrt{\alpha}} \left[\nu_n - \frac{1}{2(\alpha - 1)\nu_n} \right] \sqrt{\frac{EA}{\rho I_{yy}}} \ , \qquad \nu_n = \frac{n\pi i_y}{\ell} \ . \qquad (k)$$

Im Fall $z > z_g$ tritt mit $\sin \lambda_2^* \ell = 0$ und

$$\lambda_2^*(z) = \frac{n\pi}{\ell} = \frac{\sqrt{2}}{2 i_y} z \sqrt{(\alpha + 1)z^2 - \sqrt{4 + z^4(\alpha - 1)^2}} \ , \qquad z = i_y \kappa_B \qquad (\ell)$$

eine zweite Reihe von Eigenwerten

$$z_n = \frac{1}{\sqrt[4]{2\alpha}} \sqrt[4]{1 + (\alpha + 1)\nu_n^2 + \sqrt{\left[1 + (\alpha + 1)\nu_n^2 \right]^2 - 4\alpha \nu_n^4}}$$

$$= \frac{1}{\sqrt[4]{\alpha}} \left[1 + \frac{1}{4}(1 + \alpha)\nu_n^2 \right] + O(\nu_n^4) \qquad (m)$$

auf. Mit

$$z_n^2 = \frac{1}{\sqrt{2\alpha}}\sqrt{1+(\alpha+1)v_n^2 + \sqrt{\left[1+(\alpha+1)v_n^2\right]^2 - 4\alpha v_n^4}}$$

$$= v_n^2\left[1+\frac{1}{2}(\alpha+1)v_n^2\right] + O(v_n^4)$$

(n)

folgen dann die Eigenkreisfrequenzen aus (g). Maple liefert uns für $z > z_g$ die ersten drei Eigenwerte und Eigenfrequenzen :

$$z_1 = 0{,}8246 \qquad \rightarrow \omega_1 = 13711{,}35\,\mathrm{s}^{-1} \qquad \rightarrow f_1 = \frac{\omega_1}{2\pi} = 2182{,}23\,\mathrm{s}^{-1},$$

$$z_2 = 0{,}8767 \qquad \rightarrow \omega_2 = 15501{,}34\,\mathrm{s}^{-1} \qquad \rightarrow f_2 = \frac{\omega_2}{2\pi} = 2467{,}12\,\mathrm{s}^{-1},$$

$$z_3 = 0{,}9427 \qquad \rightarrow \omega_3 = 17922{,}54\,\mathrm{s}^{-1} \qquad \rightarrow f_3 = \frac{\omega_3}{2\pi} = 2852{,}46\,\mathrm{s}^{-1}.$$

Es fehlt noch die Bestimmung der freien Konstanten. Setzen wir $C_{3,n} = 1$, dann folgen unter Beachtung von $\sin\lambda_2\ell = 0$ die noch verbleibenden Konstanten: $C_{2,n} = C_{3,n} = C_{4,n} = 0$. Mit $\lambda_{2,n}^*$ ($n = n_g + 1, n_g + 2, \ldots, \infty$) erhalten wir zusätzlich zu (i) folgende Eigenfunktionen für die Verschiebung und den Drehwinkel:

$$W_n^*(x) = \sin\lambda_{2,n}^* x, \qquad \Psi_n^*(x) = -\zeta_{2,n}^* \cos\lambda_{2,n}^* x .$$

(o)

Beispiel 3-3

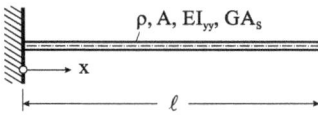

Abb. 3.12 *Der Kragbalken nach Timoshenko*

Für den in der obigen Abbildung skizzierten Kragbalken mit einem Rechteckquerschnitt der Breite *b*, der Höhe *h* und der Länge ℓ sind die ersten drei Eigenkreisfreqenzen und Eigenfunktionen zu berechnen. Stellen Sie dazu ein Maple-Arbeitsblatt zur Verfügung.

<u>Geg.</u>: b = 20 cm, h = 60 cm, ℓ = 3 m , ρ = 2500 kg m^{-3}, E = 3.05·10^{10} N m^{-2}, G = E/2,

A$_S$ = 5/6 A.

<u>Lösung</u>: Am eingespannten Rand (x = 0) müssen die Verschiebung *w* und der Drehwinkel ψ verschwinden, und am freien Rand (x = ℓ) können die Schnittlasten *M* und *Q* nicht übertragen werden (s.h. Tab. 3.1).

Mit den Ortsfunktionen V(x) = W__(x) + Ψ(x) für Querkraft und B(x) = Ψ__(x) für das Biegemeoment lauten die Randbedingungen:

<u>x = 0</u>: $W(x = 0) = 0$, $\Psi(x = 0) = 0$,

<u>x = ℓ</u>: $V(x = \ell) = 0$ $B(x = \ell) = 0$.

Da aus technischer Sicht die hohen Frequenzen von untergeordneter Bedeutung sind, beschränken wir uns auf Eigenwerte $z < z_g$. In diesem Fall liefert die Einarbeitung der Randwerte in die Lösungen (3.13), (3.17) und (3.21) das Gleichungssystem

$$W(0) = 0 = C_2 + C_4 \,,$$

$$\Psi(0) = 0 = \zeta_1 C_1 - \zeta_2 C_3 \,,$$

$$V(\ell) = 0 = (\zeta_1 + \lambda_1)(C_1 \cos \lambda_1 \ell - C_2 \sin \lambda_1 \ell) - (\zeta_2 - \lambda_2)(C_3 \cosh \lambda_1 \ell + C_4 \sinh \lambda_1 \ell) \,,$$

$$B(\ell) = 0 = \lambda_1 \zeta_1 \left(C_1 \sin \lambda_1 \ell + C_2 \cos \lambda_1 \ell \right) + \lambda_2 \zeta_2 \left(C_3 \sinh \lambda_2 \ell + C_4 \cosh \lambda_2 \ell \right).$$

Die Forderung nach dem Verschwinden der Koeffizientendeterminante dieses homogenen Gleichungssystems führt auf die Eigenwertgleichung

$$\cos \lambda_1 \ell + k_1 \sin \lambda_1 \ell \tanh \lambda_2 \ell + \frac{k_2}{\cosh \lambda_2 \ell} = 0, \tag{a}$$

wobei wir zur Abkürzung

$$k_1 = -\frac{\zeta_1 \zeta_2 ((2\lambda_2 - \zeta_2)\lambda_1 + \zeta_1 \lambda_2)}{((\zeta_2^2 - \zeta_1^2)\lambda_2 + \zeta_1^2 \zeta_2^2)\lambda_1 + \zeta_1 \zeta_2^2 \lambda_2} \,, \quad k_2 = -\frac{\zeta_1 \zeta_2 ((\lambda_1 + \zeta_1)\lambda_1 + \zeta_2 \lambda_2 - \lambda_2^2)}{((\zeta_2^2 - \zeta_1^2)\lambda_2 + \zeta_1^2 \zeta_2^2)\lambda_1 + \zeta_1 \zeta_2^2 \lambda_2} \tag{b}$$

gesetzt haben.

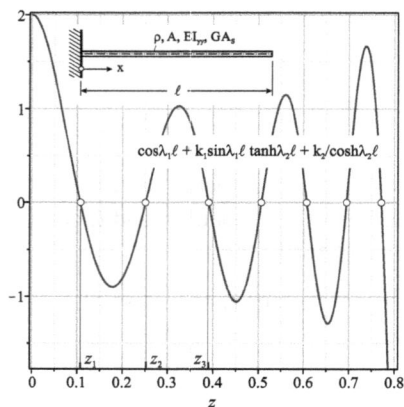

Abb. 3.13   *Grafische Darstellung der Eigenwertgleichung für $z < z_g$*

Maple liefert uns die ersten drei Eigenwerte:

$$z_1 = 0{,}1069 \qquad \rightarrow \omega_1 = 230{,}41\,\mathrm{s}^{-1} \qquad \rightarrow f_1 = \frac{\omega_1}{2\pi} = 36{,}67\,\mathrm{s}^{-1},$$

$$z_2 = 0{,}2508 \qquad \rightarrow \omega_2 = 1268{,}90\,\mathrm{s}^{-1} \qquad \rightarrow f_2 = \frac{\omega_2}{2\pi} = 201{,}95\,\mathrm{s}^{-1},$$

$$z_3 = 0{,}3904 \qquad \rightarrow \omega_3 = 3073{,}43\,\mathrm{s}^{-1} \qquad \rightarrow f_3 = \frac{\omega_3}{2\pi} = 489{,}15\,\mathrm{s}^{-1}.$$

Die Integrationskonstanten errechnen sich wie folgt:

$$C_1 = \frac{\zeta_2\left[(\zeta_2 - \lambda_2)\sinh\lambda_2\ell - (\zeta_1 + \lambda_1)\sin\lambda_1\ell\right]}{\zeta_2(\zeta_1 + \lambda_1)\cos\lambda_1\ell - \zeta_1(\zeta_2 - \lambda_2)\cosh\lambda_2\ell}, \qquad C_2 = -1,$$

$$C_3 = \frac{\zeta_1\left[(\zeta_2 - \lambda_2)\sinh\lambda_2\ell - (\zeta_1 + \lambda_1)\sin\lambda_1\ell\right]}{\zeta_2(\zeta_1 + \lambda_1)\cos\lambda_1\ell - \zeta_1(\zeta_2 - \lambda_2)\cosh\lambda_2\ell}, \qquad C_4 = 1.$$

Damit liegen nach (3.13) und (3.17) auch die Eigenfunktionen fest (s.h. Abb. 3.14).

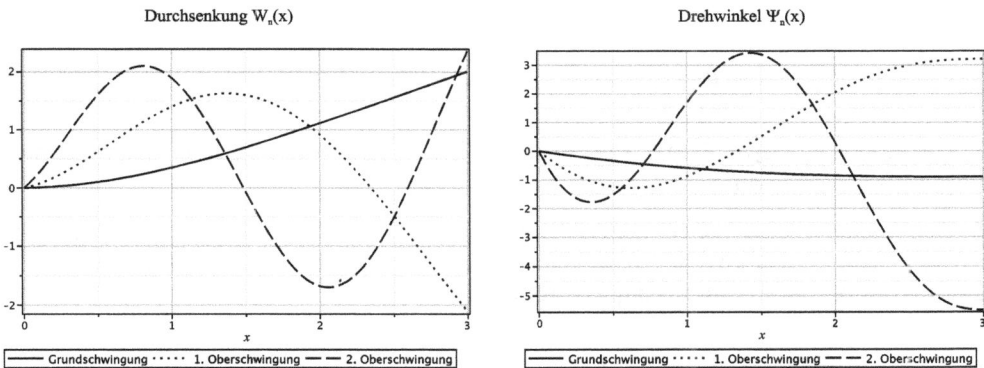

Abb. 3.14 *Grund- und Oberschwingungen eines Timoshenko-Balkens*

Übungsvorschlag: Berechnen Sie die Eigenwerte und Eigenfrequenzen des Kragbalkens für den Fall $z > z_g$.

3.3 Die Bewegungsgleichung des transversal schwingenden Bernoulli-Balkens

Die auf Jakob Bernoulli (Bernoulli, 1694) und Leonhard Euler (Euler, 1744) zurückgehende *Klassische Balkentheorie* beruht mit der Querschnittsverdrehung

$$\boldsymbol{\psi}_p(x) = \psi_y(x)\mathbf{e}_y + \psi_z(x)\mathbf{e}_z$$

auch auf der Annahme ebenbleibender Querschnitte, allerdings verbunden mit dem kinematischen Zwang, dass Balkenquerschnitte, die vor der Auslenkung senkrecht auf der Balkenachse standen, auch nach der Verformung senkrecht auf der dann ausgebogenen Balkenachse stehen sollen (Abb. 3.15).

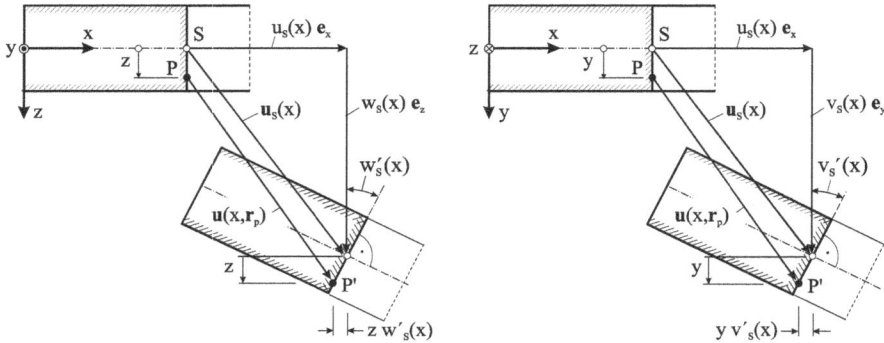

Abb. 3.15   *Die Kinematik des Bernoulli-Balkens*

Wir fassen die als *Bernoullische Hypothesen* bekannten Annahmen der Balkenbiegung in den folgenden Sätzen zusammen:

1. Balkenquerschnitte, die vor der Auslenkung senkrecht auf der Balkenachse standen, sollen auch nach der Deformation senkrecht auf der verformten Balkenachse stehen.
2. Es treten keine Verzerrungen quer zur Balkenachse auf.

Die 1. Bernoullische Hypothese bedeutet

$$\psi_z(x) = v'_S(x), \quad \psi_y(x) = -w'_S(x). \tag{3.31}$$

Damit lassen sich die Drehwinkel durch Ableitung der Verschiebungen v_S und w_S berechnen, und der planare Drehwinkelvektor $\boldsymbol{\psi}_p$ geht über in

$$\boldsymbol{\psi}_p(x) = -w'_S(x)\mathbf{e}_x + v'_S(x)\mathbf{e}_z = \mathbf{e}_x \times \mathbf{u}'_p.$$

Im Fall kleiner Verformungen folgt dann für den Verschiebungsvektor näherungsweise

$$\begin{aligned}
\mathbf{u}(x,\mathbf{r}_p) &= \mathbf{u}_S(x) + \boldsymbol{\psi}_p(x) \times \mathbf{r}_p \\
&= [u_S(x) - z\,w'_S(x) - y\,v'_S(x)]\mathbf{e}_x + v_S(x)\mathbf{e}_y + w_S(x_1)\mathbf{e}_z,
\end{aligned}$$

und in Komponenten erhalten wir

$$u_x = u_S(x) - z\,w'_S(x) - y\,v'_S(x), \quad u_y = v_S(x), \quad u_z = w_S(x).$$

Der Verzerrungstensor **E** besitzt mit der Dehnung

$$\varepsilon_{xx} = u_{x,x} = u'_S(x) - z\,w''_S(x) - y\,v''_S(x)$$

nur noch eine Komponente. Alle anderen Verzerrungen sind identisch Null, was dazu führt, dass beim Bernoulli-Balken kein Werkstoffgesetz für die Querkräfte zur Verfügung steht. Für die Normalspannung erhalten wir

$$\sigma_{xx} = E\,\varepsilon_{xx} = E[u'_S(x) - z\,w''_S(x) - y\,v''_S(x)].$$

Werten wir die in Kap. 3.1 bereitgestellten Schnittlastendefinitionen für den obigen Spannungszustand aus, dann folgen unter Beachtung der Definitionen für die Flächenmomente 1. Grades die Normalkraft

$$N(x) = EA(x)u'_S(x) - ES_y(x)w''_S(x) - ES_z(x)v''_S(x)$$

und die Momente

$$M_x(x) = \sigma_{xz}(x)S_z(x) - \sigma_{xy}(x)S_y(x)$$
$$M_y(x) = ES_y(x)u'_S(x) - EI_{yy}(x)w''_S(x) + EI_{yz}(x)v''_S(x)$$
$$M_z(x) = -ES_z(x)u'_S(x) - EI_{yz}(x)w''_S(x) + EI_{zz}(x)v''_S(x).$$

Bei Bezugnahme auf ein Zentralachsensystem (ZA) verschwinden die statischen Momente, und es verbleiben die Elastizitätsgesetze für die Normalkraft

$$N(x) = EA(x)u'_S(x),$$

sowie die Biegemomente

$$M_y(x) = -EI_{yy}(x)w''_S(x) + EI_{yz}(x)v''_S(x)$$
$$M_z(x) = -EI_{yz}(x)w''_S(x) + EI_{zz}(x)v''_S(x).$$

Lösen wir die obigen Beziehungen nach den Verschiebungsableitungen auf, dann erhalten wir die linearisierten Krümmungen

$$w''_S(x) = -\frac{1}{E}\frac{M_y(x)\,I_{zz}(x) - M_z(x)\,I_{yz}(x)}{I_{yy}(x)I_{zz}(x) - I_{yz}^2(x)}$$

$$v''_S(x) = -\frac{1}{E}\frac{M_y(x)\,I_{yz}(x) - M_z(x)\,I_{yy}(x)}{I_{yy}(x)I_{zz}(x) - I_{yz}^2(x)}.$$

Beziehen wir uns ferner auf die Hauptzentralachsen (HZA) des Querschnitts, dann verbleiben mit $I_{yz} = 0$ die entkoppelten Beziehungen

$$w_S''(x) = -\frac{M_y(x)}{EI_{yy}(x)}, \qquad v_S''(x) = \frac{M_z(x)}{EI_{zz}(x)}.$$

Wir beschränken uns im Folgenden auf die Biegung in der (x,z)-Ebene. Dann erhalten wir bei Bezugnahme auf ein Zentralachsensystem die Elastizitätsgesetze

$$N(x) = EA(x)u_S'(x), \qquad M(x) = -EI_{yy}(x)w''(x).$$ (3.32)

Im dynamischen Fall hängen wieder alle Zustandsgrößen zusätzlich von der Zeit *t* ab. Der Schwerpunktsatz

$$\rho A\,\ddot{w} - Q' = q$$ (3.33)

und der Drallsatz unter Beachtung von (3.31)

$$\rho I_{yy}\,\ddot{w}' - Q + M' = -m$$ (3.34)

bleiben in den Formen (3.2) und (3.3) erhalten. Für die Querkraft existiert beim schubstarren Bernoulli-Balken kein Stoffgesetz, stattdessen folgt aus dem Drallsatz (3.34)

$$Q = M' + \rho I_{yy}\,\ddot{w}' + m.$$ (3.35)

Differenzieren wir den Drallsatz nach *x* und beachten den Schwerpunktsatz, dann ergibt sich die Bewegungsgleichung

$$\rho A\ddot{w} - (\rho I_{yy}\ddot{w}')' + (EI_{yy}w'')'' = q + m'.$$ (3.36)

Für einen prismatischen Balken vereinfacht sich die obige Beziehung zu

$$\rho A\ddot{w} - \rho I_{yy}\ddot{w}'' + EI_{yy}w^{IV} = q + m'.$$ (3.37)

Wir können hier noch einen Sonderfall betrachten. Vernachlässigt man im Drallsatz die Drehträgheit, dann verbleibt von (3.34) die aus der Statik bekannte *Gleichgewichtsbedingung*

$$M' = Q - m,$$ (3.38)

und (3.37) geht über in

$$\rho A\ddot{w} + EI_{yy}w^{IV} = q + m'.$$ (3.39)

3.3.1   Freie Schwingungen des Bernoulli-Balkens

Im Fall der freien Schwingungen fehlen die äußeren Belastungen *q* und *m*, und es verbleibt für den prismatischen Balken die homogene Differenzialgleichung

$$\ddot{w} - i_y^2 \left(\ddot{w}'' - c_L^2 w^{IV} \right) = 0 , \qquad i_y = \sqrt{\frac{I_{yy}}{A}} , \qquad c_L = \sqrt{\frac{E}{\rho}} . \tag{3.40}$$

Die Schnittlasten sind

$$M = -EI_{yy} w'' , \qquad Q = -EI_{yy} w''' + \rho I_{yy} \ddot{w}' . \tag{3.41}$$

Der Bernoullische Produktansatz $w(x,t) = W(x)\,T(t)$ führt (3.40) über in

$$W\,\ddot{T} - i_y^2 \left(W''\ddot{T} - c_L^2 W^{IV} T \right) = 0 .$$

Dies bringen wir nach Trennung der Variablen in die Form

$$\frac{\ddot{T}}{T} = -\frac{i_y^2 c_L^2 W^{IV}}{W - i_y^2 W''} = -\omega^2 .$$

Mit der Bernoullischen Schlussweise erhalten wir die beiden Differenzialgleichungen

$$\ddot{T} + \omega^2\,T = 0$$

und

$$W^{IV} + \kappa_L^2\,W'' - \kappa_B^4\,W = 0 , \qquad \kappa_L = \frac{\omega}{c_L} , \qquad \kappa_B = \sqrt[4]{\frac{\omega^2 \rho A}{EI_{yy}}} \tag{3.42}$$

mit den Lösungen

$$T(t) = A\cos\omega t + B\sin\omega t$$

sowie

$$W(x) = C_1 \sin\lambda_1 x + C_2 \cos\lambda_1 x + C_3 \sinh\lambda_2 x + C_4 \cosh\lambda_2 x . \tag{3.43}$$

Mit den Abkürzungen

$$z = \frac{\kappa_L}{\kappa_B} = i_y \kappa_B = \sqrt[4]{\frac{\omega^2 \rho I_{yy}}{EA}} , \qquad \kappa_B = \frac{z}{i_y} , \tag{3.44}$$

sind

$$\lambda_{1,2} = \frac{\kappa_B \sqrt{2}}{2} \sqrt{\sqrt{4 + z^4} \pm z^2} = \kappa_B \left(1 \pm \frac{1}{4} z^2 \right) + O(z^4) . \tag{3.45}$$

Für die Schnittlasten (3.41) folgt mit Einarbeitung des Produktansatzes

$$M(x,t) = \hat{M}(x)T(t), \quad \hat{M}(x) = -EI_{yy}W''(x)$$

$$Q(x,t) = \hat{Q}(x)T(t), \quad \hat{Q}(x) = -EI_{yy}\left(W'''(x) + \frac{\rho}{E}\omega^2 W'(x)\right). \tag{3.46}$$

Die Reihenentwicklung in (3.45) zeigt, dass für $z \ll 1$ mit guter Näherung $\lambda_{1,2} = \kappa_B$ gesetzt werden kann. Damit geht (3.43) über in

$$W(x) = C_1 \sin\kappa_B x + C_2 \cos\kappa_B x + C_3 \sinh\kappa_B x + C_4 \cosh\kappa_B x. \tag{3.47}$$

Die Näherung

$$z^2 = \left(\frac{\kappa_L}{\kappa_B}\right)^2 = \sqrt{\frac{\omega^2\rho I_{yy}}{EA}} = \omega\sqrt{\frac{\rho}{E}}\, i_y = \kappa_L i_y = \frac{2\pi}{\lambda_L} i_y \ll 1 \tag{3.48}$$

ist umso besser erfüllt, je kleiner die Longitudinal-Wellenzahl $\kappa_L = 2\pi/\lambda_L$ (je größer die Longitudinal-Wellenlänge λ_L) und je kleiner der Trägheitsradius i_y des Balkens ist. Für einen Rechteckquerschnitt (Breite b, Höhe h) ergibt sich beispielsweise der Trägheitsradius zu

$$i_y = \sqrt{\frac{I_{yy}}{A}} = \sqrt{\frac{bh^3}{12bh}} = \frac{h\sqrt{3}}{6} = 0{,}289\,h\,.$$

Die Bedeutung der Näherung $z \ll 1$ erkennen wir, wenn wir (3.48) etwas umschreiben:

$$z^4 = \frac{\omega^2\rho I_{yy}}{EA} = \kappa_L^2 \frac{I_{yy}}{A} = \kappa_L^2 \frac{I_{yy}}{A}\frac{\rho dx}{\rho dx} = \kappa_L^2 \frac{d\Theta}{dm} \ll 1\,.$$

Es wird also die rotatorische gegenüber der translatorischen Trägheit vernachlässigt, und der Drallsatz reduziert sich damit auf

$$Q = M' = -EI w'''\,. \tag{3.49}$$

Die maßgebende Gleichung (3.40) für die freien Schwingungen geht in diesem Fall über in

$$\ddot{w} + \frac{EI_{yy}}{\rho A} w^{IV} = 0\,. \tag{3.50}$$

mit der für die zeitfreie Auslenkung $W(x)$ geltenden Beziehung

$$W^{IV}(x) - \kappa_B^4 W(x) = 0, \qquad \kappa_B = \frac{z}{i_y}\,. \tag{3.51}$$

In Tab. 3.2 sind einige wichtige Lagerungsfälle des Bernoulli-Balkens zusammengefasst, die nach dem Ausscheiden von doppelten auf genau 10 mögliche Fälle führen, von denen jedoch nicht alle von praktischer Bedeutung sind.

Tab. 3.2 *Einige wichtige Lagerungsfälle des Bernoulli-Balkens, ebenes Problem*

Randlagerung	Symbol	w	w′	M	Q
1) Einspannung		0	0	$\neq 0$	$\neq 0$
2) Gelenk		0	$\neq 0$	0	$\neq 0$
3) Gleitschiene		$\neq 0$	0	$\neq 0$	0
4) Freier Rand	—	$\neq 0$	$\neq 0$	0	0

Beispiel 3-4

Für den in Abb. 3.16 skizzierten Kragbalken mit Rechteckquerschnitt der Breite b, der Höhe h sowie der Länge ℓ sind die ersten drei Eigenkreisfreqenzen und Eigenfunktionen $W(x)$ unter Berücksichtigung der Rotationsträgheit nach (3.43) und bei Vernachlässigung derselben nach (3.47) zu berechnen. Vergleichen Sie beide Ergebnisse mit der Lösung des Kragbalkens nach Timoshenko aus Beispiel 3-3.

<u>Geg.</u>: b = 20 cm, h = 60 cm, ℓ = 3 m , ρ = 2500 kg m^{-3}, E = 3,05·10^{10} N m^{-2}.

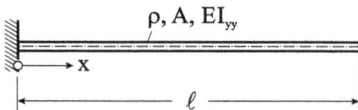

Abb. 3.16 *Der Kragbalken nach Bernoulli*

<u>Lösung:</u> Bezeichnen $\hat{M}(x) = -EI_{yy}W''(x)$ und $\hat{Q}(x) = -EI_{yy}W'''(x)$ die Ortsfunktionen des Biegemoments und der Querkraft, dann lauten die durch (3.43) ausgedrückten Randbedingungen:

<u>x = 0:</u> $W(x = 0) = 0$, $W'(x)\big|_{x=\ell} = 0$,

<u>x = ℓ:</u> $\hat{M}(x = \ell)$, $\hat{Q}(x = \ell)$.

Die Einarbeitung der Randwerte in die Lösungen liefert:

$$W(0) = 0 = C_2 + C_4 \ ,$$

$$W'(0) = 0 = \zeta_1 C_1 - \zeta_2 C_3 \ ,$$

$$\hat{M}(\ell) = 0 = (\zeta_1 + \lambda_1)(C_1 \cos\lambda_1\ell - C_2 \sin\lambda_1\ell) - (\zeta_2 - \lambda_2)(C_3 \cosh\lambda_1\ell + C_4 \sinh\lambda_1\ell) \ ,$$

$$\hat{Q}(\ell) = 0 = \lambda_1 \zeta_1 \left(C_1 \sin \lambda_1 \ell + C_2 \cos \lambda_1 \ell \right) + \lambda_2 \zeta_2 \left(C_3 \sinh \lambda_2 \ell + C_4 \cosh \lambda_2 \ell \right).$$

Die Forderung nach dem Verschwinden der Koeffizientendeterminante führt mit λ_1 und λ_2 nach (3.45) auf die Eigenwertgleichung

$$\cos \lambda_1 \ell - k_1 \sin \lambda_1 \ell \tanh \lambda_2 \ell + \frac{k_2}{\cosh \lambda_2 \ell} = 0 , \qquad\qquad \text{(a)}$$

wobei zur Abkürzung

$$k_1 = \frac{\lambda_1 \lambda_2 \, (i_y^2 (\lambda_2^2 - \lambda_1^2) + 2 z^4)}{(2 i_y^2 \lambda_2^2 + z^4) \lambda_1^2 - \lambda_2^2 z^4} , \qquad k_2 = \frac{i_y^2 (\lambda_1^4 + \lambda_2^4) + (\lambda_2^2 - \lambda_1^2) z^4}{(2 i_y^2 \lambda_2^2 + z^4) \lambda_1^2 - \lambda_2^2 z^4}$$

gesetzt wurde. Vernachlässigen wir die Rotationsträgheit, dann sind mit (3.47) folgende Randwerte zu erfüllen:

$$W(0) = 0 = C_2 + C_4 \ ,$$

$$W'(0) = 0 = C_1 + C_3 \ ,$$

$$\hat{M}(\ell) = 0 = C_1 \sin \kappa_B \ell + C_2 \cos \kappa_B \ell - C_3 \sinh \kappa_B \ell - C_4 \cosh \kappa_B \ell \ ,$$

$$\hat{Q}(\ell) = 0 = C_1 \cos \kappa_B \ell - C_2 \sin \kappa_B \ell - C_3 \cosh \kappa_B \ell - C_4 \sinh \kappa_B \ell \ .$$

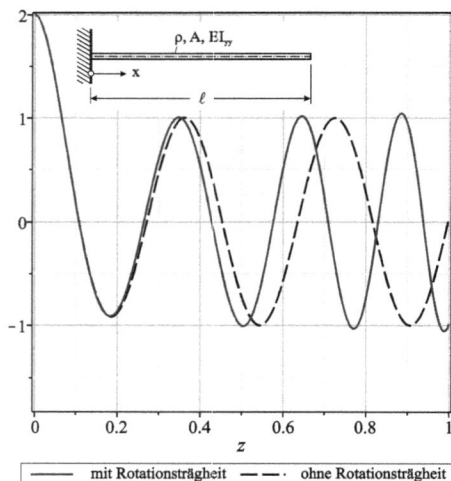

Abb. 3.17   *Eigenwertgleichungen für den Bernoulli-Balken*

Die Forderung nach dem Verschwinden der Koeffizientendeterminante des obigen Gleichungssystems führt in diesem Fall auf die Eigenwertgleichung

$$\cos \kappa_B \ell + \frac{1}{\cosh \kappa_B \ell} = 0 \,, \qquad \kappa_B = \frac{z}{i_y} \,. \qquad\qquad (b)$$

Mit Kenntnis der Eigenwerte z können in beiden Fällen mit (3.44) die Eigenkreisfrequenzen

$$\omega_n = z_n^2 \sqrt{\frac{EA}{\rho I_{yy}}} \qquad (n = 1,2,\dots,\infty) \qquad\qquad (c)$$

berechnet werden. Die Eigenwerte und die Eigenkreisfrequenzen können dem entsprechenden Maple-Arbeitsblatt entnommen werden.

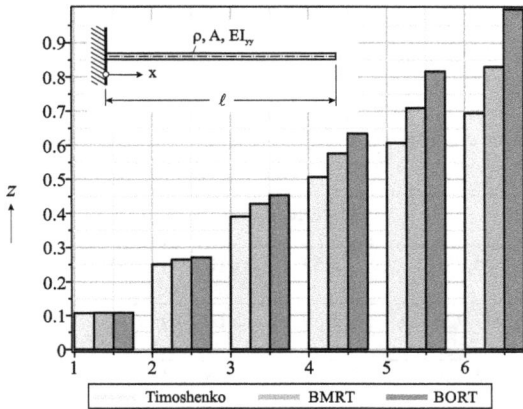

Abb. 3.18 *Vergleich der Eigenwerte z des Timoshenko-Balkens mit denjenigen des Bernoulli-Balkens mit (BMRT) und ohne (BORT) Berücksichtigung der Rotationsträgheit*

Die Abb. 3.18 zeigt den Einfluss des kinematischen Effektes der Schubverformung nach Timoshenko (s.h. Beispiel 3-3) auf die ersten sechs Eigenwerte des Kragbalkens. Für die höheren Eigenwerte sind deutliche Abweichungen von der Bernoulli-Theorie festzustellen, die Anlass dazu geben, diese Eigenwerte unter Berücksichtigung der Schubverformung und der Drehträgheit zu berechnen und zwar unabhängig vom jeweiligen Randwertproblem. Es bereitet nun keine Schwierigkeiten, die Eigenfrequenzen und Eigenschwingungsformen für die verbleibenden Randlagerungen in Tab. 3.2 anzugeben.

Tab. 3.3 *Lagerungsfälle*

Tab. 3.4 *Eigenwertgleichungen und die zugehörigen ersten drei Eigenwerte des Bernoulli-Balkens ohne Berücksichtigung der Drehträgheit*

Lagerung	Eigenwertgleichung ($\lambda = \kappa_B\,\ell$)	Eigenwerte
[1,1]	$\cos\lambda\cosh\lambda - 1 = 0$	$\lambda_1 = 4{,}730 \quad \lambda_2 = 7{,}853 \quad \lambda_3 = 10{,}996$
[1,2]	$\tanh\lambda - \tan\lambda = 0$	$\lambda_1 = 3{,}927 \quad \lambda_2 = 7{,}069 \quad \lambda_3 = 10{,}210$
[1,3]	$\tanh\lambda + \tan\lambda = 0$	$\lambda_1 = 2{,}365 \quad \lambda_2 = 5{,}498 \quad \lambda_3 = 8{,}639$
[1,4]	$\cos\lambda\cosh\lambda + 1 = 0$	$\lambda_1 = 1{,}875 \quad \lambda_2 = 4{,}694 \quad \lambda_3 = 7{,}855$
[2,2]	$\sin\lambda = 0$	$\lambda_n = n\pi, \quad (n = 1,2,3\ldots)$
[2,3]	$\cos\lambda = 0$	$\lambda_n = (2n-1)\pi/2, \quad (n = 1,2,3\ldots)$
[2,4]	$\tanh\lambda - \tan\lambda = 0$	$\lambda_1 = 3{,}927 \quad \lambda_2 = 7{,}069 \quad \lambda_3 = 10{,}210$
[3,3]	$\sin\lambda = 0$	$\lambda_n = n\pi, \quad (n = 1,2,3\ldots)$
[3,4]	$\tanh\lambda + \tan\lambda = 0$	$\lambda_1 = 2{,}365 \quad \lambda_2 = 5{,}498 \quad \lambda_3 = 8{,}639$
[4,4]	$\cos\lambda\cosh\lambda - 1 = 0$	$\lambda_1 = 4{,}730, \quad \lambda_2 = 7{,}853, \quad \lambda_3 = 10{,}996$

Es ist beachtenswert, dass die 10 Lagerungsfälle auf nur 6 verschiedene Eigenwertgleichungen führen. So schwingt beispielsweise der links und rechts starr eingespannte Balken [1,1] mit denselben Frequenzen wie der beidseits frei gelagerte Balken [4,4].

Aus den Lösungen der Eigenwertgleichungen ergeben sich die Eigenkreisfrequenzen

$$\omega_n = \lambda_n^2 \sqrt{\frac{EI_{yy}}{\rho A \ell^4}} \, . \tag{3.52}$$

Tab. 3.5 *Eigenfunktionen des Bernoulli-Balkens ohne Berücksichtigung der Drehträgheit*

Lagerung	Eigenschwingungsformen ($\xi = x/\ell$)
[1,1]	$W_n(\xi) = C_n \left[\sin \lambda_n \xi - \sinh \lambda_n \xi + (\cosh \lambda_n \xi - \cos \lambda_n \xi) \dfrac{\sinh \lambda_n - \sin \lambda_n}{\cosh \lambda_n - \cos \lambda_n} \right]$
[1,2]	$W_n(\xi) = C_n \left[\sin \lambda_n \xi - \sinh \lambda_n \xi + (\cosh \lambda_n \xi - \cos \lambda_n \xi) \dfrac{\sinh \lambda_n - \sin \lambda_n}{\cosh \lambda_n - \cos \lambda_n} \right]$
[1,3]	$W_n(\xi) = C_n \left[\cosh \lambda_n \xi - \sin \lambda_n \xi - (\cosh \lambda_n \xi - \cos \lambda_n \xi) \dfrac{\cosh \lambda_n - \cos \lambda_n}{\sinh \lambda_n + \sin \lambda_n} \right]$
[1,4]	$W_n(\xi) = C_n \left[\sin \lambda_n \xi - \sinh \lambda_n \xi + (\cosh \lambda_n \xi - \cos \lambda_n \xi) \dfrac{\sinh \lambda_n + \sin \lambda_n}{\cosh \lambda_n + \cos \lambda_n} \right]$
[2,2]	$W_n(\xi) = C_n \sin \lambda_n \xi$
[2,3]	$W_n(\xi) = C_n \sin \lambda_n \xi$
[2,4]	$W_n(\xi) = C_n \left(\sin \lambda_n \xi + \sinh \lambda_n \xi \dfrac{\sin \lambda_n}{\sinh \lambda_n} \right)$
[3,3]	$W_n(\xi) = C_n \cos \lambda_n \xi$
[3,4]	$W_n(\xi) = C_n \left(\cos \lambda_n \xi + \dfrac{\cos \lambda_n}{\cosh \lambda_n} \cosh \lambda_n \xi \right)$
[4,4]	$W_n(\xi) = C_n \left[\sin \lambda_n \xi + \sinh \lambda_n \xi - (\cosh \lambda_n \xi + \cos \lambda_n \xi) \dfrac{\sinh \lambda_n - \sin \lambda_n}{\cosh \lambda_n - \cos \lambda_n} \right]$

Das System aller Eigenfunktionen eines Eigenwertproblems bildet immer ein vollständiges Funktionensystem (Courant & Hilbert, 1968), dessen Orthogonalitätsrelationen wir uns im Folgenden beschaffen. Dazu notieren wir die Differenzialgleichung (3.51) zunächst für die Eigenfunktion $W_i(x)$. Multiplizieren wir diese Gleichung mit $W_k(x)$ und integrieren über die Balkenlänge, dann erhalten wir

$$\int_{x=0}^{\ell} W_i^{VI}(x) W_k(x) \, dx = \kappa_{B,i}^4 \int_{x=0}^{\ell} W_i(x) W_k(x) \, dx \, .$$

Das Integral auf der linken Seite wird mittels partieller Integration umgeformt. das Ergebnis ist:

$$\int_{x=0}^{\ell} W_i^{VI} W_k \, dx = \left[W_i''' W_k \right]_0^{\ell} - \int_{x=0}^{\ell} W_i''' W_k' \, dx = \left[W_i''' W_k \right]_0^{\ell} - \left[W_i'' W_k' \right]_0^{\ell} + \int_{x=0}^{\ell} W_i'' W_k'' \, dx$$

$$= \left[W_i''' W_k \right]_0^{\ell} - \left[W_i'' W_k' \right]_0^{\ell} + \left[W_i' W_k'' \right]_0^{\ell} - \int_{x=0}^{\ell} W_i' W_k''' \, dx$$

$$= \left[W_i''' W_k \right]_0^{\ell} - \left[W_i'' W_k' \right]_0^{\ell} + \left[W_i' W_k'' \right]_0^{\ell} - \left[W_i W_k''' \right]_0^{\ell} + \int_{x=0}^{\ell} W_i W_k^{IV} \, dx .$$

Da die Eigenfunktionen die Randbedingungen erfüllen, verschwinden sämtliche Randterme, und es verbleibt

$$\int_{x=0}^{\ell} W_i^{VI} W_k \, dx = \int_{x=0}^{\ell} W_i W_k^{IV} \, dx = \kappa_{B,i}^4 \int_{x=0}^{\ell} W_i(x) W_k(x) \, dx .$$

Multiplizieren wir in einem zweiten Schritt die Gleichung (3.51) für die k-te Eigenlösung mit der Eigenfunktionen $W_i(x)$, integrieren wieder über die Balkenlänge und formen anschließend partiell um, dann erhalten wir

$$\int_{x=0}^{\ell} W_k^{VI} W_i \, dx = \kappa_{B,k}^4 \int_{x=0}^{\ell} W_i(x) W_k(x) \, dx .$$

Ziehen wir nun diese Gleichung von der ersten ab, dann ist

$$\left(\kappa_{B,i}^4 - \kappa_{B,k}^4 \right) \int_{x=0}^{\ell} W_i(x) W_k(x) \, dx = 0 .$$

Damit folgt für ungleiche Eigenwerte die Orthogonalitätsrelation

$$\int_{x=0}^{\ell} W_i(x) W_k(x) \, dx = 0 , \qquad (i \neq k). \tag{3.53}$$

In der Tab. 3.4 wurden die Null-Eigenwerte $\lambda_0 = \kappa_B = 0$ und damit $\omega_0 = 0$ für die Lagerungen [2,4], [3,3], [3,4] und [4,4] nicht gesondert ausgewiesen. Diesen Sachverhalt wollen wir jetzt etwas genauer untersuchen. Für den Sonderfall $\kappa_B = 0$ liefern die Differenzialgleichungen (3.42) und (3.51) die allgemeinen Lösungen

$$W(x) = \frac{1}{6} C_1 x^3 + \frac{1}{2} C_2 x^2 + C_3 x + C_4 , \qquad T(t) = A_0 t + B_0 . \tag{3.54}$$

Zur Bestimmung der vier Integrationskonstanten sind die zeitfreien Verschiebungen (3.43) und (3.47) an die Randbedingungen anzupasssen. Wir lösen das Randwertproblem für den beidseits frei gelagerten Balken [4,4], dem die Eigenwertgleichung $\cos\lambda \cosh\lambda - 1 = 0$ zugeordnet ist und die den zweifachen Eigenwert $\lambda_0 = 0$ liefert. An beiden Balkenenden müssen die Biegemomente und die Querkräfte verschwinden. Das führt nach Anwendung der Gauß-Elimination auf das homogene Gleichungssystem

$$\begin{bmatrix} -1 & 0 & 0 & 0 \\ 0 & -1 & 0 & 0 \\ 0 & 0 & 0 & 0 \\ 0 & 0 & 0 & 0 \end{bmatrix} \cdot \begin{bmatrix} C_1 \\ C_2 \\ C_3 \\ C_4 \end{bmatrix} = \begin{bmatrix} 0 \\ 0 \\ 0 \\ 0 \end{bmatrix}$$

mit den Lösungen $C_1 = C_2 = 0$, wobei C_3 und C_4 beliebig angenommen werden können. Damit ist $W(x) = C_3 x + C_4$. Die Bewegung setzt sich somit aus zwei Starrkörperbewegungen zusammen, einer Translation mit C_4 in z-Richtung und einer Drehung mit $C_3 x$ um den Punkt $x = 0$. Da jede Linearkombination von Eigenfunktionen wieder eine Eigenfunktion ist, können wir im Fall des zweifachen Eigenwertes für die beide Eigenfunktionen mit den Konstanten

$$C_3 = - C_{0,2}, \quad C_4 = C_{0,1} + C_{0,2}\, \ell/2 \quad \text{auch}$$

$$W_{0,1} = C_{0,1}, \quad W_{0,2} = C_{0,2}\, (\ell/2 - x)$$

notieren. Bezüglich $x = \ell/2$ ist $W_{0,1}$ eine symmetrische und $W_{0,2}$ eine antimetrische Funktion.

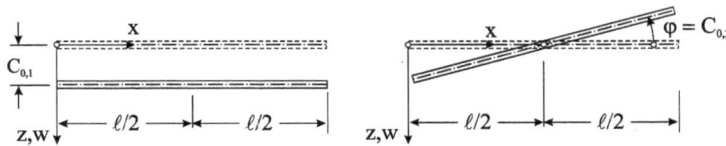

Abb. 3.19 *Starrkörperbewegungen (Translation und Rotation) des beidseits frei gelagerten Bernoulli-Balkens*

Sie erfüllen untereinander die Orthogonalitätsbedingung

$$\int_{x=0}^{\ell} W_{0,1}(x)\,W_{0,2}(x)\,dx = 0 \, ,$$

und mit den Eigenfunktionen $W_k(x)$ aus Tab. 3.5 gilt:

$$\int_{x=0}^{\ell} W_{0,1}(x)\,W_k(x)\,dx = 0, \quad \int_{x=0}^{\ell} W_{0,2}(x)\,W_k(x)\,dx = 0 \, , \quad (k = 1,2,\ldots,\infty).$$

Für den beidseits frei gelagerten Balken lautet dann mit neuen Konstanten die vollständige Lösung:

$$w(\xi,t) = A_{0,1}t + B_{0,1} + (1-2\xi)(A_{0,2}t + B_{0,2}) + \sum_{n=1}^{\infty} W_n(\xi)(A_n \cos\omega_n t + B_n \sin\omega_n t)$$

mit $W_n(\xi)$ für die Lagerung [4,4] aus Tab. 3.5.

Übungsvorschlag: Lösen Sie für die Lagerungen [2,4], [3,3] und [3,4], die alle den einfachen Null-Eigenwert besitzen, die zugehörigen Eigenwertprobleme. Verwenden Sie dazu die zeit-freie Verschiebungsfunktion W(x) nach (3.54).

Beispiel 3-5:

a) System vor dem Entfernen der Hilfsstütze

b) System unmittelbar nach dem Entfernen der Hilfsstütze (t = 0)

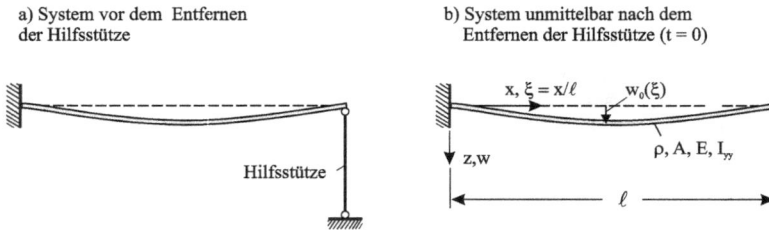

Abb. 3.20   Kragträger mit Hilfsstütze

Der Kragträger mit Rechteckquerschnitt (Breite b, Höhe h) in Abb. 3.20 wird im Montagezu-stand am rechten Ende durch eine Hilfsstütze gehalten. In diesem Zustand stellt sich die stati-sche Durchsenkung

$$w_0(\xi) = \frac{q_0 \ell^4}{48EI_{yy}} \xi^2(\xi-1)(2\xi-3)$$

ein. Zum Zeitpunkt t = 0 wird die Stütze herausgeschlagen, wodurch der Träger in Schwingung gerät. Gesucht werden sämtliche Zustandsgrößen des Balkens nach dem plötzlichen Entfernen der Stütze. Stellen Sie dazu eine Maple-Prozedur zur Verfügung, die sämtliche Zustandsgrö-ßen animiert.

<u>Geg.</u>: b = 20 cm, h = 40 cm, ℓ = 6 m , ρ = 2500 kg m^{-3}, E = 3.05·10^{10} N m^{-2}, q_0 = 10 kN/m.

<u>Lösung</u>: Nach dem Entfernen der Hilfsstütze entspricht die Lagerung des Balkens dem Krag-träger [1,4] in Tab. 3.3, für den die ersten drei Eigenwerte λ_n der Tab. 3.4 entnommen werden können. Die Eigenkreisfrequenzen ω_n folgen dann aus (3.52). Der Tab. 3.5 entnehmen wir mit $C_n = 1$ die Eigenfunktionen

$$W_n(\xi) = \sin\lambda_n\xi - \sinh\lambda_n\xi + (\cosh\lambda_n\xi - \cos\lambda_n\xi)\frac{\sinh\lambda_n + \sin\lambda_n}{\cosh\lambda_n + \cos\lambda_n}.$$

Die vollständige Lösung des Schwingungsproblems ist dann

$$w(\xi,t) = \sum_{n=1}^{\infty} W_n(\xi)\big(A_n \cos\omega_n t + B_n \sin\omega_n t\big).$$

Durch Ableitung nach der Zeit erhalten wir die Geschwindigkeit

$$\dot{w}(\xi,t) = \sum_{n=1}^{\infty} \omega_n W_n(\xi)\big(B_n \cos\omega_n t - A_n \sin\omega_n t\big).$$

Diese Lösung ist an die Anfangsbedingungen

$$w(\xi,t=0) = \sum_{n=1}^{\infty} A_n W_n(\xi) = \Phi(\xi), \quad \dot{w}(\xi,t=0) = \sum_{n=1}^{\infty} \omega_n B_n W_n(\xi) = 0$$

anzupassen. Da das System aus der Ruhelage startet, sind alle B_n identisch Null, und es verbleiben

$$w(\xi,t) = \sum_{n=1}^{\infty} A_n W_n(\xi)\cos\omega_n t, \quad \dot{w}(\xi,t) = -\sum_{n=1}^{\infty} A_n \omega_n W_n(\xi)\sin\omega_n t.$$

Damit lautet die Anfangsbedingung

$$\sum_{n=1}^{\infty} A_n W_n(\xi) = \Phi(\xi) = w_0(\xi).$$

Zur Bestimmung der Integrationskonstanten A_n multiplizieren wir die obige Gleichung mit der Eigenfunktion $W_k(\xi)$, integrieren über die Balkenlänge und erhalten

$$\sum_{n=1}^{\infty} A_n \int_{\xi=0}^{1} W_n(\xi) W_k(\xi)\,d\xi = \int_{\xi=0}^{1} w_0(\xi) W_k(\xi)\,d\xi.$$

Beachten wir die Orthogonalitätsrelationen (3.53), dann verbleibt mit $k = n$ nur der Anteil

$$A_n \int_{\xi=0}^{1} W_n(\xi) W_n(\xi)\,d\xi = \int_{\xi=0}^{1} w_0(\xi) W_n(\xi)\,d\xi,$$

was

$$A_n = \int_{\xi=0}^{1} w_0(\xi) W_n(\xi)\,d\xi \ / \int_{\xi=0}^{1} W_n^2(\xi)\,d\xi \qquad (n = 1,2,\ldots,\infty)$$

liefert. Die elementare aber schon recht umfangreiche Auswertung der obigen Beziehungen überlassen wir selbstverständlich wieder Maple und verweisen zu allen Details auf das entsprechende Maple-Arbeitsblatt. Wie Vergleichsrechnungen zeigen, reicht die Summe der ers-

ten fünf Eigenfunktionen aus, um das Schwingungsproblem für praktische Anwendungen ausreichend genau zu beschreiben. Die Abb. 3.21 zeigt links die Balkenverformungen zu diskre-
ten dimensionslosen Zeitpunkten $\tau = \omega_1 t$ ($\omega_1 = 39{,}39$ s^{-1}) und rechts die zeitabhängige Verschiebung des Balkenendes mit dem Extremwert in der Nähe von $\tau = 3$.

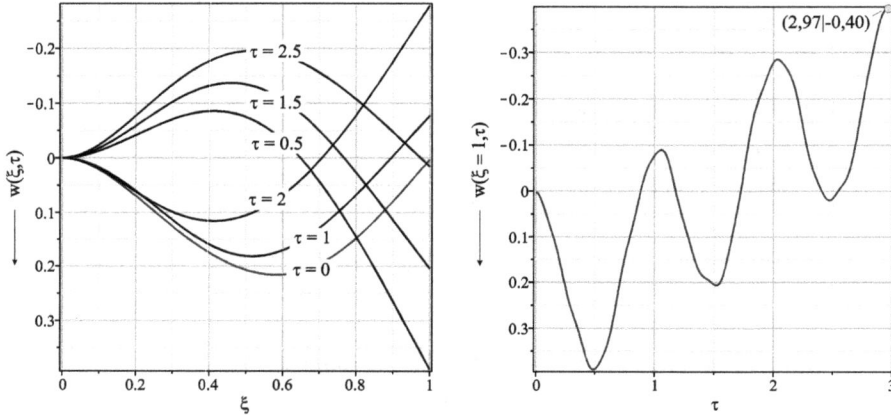

Abb. 3.21 *Balkenverformungen w(ξ,τ) zu diskreten Zeitpunkten τ, Auslenkung des Balkenendes w(ξ = 1, τ)*

Beispiel 3-6

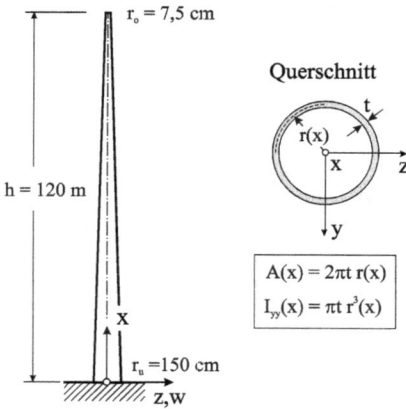

Abb. 3.22 *The Spire of Dublin*

The Spire of Dublin[1], ein bekanntes Denkmal in der irischen Hauptstadt, besteht aus einer 120 m hohen Stahlnadel (ρ = 7850 kg/m³, E = 2,1·10¹¹ N/m²), die an ihrem Fuße einen Radius von r_u = 150 cm und an der Spitze einen solchen von r_o = 7,5 cm besitzt. Der Radius ist linear mit der Höhe veränderlich (Abb. 3.22). Die Rohrdicke beträgt einheitlich t = 2,5 cm. Für den vorliegenden dünnen Kreisringquerschnitt sind die Eigenfrequenzen und Eigenformen für den Bernoulli-Balken ohne Berücksichtigung der Drehträgheit zu berechnen. Der Einfluss der Normalkraft aus Eigengewicht auf die Momentenbilanz im Drallsatz kann vernachlässigt werden.

Lösung: Wir haben im Folgenden die Abhängigkeit der geometrischen Größen r, A und I_{yy} von der x-Koordinate zu beachten. Mit dem in Abb. 3.22 eingeführten Koordinatensystem sind:

$$r(x) = r_u\left[1 + \left(\frac{r_o}{r_u} - 1\right)\frac{x}{h}\right], \quad A(x) = 2\pi t\, r(x), \quad I_{yy}(x) = \pi t\, r^3(x).$$

Führen wir die Abkürzungen $A_0 = 2\pi r_u\, t$, $I_0 = \pi t\, r_u^3$, $\delta = r_o/r_u - 1$ und $z = 1 + \delta\, x/h$ ein, dann sind: $r(z) = r_u\, z$, $A(z) = A_0\, z$, $I_{yy}(z) = I_0\, z^3$. Mit der neuen Variablen z gilt die Ableitungsregel:

$$\frac{d}{dx} = \eta\frac{d}{dz}, \qquad \eta = \frac{\delta}{h}.$$

Wir notieren zunächst die Schnittlasten. Für das Biegemoment und die Querkraft erhalten wir:

$$M(x,t) = -EI_{yy}(x)\, w''(x,t),$$

$$Q(x,t) = -\left[EI_{yy}(x)\, w''(x,t)\right]', \quad Q'(x,t) = -\left[EI_{yy}(x)\, w''(x,t)\right]''.$$

Da wir die Drehträgheit des Elementes vernachlässigen, benötigen wir für die freien Schwingungen (q = 0) nur den Schwerpunktsatz (3.33) in der Form $\rho A(x)\,\ddot{w}(x,t) - Q'(x,t) = 0$. Bezeichnet im Folgen ()$\_$ die Ableitung nach z, dann ist

$$\rho A_0 z\,\ddot{w}(z,t) + EI_0\eta^4\left[z^3 w''(z,t)\right]'' = 0.$$

Zur Lösung der obigen Gleichung verwenden wir den Produktansatz w(z,t) = W(z) T(t) und erhalten

$$\rho A_0\, z\, W\,\ddot{T} + EI_0\eta^4\left(z^3\, W''\right)''\, T = 0.$$

Dies schreiben wir unter Beachtung der Bernoullischen Schlussweise in der Form

---

$$\frac{\ddot{T}}{T} = -\frac{EI_0\eta^4(z^3\,W'')''}{\rho A_0\,z\,W} = -\omega^2 .$$

Damit zerfällt die obige Beziehung in die beiden Differenzialgleichungen $\ddot{T}+\omega^2 T = 0$ und

$$(z^3\,W'')'' - \kappa^4 z\,W = 0 , \qquad \kappa = \frac{1}{\eta}\sqrt[4]{\frac{\rho A_0\omega^2}{EI_0}} . \qquad (a)$$

Besselsche Funktionen 1. Art n-ter Ordnung   Modifizierte Besselsche Funktionen 1. Art n-ter Ordnung

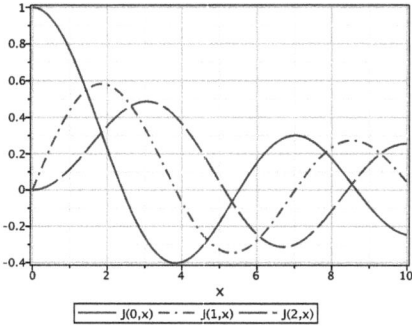

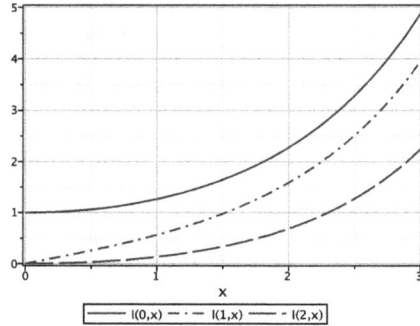

Abb. 3.23 *Besselsche und modifizierte Besselsche Funktionen 1. Art*

Y(n,x): Besselsche Funktion 2. Art n-ter Ordnung (Webersche Funktionen)   K(n,x): Modifizierte Besselsche Funktion 2. Art n-ter Ordnung (MacDonaldsche Funktionen)

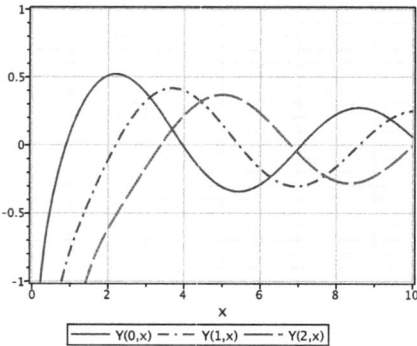

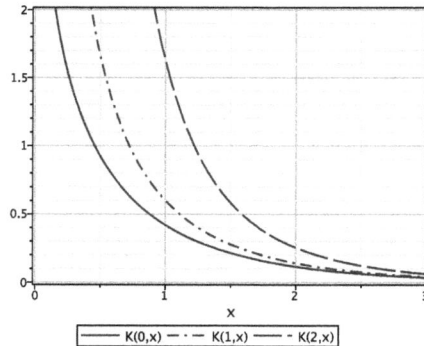

Abb. 3.24 *Besselsche und modifizierte Besselsche Funktionen 2. Art*

Maple liefert uns für diese gewöhnliche Differenzialgleichung 4. Ordnung die Lösung

$$W(z) = \frac{1}{\sqrt{z}}\Big[C_1\,I_1(2\kappa\sqrt{z}) + C_2\,J_1(2\kappa\sqrt{z}) + C_3\,K_1(2\kappa\sqrt{z}) + C_4\,Y_1(2\kappa\sqrt{z})\Big], \qquad (b)$$

wobei folgende Bezeichnungen gelten (s.h. auch Kap. 2.2):

$J_n(x)$:   Besselsche Funktion 1. Art n-ter Ordnung

$I_n(x)$:   Modifizierte Besselsche Funktion 1. Art n-ter Ordnung

$Y_n(x)$:   Besselsche Funktion 2. Art n-ter Ordnung (Webersche Funktionen)

$K_n(x)$:   Modifizierte Besselsche Funktion 2. Art n-ter Ordnung (MacDonaldsche Funktionen).

Die wichtigsten Funktionsgleichungen dieser Besselschen Funktionen sind:

$$J_{n-1}(x) + J_{n+1}(x) = \frac{2n}{x} J_n(x), \qquad \frac{d}{dx} J_n(x) = -\frac{n}{x} J_n(x) + J_{n-1}(x),$$

$$I_{n-1}(x) - I_{n+1}(x) = \frac{2n}{x} I_n(x), \qquad \frac{d}{dx} I_n(x) = -\frac{n}{x} I_n(x) + I_{n-1}(x),$$

$$Y_{n-1}(x) + Y_{n+1}(x) = \frac{2n}{x} Y_n(x), \qquad \frac{d}{dx} Y_n(x) = -\frac{n}{x} Y_n(x) + Y_{n-1}(x),$$

$$K_{n+1}(x) - K_{n-1}(x) = \frac{2n}{x} K_n(x), \qquad \frac{d}{dx} K_n(x) = -\frac{n}{x} K_n(x) - K_{n-1}(x).$$

Wir benötigen noch die zeitfreien Biegemomente und Querkräfte

$$\hat{M}(z) = -EI_0\eta^2 W''(z), \quad \hat{Q}(z) = -EI_0\eta^3 \left[z^3 W''(z)\right]'. \qquad \text{(c)}$$

Die Lösung der Gleichung (a) muss folgenden Randbedingungen genügen ($z = 1 + \delta/h \, x$):

$z = 1$: $W(1) = 0$, $dW(z)/dz\big|_{z=1} = 0$,

$z = 1 + \delta$: $\hat{M}(1+\delta) = 0$, $\hat{Q}(1+\delta) = 0$.

Die rechenintensiven Ableitungen überlassen wir Maple, verzichten hier aufgrund des erheblichen Umfangs auf deren Darstellung und verweisen stattdessen auf das entsprechende Arbeitsblatt. Das betrifft auch die Aufstellung des homogenen Gleichungssystems zur Erfüllung der Randwerte und der Berechnung der zugehörigen Systemdeterminante, die zu Null gefordert die Eigenwertgleichung liefert, deren Verlauf mit den Werten des Beispiels der Abb. 3.25 entnommen werden kann.

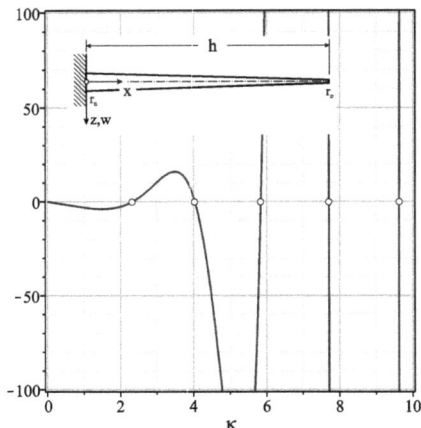

Abb. 3.25 *Eigenwertgleichung für die Nadel von Dublin*

Maple liefert uns die ersten drei Eigenwerte:

$$\kappa_1 = 2,3301 \qquad \rightarrow \omega_1 = 1,867\,\mathrm{s}^{-1} \quad \rightarrow f_1 = \frac{\omega_1}{2\pi} = 0,297\,\mathrm{s}^{-1},$$

$$\kappa_2 = 4,0371 \qquad \rightarrow \omega_2 = 5,604\,\mathrm{s}^{-1} \quad \rightarrow f_2 = \frac{\omega_2}{2\pi} = 0,892\,\mathrm{s}^{-1},$$

$$\kappa_3 = 5,8377 \qquad \rightarrow \omega_3 = 11,717\,\mathrm{s}^{-1} \rightarrow f_3 = \frac{\omega_3}{2\pi} = 1,865\,\mathrm{s}^{-1}.$$

Für den kleinsten Eigenwert κ_1 kann noch die Abschätzung

$$\kappa_1 \approx \sqrt[4]{\frac{24}{12(1+\delta)^2 \ln(1+\delta) + \delta(3\delta^3 - 4\delta^2 - 18\delta - 12)}}$$

benutzt werden, was mit den Werten des Beispiels die Näherung $\kappa_1 \approx 2,25$ liefert und damit etwas kleiner ausfällt als der theoretisch exakte Wert $\kappa_1 = 2,33$. Sind die Eigenwerte κ_n bekannt, dann folgen die Eigenkreisfrequenzen nach (a) aus der Beziehung

$$\omega_n = \kappa_n^2 \sqrt{\frac{EI_0 \eta^4}{\rho A_0}},$$

wobei zu beachten ist, dass aufgrund der Vernachlässigung von Schubverformung und Drehträgheit die höheren Eigenwerte zu groß abgeschätzt werden.

Zur Ermittlung der noch freien Konstanten wird $C_4 = 1$ gewählt, womit sich die noch verbleibenden Konstanten in Abhängigkeit vom jeweiligen Eigenwert κ aus dem dann reduzierten inhomogenen Gleichungssystem ergeben. Maple liefert uns mit den Werten des Beispiels:

$C_1 = 0,3074$, $C_2 = 21,2114$, $C_3 = 0,7616$, $C_4 = 1$.

Damit können dann auch die Verschiebungs-Eigenfunktionen skizziert werden (Abb. 3.26), die derart normiert wurden, dass die jeweils betragsmäßig größte Verschiebung Eins gesetzt wurde.

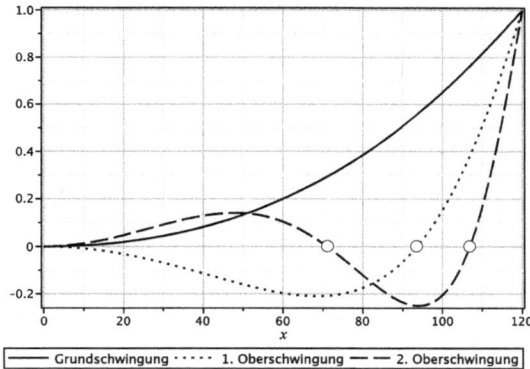

Abb. 3.26 *Normierte Grund- und Oberschwingungen der Nadel von Dublin*

Hinweis: Die Berücksichtigung der Drehträgheit führt in Erweiterung zu (a) auf die zeitfreie Differenzialgleichung

$$(z^3 \, W'')'' - \kappa^4 \left[z \, W - \beta \left(z^3 W' \right)' \right] = 0 \, , \qquad \beta = (i_{y0} \, \eta)^2,$$

für die uns Maple hingegen keine geschlossene Lösung liefert. Hier bietet sich beispielsweise ein Lösungsweg nach der *Störungstheorie* an, auf den wir hier jedoch nicht näher eingehen.

3.3.2   Einfluss einer Normalkraftbeanspruchung

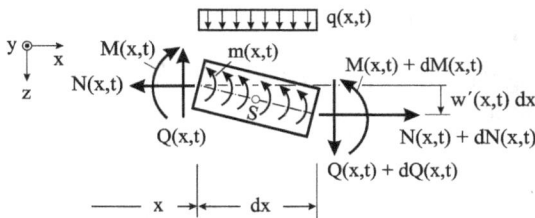

Abb. 3.27 *Transversalschwingungen mit Normalkraftbeanspruchung, Balkenelement in ausgelenkter Lage*

Im Folgenden soll geklärt werden, welchen Einfluss eine Normalkraftbeanspruchung auf die Transversalschwingungen des Bernoulli-Balkens hat. In Abb. 3.27 ist ein Balkenelement in ausgelenkter Lage skizziert, an dem – neben den äußeren Quer- und Momentenbelastungen – nun zusätzlich eine in axialer Richtung veränderliche Normalkraft angebracht ist. Aufgrund der i. Allg. hohen Dehnsteifigkeit *EA* kann die sich in axialer Richtung einstellende Bewegung u(x,t) als vernachlässigbar klein unterstellt werden.

Wir beschaffen uns nun die Bewegungsgleichung des Problems. Da die Normalkräfte nur in *x*-Richtung wirken, ändert sich am Schwerpunktsatz (3.33) nichts. Lediglich der Drallsatz (3.34) geht mit dem Zusatzmoment aus den Normalkräften über in

$$\rho I_{yy} \ddot{w}' + N w' + M' - Q = -m \,. \tag{3.55}$$

Differenzieren wir nach *x* und beachten (3.33), dann erhalten wir in Erweiterung zu (3.36) die Bewegungsgleichung

$$\rho A \ddot{w} - (\rho I_{yy} \ddot{w}')' - (N w')' + (EI_{yy} w'')'' = q + m' \,. \tag{3.56}$$

Das Biegemoment ergibt sich aus dem Materialgesetz, und die Querkraft folgt aus dem Drallsatz

$$M = -EI_{yy} w'' \,, \quad Q = \rho I_{yy} \ddot{w}' + N w' + M' + m \,. \tag{3.57}$$

Bei konstanter Normalkraft verbleibt im Fall der freien Schwingungen eines prismatischen Balkens unter Berücksichtigung der Rotationsträgheit die Bewegungsgleichung

$$\rho A \ddot{w} - \rho I_{yy} \ddot{w}'' - N w'' + EI_{yy} w^{IV} = 0 \,, \tag{3.58}$$

die wir mit dem Separationsansatz w(x,t) = W(x) T(t) in die beiden gewöhnlichen Differenzialgleichungen

$$\ddot{T}(t) + \omega^2 T(t) = 0 \,, \quad W^{IV} - \kappa_B^4 (W - i_y^2 W'') - \frac{N}{EI_{yy}} W'' = 0 \,, \quad \kappa_B = \sqrt[4]{\frac{\omega^2 \rho A}{EI_{yy}}} \,,$$

überführen können, wobei die erste Gleichung für T(t) zeigt, dass der harmonische Charakter der Bewegung durch die Normalkraft unbeeinflusst bleibt.

Ist N = – P eine Druckkraft, dann muss die ortsabhängige Differenzialgleichung

$$W^{IV} + \eta_D^2 W'' - \kappa_B^4 W = 0 \,, \quad \eta_D^2 = \kappa_B^4 i_y^2 + \kappa^2 \,, \quad \kappa^2 = \frac{P}{EI_{yy}} \,. \tag{3.59}$$

gelöst werden. Maple liefert uns dazu die Lösung

$$W(x) = C_1 \sin \lambda_1 x + C_2 \cos \lambda_1 x + C_3 \sinh \lambda_2 x + C_4 \cosh \lambda_2 x \,, \tag{3.60}$$

wobei folgende Abkürzung eingeführt wurde:

$$\lambda_{1,2} = \frac{\sqrt{2}}{2} \sqrt{\sqrt{\eta_D^4 + 4\kappa_B^4} \pm \eta_D^2} \,. \tag{3.61}$$

Bei Vernachlässigung der Drehträgheit sind mit $\eta_D = \kappa$

$$\lambda_{1,2} = \frac{\sqrt{2}}{2} \sqrt{\sqrt{\kappa^4 + 4\kappa_B^4} \pm \kappa^2} \,.$$

Mit (3.57) folgen nach kurzer Rechnung die zeitfreien Schnittlasten

$$\hat{M}(x) = -EI_{yy}\, W''(x) \,, \quad \hat{Q}(x) = -EI_{yy}\left[W'''(x) + (i_y^2 \kappa_B^4 + \kappa^2)\, W'(x)\right]. \tag{3.62}$$

Die zeitfreien Gleichungen sind zur Berechnung der Eigenfrequenzen wieder an die Randbedingungen anzupassen. Ist dagen $N = P$ eine Zugkraft, dann gilt statt (3.59) die gewöhnliche Differenzialgleichung

$$W^{IV} + \eta_Z^2 W'' - \kappa_B^4 W = 0 \,, \quad \eta_Z^2 = \kappa_B^4 i_y^2 - \kappa^2 \,, \quad \kappa^2 = \frac{P}{EI_{yy}} \,. \tag{3.63}$$

Die Lösung (3.60) bleibt also erhalten, wir haben lediglich (3.61) durch

$$\lambda_{1,2} = \frac{\sqrt{2}}{2} \sqrt{\sqrt{\eta_Z^4 + 4\kappa_B^4} \pm \eta_Z^2} \tag{3.64}$$

zu ersetzen.

Im Fall der Statik sind $\omega = \kappa_B = 0$, und von (3.59) verbleibt mit $W^{IV} + \kappa^2\, W'' = 0$ die Lösung

$$W(x) = C_1 + C_2 x + C_3 \sin \kappa x + C_4 \cos \kappa x \,, \tag{3.65}$$

wobei die ersten beiden Terme Starrkörperbewegungen (Translation in z-Richtung und Rotation um den Punkt $x = 0$) beschreiben. Die Gleichung (3.65) wird allgemeine Knickgleichung genannt (Mathiak, 2013) und beispielsweise in der Festigkeitslehre als Basis zur Lösung der Eigenwertprobleme der vier Eulerfälle verwendet. Um hier zu einer Lösung zu kommen, werden die Gleichgewichtsbedingungen in der verformten Lage des Balkenelements notiert. Bei Beibehaltung des Hookeschen Gesetzes wird dann von einer linearisierten Theorie 1. Ordnung gesprochen.

Hinweis: Während bei einem Zugstab ein Nachweis der zulässigen Spannungen genügt, reicht diese Kontrolle bei einem Druckstab allein nicht aus. In der Statik ist in diesem Fall zusätzlich ein *Stabilitätsnachweis* zu führen, der eine ausreichende Sicherheit gegen das *Ausknicken* des Stabes gewährleistet. In diesem Zusammenhang ist die kleinste kritische Last P_{kr} von Bedeutung.

Beispiel 3-7

Für den in Abb. 3.28 dargestellten prismatischen Kragbalken aus Stahl sind die Eigenwerte und Eigenfrequenzen unter Berücksichtigung der Drehträgheit zu ermitteln. Der Balken besteht aus einem kreisförmigen Hohlprofil 273×6,3 nach DIN EN 10210-1 und wird am rechten Balkenende durch eine Druckkraft P beansprucht.

<u>Geg.</u>: $\rho = 7850$ kg/m^3, $E = 2{,}1 \cdot 10^{11}$ N/m^2, $A = 52{,}8$ cm^2, $\ell = 10$ m, $I_{yy} = 4696$ cm^4, $P = \varepsilon\, P_{kr}$

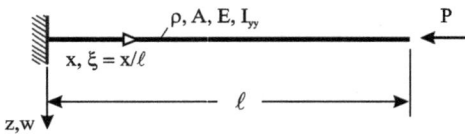

Abb. 3.28   Kragträger mit Druckkraft P am rechten Balkenende

<u>Lösung</u>: Wir betrachten zunächst das statische Problem zur Ermittlung der kleinsten kritischen Last P_{kr} des Kragträgers, der dem *1. Eulerfall* entspricht. Dazu müssen die in der Gleichung (3.65) noch unbestimmten Konstanten $C_1 \ldots C_4$ an die Randbedingungen angepasst werden. Im Einzelnen sind unter Beachtung von

$$\hat{Q} = -EI_{yy}(W''' + \kappa^2 W') = -EI_{yy}\kappa^2 C_2 = \text{const}$$

folgende Randwerte zu erfüllen:

$$W(x = 0) = 0 = C_1 + C_4\,, \quad W'(x = 0) = 0 = C_2 + C_3\kappa\,,$$

$$\hat{M}(x = \ell) = 0 = C_3 \sin\kappa\ell + C_4 \cos\kappa\ell\,, \quad \hat{Q}(x = \ell) = 0 = C_2\,.$$

Diesem homogenen Gleichungssystem entnehmen wir die Konstanten

$C_2 = 0$, $C_3 = 0$ und $C_1 = -C_4$.

Damit eine nichttriviale Lösung $W \neq 0$ möglich wird, muss die Eigenwertgleichung

$$\cos\kappa\ell = 0 \quad \rightarrow \kappa_n \ell = (2n-1)\pi/2 \qquad (n = 1,2,\ldots,\infty)$$

bestehen, aus der die *Knicklasten* (engl. *buckling loads*)

$$P_n = \frac{(2n-1)^2 \pi^2 EI_{yy}}{4\ell^2} \quad (n = 1,2,\ldots,\infty)$$

folgen. Nur für diese *kritischen* Werte von *P* ist somit eine ausgeknickte Lage des Stabes möglich. Für technische Anwendungen ist mit $n = 1$ jedoch nur die kleinste Knicklast

$$P_{kr} = \frac{\pi^2 EI_{yy}}{4\ell^2}$$

von praktischem Interesse. Mit den Werten unseres Beispiels errechnen wir $P_{kr} = 243{,}32$ kN. In Ingenieurkonstruktionen ist dann sicherzustellen, dass die Normalkraftbeanspruchung aus der ungünstigsten Lastkombination mit ausreichender Sicherheit unterhalb der kritischen Last P_{kr} bleibt. Die Auslenkungen $W_n(x) = C_n(\cos\kappa_n x - 1)$ können naturgemäß wieder nur bis auf eine multiplikative Konstante (hier C_n) festgelegt werden.

Wir wenden uns nun dem eigentlichen Schwingungsproblem zu. Dazu muss die Lösung (3.60) unter Beachtung von (3.61) an die Randbedingungen des Kragträgers angepasst werden:

$$W(x = 0) = 0\,, \quad W'(x = 0) = 0\,,$$

$$\hat{M}(x = \ell) = -EI_{yy}\,W''(\ell) = 0\,, \quad \hat{Q}(x = \ell) = -EI_{yy}\big[W'''(\ell) + \eta_D W'(\ell)\big] = 0\,.$$

Dieses homogene Gleichungssystem besitzt nur dann eine nichttriviale Lösung, wenn die Eigenwertgleichung

$$\cos\lambda_1\ell - k_1 \sin\lambda_1\ell \tanh\lambda_2\ell + \frac{k_2}{\cosh\lambda_2\ell} = 0 \qquad\qquad \text{(a)}$$

zur Bestimmung der Eigenwerte

$$\kappa_B = \sqrt[4]{\frac{\omega^2 \rho A}{EI_{yy}}}$$

besteht. In (a) wurden unter Beachtung von $\lambda_{1,2}$ aus (3.61) die folgenden Abkürzungen eingeführt:

$$k_1 = \frac{\lambda_1\lambda_2(\lambda_2^2 - \lambda_1^2 + 2\eta_D)}{(2\lambda_2^2 + \eta_D)\lambda_1^2 - \eta_D\lambda_2^2}\,, \qquad k_2 = \frac{\lambda_1^4 - \eta_D\lambda_1^2 + \lambda_2^2(\lambda_2^2 + \eta_D)}{(2\lambda_2^2 + \eta_D)\lambda_1^2 - \eta_D\lambda_2^2}\,, \qquad \eta_D = i_y^2\kappa_B^4 + \kappa^2\,.$$

Wie die Abb. 3.29 zeigt, hat die Druckkraft nur einen sehr geringen Einfluss auf die höheren Eigenwerte; lediglich für den in der Praxis wichtigen kleinsten Eigenwert zeigen sich in Abhängigkeit von der Lastintensität ε merkliche Abweichungen. Sind die Eigenwerte κ_B berechnet, dann folgt mit den Werten des Beispiels die Eigenfrequenz aus der Beziehung

$$f = \frac{\kappa_B^2}{2\pi}\sqrt{\frac{EI_{yy}}{\rho A}} = 77{,}632\,\kappa_B^2\,.$$

Wir entnehmen dem zugehörigen Maple-Arbeitsblatt die ersten drei Eigenfrequenzen:

$\varepsilon = 0{,}25$: $f_1 = 2{,}39\ \text{s}^{-1}$ $f_2 = 16{,}73\ \text{s}^{-1}$ $f_3 = 47{,}43\ \text{s}^{-1}$

$\varepsilon = 0{,}50$: $f_1 = 1{,}97\ \text{s}^{-1}$ $f_2 = 16{,}36\ \text{s}^{-1}$ $f_3 = 47{,}13\ \text{s}^{-1}$

$\varepsilon = 0{,}95$: $f_1 = 0{,}63\ \text{s}^{-1}$ $f_2 = 15{,}68\ \text{s}^{-1}$ $f_3 = 46{,}58\ \text{s}^{-1}$.

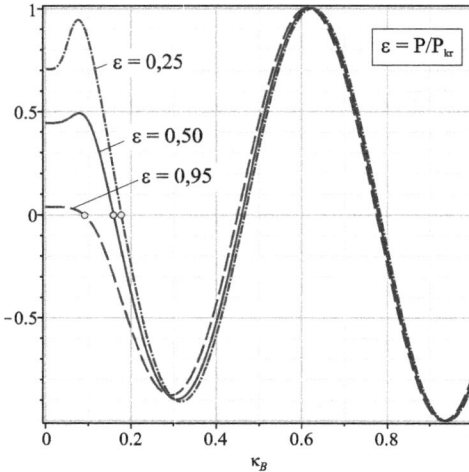

Abb. 3.29 *Grafische Darstellung der Eigenwertgleichung für verschiedene Druckkraftintensitäten ε*

Übersteigt die Druckkraft die kritische Last P_{kr}, dann werden die Eigenwerte κ_B komplex. Maple liefert uns dann genau vier Eigenwerte der Struktur $\kappa_B = \pm\, a\,(1 \pm i)$. Wählen wir den Eigenwert im 1. Quadranten der komplexen Ebene, dann folgt mit den Werten des Beispiels für $\varepsilon = 1{,}2$ der Eigenwert $\kappa_B = 0{,}08603(1 + i)$ und die Eigenkreisfrequenz wird mit $\omega = 7{,}22\ i$ rein imaginär. Das hat zur Folge, dass die Zeitfunktion

$$T(t) = A_1\cos\omega t + A_2\sin(\omega t) = A_1\cosh(7{,}22\ t) + A_2\ i\sinh(7{,}22\ t)$$

mit ansteigender Zeit über alle Grenzen wächst und damit die Gleichgewichtslage instabil wird.

Es stellt sich noch die Frage, welchen Einfluss die Drehträgheit auf die Eigenfrequenzen des druckbelasteten Balkens hat. Vergleichsrechnungen im entsprechenden Maple-Arbeitsblatt zeigen, dass erst bei höheren Eigenfrequenzen deren Berücksichtigung eine bedeutsame Verringerung der Eigenfrequenzen zur Folge hat. Ist die äußere Belastung P eine Zugkraft, dann ist es physikalisch sofort einleuchtend, dass die Eigenfrequenzen im Vergleich zu einem druckbelasteten Balken ansteigen müssen. Maple liefert uns die folgenden ersten drei Eigenfrequenzen:

$\varepsilon = 0{,}25$: $f_1 = 3{,}02\ \text{s}^{-1}$ $f_2 = 17{,}43\ \text{s}^{-1}$ $f_3 = 48{,}03\ \text{s}^{-1}$

$\varepsilon = 0{,}50$: $f_1 = 3{,}29\ \text{s}^{-1}$ $f_2 = 17{,}77\ \text{s}^{-1}$ $f_3 = 48{,}33\ \text{s}^{-1}$

$\varepsilon = 0{,}95$: $f_1 = 3{,}69\ \text{s}^{-1}$ $f_2 = 18{,}36\ \text{s}^{-1}$ $f_3 = 48{,}86\ \text{s}^{-1}$.

3.3.3   Freie Schwingungen des elastisch gebetteten Bernoulli-Balkens

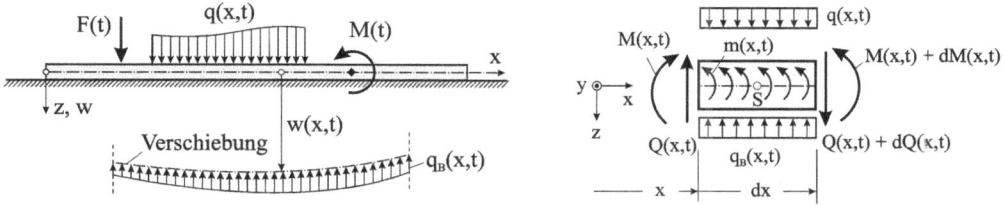

Abb. 3.30 *Balken auf nachgiebiger Unterlage, Winklersche Bettung*

Wir betrachten den Balken in Abb. 3.30 der vollständig auf einer elastischen Unterlage (engl. *elastic foundation*) liegt. Solche Systeme treten beispielsweise im Bauwesen bei Flachgründungen auf. Nach Winkler[1] wird angenommen, dass der Bodendruck q_B proportional zur lokalen Eindringtiefe w ist, also

$$q_B(x,t) = k \, w(x,t).$$

Die Konstante k in diesem linearen Federgesetz heißt *Bettungszahl*.

$$[k] = \frac{\text{Masse}}{\text{Länge} \cdot (\text{Zeit})^2}, \qquad \text{Einheit: kg m}^{-1}\text{ s}^{-2} = \text{N/m}^2.$$

Tab. 3.6 *Rechenwerte für Bettungszahlen k einiger ausgewählter Böden für Vorentwürfe*

Material	Bettungszahl k [MN/m²]
Sand, locker, rund	10…15
Sand, mitteldicht, rund	50…100
Sand, dicht, eckig	150…250
Geschiebemergel, fest	30…100
Lehm, halbfest	20…50
Torf	0.4…1

Die Anwendung des Schwerpunktsatzes in z-Richtung liefert in Erweiterung zu (3.33)

$$\rho A \ddot{w} + k w - Q' = q \, ,$$

und der Drallsatz (3.34) bleibt mit

$$\rho I_{yy} \ddot{w}' - Q + M' = -m$$

---

[1]   Emil Winkler, deutsch. Bauingenieur, 1835–1888

unverändert. Beschränken wir uns auf freie Schwingungen prismatischer Balken (q = m = 0), dann liefert der Bernoullische Produktansatz für die zeitfreie Auslenkung die gewöhnliche Differenzialgleichung

$$W^{IV}(x) - \kappa_{BE}^4 \, W(x) = 0 \, , \quad \kappa_{BE} = \sqrt[4]{\frac{\omega^2 \rho A - k}{EI_{yy}}} = \frac{\lambda}{\ell} \, .$$

Diese Differenzialgleichung entspricht (3.51), womit sämtliche Lösungen der Tab. 3.4 übernommen werden können. Die Eigenkreisfrequenz ω_n folgt bei Kenntnis des Eigenwertes λ_n zu

$$\omega_{n,BE} = \sqrt{\frac{\lambda_n^4 \, EI_{yy}}{\rho A \ell^4} + \frac{k}{\rho A}} = \underbrace{\lambda_n^2 \sqrt{\frac{EI_{yy}}{\rho A \ell^4}}}_{=\omega_n} \underbrace{\sqrt{1 + \frac{k \ell^4}{\lambda_n^4 \, EI_{yy}}}}_{=V_n} = \omega_n \, V_n \, .$$

Mit V_n liegt ein Faktor vor, mit dem die Eigenkreisfrequenz ω_n des bettungsfreien Balkens multipliziert werden muss, um die Eigenkreisfrequenzen $\omega_{n,BE}$ des elastisch gebetteten Balkens zu erhalten. Aufgrund der durch die Bettung eintretenden Versteifung des Systems steigt die Eigenkreisfrequenz gegenüber dem bettungsfreien Balken mit

$$V_n = \sqrt{\frac{k \ell^4}{\lambda_n^4 EI_{yy}}} = 1 + \frac{1}{2} \frac{k \ell^4}{\lambda_n^4 EI_{yy}} + O\left(\frac{1}{\lambda_n^8}\right)$$

an. Für die höheren Eigenwerte λ_n unterscheiden sich die zugehörigen Eigenkreisfrequenzen nur wenig von denjenigen des bettungsfreien Balkens.

Hinweis: Ein Nachteil dieser einfachen Bettungstheorie besteht darin, dass ein auf dem Boden gelagerter Balken, etwa eine Eisenbahnschwelle, an den Stellen, an denen die Verschiebung negativ wird, von der Unterlage abhebt. Der Boden würde dort auf Zug beansprucht, was praktisch nicht möglich ist.

Beispiel 3-8

Eine Eisenbahnschwelle ($\ell = 2{,}70$ m, b = 26 cm, h = 16 cm) aus Buchenholz ($\rho = 560$ kg/m^3, E = 400 N/mm^2) wird auf Sandboden (k = 10 MN/m^2) elastisch gebettet. Gesucht werden die Vergrößerungsfaktoren V_n für die ersten drei Eigenwerte der beidseitig frei aufliegenden elastisch gebetteten Schwelle. Die Eigenwerte λ_n (n = 1,2,3) können Tab. 3.4 entnommen werden.

Lösung: Das Flächenträgheitsmoment errechnen wir zu $I_{yy} = b \, h^3/12 = 8874{,}67$ cm^4. Mit den Werten des Beispiels folgt dann:

$$V_n = \sqrt{1 + \frac{k \ell^4}{\lambda_n^4 \, EI_{yy}}} = \sqrt{1 + \frac{14970{,}731}{\lambda_n^4}} \, .$$

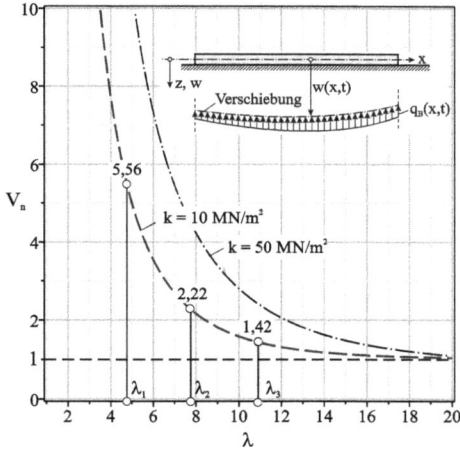

Abb. 3.31 *Vergrößerungsfaktoren V_n einer elastisch gebetteten Eisenbahnschwelle*

3.3.4 Lösungen der inhomogenen Differenzialgleichung

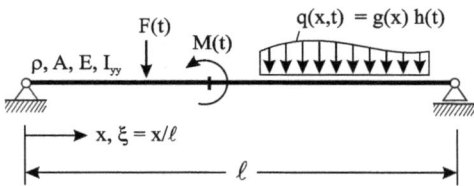

Abb. 3.32 *Linienkraft, Einzelkraft- und Momentenbelastung*

Wie im Fall der Differenzialgleichung (3.45) für die Saite, so haben auch die Eigenfunktionen W_n des Balkens noch eine spezielle Bedeutung für die Lösung der inhomogenen Differenzialgleichung. Vernachlässigen wir die Drehträgheit, dann verbleibt mit $m_\frown = 0$ von (3.39) die Gleichung

$$\rho A \ddot{w}(x,t) + EI_{yy} w^{IV}(x,t) = q(x,t). \tag{3.66}$$

Wir lösen diese partielle Differenzialgleichung (s.h. auch Kap. 2.5.2) durch Entwicklung der Bewegung nach Eigenfunktionen $W_n(x)$, also mit dem Ansatz

$$w(x,t) = \sum_{n=1}^{\infty} W_n(x) T_n^*(t). \tag{3.67}$$

Gehen wir damit in die Differenzialgleichung (3.66), dann folgt zunächst

$$\sum_{n=1}^{\infty} \left[W_n(x)\ddot{T}_n^*(t) + \frac{EI_{yy}}{\rho A} W_n^{IV}(x) T_n^*(t) \right] = \frac{q(x,t)}{\mu}, \qquad (\mu = \rho\,A).$$

Die vierte Ableitung von W_n ersetzen wir nach (3.51) durch

$$W_n^{IV}(x) = \kappa_{Bn}^4 W_n(x), \quad \kappa_{Bn} = \sqrt[4]{\frac{\omega_n^2 \rho A}{EI_{yy}}}$$

und erhalten

$$\sum_{n=1}^{\infty} \left[\ddot{T}_n^*(t) + \omega_n^2 T_n^*(t) \right] W_n(x) = \frac{q(x,t)}{\mu}.$$

Multiplizieren wir diese Gleichung mit $W_k(x)$, integrieren über x von 0 bis ℓ, dann folgt unter Beachtung der Orthogonalitätsrelationen (3.53)

$$\ddot{T}_n^*(t) + \omega_n^2 T_n^*(t) = \frac{1}{m_{0n}} \int_{x=0}^{\ell} q(x,t) W_n(x)\,dx, \quad (n = 1,2,\ldots,\infty). \tag{3.68}$$

Der Ausdruck

$$m_{0n} = \mu \int_{x=0}^{\ell} W_n^2(x)\,dx \tag{3.69}$$

wird *generalisierte Masse* des Balkens in der *n*-ten Eigenschwingungsform genannt. Die rechte Seite der inhomogenen Differenzialgleichung (3.68) können wir mit der Abkürzung

$$f_n(t) = \frac{1}{m_{0n}} \int_{x=0}^{\ell} q(x,t) W_n(x)\,dx \tag{3.70}$$

noch etwas kompakter in die Form

$$\ddot{T}_n^*(t) + \omega_n^2 T_n^*(t) = f_n(t) \tag{3.71}$$

bringen. Die Lösung der obigen Gleichung setzt sich zusammen aus der allgemeinen Lösung

$$T_{n,h}^*(t) = A_n \cos\omega_n t + B_n \sin\omega_n t$$

der homogenen Differenzialgleichung (Index *h*) und einer partikulären Lösung (Index *p*)

$$T_{n,p}^*(t) = \frac{1}{\omega_n} \int\limits_{\tau=0}^{t} f_n(\tau) \sin \omega_n(t-\tau)\, d\tau$$

der inhomogenen Differenzialgleichung, womit wir für (3.71) die vollständige Lösung

$$T_n^*(t) = A_n \cos \omega_n t + B_n \sin \omega_n t + \frac{1}{\omega_n} \int\limits_{\tau=0}^{t} f_n(\tau) \sin \omega_n(t-\tau)\, d\tau$$

$$\dot{T}_n^*(t) = -\omega_n\left(A_n \sin \omega_n t - B_n \cos \omega_n t\right) + \int\limits_{\tau=0}^{t} f_n(\tau) \cos \omega_n(t-\tau)\, d\tau$$

(3.72)

erhalten. Befindet sich das System zum Zeitpunkt t = 0 in Ruhe, dann entspricht dem Partikularintegral auch die vollständige Lösung.

Beispiel 3-9

Der in Abb. 3.33 links dargestellte Balken der Breite b und der Höhe h wird durch die Linienkraft $q(x,t) = q_0 \sin \Omega t$ belastet. Zum Zeitpunkt t = 0 befindet sich der Balken in Ruhe. Durch Grenzübergänge sind die Zustandsgrößen für den Fall der Einzelkraft $F(t) = F_0 \sin \Omega t$ zu ermitteln. Animieren Sie mit Maple sämtliche Zustandsgrößen.

Geg.: b = 20 cm, h = 50 cm, ℓ = 8,0 m, ρ = 2500 kg/m^3, E = 3,05·10^{10} N/m^2, a = 6,0 m,
       c = 1,0 m, q_0 = 4,0 MN/m, F_0 = 4,0 MN, Ω = 200 s^{-1}.

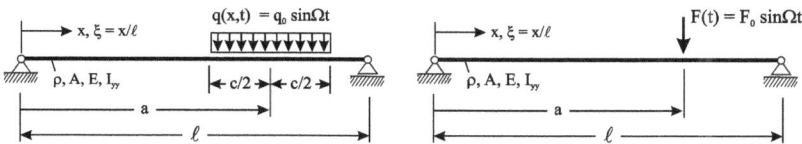

Abb. 3.33 *Der beidseitig drehbar gelagerte Balken unter a) Linienkraft- und b) Einzelkraftbelastung*

Lösung: Wir entnehmen Tab. 3.4 und Tab. 3.5 die Eigenwerte λ_n sowie die Eigenfunktionen W_n, die die Randbedingungen des beidseitig drehbar gelagerten Balkens erfüllen. Auf die konstanten Faktoren C_n bei den Eigenfunktionen kommt es hier nicht an, wir wählen deshalb C_n = 1 und erhalten die generalisierte Masse

$$m_{0n} = \mu \int\limits_{x=0}^{\ell} W_n^2(x)\, dx = \mu \int\limits_{x=0}^{\ell} \sin^2 \frac{n\pi x}{\ell}\, dx = \frac{1}{2}\mu\ell\,.$$

Setzen wir $g(x) = q_0$ und $h(t) = \sin\Omega t$, dann sind in Schritten

$$\int_{x=0}^{\ell} g(x)\,W_n(x)\,dx = q_0 \int_{x=a-c/2}^{a+c/2} \sin\frac{n\pi x}{\ell}\,dx = \frac{2q_0\ell}{n\pi}\sin\frac{n\pi a}{\ell}\sin\frac{n\pi c}{2\ell}, \qquad \text{(a)}$$

$$f_{0n} = \frac{1}{m_{0n}}\int_{x=0}^{\ell} g(x)\,W_n(x)\,dx = \frac{4q_0}{\mu\pi}\frac{1}{n}\sin\frac{n\pi a}{\ell}\sin\frac{n\pi c}{2\ell}.$$

<u>Hinweis</u>: Zur einheitlichen Darstellung der Linienkraftbelastung $q(x,t)$ über die gesamte Balkenlänge von $x = 0$ bis $x = \ell$ kann diese nicht stetig differenzierbare Funktion formal mittels der Heaviside[1]-Funktion

$$H(x) = \begin{cases} 0 & \text{für} \quad x < 0 \\ 1 & \text{für} \quad x > 0 \end{cases} \qquad H(-x) = 1 - H(x)$$

in der Form

$$q(x,t) = q_0\big[H(x-a+c/2) - H(x-a-c/2)\big]\sin\Omega t$$

dargestellt werden. Das Integral (a) geht dann über in

$$\int_{x=0}^{\ell} g(x)\,W_n(x)\,dx = q_0 \int_{x=0}^{\ell}\big[H(x-a+c/2) - H(x-a-c/2)\big]\sin\frac{n\pi x}{\ell}\,dx.$$

Für den partikulären Lösungsanteil in (3.72) erhalten wir

$$\begin{aligned} T_{n,p}^* &= \frac{f_{0n}}{\omega_n}\int_{\tau=0}^{t} h(\tau)\sin\omega_n(t-\tau)\,d\tau = \frac{f_{0n}}{\omega_n}\int_{\tau=0}^{t}\sin(\Omega\tau)\sin\omega_n(t-\tau)\,d\tau \\ &= \frac{f_{0n}}{\omega_n}\frac{\Omega\sin\omega_n t - \omega_n\sin\Omega t}{\Omega^2 - \omega_n^2}, \end{aligned}$$

womit dann sämtliche Zustandsgrößen notiert werden können. Da das System aus der gestreckten Ruhelage startet, sind in (3.72) alle A_n und B_n identisch Null, und es verbleibt nur der partikuläre Lösungsanteil

$$w(x,t) = \sum_{n=1}^{\infty} W_n(x)\,T_{n,p}^*(t) = \frac{4q_0}{\mu\pi}\sum_{n=1}^{\infty}\frac{1}{n\omega_n}\sin\frac{n\pi x}{\ell}\sin\frac{n\pi a}{\ell}\sin\frac{n\pi c}{2\ell}\frac{\Omega\sin\omega_n t - \omega_n\sin\Omega t}{\Omega^2 - \omega_n^2},$$

---

[1] Oliver Heaviside, brit. Physiker und Elektroingenieur, 1850–1925

$$\dot{w}(x,t) = \sum_{n=1}^{\infty} W_n(x)\dot{T}_{n,p}^*(t) = \frac{4q_0\Omega}{\mu\pi} \sum_{n=1}^{\infty} \frac{1}{n} \sin\frac{n\pi x}{\ell} \sin\frac{n\pi a}{\ell} \sin\frac{n\pi c}{2\ell} \frac{\cos\omega_n t - \cos\Omega t}{\Omega^2 - \omega_n^2} .$$

Ist die Erregerkreisfrequenz Ω identisch mit einer der Eigenkreisfrequenzen ω_n, sagen wir für den Index $n = k$, also $\Omega = \omega_\kappa$, dann erhalten wir für den Term

$$\frac{\Omega\sin\omega_n t - \omega_n \sin\Omega t}{\Omega^2 - \omega_n^2}$$

zunächst den unbestimmten Ausdruck 0/0, den wir nach der Regel von Bernoulli-L'Hospital durch den Grenzwert

$$\lim_{\Omega\to\omega_k} \frac{\Omega\sin\omega_n t - \omega_n \sin\Omega t}{\Omega^2 - \omega_n^2} = \frac{1}{2}\frac{\sin\omega_k t - \omega_k t\cos\omega_k t}{\omega_k}$$

ersetzen. Das Reihenglied mit dem Index $n = k$ liefert dann eine linear mit der Zeit t anwachsende Verschiebung, und das ist der *Resonanzfall*.

Wir können noch einige Sonderfälle betrachten:

1. Für $a = c = \ell/2$ erstreckt sich die Linienkraftbelastung über den gesamten Balken. Damit verschwinden die Reihenglieder mit ganzzahligem Index und es verbleiben

$$w(x,t) = \frac{4q_0}{\mu\pi} \sum_{n=1,3,5}^{\infty} \frac{1}{n\omega_n} \sin\frac{n\pi}{2} \sin\frac{n\pi}{4} \sin\frac{n\pi x}{\ell} \frac{\Omega\sin\omega_n t - \omega_n \sin\Omega t}{\Omega^2 - \omega_n^2} ,$$

$$\dot{w}(x,t) = \frac{4q_0\Omega}{\mu\pi} \sum_{n=1,3,5}^{\infty} \frac{1}{n} \sin\frac{n\pi}{2} \sin\frac{n\pi}{4} \sin\frac{n\pi x}{\ell} \frac{\cos\omega_n t - \cos\Omega t}{\Omega^2 - \omega_n^2} .$$

2. Zur Ermittlung der singulären Lösung Einzelkraft $F_0 \sin\Omega t$ setzen wir $q_0\cdot c = F_0$. Lassen wir nun bei konstantem F_0 die Aufstandslänge c gegen Null gehen, dann folgt

$$w(x,t) = \frac{2F_0}{\mu\ell} \sum_{n=1}^{\infty} \frac{1}{\omega_n} \sin\frac{n\pi x}{\ell} \sin\frac{n\pi a}{\ell} \frac{\Omega\sin\omega_n t - \omega_n \sin\Omega t}{\Omega^2 - \omega_n^2} ,$$

$$\dot{w}(x,t) = \frac{2F_0\Omega}{\mu\ell} \sum_{n=1}^{\infty} \sin\frac{n\pi x}{\ell} \sin\frac{n\pi a}{\ell} \frac{\cos\omega_n t - \cos\Omega t}{\Omega^2 - \omega_n^2} .$$

Befindet sich die Einzelkraft in Feldmitte bei $a = \ell/2$, dann sind

$$w(x,t) = \frac{2F_0}{\mu\ell} \sum_{n=1,3,5}^{\infty} (-1)^{\frac{n-1}{2}} \frac{1}{\omega_n} \sin\frac{n\pi x}{\ell} \frac{\Omega\sin\omega_n t - \omega_n \sin\Omega t}{\Omega^2 - \omega_n^2} ,$$

$$\dot{w}(x,t) = \frac{2F_0\Omega}{\mu\ell} \sum_{n=1,3,5}^{\infty} (-1)^{\frac{n-1}{2}} \sin\frac{n\pi x}{\ell} \frac{\cos\omega_n t - \cos\Omega t}{\Omega^2 - \omega_n^2} ,$$

und die Verschiebung bei $x = \ell/2$ unter der mittigen Einzelkraft ist

$$w(x,t) = \frac{2F_0}{\mu\ell} \sum_{n=1,3,5}^{\infty} \frac{1}{\omega_n} \frac{\Omega\sin\omega_n t - \omega_n \sin\Omega t}{\Omega^2 - \omega_n^2} \;.$$

Mit den Werten des Beispiels gilt für die Eigenkreisfrequenzen:

$$\omega_n = \lambda_n^2 \sqrt{\frac{EI_{yy}}{\mu\ell^4}} = n^2 \sqrt{\frac{EI_{yy}\pi^4}{\mu\ell^4}} = 77{,}746 \, n^2 \; s^{-1} \qquad (n = 1,2,3,\dots,\infty).$$

Die Diracsche δ-Funktion
Diese auf Dirac[1] zurückgehende Funktion eignet sich besonders zur Darstellung konzentrierter Lasten oder auch für sehr kurzzeitige Vorgänge. Sie ist wie folgt definiert:

$$\delta(t) = 0 \qquad\qquad \text{für } t \neq 0$$
$$\delta(t) \to \infty \qquad\qquad \text{für } t = 0.$$

Offensichtlich ist die δ-Funktion keine Funktion im Sinne der klassischen Analysis. Sie wird deshalb auch *Distribution*[2] oder *verallgemeinerte Funktion* genannt. Ihr werden folgende Eigenschaften zugeordnet:

$$\int_{-\infty}^{+\infty}\delta(t)\,dt = \lim_{\varepsilon\to 0}\int_{-\varepsilon}^{+\varepsilon}\delta(t)\,dt = 1, \quad \int_{-\infty}^{+\infty}f(t)\delta(t)\,dt = \lim_{\varepsilon\to 0}\int_{-\varepsilon}^{+\varepsilon}f(t)\delta(t)\,dt = f(0)\;.$$

Der Flächeninhalt unter der Kurve soll also den Wert Eins haben. Aus diesem Grunde wird bei kurzzeitigen Vorgängen die δ-Funktion auch als Einheitsstoß bezeichnet. Für davon abweichende Intensitäten muss die δ-Funktion noch mit entsprechenden Konstanten multipliziert werden. Es gelten folgende Rechenregeln:

$$\int_{-\infty}^{+\infty}f(t)\delta(t-t')\,dt = f(t')\;,$$

$$\int_{-\infty}^{+\infty}\frac{d\delta(t)}{dt}f(t)\,dt = -\int_{-\infty}^{+\infty}\delta(t)\dot{f}(t)\,dt = -\dot{f}(0) \quad \to \quad t\,\dot{\delta}(t) = -\delta(t)\;,$$

$$\delta(t-t') = \delta(t'-t)\;, \qquad \delta(ct) = \frac{1}{|c|}\delta(t) \text{ für } c \neq 0\;.$$

---

[1]   Paul Adrien Maurice Dirac, brit. Physiker, 1902-1984

[2]   zu lat. distribuere, allg.: Verbreitetsein, Verteiltsein

Beispiel 3-10:

Ein Singvogel mit dem Gewicht G_0 landet zum Zeitpunkt $t = t_0$ auf dem dünnen Zweig einer Buche, bleibt dort für einen kurzen Zeitraum Δt sitzen und fliegt anschließend wieder fort. Der Zweig befindet sich vor der Landung in Ruhe. Unmittelbar nach der Landung setzt aus der gestreckten Lage ein Schwingungsvorgang ein, den es zu berechnen gilt. Der Buchenzweig (ρ: Dichte, E: Elastizitätsmodul) besitzt näherungsweise einen kreisförmigen Querschnitt (d: Durchmesser). Animieren Sie mit Maple sämtliche Zustandsgrößen.

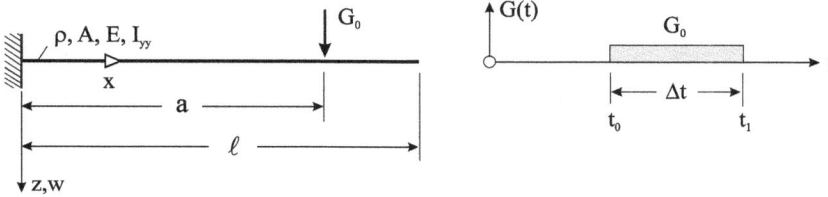

Abb. 3.34 Buchenzweig unter kurzzeitiger Einzelkraftbelastung

Geg.: $d = 1{,}0$ cm, $\ell = 1{,}0$ m, $a = \ell/3$, $\rho = 470$ kg/m³, $E = 3{,}05 \cdot 10^8$ N/m², $G_0 = 0{,}4$ N, $t_0 = 0{,}1$ s, $t_1 = 0{,}6$ s.

Lösungshinweise: Als Tragwerksmodell des Buchenzweiges dient ein Kragträger mit Kreisquerschnitt. Zur Darstellung der orts- und zeitabhängigen Kraft G(a,t) verwenden wir vorteilhaft die *Dirac-Funktion* sowie die *Heaviside-Funktion* und erhalten:

$q(x,t) = G_0\,\delta(x-a)[H(t - t_0) - H(t - t_1)]$.

Die Eigenfunktionen für die Lagerung [1,4] entnehmen wir der Tab. 3.5:

$$W_n(x) = \sin\frac{\lambda_n x}{\ell} - \sinh\frac{\lambda_n x}{\ell} + \left(\cosh\frac{\lambda_n x}{\ell} - \cos\frac{\lambda_n x}{\ell}\right)\frac{\sinh\lambda_n + \sin\lambda_n}{\cosh\lambda_n + \cos\lambda_n} \qquad (a)$$

Die Eigenwerte λ_n folgen nach Tab. 3.4 aus der Eigenwertgleichung $\cos\lambda - 1/\cosh\lambda = 0$. Die Berechnung des Partikularintegrals

$$T_{n,p}^*(t) = \frac{1}{\omega_n}\int_{\tau=0}^{t} f_n(\tau)\sin\omega_n(t-\tau)\,d\tau \qquad (b)$$

mit

$$f_n(t) = \frac{1}{m_{0n}}\int_{x=0}^{\ell} q(x,t)W_n(x)\,dx \qquad \text{und} \qquad m_{0n} = \mu\int_{x=0}^{\ell} W_n^2(x)\,dx\,,$$

welches hier auch die vollständige Lösung darstellt, überlassen wir wieder Maple. Wir verzichten aus schreibtechnischen Gründen auf die umfangreichen Ergebnisdarstellungen und verweisen stattdessen auf das zugehörige Arbeitsblatt. Ist das Partikularintegral (b) berechnet, dann kann mit (3.67) die vollständige Lösung

$$w(x,t) = \sum_{n=1}^{\infty} W_n(x) T_{n,p}^*(t)$$

notiert werden. Zur Animation der Zustandsgrößen (Auslenkung, Geschwindigkeit, Biegemoment und Querkraft) reicht es aus, wenn wir die obige Reihe nach den ersten zehn Eigenfunktion abbrechen.

3.4 Wellenausbreitung, Phasen- und Gruppengeschwindigkeit

Für die Saite erhielten wir in Kap. 1.3 die Wellenlösung der homogenen Bewegungsgleichung in der Form

$$w(x,t) = u(x + ct) + v(x - ct),$$ (3.73)

wobei u und v zwei beliebige Funktionen ihrer Argumente darstellen. Diese d'Alembertsche Lösung beschreibt die transversalen Auslenkungen zweier mit der konstanten Geschwindigkeit c in entgegengesetzte Richtungen laufende Wellen, ohne dass sich dabei ihre Profile verändern. Eine solche Lösungsform konnte auch beim Dehn- und Torsionsstab nachgewiesen werden.

Es soll nun untersucht werden, ob auch im Fall der freien Schwingung ($q = m = 0$) die homogenen Bewegungsgleichungen (3.7) und (3.8) des Timoshenko-Balkens Wellenlösungen zulassen, wobei wir uns hier auf eine Welle

$$w(x,t) = v(x - c_p\, t) = v(z) , \qquad (z = x - c_p t),$$ (3.74)

beschränken können, die sich mit der Wellengeschwindigkeit c_p, die auch *Phasengeschwindigkeit* (Index p) genannt wird, in positiver x-Richtung fortpflanzt. Einsetzen von (3.74) in die Bewegungsgleichung (3.7) führt auf die gewöhnliche Differenzialgleichung vierter Ordnung

$$v^{IV}(z) + \kappa^2\, v''(z) = 0 ,$$ (3.75)

mit der Transversal-Wellenzahl

$$\kappa = \frac{1}{i_y}\sqrt{\frac{p}{(p-1)(\alpha p - 1)}}, \quad \text{und} \quad p = \frac{\rho c_p^2}{E} = \left(\frac{c_p}{c_L}\right)^2, \quad \alpha = \frac{EA}{GA_S}. \tag{3.76}$$

Die Ableitung $()_{\_\_}$ in (3.75) bezieht sich auf das Argument z, und $c_L = \sqrt{E/\rho}$ bezeichnet wieder die Longitudinal-Wellenzahl des Stabes. Die Gleichung (3.75) besitzt die allgemeine Lösung

$$v(z) = C_1 + C_2\,z + C_3 \sin \kappa z + C_4 \cos \kappa z = C_1 + C_2\,z + C \sin(\kappa z + \varphi), \tag{3.77}$$

wobei der Lösungsanteil $C_1 + C_2 z$ eine Starrkörperbewegung beschreibt, an der wir hier nicht weiter interessiert sind. Durch geeignete Wahl des Koordinatensystems kann der Phasenverschiebungswinkel φ noch zu Null gesetzt werden, und es verbleibt der allein eine Biegung des Balkens beschreibende Anteil

$$v(z) = C \sin(\kappa z) = C \sin(\kappa x - \omega t), \qquad \omega = \kappa\, c_P, \tag{3.78}$$

(ω: Kreisfrequenz). Die Wellenlänge ist dann gegeben durch

$$\lambda = \frac{2\pi}{\kappa}. \tag{3.79}$$

Damit sind nur harmonische Lösungen der Bewegungsgleichung des Timoshenko-Balkens möglich, eine d'Alembertsche Wellenlösung der Form (3.73) existiert also für die Differenzialgleichung (3.7) <u>nicht</u>. Mit der Beziehung

$$\frac{\partial \psi}{\partial x} = \frac{\rho A}{GA_S}\ddot{w} - w'' = (\alpha\, p - 1) v''(z)$$

nach (3.6) ist dann auch der Drehwinkel ψ festgelegt. Die elementare Integration unter Beachtung von $v(z)$ nach (3.78) liefert:

$$\psi = C \kappa (\alpha\, p - 1)\cos(\kappa x - \omega t), \qquad \frac{\partial \psi}{\partial x} = -C \kappa^2 (\alpha\, p - 1)\sin(\kappa x - \omega t). \tag{3.80}$$

Ist die Wellenzahl κ oder auch die Wellenlänge λ vorgegeben, dann können wir die Phasengeschwindigkeit c_p ermitteln. Dazu formen wir (3.76) noch ein wenig um und erhalten

$$(\kappa i_y)^2 \equiv q^2 = \frac{p}{(p-1)(\alpha p - 1)}, \qquad q = \kappa i_y = \frac{2\pi}{\lambda}i_y. \tag{3.81}$$

Die Auflösung nach p ergibt:

$$p_{1,2} = \frac{1+(\alpha+1)q^2 \pm \sqrt{\left[1+(\alpha+1)q^2\right]^2 - 4\alpha q^4}}{2q\alpha}.$$ (3.82)

Wir erhalten also mit

$$c_{p(1,2)} = c_L \sqrt{p_{1,2}}$$ (3.83)

zwei Lösungen für die Phasengeschwindigkeit.

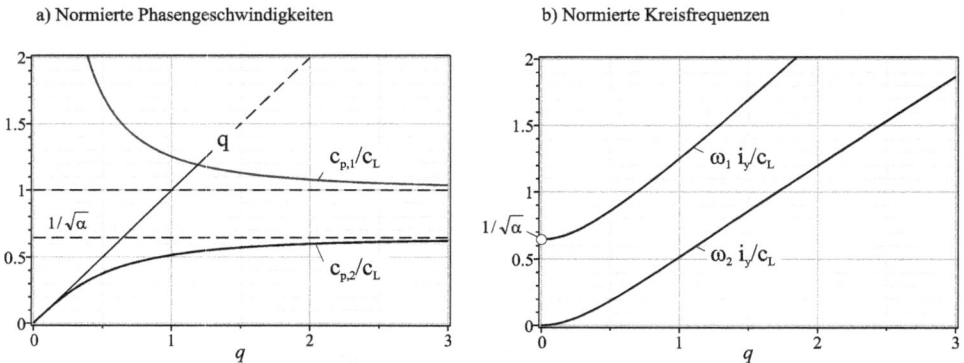

Abb. 3.35 *Normierte Phasengeschwindigkeiten und Kreisfrequenzen für den Timoshenko-Balken*

Ein Vergleich mit der Saite und dem Stab zeigt, dass die Wellengeschwindigkeit beim Balken nicht konstant ist, sondern von der Wellenzahl κ (bzw. der Wellenlänge λ) abhängt. Ein Kontinuum, in dem diese Erscheinung zu beobachten ist, wird als *dispergierend*[1] (engl. *dispersive medium*) bezeichnet[2]. Die Phasengeschwindigkeit $c_{p,1}$ fällt und $c_{p,2}$ steigt mit zunehmender Wellenzahl bzw. abnehmender Wellenlänge. Beide Phasengeschwindigkeiten nähern sich für $q = \to \infty$ einem endlichen Wert. Die größere der beiden Phasengeschwindigkeiten ist

$$c_{p,1} = c_L \sqrt{p_1} = \frac{c_L}{\sqrt{\alpha}}\left[\frac{1}{q} + \frac{1}{2}(\alpha+1)q\right] + O(q^3).$$

Für kleine Wellenzahlen κ (großen Wellenlängen λ) gilt dann näherungsweise

---

[1]   lat. dispergere, dispersum ›zerstreuen‹, ›verbreiten‹

[2]   Die augenfälligste Erscheinung von Dispersion ist der Regenbogen. Durch die unterschiedliche Ausbreitungsgeschwindigkeit der Lichtwellen in Wasser werden verschiedene Farben beim Übergang von Luft zu Wasser (und umgekehrt) unterschiedlich stark gebrochen

$$c_{p,1} \approx \frac{c_L}{q\sqrt{\alpha}} = \frac{1}{\kappa}\sqrt{\frac{GA_S}{\rho I_{yy}}} = \frac{\lambda}{2\pi}\sqrt{\frac{GA_S}{\rho I_{yy}}} \,.$$

Die Phasengeschwindigkeit $c_{p,1}$ geht also bei Annäherung von rechts an den Punkt q = 0 mit 1/q gegen Unendlich. Für kleine Wellenzahlen κ überwiegt bei diesem Schwingungstyp der Anteil der Schubverformungen. Welcher Wellentyp im Einzelnen vorliegt, müssen Experimente zeigen. Außerdem kann vermutet werden, dass die vereinfachte Annahme über die Kinematik der Schubverformung (engl. *shear deformation*) des Timoshenko-Balkens (Ebenbleiben der Querschnitte) Ursache dieser Singularität ist.

Entwickeln wir $c_{p,1}$ um den unendlich fernen Punkt q, dann ist

$$c_{p,1} = c_L\left[1 + \frac{1}{2(\alpha-1)q^2}\right] + O\left(\frac{1}{q^4}\right),$$

und für den Grenzwert gilt

$$\lim_{q\to\infty} c_{p,1} = c_L = \sqrt{\frac{E}{\rho}} \,.$$

Die Phasengeschwindigkeit $c_{p,1}$ hängt für große Wellenzahlen κ (kleine Wellenlängen λ) nicht mehr vom Schubbeiwert α ab; sie geht von einer Scherschwingung in eine reine Biegeschwingung über. Die kleinere der beiden Phasengeschwindigkeiten, und die ist für den Balken von besonderem Interesse, gilt:

$$c_{p,2} = c_L\sqrt{p_2} = c_L q + O(q^3) \,.$$

Für kleine Wellenzahlen κ (großen Wellenlängen λ) ist dann näherungsweise

$$c_{p,2} = c_L q = \kappa\, i_y c_L = \kappa\sqrt{\frac{EI_{yy}}{\rho A}} = \frac{2\pi}{\lambda}\sqrt{\frac{EI_{yy}}{\rho A}} \,.$$

In der Umgebung von $q = 0$ wächst also die Phasengeschwindigkeit $c_{p,2}$ näherungsweise linear mit q und geht dann in einen unterlinearen Bereich über (Abb. 3.35, links). Entwickeln wir $c_{p,2}$ um den Punkt q = ∞, dann erhalten wir

$$c_{p,2} = \frac{c_L}{\sqrt{\alpha}}\left[1 - \frac{1}{2(\alpha-1)}\frac{1}{q^2}\right] + O\left(\frac{1}{q^4}\right) \,.$$

Im Grenzfall $q \to \infty$ nähert sich $c_{p,2}$ demzufolge asymptotisch dem Grenzwert

$$\lim_{q\to\infty} c_{p,2} = \frac{c_L}{\sqrt{\alpha}} = \sqrt{\frac{GA_S}{\rho A}} \,.$$

Beim Schwingungstyp $c_{p,2}$ drehen sich die Verhältnisse im Vergleich zum Typ $c_{p,1}$ um. Für kleine Wellenzahlen κ (große Wellenlängen λ) liegt eine reine Biegeschwingung vor, die für große Wellenzahlen in eine reine Scherschwingung übergeht.

Beachten wir $\omega = \kappa\, c_p$, dann können wir die *Dispersionsbedingungen* auch wie folgt notieren (Abb. 3.35, rechts):

$$\omega_1 = \kappa\, c_{p,1} = \frac{q\, c_L}{i_y}\sqrt{p_1} = \frac{c_L}{i_y\sqrt{\alpha}}\left[1 + \frac{1}{2}(\alpha+1)q^2\right] + O(q^4)\,,$$

$$\omega_2 = \kappa\, c_{p,2} = \frac{q\, c_L}{i_y}\sqrt{p_2} = \frac{c_L q^2}{i_y}\left[1 - \frac{1}{2}(\alpha+1)q^2\right] + O(q^6)\,.$$

Neben der Phasengeschwindigkeit einer einzelnen harmonischen Welle existiert mit der *Gruppengeschwindigkeit* eine weitere Kenngröße, die bei einer *Wellengruppe*, oder auch eines *Wellenpaketes*, von Bedeutung ist. Von einem Wellenpaket wird gesprochen, wenn die Welle räumlich und zeitlich begrenzt ist, im Gegensatz zu einer sehr ausgedehnten Welle, etwa einer Sinus-Welle. Eine Wellengruppe lässt sich aus der Überlagerung mehrerer harmonischer Wellen der Form

$$w(x,t) = \sum_{i=1}^{n} A_i \sin(\kappa_i\, x - \omega_i t)$$

mit unterschiedlichen Amplituden, Wellenlängen und Kreisfrequenzen darstellen, wobei die Veranschaulichung der Begriffe Phasen- und Gruppengeschwindigkeit bereits am Beispiel der Überlagerung zweier Wellen erfolgen kann. Wir betrachten dazu die Wellenform

$$w(x,t) = A\sin(\kappa x - \omega t) + A\sin(K x - \Omega t)\,, \tag{3.84}$$

die sich additiv aus zwei harmonischen Sinuswellen gleicher Amplitude aber unterschiedlichen Wellenzahlen und Kreisfrequenzen zusammensetzt. Solche Wellen breiten sich in dispersiven Kontinua verzerrt aus und zerfließen förmlich, da jede ihrer Komponenten aufgrund ihrer Frequenz eine andere Geschwindigkeit besitzt.

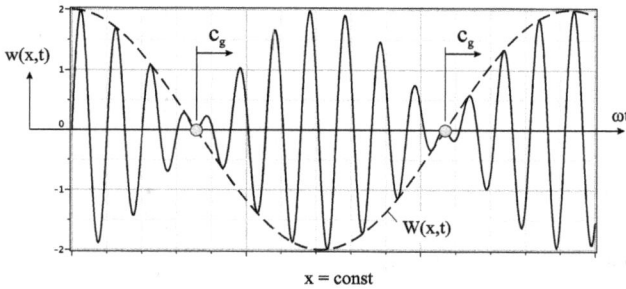

Abb. 3.36 *Beispielhafter Verlauf einer Schwebung, c_g: Gruppengeschwindigkeit*

Setzen wir $K = \kappa + \Delta\kappa$ und $\Omega = \omega + \Delta\omega$, dann können wir unter Beachtung des Additionstheorems der trigonometrischen Funktionen

$$\sin\alpha + \sin\beta = 2\sin\frac{\alpha+\beta}{2}\cos\frac{\alpha-\beta}{2},$$

die Überlagerung der beiden Wellen als Produkt zweier harmonischer Funktionen in der Form

$$w(x,t) = \underbrace{2A\cos\left[\frac{\Delta\kappa}{2}\left(x - \frac{\Delta\omega}{\Delta\kappa}t\right)\right]}_{\text{Amplitude}}\underbrace{\sin\left[\left(\kappa + \frac{\Delta\kappa}{2}\right)\left(x - \frac{\omega + \Delta\omega/2}{\kappa + \Delta\kappa/2}t\right)\right]}_{\text{Träger}} \qquad (3.85)$$

notieren. Sind die Zuwächse $\Delta\kappa$ und $\Delta\omega$ in der Wellenzahl und Kreisfrequenz klein, dann liegt eine *Schwebung* vor (Abb. 3.36). Die Beziehung (3.85) kann als fortschreitende Welle

$$w(x,t) = W(x,t)\sin\left[\left(\kappa + \frac{\Delta\kappa}{2}\right)\left(x - \frac{\omega + \Delta\omega/2}{\kappa + \Delta\kappa/2}t\right)\right]$$

mit der mittleren Trägerwellenfrequenz $\omega_m = \omega + \Delta\omega/2$ aufgefasst werden, deren „Amplitude"

$$W(x,t) = 2A\cos\left[\frac{\Delta\kappa}{2}\left(x - \frac{\Delta\omega}{\Delta\kappa}t\right)\right]$$

mit der wesentlich niedrigeren Differenzkreisfrequenz $\Delta\omega$ *moduliert*[1] ist. In der Nachrichtentechnik spricht man in diesem Fall von einer *Amplitudenmodulation* (Abk. AM), bei der die Amplitude der höherfrequenten *Trägerschwingung* durch die niederfrequenten Schwingungen der Nachricht beeinflusst wird. Die Trägerwelle selbst breitet sich mit der mittleren Phasengeschwindigkeit

---

[1] lat. modulari ›abmessen‹, ›einrichten‹, umgangssprachlich für: abwandeln, abwandelnd gestalten.

$$c_{p,m} = \frac{\omega + \Delta\omega/2}{\kappa + \Delta\kappa/2} = \frac{\omega_m}{\kappa_m}$$

aus, dagegen die Amplitude W mit

$$c_{p,W} = \frac{\Delta\omega}{\Delta\kappa}.$$

Im Grenzfall $\Delta\omega$, $\Delta\kappa \to 0$ ist die Phasengeschwindigkeit der Trägerwelle

$$\lim_{\Delta\omega,\Delta\kappa\to0} \left[\frac{\omega_m}{\kappa_m}\right] = \frac{\omega}{\kappa} \equiv c_p. \tag{3.86}$$

Als Geschwindigkeit einer dispersiven Wellengruppe (engl. *group velocity*) wird diejenige Geschwindigkeit bezeichnet, mit der sich beispielsweise der Nullpunkt oder auch das Maximum der in Abb. 3.36 strichliert dargestellten Hüllkurve W(x,t) ausbreitet. Für die Gruppengeschwindigkeit c_g errechnen wir

$$c_g = \lim_{\Delta\omega,\Delta\kappa\to0} \left[\frac{\Delta\omega}{\Delta\kappa}\right] = \frac{d\omega}{d\kappa} = \frac{d(\kappa c_p)}{d\kappa} = c_p + \kappa\frac{dc_p}{d\kappa} = c_p + q\frac{dc_p}{dq}. \tag{3.87}$$

Hinweis: Die Trägerwelle selbst bewegt sich innerhalb der Hülle mit der Wellengeschwindigkeit c_p, wobei sich die Hülle (engl. *envelope*) mit der Wellengeschwindigkeit $c_g > c_p$ fortpflanzt. Die Animation mit Maple zeigt, dass sich die kleinere Welle vor der Gruppenfront aufbaut und am hinteren Ende der Gruppe verschwindet.

Abb. 3.37 zeigt den Verlauf der normierten Gruppengeschwindigkeiten $c_{g,1}$ und $c_{g,2}$ nach (3.83) für die beiden Phasengeschwindigkeiten $c_{p,1}$ und $c_{p,2}$ des Timoshenko-Balkens. Beide Kurven gehen für $q \to 0$ und damit kleinen Wellenzahlen (großen Wellenlängen) gegen Null. Für große Wellenzahlen (kleine Wellenlängen) nähern sich beide Kurven asymptotisch endlichen Grenzwerten.

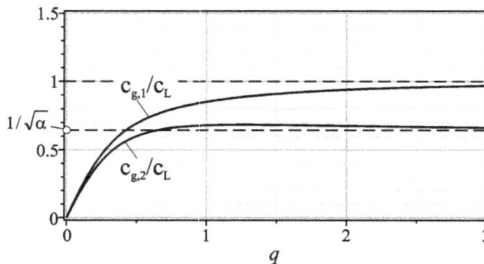

Abb. 3.37 *Normierte Gruppengeschwindigkeiten $c_{g,1}$ und $c_{g,2}$*

Für hinreichend kleine Wellenzahlen gilt näherungsweise $c_{p,2} = qc_L$, und für die Gruppengeschwindigkeit folgt in diesem Fall

$$c_{g,1} = c_{p,1} + q \frac{dc_{p,1}}{dq} = 2c_L \; .$$

Demgegenüber ist für den longitudinal schwingenden Stab die Gruppengeschwindigkeit mit

$$c_g = \frac{d\omega}{d\kappa} = \frac{d(\kappa c_L)}{d\kappa} = c_L$$

nur halb so groß. Vernachlässigen wir beim Bernoulli-Balken mit $\alpha = 0$ den Einfluss der Schubverformung, dann folgt aus (3.81) zunächst $q^2 = p/(1-p)$ und nach p aufgelöst

$$p = \frac{q^2}{1+q^2} \; ,$$

und mit

$$c_p = c_L \sqrt{p} = c_L \sqrt{\frac{q^2}{1+q^2}} = q - \frac{1}{3}q^3 + O(q^5)$$

haben wir nun im Vergleich zu (3.82) nur eine Lösung für die Phasengeschwindigkeit. Die Gruppengeschwindigkeit ermitteln wir aus (3.87) zu

$$c_g = c_p + q \frac{dc_p}{dq} = c_L \frac{q(q^2+2)}{(q^2+1)^{3/2}} = 2c_L q \left[1 - q^2 + O(q^4) \right].$$

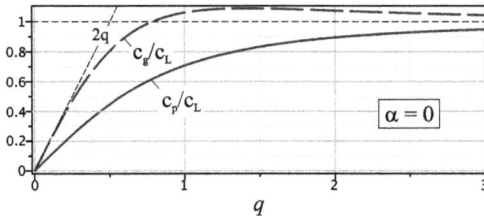

Abb. 3.38 *Normierte Phasen- und Gruppengeschwindigkeit für den Bernoulli-Balken ($\alpha = 0$)*

4   Näherungsverfahren bei eindimensionalen Randwertproblemen

Aufgrund der komplexen Struktur der allgemeinen Grundgleichungen der Elastizitätstheorie sind analytische Lösungen für die Deformationen und Kraftgrößen eines Körpers nur in wenigen Spezialfällen möglich. Bei vielen Problemen der Praxis liegen komplizierte Differenzialgleichungen ergänzt durch Rand- und Anfangsbedingungen vor, die analytisch nicht mehr behandelt werden können. Das trifft insbesondere auf nichtlineare Differenzialgleichungen zu, für die geschlossene Lösungen nur sehr selten auffindbar sind. In all diesen Fällen ist der Berechnungsingenieur auf Näherungslösungen angewiesen. Im Hinblick auf deren Beschaffung ist es hilfreich, sich mit den Grundlagen der Variationsrechnung zu beschäftigen, wobei wir uns im Folgenden auf eindimensionale Probleme beschränken. Die Variationsrechnung als Teilgebiet der Analysis beschäftigt sich mit der Formulierung und Lösung von Extremwertaufgaben für Funktionale.

4.1   Grundzüge der Variationsrechnung

Sehr vereinfachend formuliert besteht ein Variationsproblem aus der Aufgabe, eine Funktion $y(x)$ mit $a \le x \le b$ unter Beachtung von eventuell vorhandenen Randbedingungen für $y(x)$ und $y\_\_(x)$ in den Randpunkten a und b zu ermitteln, die das Integral

$$I\{y\} = \int_a^b F\left[x, y(x), \frac{dy(x)}{dx}, \frac{d^2y(x)}{dx^2}\right]dx = \int_a^b F(x, y, y', y'')dx \qquad (4.1)$$

extremal macht, d.h. ein Maximum oder ein Minimum liefert. Im Vergleich zum gewöhnlichen Maximum-Minimum-Problem wird hier also eine ganze Funktion gesucht, die überdies noch unter einem Integral steht. Die Grundfunktion F soll nur Ableitungen der gesuchten Funktion $y(x)$ bis zur zweiten Ordnung enthalten, was für unsere anstehenden Problemstellungen ausreichend ist. Die Variationsaufgabe lautet dann

$$I\{y\} = \int_a^b F(x, y, y', y'')dx = \text{Extremum} \qquad (4.2)$$

Durch einen mathematischen Kunstgriff kann die Lösung von (4.2) auf ein gewöhnliches Maximum-Minimum-Problem zurückgeführt werden. Dazu wird im Intervall (a,b) eine Schar von variierten Funktionen

$$\hat{y}(x) = y(x) + \varepsilon\,\eta(x) \tag{4.3}$$

betrachtet, die auch *Vergleichsfunktionen* (engl. *comparison functions*) genannt werden. Die Funktion $\varepsilon\eta(x) = \delta y(x)$ wird als Variation von y(x) bezeichnet, und ε ist ein Parameter. Da die Vergleichsfunktionen $\hat{y}(x)$ denselben Randbedingungen wie die gesuchte Funktion y(x) genügen muss, erfordert dies für $\varepsilon \neq 0$ das Verschwinden der Funktionen η und $\eta\_$ an den Randpunkten.

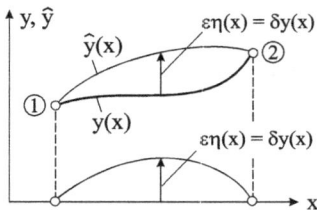

Abb. 4.1   *Vorgegebene Randwerte für y(x)*

In Analogie zu (4.2) bilden wir mit der Schar von Vergleichsfunktionen (4.3) das Funktional

$$I\{\hat{y}\} = \int_a^b F(x,\hat{y},\hat{y}',\hat{y}'')\,dx = \int_a^b F(x,y+\varepsilon\eta, y'+\varepsilon\eta', y''+\varepsilon\eta'')\,dx = I(\varepsilon) \tag{4.4}$$

das bei festgehaltenem η allein eine Funktion des Parameters ε ist. Da aber voraussetzungsgemäß $I\{y\}$ ein Extremum des Variationsintegrals ist, muss $I(\varepsilon)$ für $\varepsilon = 0$ einen Extremwert besitzen, was

$$\frac{dI(\varepsilon)}{d\varepsilon}\bigg|_{\varepsilon=0}$$

erfordert. Zur Auswertung dieser Beziehung entwickeln wir die Grundfunktion F in eine Taylorreihe:

$$F(x, y+\varepsilon\,\eta, y'+\varepsilon\,\eta', y''+\varepsilon\,\eta'') = F(x,y,y',y'') +$$

$$+\frac{1}{1!}\frac{\partial F}{\partial y}\varepsilon\eta + \frac{1}{2!}\frac{\partial^2 F}{\partial y^2}(\varepsilon\eta)^2 + \ldots + \frac{1}{1!}\frac{\partial F}{\partial y'}\varepsilon\eta' + \frac{1}{2!}\frac{\partial^2 F}{\partial y'^2}(\varepsilon\eta')^2$$

$$+\ldots+\frac{1}{1!}\frac{\partial F}{\partial y''}\varepsilon\eta'' + \frac{1}{2!}\frac{\partial^2 F}{\partial y''^2}(\varepsilon\eta'')^2 + \ldots$$

Führen wir nun unter dem Integral die Ableitung nach ε aus und setzen danach ε = 0, dann verbleibt

$$\left.\frac{dI(\varepsilon)}{d\varepsilon}\right|_{\varepsilon=0} = 0 = \int\limits_a^b \left(\frac{\partial F}{\partial y}\eta + \frac{\partial F}{\partial y'}\eta' + \frac{\partial F}{\partial y''}\eta''\right)dx \qquad (4.5)$$

Mit

$$\varepsilon\eta(x) = \hat{y}(x) - y(x) = \delta y(x)\,, \quad \varepsilon\eta' = \hat{y}' - y' = \delta y'\,, \quad \varepsilon\eta'' = \hat{y}'' - y'' = \delta y''$$

geht (4.5) über in

$$\varepsilon\left.\frac{dI(\varepsilon)}{d\varepsilon}\right|_{\varepsilon=0} = \int\limits_a^b \left(\frac{\partial F}{\partial y}\delta y + \frac{\partial F}{\partial y'}\delta y' + \frac{\partial F}{\partial y''}\delta y''\right)dx = 0\,. \qquad (4.6)$$

Bezeichnen wir mit

$$\delta I = \varepsilon\left.\frac{dI(\varepsilon)}{d\varepsilon}\right|_{\varepsilon=0} = 0$$

die erste Variation des Funktionals I, dann erscheint (4.5) in der Form

$$\delta I = \int\limits_a^b \left(\frac{\partial F}{\partial y}\delta y + \frac{\partial F}{\partial y'}\delta y' + \frac{\partial F}{\partial y''}\delta y''\right)dx = 0\,, \qquad (4.7)$$

und das Auftreten eines Extremwertes des Funktionals I ist somit gleichbedeutend mit dem Verschwinden seiner ersten Variation. In (4.7) ist noch

$$\delta y' = \frac{d}{dx}(\delta y)\,, \quad \delta y'' = \frac{d^2}{dx^2}(\delta y) = \frac{d}{dx}(\delta y')$$

zu beachten. Wir formen nun mittels partieller Integration[1] den Integranden in (4.7) mit dem Ziel um, die Ableitungen der Variationen δy(x) unter dem Integral zum Verschwinden zu bringen. Das Ergebnis ist

$$\begin{aligned}\delta I = \int\limits_a^b &\left(\frac{\partial F}{\partial y} - \frac{d}{dx}\frac{\partial F}{\partial y'} + \frac{d^2}{dx^2}\frac{\partial F}{\partial y''}\right)\delta y\,dx \\ &+ \left[\left(\frac{\partial F}{\partial y'} - \frac{d}{dx}\frac{\partial F}{\partial y''}\right)\delta y\right]_a^b + \left[\frac{\partial F}{\partial y''}\delta y'\right]_a^b = 0\,.\end{aligned} \qquad (4.8)$$

---

[1] $\int\limits_a^b du\cdot v = [u\cdot v]_a^b - \int\limits_a^b u\cdot dv$

Wegen der Beliebigkeit der Variationen δy(x) werden zunächst nur solche betrachtet, für die sämtliche Größen δy und δy⌣ an den Rändern verschwinden. Diese Randbedingungen heißen *homogene Randbedingungen* (engl. *homogeneous boundary conditions*). Damit entfallen in (4.8) sämtliche Randterme, womit nur noch das Integral verbleibt. Da aber im Intervall (a,b) die Werte der Variation δy(x) beliebig sind, verschwindet das Integral nur dann, wenn der Faktor bei δy zu Null wird, also die *Eulersche Differenzialgleichung*

$$\frac{\partial F}{\partial y} - \frac{d}{dx}\frac{\partial F}{\partial y'} + \frac{d^2}{dx^2}\frac{\partial F}{\partial y''} = 0 \tag{4.9}$$

besteht. Da (4.9) auf jeden Fall erfüllt sein muss, verbleiben im allgemeinen Fall inhomogener Randbedingungen in δI nur die Randterme, also

$$\delta I = \left[\left(\frac{\partial F}{\partial y'} - \frac{d}{dx}\frac{\partial F}{\partial y''}\right)\delta y\right]_a^b + \left[\frac{\partial F}{\partial y''}\delta y'\right]_a^b = 0 \,. \tag{4.10}$$

Sind y oder y⌣ am Rande nicht vorgegeben, dann sind dort δy oder δy⌣ beliebig, und die obige Gleichung kann nur bestehen, wenn die *natürlichen Randbedingungen* (engl. *natural boundary conditions*)

$$\left(\frac{\partial F}{\partial y'} - \frac{d}{dx}\frac{\partial F}{\partial y''}\right)\Bigg|_a^b = 0 \quad \text{bzw.} \quad \frac{\partial F}{\partial y''}\Bigg|_a^b = 0$$

erfüllt sind. Enthält das Variationsproblem für y(x) zusätzlich Randterme *Z* der Form

$$I\{y\} = \int_a^b F(x,y,y',y'')dx + Z[(x,y,y')]\big|_a^b = \text{Extremum}\,,$$

dann folgt daraus die Extremalbedingung

$$\delta I = \int_a^b \left(\frac{\partial F}{\partial y} - \frac{d}{dx}\frac{\partial F}{\partial y'} + \frac{d^2}{dx^2}\frac{\partial F}{\partial y''}\right)\delta y\,dx +$$

$$+ \left[\left(\frac{\partial F}{\partial y'} - \frac{d}{dx}\frac{\partial F}{\partial y''} + \frac{\partial Z}{\partial y}\right)\delta y\right]_a^b + \left[\left(\frac{\partial F}{\partial y''} + \frac{\partial Z}{\partial y'}\right)\delta y'\right]_a^b = 0.$$

An der Eulerschen Differenzialgleichung hat sich offensichtlich nichts geändert, nur die natürlichen Randbedingungen erfahren eine Erweiterung.

Historisch sei noch bemerkt, das die berühmte Problemstellung durch Johann Bernoulli im Jahre 1696 zur Bestimmung der *Brachistochrone*[1] zu einer dann stürmisch einsetzenden Entwicklung der Variationsrechnung führte.

4.2 Das Prinzip der virtuellen Verrückung

Das Prinzip der virtuellen Verrückung[2] ist ein Prinzip der Statik. Hierzu kann folgendes gesagt werden (Trostel, 1979):

Das Prinzip der virtuellen Verrückung ist eine den Gleichgewichtsbedingungen äquivalente Energieaussage, das sowohl für starre als auch für deformierbare Körper formuliert werden kann.

Für elastische Körper und kleine Verformungen wird dieses Prinzip aus den Hookeschen Materialgleichungen und den linearisierten Verzerrungen zum Variationsprinzip vom Extremum des elastischen Potenzials entwickelt. Eine virtuelle Verrückung δu ist dabei eine dem aktuellen Deformationszustand zusätzlich überlagerte Verschiebung (Variation des Verschiebungszustandes) mit folgenden Eigenschaften:

1. δu ist geometrisch möglich, d.h. bei der virtuellen Verrückung wird der Zusammenhang des Körpers gewahrt. δu ist verträglich (kompatibel) mit den Lagerungsbedingungen.
2. Die Verrückung |δu| ist differentiell klein. Damit können in allen Rechnungen Terme von höherer Ordnung als klein gestrichen werden.
3. Sämtliche inneren und äußeren Kraftgrößen werden bei der Durchführung der Variation δu konstant gehalten, d.h. <u>nicht</u> variiert.
4. Die virtuelle Verrückung ist eine gedachte Verrückung bei festgehaltener Zeit. Dabei ist uninteressant, in welcher Zeit wir uns diese virtuelle Verrückung entstanden denken.

Das Prinzip besagt:

$$\delta A^{(a)} = \delta A^{(i)}, \tag{4.11}$$

oder in Worten:

Befindet sich ein Körper im Gleichgewicht, dann ist bei einer virtuellen Verrückung des Körpers die Arbeit der äußeren Kräfte $\delta A^{(a)}$ gleich der Arbeit der inneren Kräfte $\delta A^{(i)}$.

Das δ-Symbol ist der Variationsrechnung entlehnt und soll zum Ausdruck bringen, dass es sich um Änderungen handelt, die nicht einzutreten brauchen. Mathematisch entspricht dem δ-Symbol das d-Symbol, das im Gegensatz zu den virtuellen Änderungen wirklich eintretende

---

[1]   zu griech. brachýs ›kurz‹ und chronos ›Zeit‹

[2]   virtualis zu lat. virtus ›Tüchtigkeit‹, ›Mannhaftigkeit‹, fachsprachlich für nicht wirklich; scheinbar; gedacht

Verrückungen bezeichnet. Werden bei der virtuellen Verrückung die Lagerungsbedingungen des Systems berücksichtigt, dann kann statt $\delta A^{(a)}$ auch $\delta A^{(e)}$ (Arbeit der eingeprägten Kräfte) geschrieben werden, da bei einer virtuellen Verrückung die Reaktionskräfte keine Arbeit leisten. Ist

$$W_S = G\left[\varepsilon_{xx}^2 + \varepsilon_{yy}^2 + \varepsilon_{zz}^2 + \frac{1}{2}\left(\gamma_{xy}^2 + \gamma_{yz}^2 + \gamma_{zx}^2\right) + \frac{\nu}{1-2\nu}\left(\varepsilon_{xx} + \varepsilon_{yy} + \varepsilon_{zz}\right)^2\right] \qquad (4.12)$$

die spezifische (auf die Volumeneinheit bezogene) isotherme (T = 0) Formänderungsenergie und

$$W = \int\limits_{(V)} W_S \, dV$$

die gesamte Formänderungsenergie des elastischen Körpers, dann ist die Variation der inneren Arbeit identisch mit der Variation der Formänderungsenergie, also $\delta A^{(i)} = \delta W$, so dass wir für (4.11) auch

$$\delta W - \delta A^{(a)} = \delta[W - A^{(a)}] = \delta\Pi = 0 \qquad (4.13)$$

schreiben können. Die äußere Arbeit $A^{(a)}$ notieren wir in der Form

$$A^{(a)} = \sum_{j=1}^{m} \mathbf{F}_j \cdot \overset{\downarrow}{\mathbf{u}}_j + \sum_{k=1}^{n} \mathbf{M}_k \cdot \overset{\downarrow}{\boldsymbol{\varphi}}_k + \int\limits_{(V)} \rho\mathbf{f} \cdot \overset{\downarrow}{\mathbf{u}} \, dV + \int\limits_{O(V)} \mathbf{s}_O \cdot \overset{\downarrow}{\mathbf{u}} \, dO. \qquad (4.14)$$

In der obigen Beziehung für die äußere Arbeit wird durch die Pfeile angedeutet, dass allein die Verrückungsgrößen zu variieren sind. Das ist auch dann der Fall, wenn die Belastungen, beispielsweise bei Federkraftbelastungen, von den Verschiebungen abhängen. Der Ausdruck

$$\Pi = W - A^{(a)} \qquad (4.15)$$

wird elastisches Potenzial genannt und heißt Satz vom Extremum des elastischen Potenzials. In Worten besagt dieser Satz:

Von allen denkbaren Verschiebungszuständen eines elastischen Körpers ist Derjenige der wirklich Eintretende, für den die Energiegröße Π einen stationären Wert (Maximum, Minimum oder Sattelpunkt) annimmt.

Wie ein mittels des Prinzips der virtuellen Verrückung bereitgestelltes funktional unbestimmtes Problem unter Berücksichtigung der vorgegebenen natürlichen Randbedingungen in eine Differenzialgleichung übergeführt werden kann, soll am Beispiel des beidseits frei drehbar gelagerten Bernoulli-Balkens gezeigt werden. Der Balken in Abb. 4.2 hat in der Gleichgewichtslage die Biegelinie w(x).

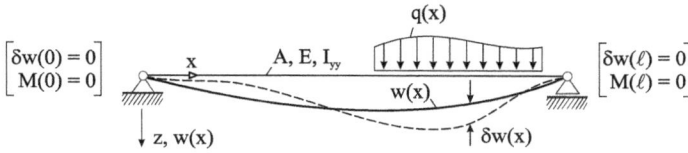

Abb. 4.2 *Der beidseits frei drehbar gelagerte Bernoulli-Balken*

Beim Bernoulli-Balken wird mit guter Näherung ein einachsiger Spannungszustand unterstellt, und die Querdehnungen werden mit $\nu = 0$ vernachlässigt. Elementgleitungen γ treten nicht auf. In diesem Fall verbleibt von (4.12) mit $G = E/2$

$$W_S = \frac{E}{2}\varepsilon_{xx}^2 = \frac{E}{2}\left[z\,w''(x)\right]^2,$$

und die gesamte Formänderungsenergie des Balkens der Länge ℓ ist

$$W = \int\limits_{(V)} W_S\,dV = \int\limits_{x=0}^{\ell} \frac{EI_{yy}(x)}{2}\,w''^2(x)\,dx.$$

Die Arbeit der äußeren Kräfte resultiert allein aus der Linienkraftbelastung $q(x)$, da die Arbeitsbeiträge der Randmomente wegen $M(0) = M(\ell) = 0$ verschwinden. Dann ist

$$\Pi\{w\} = W - A^{(a)} = \int\limits_{x=0}^{\ell}\left[\frac{EI_{yy}(x)}{2}\,w''^2(x) - q(x)w(x)\right]dx = \int\limits_{x=0}^{\ell} F\left[x, w(x), w''(x)\right]dx.$$

Im Sinne des Prinzips muss der Ausdruck $\Pi\{w\}$ extremal gemacht werden. Das ist gleichbedeutend mit der Forderung nach dem Verschwinden der ersten Variation, also $\delta\Pi\{w\} = 0$. In der Grundfunktion

$$F = \frac{EI_{yy}(x)}{2}\,w''^2(x) - q(x)w(x)$$

tritt die Ableitung nach w' nicht auf, was nach (4.9) zunächst zur Eulerschen Differenzialgleichung

$$\frac{\partial F}{\partial w} + \frac{d^2}{dx^2}\frac{\partial F}{\partial w''} = 0$$

führt, dann erhalten wir mit

$$\frac{\partial F}{\partial w} = -q(x) \quad \text{und} \quad \frac{d^2}{dx^2}\frac{\partial F}{\partial w''} = \left[EI_{yy}w''(x)\right]''$$

die bekannte Differenzialgleichung für die Biegelinie des elastischen Balkens

$$[EI_{yy}(x)\,w''(x)]'' = q(x)\,. \tag{4.16}$$

Damit das Funktioal $\Pi\{w\}$ einen Extremwert besitzt, muss als notwendige Bedingung die obige Differenzialgleichung vierter Ordnung erfüllt sein, und der Integralausdruck in $\Pi\{w\}$ ist damit verschwunden. Die Randwerte gehen mit (4.10) über in

$$\delta I = -\left[\frac{d}{dx}\frac{\partial F}{\partial w''}\delta w\right]\Big|_0^\ell + \left[\frac{\partial F}{\partial w''}\delta w'\right]\Big|_0^\ell = 0\,.$$

An den Rändern sind wegen $\delta w = 0$ und $\delta w_\searrow \neq 0$ die natürlichen Randbedingungen

$$-\left[\frac{\partial F}{\partial w''}\right]\Big|_0^\ell = -\left[EI_{yy}w''\right]\Big|_0^\ell = \left[M(x)\right]\Big|_0^\ell = 0\,,$$

also $M(0) = 0$ und $M(\ell) = 0$ zu fordern. Setzen wir in den Ausdruck für das elastische Potenzial

$$\Pi\{w\} = \int_{x=0}^\ell \left[\frac{EI_{yy}}{2}w''^2(x) - q(x)w(x)\right]dx$$

die aus (4.16) resultierende Verschiebung, dann erhalten wir unter Berücksichtigung von

$$q(x) = [EI_{yy}(x)w''(x)]''$$

nach erfolgter partieller Integration

$$\Pi_{extr.} = \frac{1}{2}\int_{x=0}^\ell EI_{yy}w''^2\,dx - \int_{x=0}^\ell \left(EI_{yy}w''\right)''w\,dx =$$

$$= \frac{1}{2}\int_{x=0}^\ell EI_{yy}w''^2\,dx - \left[(EI_{yy}w'')'w\right]\Big|_0^\ell + \left[EI_{yy}w''w'\right]\Big|_0^\ell - \int_{x=0}^\ell EI_{yy}w''^2\,dx$$

$$= -\frac{1}{2}\int_{x=0}^\ell EI_{yy}w''^2\,dx - \left[(EI_{yy}w'')'w\right]\Big|_0^\ell + \left[EI_{yy}w''w'\right]\Big|_0^\ell\,.$$

Unter Beachtung der Randbedingungen für unser Beispiel nach Abb. 4.2 ist dann

$$\Pi_{extr.} = -\frac{1}{2}\int_{x=0}^\ell EI_{yy}(x)w''^2(x)dx < 0\,.$$

Für die wahren Verschiebungen ist damit der Extremwert von Π negativ. Beachten wir noch das Werkstoffgesetz

$$M_y(x) = -EI_{yy}(x)w''(x)\,,$$

dann können wir auch

$$\Pi_{\text{extr.}} = -\frac{1}{2}\int_{x=0}^{\ell} EI_{yy}(x)w''^2(x)\,dx = -\frac{1}{2}\int_{x=0}^{\ell}\frac{M_y^2(x)}{EI_{yy}(x)}\,dx = -\frac{1}{2}\int_{x=0}^{\ell}q(x)w(x)\,dx$$

notieren. Es soll noch auf folgenden Sachverhalt aufmerksam gemacht werden. Ersetzen wir im elastischen Potenzial

$$\Pi = \int_{x=0}^{\ell}\left[\frac{EI_{yy}(x)}{2}w''^2(x) - q(x)w(x)\right]dx$$

die Funktion w(x) durch W(x) = w(x) + h(x) mit einer mindestens die geometrischen Randbedingungen erfüllenden Funktion h(x), dann erhalten wir

$$\Pi\langle W\rangle = \int_{x=0}^{\ell}\left[\frac{EI_{yy}}{2}(w''+h'')^2 - q(w+h)\right]dx = \int_{x=0}^{\ell}\left[\frac{EI_{yy}}{2}w''^2 - q\,w\right]dx +$$

$$+ \int_{x=0}^{\ell}\left[\frac{EI_{yy}}{2}h''^2 - q\,h\right]dx + \int_{x=0}^{\ell}EI_{yy}w''\,h''\,dx.$$

Mit

$$\int_{x=0}^{\ell}\left[\frac{EI_{yy}}{2}w''^2 - q\,w\right]dx = \Pi\langle w\rangle = \Pi_{\text{extr.}} = -\frac{1}{2}\int_{x=0}^{\ell}EI_{yy}w''^2\,dx < 0$$

und

$$\int_{x=0}^{\ell}q\,h\,dx = \int_{x=0}^{\ell}(EI_{yy}w'')''\,h\,dx = \left[(EI_{yy}w'')'h\right]\Big|_0^{\ell} - \left[EI_{yy}w''h'\right]\Big|_0^{\ell} + \int_{x=0}^{\ell}EI_{yy}w''\,h''\,dx$$

$$= \int_{x=0}^{\ell}EI_{yy}w''\,h''\,dx = -\int_{x=0}^{\ell}M_y h''\,dx$$

ist dann

$$\Pi\langle W\rangle = \Pi\langle w+h\rangle = \Pi_{\text{extr.}} + \int_{x=0}^{\ell}\frac{EI_{yy}}{2}h''^2\,dx > \Pi_{\text{extr.}} \quad \forall\ h \neq 0\,.$$

Wir errechnen also mit den wahren Verschiebungen einen absoluten Minimalwert für das elastische Potenzial, das durch keine andere zulässige Funktion unterboten werden kann, oder mit Aristoteles[1] zu sprechen: *Die Natur macht nichts vergebens und schafft nichts Überflüssiges.*

---

[1] Aristoteles, gen. der Stagirit, griech. Philosoph, 384 v.Chr.–322 v.Chr.

4.3   Das Verfahren von Ritz

Ein Weg zur Gewinnung von Näherungslösungen ist das Verfahren von Ritz[1]. Dieses Verfahren basiert auf dem Prinzip der virtuellen Verrückungen für elastische Körper (Ritz, 1909). Es setzt voraus, dass das betrachtete statische Problem als Lösung einer Variationsaufgabe aufgefasst werden kann und ein Potenzial existiert, das es zu minimieren gilt. Zur Vorstellung des Verfahrens betrachten wir wieder den Balken in Abb. 4.2. Für das zu ermittelnde Verschiebungsfeld w(x) wird ein Ansatz der Form

$$\hat{w}(x) = \sum_{k=1}^{n} c_k w_k(x) \tag{4.17}$$

gemacht. Dabei sind die w_k bekannte Funktionen von x, die linear unabhängig voneinander sind. Sie sollen beliebig wählbar sein, bis auf folgende Einschränkungen:

> *Die Funktionen $w_k(x)$ müssen mit den kinematischen Lagerungsbedingungen verträglich sein, sie müssen also mindestens die geometrischen Randbedingungen erfüllen.*

Ansatzfunktionen w_k, die den geometrischen Randbedingungen genügen, heißen *zulässige Funktionen* (engl. *admissible functions*). Genügen die Ansatzfunktionen neben den zwingend erforderlichen geometrischen Randbedingungen auch noch den dynamischen Randbedingungen, so spricht man von Vergleichsfunktionen (engl. *comparison functions*). Die geometrischen Randbedingungen werden auch als *wesentliche Randbedingungen* und die dynamischen als *natürliche Randbedingungen* bezeichnet. Beide Randbedingungen unterscheiden sich in der Ordnung der in ihnen auftretenden Ableitungen. Beim Biegeproblem ist die höchste Ableitung von vierter Ordnung. Die geometrischen oder natürlichen Randbedingungen enthalten nur Ableitungen bis zur ersten Ordnung, in den dynamischen oder natürlichen Randbedingungen treten dagegen Ableitungen zweiter (Biegemoment) und dritter Ordnung (Querkraft) in w_k auf.

Hinweis: In der Regel werden die Ansatzfunktionen aus der Erfahrung heraus gewählt. Allgemein kann hinsichtlich der Güte der mit (4.17) erzielten Approximation gesagt werden, dass diese umso besser ist, je vollständiger mit den Ansatzfunktionen w_k die Randbedingungen des Problems erfüllt werden.

Für den Träger mit Querlast q(x) lautet das elastische Potenzial

$$\Pi = \int_{x=0}^{\ell} \frac{EI_{yy}}{2} w''^2(x)dx - \int_{x=0}^{\ell} q(x)w(x)dx . \tag{4.18}$$

Mit dem Ritz-Ansatz (4.17) erhalten wir dafür den Näherungswert

---

[1]   Walter Ritz, schweizer. Mathematiker und Physiker, 1878–1909

$$\hat{\Pi} = \int_{x=0}^{\ell} \frac{EI_{yy}}{2} \hat{w}''^2(x) dx - \int_{x=0}^{\ell} q(x)\hat{w}(x)dx \,, \tag{4.19}$$

und mit

$$\hat{w}''(x) = \sum_{k=1}^{n} c_k w_k''(x)$$

ist dann

$$\hat{\Pi} = \int_{x=0}^{\ell} \left\{ \frac{EI_{yy}}{2} \left[\sum_{k=1}^{n} c_k w_k''(x) \right]^2 - q(x) \sum_{k=1}^{n} c_k w_k(x) \right\} dx \ = \text{Extremum.} \tag{4.20}$$

Da die Ansatzfunktionen bekannte Funktionen sein sollen, ist

$$\hat{\Pi} = \hat{\Pi}(c_k) \qquad (k = 1,...,n)$$

nur noch eine Funktion der unbekannten Koeffizienten c_k. Damit ist das funktionalkinematisch unbestimmte Problem zur Ermittlung der Durchbiegung w(x) auf ein algebraisches Problem zur Ermittlung der *n* unbekannten Koeffizienten c_k zurückgeführt. Dieses Problem ist wesentlich einfacher zu lösen als das Variationsproblem (4.18). Da $\hat{\Pi}$ ein Extremum des Variationsintegrals ist, muss

$$\delta\hat{\Pi} = \sum_{j=1}^{n} \frac{\partial\hat{\Pi}}{\partial c_j} \delta c_j = 0$$

erfüllt sein, und wegen der Beliebigkeit der δc_j folgt

$$\frac{\partial\hat{\Pi}}{\partial c_j} = 0, \quad (j = 1,...,n). \tag{4.21}$$

Unter Beachtung von (4.20) erhalten wir

$$\frac{\partial\hat{\Pi}}{\partial c_j} = 0 = \int_{x=0}^{\ell} \left[EI_{yy} \left(\sum_{k=1}^{n} c_k w_k'' \right) w_j'' - q(x) w_j \right] dx$$

$$= \sum_{k=1}^{n} c_k \left[\int_{x=0}^{\ell} EI_{yy} w_j'' w_k'' dx \right] - \int_{x=0}^{\ell} q(x) w_j dx . \tag{4.22}$$

Mit den Abkürzungen

$$a_{jk} = \int\limits_{x=0}^{\ell} EI_{yy} w_j'' w_k'' dx, \quad a_{j0} = \int\limits_{x=0}^{\ell} q(x) w_j \, dx \qquad (4.23)$$

können wir für (4.22) auch wie folgt notieren:

$$\sum_{k=1}^{n} c_k a_{jk} - a_{j0} = 0, \qquad (j = 1,\ldots,n). \qquad (4.24)$$

Das sind n lineare Gleichungen zur Bestimmung der n unbekannten Koeffizienten c_k. Fassen wir die Werte a_{jk} in der symmetrischen Matrix $\mathbf{A}$, die unbekannten Ritzparameter c_k im Vektor $\mathbf{c}$ und die Lastanteile a_{j0} im Vektor der rechten Seite $\mathbf{a}$ zusammen, also

$$\mathbf{A} = \mathbf{A}^T = \begin{bmatrix} a_{11} & a_{12} & \cdots & a_{1n} \\ a_{21} & a_{22} & \cdots & a_{2n} \\ \vdots & \vdots & \vdots & \vdots \\ a_{n1} & \cdots & \cdots & a_{nn} \end{bmatrix}, \quad \mathbf{c} = \begin{bmatrix} c_1 \\ c_2 \\ \vdots \\ c_n \end{bmatrix}, \quad \mathbf{a} = \begin{bmatrix} a_{10} \\ a_{20} \\ \vdots \\ a_{n0} \end{bmatrix},$$

dann kann (4.24) in der symbolischen Form $\mathbf{A} \cdot \mathbf{c} = \mathbf{a}$ geschrieben werden.

Beispiel 4-1:

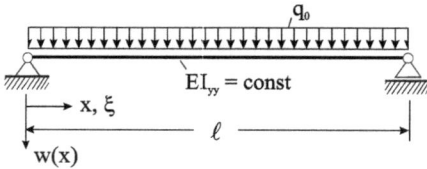

Abb. 4.3   Träger auf zwei Stützen mit konstanter Linienkraftbelastung q_0

Zur näherungsweisen Berechnung der Durchbiegung des Trägers auf zwei Stützen in Abb. 4.3 machen wir den *eingliedrigen Ritz-Ansatz* $\hat{w}(x) = c_1 w_1(x)$, und (4.24) geht über in

$$a_{11} c_1 - a_{10} = 0, \quad \rightarrow c_1 = \frac{a_{10}}{a_{11}} = \frac{q_0 \int\limits_{x=0}^{\ell} w_1(x)\,dx}{EI_{yy} \int\limits_{x=0}^{\ell} w_1''^2(x)\,dx}. \qquad (a)$$

Mit der Wahl des Verschiebungsansatzes

$$w_1(x) = \sin\frac{\pi x}{\ell}$$

werden mit $w_1(0) = w_1(\ell) = 0$ die geometrischen und unter Beachtung von

$$w_1''(x) = -\left(\frac{\pi}{\ell}\right)^2 \sin\frac{\pi x}{\ell}$$

auch die dynamischen Randbedingungen $M_y(0) = M_y(\ell) = 0$ erfüllt. Der Ansatz entspricht damit einer *Vergleichsfunktion*, von der eine gute Näherungslösung für die Durchbiegung erwartet werden kann. Allerdings erfüllt dieser Ansatz nicht die Differenzialgleichung

$$EI_{yy} w''''(x) = q_0 \,.$$

Wir erhalten nämlich mit dem Näherungsansatz

$$EI_{yy}[c_1 w_1(x)]'''' = EI_{yy} c_1 \left(\frac{\pi}{\ell}\right)^4 \sin\frac{\pi x}{\ell} = \hat{q}(x) \neq q_0$$

eine Belastung, die durch keine Wahl von c_1 auf den konstanten Wert q_0 gebracht werden kann. Unter Berücksichtigung von

$$a_{11} = \int_0^\ell EI_{yy} w_1''^2 \, dx = EI_{yy}\left(\frac{\pi}{\ell}\right)^4 \int_0^\ell \sin^2\frac{\pi x}{\ell}\, dx = EI_{yy}\frac{\pi}{2}\left(\frac{\pi}{\ell}\right)^3$$

$$a_{10} = \int_0^\ell q_0 w_1 \, dx = q_0 \int_o^\ell \sin\frac{\pi x}{\ell}\, dx = 2q_0\left(\frac{\ell}{\pi}\right)$$

folgt mit (a):

$$c_1 = \frac{a_{10}}{a_{11}} = \frac{4}{\pi^5}\frac{q_0\ell^4}{EI_{yy}} = 0{,}01307\frac{q_0\ell^4}{EI_{yy}} \,.$$

In Feldmitte ergibt sich damit die Näherungslösung

$$\hat{w}(\ell/2) = c_1 w_1(\ell/2) = \frac{4}{\pi^5}\frac{q_0\ell^4}{EI_{yy}} \,,$$

die damit der exakten Lösung

$$w(\ell/2) = \frac{5}{384}\frac{q_0\ell^4}{EI_{yy}} = 0{,}01302\frac{q_0\ell^4}{EI_{yy}}$$

recht nahe kommt. Für Biegemoment und Querkraft errechnen wir:

$$\hat{M}_y = -EI_{yy}\hat{w}'' = \frac{4}{\pi^3}q_0\ell^2 \sin\frac{\pi x}{\ell} = 0{,}1290\,q_0\ell^2 \sin\frac{\pi x}{\ell} \,,$$

$$\hat{Q} = \hat{M}'_y = \frac{4}{\pi^2} q_0 \ell \cos \frac{\pi x}{\ell} = 0,4053 \, q_0 \ell \cos \frac{\pi x}{\ell} \, .$$

Das größte Feldmoment tritt in Feldmitte auf, also

$$\hat{M}_y(\ell/2) = 0,1290 \, q_0 \ell^2 \qquad\qquad (1/8 \; q_0 \ell^2),$$

und für die Querkraft am linken Balkenende folgt

$$\hat{Q}(0) = 0,4053 \, q_0 \ell \qquad\qquad (1/2 \; q_0 \ell).$$

Die Werte in den runden Klammern hinter dem Biegemoment und der Querkraft entsprechen den theoretisch exakten Werten.

Hinweis: Es ist ersichtlich, dass die Approximation derjenigen Größe, für die der Ritz-Ansatz gewählt wurde, hier also für die Durchbiegung w(x), besser ist als die hieraus durch Differentiationsprozesse abgeleiteten Größen Biegemoment M_y und Querkraft Q. Diese Aussage gilt ganz allgemein.

Die im elastischen Potenzial auftretenden Integrale können recht kompliziert werden, so dass in diesen Fällen auf ein nummerisches Integrationsverfahren zurückgegriffen wird.

Beispiel 4-2:

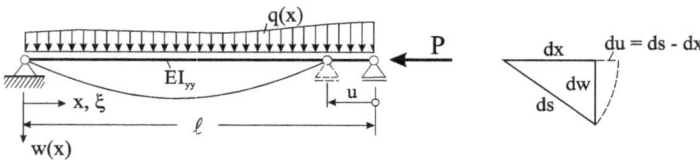

Abb. 4.4   Träger mit Längskraft P und Linienkraftbelastung q(x)

Um die Leistungsfähigkeit des Ritz-Verfahrens nochmals zu dokumentieren, betrachten wir als weiteres Beispiel einen Biegestab unter äußerer Längskraft P und Linienkraftbelastung q(x) nach Abb. 4.4. Um hier zu einer Anwendung des Verfahrens zu kommen, muss die Arbeit der Kraft *P* in das Extremalproblem eingefügt werden. Dazu betrachten wir das System in ausgelenkter Lage. Eine erste Näherung für die Axialverschiebung *u* des Lastangriffspunktes der Last *P*, die als Druckkraft positiv eingeführt wird, erhalten wir unter der Voraussetzung dehnungsfreier sowie kleiner Stabachsverformung mit

$$u = \int du = \int_{x=0}^{\ell} (ds - dx) = \int_{x=0}^{\ell} \left[\sqrt{1 + w'^2} - 1 \right] dx \approx \frac{1}{2} \int_{x=0}^{\ell} w'^2 dx \, .$$

Die Arbeit der äußeren Belastung im elastischen Potenzial ist somit um den Anteil

$Pu = \dfrac{P}{2}\displaystyle\int\limits_{x=0}^{\ell} w'^2 dx$ zu erweitern, und damit folgt

$$\Pi\{w\} = \int\limits_{x=0}^{\ell} \frac{EI_{yy}}{2} w''^2(x)dx - \frac{P}{2}\int\limits_{x=0}^{\ell} w'^2(x)dx - \int\limits_{x=0}^{\ell} q(x)w(x)dx = \text{Extremum}. \qquad (a)$$

Die Einführung des Ritz-Ansatzes (4.17) in (a) führt in Erweiterung von (4.19) zu

$$\Pi\{w\} \approx \hat\Pi(c_1...c_n) = \int\limits_{x=0}^{\ell} \left\{ \frac{EI_{yy}}{2}\left[\sum_{k=1}^{n} c_k w_k''(x)\right]^2 - \frac{P}{2}\left[\sum_{k=1}^{n} c_k w_k'(x)\right]^2 - q(x)\sum_{k=1}^{n} c_k w_k(x)\right\} dx \ .$$

Da $\hat\Pi(c_1...c_n)$ Extremwertcharakter hat, ist

$$\delta\hat\Pi(c_1...c_n) = \frac{\partial\hat\Pi}{\partial c_j}\delta c_j = 0 \ ,$$

und weil i. Allg. $\delta c_j \neq 0$ gilt, muss $\partial\hat\Pi/\partial c_j = 0$ $(j = 1,...,n)$ erfüllt sein. Da in festen Grenzen integriert wird, können die Ableitungen unter dem Integral vorgenommen werden:

$$\frac{\partial\hat\Pi}{\partial c_j} = \int\limits_{x=0}^{\ell} \left\{ EI_{yy}\left[\sum_{k=1}^{n} c_k w_k''\right]w_j'' - P\left[\sum_{k=1}^{n} c_k w_k'\right]w_j' - q\,w_j\right\} dx$$

$$= \int\limits_{x=0}^{\ell} \left\{\left[\sum_{k=1}^{n} c_k EI_{yy} w_k'' w_j''\right] - P\left[\sum_{k=1}^{n} c_k w_k' w_j'\right] - q\,w_j\right\} dx$$

$$= \sum_{k=1}^{n} c_k \underbrace{\int\limits_{x=0}^{\ell} EI_{yy} w_k'' w_j'' dx}_{=\,a_{jk}} - P\sum_{k=1}^{n} c_k \underbrace{\int\limits_{x=0}^{\ell} w_k' w_j' dx}_{\psi_{jk}} - \underbrace{\int\limits_{x=0}^{\ell} q\,w_j\,dx}_{a_{j0}}.$$

Damit erhalten wir das lineare Gleichungssystem

$$\frac{\partial\hat\Pi}{\partial c_j} = 0 = \sum_{k=1}^{n} c_k(a_{jk} - P\,\psi_{jk}) - a_{j0} = 0 \ , \qquad (j = 1,...,n)$$

oder symbolisch $(\mathbf{A} - P\mathbf{\Psi})\cdot\mathbf{c} = \mathbf{a}$ mit symmetrischen Matrizen $\mathbf{A}$ und $\mathbf{\Psi}$. Bei einem zweigliedrigen Ritz-Ansatz

$$\hat w(x) = \sum_{k=1}^{2} c_k w_k(x) = c_1 w_1(x) + c_2 w_2(x)$$

hätten wir das Gleichungssystem

$$\left\{\begin{bmatrix} a_{11} & a_{12} \\ a_{12} & a_{22} \end{bmatrix} - P\begin{bmatrix} \psi_{11} & \psi_{12} \\ \psi_{12} & \psi_{22} \end{bmatrix}\right\} \cdot \begin{bmatrix} c_1 \\ c_2 \end{bmatrix} = \begin{bmatrix} a_{10} \\ a_{20} \end{bmatrix} \qquad \text{(b)}$$

zu lösen. Die obige Beziehung geht bei fehlender Querbelastung ($\mathbf{a} = \mathbf{0}$) in ein homogenes Gleichungssystem über, das für $\det(\mathbf{A} - P\mathbf{\Psi}) = 0$ auch von Null verschiedene Parameter c_k und damit auch von Null verschiedene Transversalverschiebungen ermöglicht. Das ist das Kennzeichen für das Eintreten des Stabilitätsfalles. Mechanisch bedeutet dies, dass es neben der gestreckten Lage eine infinitesimal benachbarte ausgelenkte Lage des Stabes gibt, die ebenfalls eine Gleichgewichtslage ist.

Die Eigenwertgleichung enthält als freien Parameter nur noch die Axialbelastung P. Der kleinste errechenbare Wert dieser Axialbelastung ist ein Näherungswert für die kritische Knicklast des Systems. Für eine erste Abschätzung der kleinsten kritischen Last $\hat{P}_{krit}$ setzen wir $\hat{w}(x) = c_1 w_1(x)$. Bei der Auswahl von $w_1(x)$ ist darauf zu achten, dass die Ansatzfunktion möglichst wenig gekrümmt ist, denn mit

$$a_{11} - \hat{P}_{krit}\,\psi_{11} = 0 \quad \rightarrow \hat{P}_{krit} = \frac{a_{11}}{\psi_{11}} = \frac{\displaystyle\int_{x=0}^{\ell} EI_{yy} w_1''^2\, dx}{\displaystyle\int_{x=0}^{\ell} w_1'^2\, dx} \qquad \text{(c)}$$

wird die kleinste kritische Last dann berechnet, wenn der Zähler, also die Formänderungsenergie a_{11} des Stabes, möglichst klein gehalten wird. Das wird erreicht, wenn wir mit $w_1(x)$ eine Stabauslenkung wählen, die zwischen $0 < x < \ell$ keine weitere Nullstelle besitzt, also etwa

$$w_1(x) = \frac{x}{\ell}\left(1 - \frac{x}{\ell}\right).$$

Es handelt sich bei diesem Ritz-Ansatz um eine zulässige Funktion, da die Verschiebungsrandbedingungen an den Stabenden erfüllt werden. Mit (c) errechnen wir

$$\hat{P}_{krit} = \frac{a_{11}}{\psi_{11}} = \frac{\dfrac{4EI_{yy}}{\ell^3}}{\dfrac{1}{3\ell}} = \frac{12EI_{yy}}{\ell^2}.$$

Einen wesentlich besseren Wert für die kleinste Knicklast erhalten wir statt einer zulässigen Funktion mit

$$w_1(x) = \frac{x}{\ell}\left[1 - 2\left(\frac{x}{\ell}\right)^2 + \left(\frac{x}{\ell}\right)^3\right]$$

eine Vergleichsfunktion wählen, die wegen

$$w_1''(x) = \frac{12x(x - \ell)}{\ell^4}$$

auch die dynamischen Randbedingungen $M_y(x = 0) = M_y(x = \ell) = 0$ erfüllt. Mit (c) errechnen wir nun

$$\hat{P}_{krit} = \frac{a_{11}}{\psi_{11}} = \frac{\dfrac{24EI_{yy}}{5\ell^3}}{\dfrac{17}{35\ell}} = \frac{168}{17}\frac{EI_{yy}}{\ell^2} = 9,882\frac{EI_{yy}}{\ell^2},$$

und damit einen Wert, der der exakten Lösung

$$P_{krit} = \pi^2\frac{EI_{yy}}{\ell^2} = 9,870\frac{EI_{yy}}{\ell^2}$$

sehr nahe kommt.

Beim folgenden zweigliedrigen Ritz-Ansatz verwenden wir mit $\hat{w}(x) = c_1 w_1(x) + c_2 w_2(x)$ und

$$w_1(x) = \sin\frac{\pi x}{\ell}, \quad w_2(x) = \sin\frac{2\pi x}{\ell}$$

die theoretisch exakten Knickfiguren des Instabilitätsproblems. Wir erhalten mit

$$\mathbf{A} = \frac{\pi^4 EI_{yy}}{2\ell^3}\begin{bmatrix} 1 & 0 \\ 0 & 16 \end{bmatrix}, \quad \mathbf{\Psi} = \frac{\pi^2}{2\ell}\begin{bmatrix} 1 & 0 \\ 0 & 4 \end{bmatrix}$$

die Eigenwertgleichung

$$\det(\mathbf{A} - P\,\mathbf{\Psi}) = 0 = \left(\frac{\pi^4 EI_{yy}}{2\ell^3} - \frac{P\pi^2}{2\ell}\right)\left(\frac{8\pi^4 EI_{yy}}{\ell^3} - \frac{2P\pi^2}{\ell}\right),$$

aus der wir erwartungsgemäß die exakten Lösungen

$$P_{1,krit} = \frac{\pi^2 EI_{yy}}{\ell^2}, \quad P_{2,krit} = \frac{4\pi^2 EI_{yy}}{\ell^2}$$

ablesen. Aufgrund der Orthogonalität der Ansatzfunktionen w_1 und w_2, besitzen die beiden Matrizen $\mathbf{A}$ und $\mathbf{\Psi}$ Diagonalgestalt.

An dieser Stelle sollen die Voraussetzungen des Verfahrens von Ritz noch einmal genannt werden:

1. Es muss ein Funktional existieren, das es zu minimieren gilt.
2. Die Näherungsansätze müssen nur die wesentlichen Randbedingungen erfüllen.

3. Bei einem Differentialoperator $2k$-ter Ordnung enthält das zugeordnete Funktional Ableitungen der Grundfunktion bis zur k-ten Ordnung, die $(k-1)$-mal stetig differenzierbar sein müssen.

Der Nachteil des Ritzschen Verfahrens liegt auf der Hand. Die Auswahl zulässiger Funktionen oder das Auffinden von Vergleichsfunktionen erfordert vom Anwender ein hohes Maß an Erfahrung. Insbesondere bei mehrdimensionalen oder ungleichmäßig beranderen Gebieten stößt das Auffinden geeigneter Ansatzfunktionen oft auf unüberwindliche Schwierigkeiten.

4.4   Die Methode der gewichteten Residuen

Die Methode der gewichteten Residuen ist auch dann anwendbar, wenn für das anstehende Randwertproblem kein Extremalprinzip zur Verfügung steht, wie das beim Ritz-Verfahren erforderlich war. Es werden lediglich die dem Randwertproblem zugeordnete Differenzialgleichung und die Randbedingungen benötigt. Damit ist dieses Verfahren im Vergleich zum Ritz-Verfahren auf eine wesentlich größere Klasse von Randwertproblemen anwendbar. Wir beschränken uns im Folgenden auf gewöhnliche Differenzialgleichungen, für die in einem gegebenen Intervall (a,b) eine Funktion y(x) als Lösung einer linearen, inhomogenen Differenzialgleichung $2k$-ter Ordnung

$$L_{2k}[y](x) = r(x) \tag{4.25}$$

ergänzt durch $2k$ Randbedingungen gesucht wird, die sich auf die Werte der Funktion y und ihren Ableitungen an den Rändern beziehen. Der Ausdruck

$$L_{2k}[y](x) = a_0\,y + a_1\frac{\partial y}{\partial x} + a_2\frac{\partial^2 y}{\partial x^2} + \cdots + a_{2k}\frac{\partial^{2k} y}{\partial x^{2k}},$$

in dem die Koeffizienten a_i (i = 0...2k) bekannte Funktionen von x sind, stellt einen linearen homogenen Differenzialoperator dar. Wie bei der Vorgehensweise nach Ritz wird für die gesuchte Funktion y(x) ein Näherungsansatz $\hat{y}(x)$ als Linearkombination bekannter Funktionen $y_k(x)$ in der Form

$$\hat{y}(x) = \sum_{k=1}^{n} c_k y_k(x) \tag{4.26}$$

gemacht. Dabei setzen wir voraus, dass die Funktionen $y_k(x)$ hinreichend stetig sind und sämtlichen Randbedingungen genügen. Die Koeffizienten c_k sollen nun so bestimmt werden, dass die Differenzialgleichung (4.25) von der Näherungsfunktion $\hat{y}(x)$ *möglichst gut* angenähert wird. Setzen wir (4.26) in die Differenzialgleichung ein, dann wird nur in Ausnahmefällen diese auch erfüllt, vielmehr verbleibt eine Fehlerfunktion

$$R_0(x, c_1, c_2, ..., c_m) := L_{2k}[\hat{y}](x) - r(x) \neq 0 \;, \tag{4.27}$$

die *Residuum*[1] genannt wird. Aufgrund der Linearität der Differenzialgleichung hängt die Fehlerfunktion linear von den Koeffizienten c_k ab. Das Verfahren zur Bestimmung dieser unbekannten Koeffizienten verlangt nun, dass das Integral des Residuums (engl. *weighted error*), gewichtet mit sogenannten *Gewichtsfunktionen* $\psi_j(x)$ (engl. *weighted functions*), über das Integrationsgebiet verschwindet. Da der Ansatz für die Näherungsfunktion genau n unbekannte Koeffizienten enthält, kann die Bedingung für n linear unabhängige Gewichtsfunktionen $\psi_j(x)$ formuliert werden, womit n lineare Gleichung zur Bestimmung der n unbekannten Koeffizienten c_k vorliegen. Die Forderung nach dem Verschwinden des gewichteten Rests lautet dann

$$\int_{x=a}^{b} R_0(x, c_1, c_2, ..., c_m)\, \psi_j(x)\, dx = 0 \quad (j = 1, ..., n)\;. \tag{4.28}$$

Die Auswahl der linear unabhängigen Gewichtsfunktionen $\psi_j(x)$ entscheidet über die Bezeichnung des Verfahrens.

4.4.1 Das Galerkin-Verfahren

Eine Sonderform der Methode der gewichteten Residuen besteht darin, für die Gewichtsfunktionen $\psi_j(x)$ in (4.28) denselben Ansatz wie für die Näherungsfunktionen zu wählen. Dieses Verfahren wird häufig als Galerkin[2]-Verfahren und in der russischen Literatur als Bubnov[3]-Galerkin-Verfahren bezeichnet. Wir erhalten dann

$$\int_{x=a}^{b} R_0(x, c_1, c_2, ..., c_n)\, y_j(x)\, dx = 0\;, \quad (j = 1, ..., n). \tag{4.29}$$

Wie bereits erwähnt, müssen die Näherungsansätze <u>sämtliche</u> Randbedingungen erfüllen und hinreichend oft stetig differenzierbar sein.

Beispiel 4-3:

Wir konkretisieren das bisher Gesagte am Beispiel des links eingespannten und rechts frei drehbar gelagerten Balkens mit konstanter Biegesteifigkeit EI_{yy}, der durch eine sinusförmige Linienkraft $q(x)$ belastet ist (Abb. 4.5). Die Differenzialgleichung lautet im statischen Fall

$$EI_{yy}\, w^{IV}(x) = q(x).$$

---

[1]   Residuum lat. das ›Zurückbleibende‹, zu residuus ›zurückgeblieben‹

[2]   Boris Grigorjewitsch Galerkin, sowjetischer Ingenieur und Mathematiker, 1871–1945

[3]   Iwan Grigorjewitsch Bubnow, russ. Marineingenieur und Konstrukteur, 1872–1919

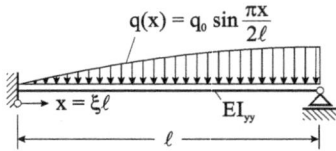

Abb. 4.5 *Der links eingespannte und rechts frei drehbar gelagerte Balken*

An den Rändern sind die Randwerte $w(0) = w\underline{\ }(0) = 0$ und $w(\ell) = M_y(\ell) = 0$ einzuhalten. Die Berechnung des Residuums ergibt

$$R_0(x, c_1, c_2, ..., c_n) = EI_{yy}\hat{w}^{IV}(x) - q(x) = EI_{yy}\sum_{k=1}^{n} c_k w_k^{IV}(x) - q(x),$$

und die Substitution in (4.28) mit $\psi_j = w_j$ liefert

$$\int_{x=0}^{\ell}\left(EI_{yy}\sum_{k=1}^{n} c_k w_k^{IV}(x) - q(x)\right) w_j(x)\, dx = 0, \qquad (j = 1, ..., n)$$

oder

$$\sum_{k=1}^{m} c_k \int_{x=0}^{\ell} EI_{yy} w_k^{IV}(x) w_j(x)\, dx - \int_{x=0}^{\ell} q(x)\, w_j(x)\, dx = 0, \qquad (j = 1, ..., n).$$

Führen wir noch die Abkürzungen

$$a_{jk} = \int_{x=0}^{\ell} EI_{yy} w_k^{IV}(x)\, w_j(x)\, dx, \quad a_{j0} = \int_{x=0}^{\ell} q(x)\, w_j(x)\, dx \qquad (a)$$

ein, dann können wir für das lineare Gleichungssystem auch in der Form

$$\sum_{k=1}^{n} c_k a_{jk} - a_{j0} = 0, \qquad (j = 1, ..., n)$$

schreiben. Wir haben nun Näherungsfunktionen $w_k(x)$ zu wählen und verwenden dazu vorteilhaft eine Familie von Funktionen, die über einen Parameter (hier k) variiert werden, wie etwa Polynome ($\xi = x/\ell$):

$$w_k(\xi) = \xi^{k+1}(\xi - 1)[(k+1)\xi - (k+2)], \qquad (k = 1, ..., n), \qquad (b)$$

die <u>sämtliche</u> Randbedingungen erfüllen und ferner leicht zu integrieren sind. Für den zweigliedrigen Näherungsansatz

$$\hat{w}(x) = \sum_{k=1}^{2} c_k w_k(x) = c_1 w_1(x) + c_2 w_2(x)$$

mit $w_1(\xi) = \xi^2(\xi - 1)(2\xi - 3)$ und $w_2(\xi) = \xi^3(\xi - 1)(3\xi - 4)$ erhalten wir beispielsweise nach Ausführung der in (a) geforderten Differenziationen und Integrationen

$$\mathbf{A} = \begin{bmatrix} a_{11} & a_{12} \\ a_{21} & a_{22} \end{bmatrix} = \frac{EI_{yy}}{\ell^3} \begin{bmatrix} 7{,}20 & 4{,}80 \\ 4{,}80 & 5{,}49 \end{bmatrix}, \quad \mathbf{a} = \begin{bmatrix} a_{10} \\ a_{20} \end{bmatrix} = q_0 \ell \begin{bmatrix} 0{,}1093 \\ 0{,}0793 \end{bmatrix}, \quad \mathbf{c} = \begin{bmatrix} c_1 \\ c_2 \end{bmatrix} = \frac{q_0 \ell^4}{EI_{yy}} \begin{bmatrix} 0{,}01330 \\ 0{,}00282 \end{bmatrix}.$$

Die exakten Lösungen für die Verschiebung und das Biegemoment lauten

$$w(\xi) = \frac{q_0 \ell^4}{EI_{yy} \pi^4} \left[16 \sin \frac{\pi \xi}{2} + \xi^3 \left(8 + \pi^2 - 4\pi \right) - \xi^2 \left(24 + \pi^2 - 12\pi \right) - 8\pi\xi \right],$$

$$M_y(\xi) = \frac{2 q_0 \ell^2}{\pi^4} \left[\pi^2 \left(2 \sin \frac{\pi \xi}{2} + 1 \right) - \xi \left(24 + 3\pi^2 - 12\pi \right) + 24 - 12\pi \right].$$

Die Ergebnisse des Galerkin-Verfahrens sind für einen ein- bis dreigliedrigen Ansatz nach (b) in Tab. 4.1 für die Durchbiegungen und die Biegemomente zusammengestellt. Die höheren Ansätze zeigen eine gute Übereinstimmung mit den exakten Lösungen.

Wir wollen die Voraussetzungen zur Anwendung des Galerkin-Verfahrens hier noch einmal zusammenstellen:

1. Es muss <u>kein</u> Funktional existieren, wie das beim Ritz-Verfahren erforderlich war.
2. Die Näherungsansätze müssen alle Randbedingungen erfüllen.
3. Bei einem Differentialoperator $2k$-ter Ordnung muss die Näherungslösung $(2k-1)$-mal stetig differenzierbar sein.

Tab. 4.1 *Ergebnisse des Galerkin-Verfahrens für den ein- bis dreigliedrigen Ansatz*

k	$\dfrac{10^3 EI_{yy}}{q_0 \ell^4} \hat{w}(\xi)$					$\dfrac{10^2 EI_{yy}}{q_0 \ell^2} \hat{M}_y(\xi)$				
	$\xi = x/l$					$\xi = x/l$				
	0,00	0,25	0,50	0,75	1,00	0,00	0,25	0,50	0,75	1,00
1	0,000	1,779	3,796	3,203	0,000	-9,110	0,000	4,555	4,555	0,000
1,2	0,000	1,666	3,767	3,327	0,000	-7,982	-0,476	4,414	5,102	0,000
1,2,3	0,000	1,663	3,774	3,325	0,000	-7,852	-0,519	4,463	5,080	0,000
exakte Lösung	0,000	1,663	3,774	3,325	0,000	-7,863	-0,520	4,462	5,081	0,000

Da kein Funktional zur Verfügung stehen muss, kann dieses Verfahren auf einen sehr großen Problemkreis angewendet werden. Nachteilig wirken sich jedoch die unter 2. und 3. genannten Sachverhalte aus. Damit werden an die Näherungsansätze dieses Verfahrens wesentlich strengere Anforderungen gestellt, als an diejenigen des Ritz-Verfahrens.

4.4.2   Die Kollokationsmethode

Die Kollokationsmethode[1] fordert, dass die Ansatzfunktion $\hat{w}(x)$ die Differenzialgleichung an n diskreten Intervallstellen (den sog. Kollokationspunkten) $a \leq x_1 < x_2 ... < x_{n-1} < x_n \leq b$ erfüllt. Diese Forderung führt auf genau n Bedingungen

$$R_0(x_i, c_1, c_2, ..., c_n) = 0 \,,$$

und die Koeffizienten c_k sind aus der Forderung

$$\sum_{k=1}^{m} c_k \, L[w_k](x_i) - r(x_i) = 0 \,, \qquad (i = 1,...,n) \qquad\qquad (4.30)$$

zu berechnen.

Beispiel 4-4:

Wir betrachten als Beispiel den beidseitig eingespannten Träger in Abb. 4.6 mit einer parabelförmig verteilten Linienkraftbelastung q(x). Die Differenzialgleichung lautet.

$$EI_{yy} w^{IV}(x) = q(x) \,, \qquad q(x) = q_0 \left[1 - \left(\frac{2x}{\ell} \right)^2 \right].$$

An den Balkenenden sind die homogenen Randbedingungen

$w(x = -\ell/2) = 0$, $w\_(x = -\ell/2) = 0$, $w(x = \ell/2) = 0$, $w\_(x = \ell/2) = 0$

einzuhalten.

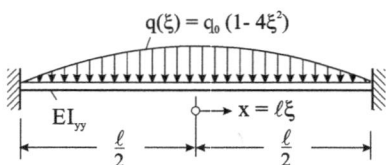

Abb. 4.6 *Beidseitig eingespannter Träger*

Lösung: Das System und die Belastung sind symmetrisch bezüglich x = 0. Wir wählen den zweigliedrigen Verschiebungsansatz $(\xi = x/\ell)$

$\hat{w}(\xi) = c_1 w_1(\xi) + c_2 w_2(\xi)$ mit $w_1(\xi) = (1 - 4\xi^2)^2$ und $w_2(\xi) = (1 - 4\xi^2)^3$,

---

[1]   lat. Ordnung nach der Reihenfolge, Platzanweisung

der sämliche Randbedingungen erfüllt. Die Koeffizienten c_1 und c_2 werden nach (4.30) aus dem linearen Gleichungssystem

$$R_0(x_i, c_1, c_2) = EI_{yy}\hat{w}^{IV}(x_i) - q(x_i) = EI_{yy}\sum_{k=1}^{n} c_k w_k^{IV}(x_i) - q(x_i) = 0, \qquad (i = 1,...,n)$$

bestimmt. Im vorliegenden Beispiel ist $n = 2$, und wir wählen aufgrund der Symmetrieeigenschaften des Systems die Kollokationspunkte $x = 0$ und $x = \ell/4$, womit uns Maple das Gleichungssystem

$$\frac{EI_{yy}}{\ell^4}\begin{bmatrix}384 & 1152 \\ 384 & -288\end{bmatrix}\cdot\begin{bmatrix}c_1 \\ c_2\end{bmatrix} = \frac{q_0}{4}\begin{bmatrix}4 \\ 3\end{bmatrix} \qquad \text{mit der Lösung} \qquad \begin{bmatrix}c_1 \\ c_2\end{bmatrix} = \frac{q_0\ell^4}{5760\,EI_{yy}}\begin{bmatrix}12 \\ 1\end{bmatrix}\cdot 12$$

und damit die „Näherung"

$$\hat{w}(\xi) = c_1 w_1(\xi) + c_2 w_2(\xi) = \frac{q_0\ell^4}{5760\,EI_{yy}}(1 - 4\xi^2)^2(13 - 4\xi^2)$$

liefert, die bei der speziellen Wahl der Näherungsfunktionen hier auch der exakten Lösung entspricht.

4.5   Das Prinzip von d'Alembert

Dieses Prinzip führt dynamische Probleme formal auf eine statische Berechnungsmethode zurück. Ist

$$\mathbf{F}^{(a)} = \int_{(m)} d\overline{\mathbf{F}}^{(a)}$$

die gesamte auf eine Masse m einwirkende äußere Kraft, dann bezeichnet $d\overline{\mathbf{F}}^{(a)}$ den davon auf das Massenelement dm mit seinem Konvergenzpunkt S entfallenden Anteil (Abb. 4.7). Wäre das mit der äußeren Belastung $d\overline{\mathbf{F}}^{(a)}$ belastete Element dm frei beweglich, bestünde also kein Verbund mit den Nachbarelementen, dann würde es nach dem Schwerpunktsatz mit

$$\overline{\mathbf{a}} = d\overline{\mathbf{F}}^{(a)}/dm$$

beschleunigen. Beobachtet wird jedoch für ein im Massenverband m eingebettetes Element i. Allg. eine davon abweichende Beschleunigung $\mathbf{a}$. Nach dem Schwerpunktsatz wäre dazu die resultierende „Kraft" $dm\,\mathbf{a}$ erforderlich. Von der Kraft $d\overline{\mathbf{F}}^{(a)}$ bestimmt dann nur die „Komponente" $dm\,\mathbf{a}$ die Bewegung, während die „Komponente"

$$d\mathbf{V} = d\overline{\mathbf{F}}^{(a)} - dm\,\mathbf{a},$$

die als *verlorene Kraft* am Massenelement definiert wird, für das einzelne Massenelement *dm* zu Beschleunigungszwecken verloren geht.

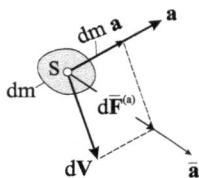

Abb. 4.7 *Die verlorene Kraft am Massenelement dm*

Es gilt folgender als Axiom formulierter Lehrsatz:

Am bewegten System halten sich die verlorenen Kräfte das Gleichgewicht.

Beschreibt man den obigen Lehrsatz in Form der Kraft- und Momentengleichgewichtsbedingungen, also

$$\mathbf{V} = \int_{(m)} d\mathbf{V} = \mathbf{0}, \qquad \mathbf{M}_{V,0} = \mathbf{0}, \tag{4.31}$$

dann müssen die Summe der *verlorenen Kräfte* und die Summe der *verlorenen Momente* bezogen auf einen raumfesten Punkt *0* verschwinden, womit dann äquivalente Aussagen zum Schwerpunkt- und Drallsatz vorliegen.

4.5.1   Das Prinzip von d'Alembert in der Lagrangeschen Fassung

Das d'Alembertsche Prinzip gilt sowohl für starre als auch für deformierbare Körper. Für deformierbare Körper wird es vorwiegend in der Version des d'Alembertschen Prinzips in der Lagrangeschen Fassung verwendet. Die Herleitung dieser Darstellung erfolgt durch Anwendung des Prinzips der virtuellen Verrückung – als ein Prinzip der Statik – auf das d'Alembertsche Prinzip und damit der Statik der verlorenen Kräfte. Wir konzentrieren uns im Folgenden auf deformierbare Medien. Bezeichnen $d\mathbf{F}_m$ und $d\mathbf{F}_o$ die auf ein Massenelement *dm* wirkenden Massen- und Oberflächenkräfte, dann ist mit

$$d\mathbf{F}_m + d\mathbf{F}_o = dm\, \mathbf{a} \tag{4.32}$$

infolge der virtuellen Verrückung $\delta\mathbf{u}$ die Variation der äußeren Arbeit in Erweiterung zu (4.11)

$$\delta A^{(a)} = \int_{(m)} d\,\delta A^{(a)} = \delta A^{(i)} + \int_{(m)} \left(d\mathbf{F}_m + d\mathbf{F}_o \right) \cdot \delta\mathbf{u}\,,$$

oder umgestellt unter Beachtung von (4.32)

$$\delta A^{(a)} - \int_{(m)} dm \, \mathbf{a} \cdot \delta \mathbf{u} = \delta W \, , \tag{4.33}$$

wobei wir in der obigen Beziehung mit $\delta A^{(i)} = \delta W$ die innere Arbeit durch die Formänderungsenergie W ersetzt haben. Mit

$$\delta A_V^{(a)} = \delta A^{(a)} - \int_{(m)} dm \, \mathbf{a} \cdot \delta \mathbf{u}$$

ist dann

$$\delta W - \delta A_V^{(a)} = 0 \, . \tag{4.34}$$

Führen wir noch das elastische Potenzial der verlorenen Kräfte

$$\Pi_V = W - A_V^{(a)}$$

ein, dann geht (4.34) über in das Extremalproblem

$$\delta \Pi_V = 0 \, . \tag{4.35}$$

Beispiel 4-5:

$$q(x,t) = p(x) \sin \Omega t$$

$[\delta w(0,t) = 0]$ $dm = \rho\, A\, dx$ w $[\delta w(\ell,t) = 0]$

$\mathbf{e}_z$ $x \rightarrow$ $\uparrow \delta w$

                    ℓ

z, w

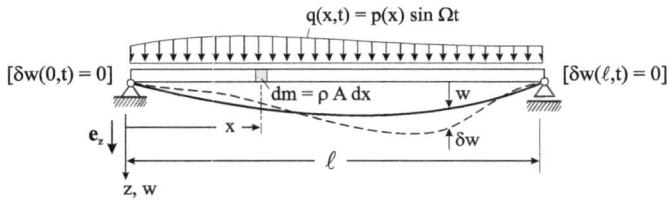

Abb. 4.8   *Träger auf zwei Stützen mit pulsierender Linienkraftbelastung*

Die obige Abbildung zeigt einen linear elastischen Träger auf zwei Stützen, der durch die pulsierende Linienkraftbelastung q(x,t) zu Transversalschwingungen w(x,t) angeregt wird. Es sollen die stationären Bewegungen des Trägers mithilfe des d'Alembertschen Prinzips in der Lagrangeschen Fassung untersucht werden.

<u>Geg.</u>: ℓ, ρ, A, E, I_{yy}, q(x,t) = p(x) sin Ωt.

<u>Lösung</u>: Mit dm = ρAdx sowie

$$\mathbf{a} = \frac{\partial^2 w}{\partial t^2}\mathbf{e}_z, \quad \delta\mathbf{u} = \delta w\,\mathbf{e}_z, \quad \mathbf{a}\cdot\delta\mathbf{u} = \frac{\partial^2 w}{\partial t^2}\delta w$$

wird (4.33):

$$\delta \int\limits_{x=0}^{\ell} w\,p\sin\Omega t\,dx - \int\limits_{x=0}^{\ell} \rho A \frac{\partial^2 w}{\partial t^2}\delta w\,dx = \delta\left[\int\limits_{x=0}^{\ell} \frac{EI_{yy}}{2}\left(\frac{\partial^2 w}{\partial x^2}\right)^2 dx\right].$$

In Anlehnung an die Belastung q(x,t) wird für die stationäre Bewegung der Produktansatz w(x,t) = X(x) sin Ωt und damit δw = δX sin Ωt gemacht. Somit stellt sich nach dem Herauskürzen von sin^2 Ωt das Extremalproblem $\delta\Pi_V = 0$ mit

$$\Pi_V\langle X(x)\rangle = \int\limits_{x=0}^{\ell}\left[\frac{EI_{yy}}{2}X''^2 - Xp - \rho A\,\Omega^2\left(\frac{X^2}{2}\right)\right]dx = \int\limits_{x=0}^{\ell} F(x,X,X'')dx.$$

Unter dem Integral steht die Funktion

$$F(x,X,X'') = \frac{EI_{yy}}{2}X''^2 - Xp - \rho A\,\Omega^2\left(\frac{X^2}{2}\right),$$

womit wir nach (4.9) die Eulersche Differenzialgleichung

$$(EI_{yy}X'')'' - \rho A\,\Omega^2 X = p$$

erhalten, die wir hier jedoch nicht integrieren werden, sondern wir machen im Sinne des Ritz-schen Verfahrens für die unter dem Integral auftauchende zeitfreie Verschiebung $X(x)$ den Näherungsansatz

$$X(x) \;\to\; \overline{X}(x) = \sum_{k=1}^{n} c_k X_k(x)$$

mit noch freien Konstanten c_k. Damit geht das elastische Potenzial Π_V über in

$$\Pi_V \langle X(x) \rangle \approx \hat{\Pi}_V \langle c_1,\ldots,c_n \rangle = \int_{x=0}^{\ell} \left[\frac{EI_{yy}}{2} \overline{X}''^2 - \overline{X}\,p - \rho A\,\Omega^2 \left(\frac{\overline{X}^2}{2} \right) \right] dx$$

$$= \int_{x=0}^{\ell} \frac{EI_{yy}}{2} \left(\sum_{k=1}^{n} c_k X_k'' \right)^2 dx - \sum_{k=1}^{n} c_k \int_{x=0}^{\ell} X_k\, p\, dx - \int_{x=0}^{\ell} \rho A \frac{\Omega^2}{2} \left(\sum_{k=1}^{n} c_k X_k \right)^2 dx.$$

Die noch zu wählenden Funktionen $X_k(x)$ müssen mindestens die geometrischen Randbedingungen $X_k(0) = X_k(\ell) = 0$ erfüllen. Damit erhalten wir aus der Beziehung

$$\frac{\partial \hat{\Pi}_V}{\partial c_j} = 0\,, \qquad (j = 1,\ldots,n)$$

das lineare Gleichungssystem

$$\frac{\partial \hat{\Pi}_V}{\partial c_j} = \int_{x=0}^{\ell} EI_{yy} \left(\sum_{k=1}^{n} c_k X_k'' \right) X_j'' dx - \int_{x=0}^{\ell} X_j\, p(x)\, dx - \int_{x=0}^{\ell} \Omega^2 \rho A \left(\sum_{k=1}^{n} c_k X_k \right) X_j\, dx$$

$$= \sum_{k=1}^{n} c_k \int_{x=0}^{\ell} EI_{yy} X_k'' X_j''\, dx - \int_{x=0}^{\ell} X_j\, p(x)\, dx - \sum_{k=1}^{n} c_k \int_{x=0}^{\ell} \Omega^2 \rho A X_k X_j\, dx = 0.$$

Mit den Abkürzungen

$$a_{jk} = \int_{x=0}^{\ell} EI_{yy} X_k'' X_j''\, dx, \quad b_{jk} = \int_{x=0}^{\ell} \rho A X_k X_j\, dx, \quad a_{j0} = \int_{x=0}^{\ell} X_j\, p(x)\, dx$$

können wir dann auch kürzer

$$\sum_{k=1}^{n} (a_{jk} - \Omega^2 b_{jk}) c_k = a_{j0}, \qquad (j = 1,\ldots,n) \tag{a}$$

oder symbolisch mit dem Vektor der Ritz-Parameter $\mathbf{c}$

$$(\mathbf{A} - \Omega^2 \mathbf{B}) \cdot \mathbf{c} = \mathbf{a}_0$$

schreiben. Die Matrizen $\mathbf{A}$ und $\mathbf{B}$ sind symmetrisch. Beispielsweise folgt aus (a) mit dem eingliedrigen Ritz-Aansatz $\overline{X}(x) = c_1 X_1(x)$ der Ritz-Parameter

$$c_1 = \frac{a_{10}}{a_{11} - \Omega^2 b_{11}} \; .$$

Fehlt die äußere Belastung p(x), dann ist $\mathbf{a}_0 = \mathbf{0}$, und es liegt das homogene Gleichungssystem

$$(\mathbf{A} - \omega^2 \mathbf{B}) \cdot \mathbf{c} = \mathbf{0}$$

vor, was nur dann nichttriviale Lösungen c_k (k = 1,...,n) liefert, wenn

$$\det (\mathbf{A} - \omega^2 \mathbf{B}) = 0$$

erfüllt ist. Diese *Eigenwertgleichung* liefert genau *n* reelle und positive Eigenkreisfrequenzen ω_k (k = 1,...,n), die diejenigen Eigenformen der Transversalschwingungen des Balkens festlegen, die während der Bewegung ihre Konfiguration nur proportional ändern. Wählen wir für das homogene Problem mit X_1 wieder einen eingliedrigen Ritz-Ansatz, dann erhalten wir mit

$$\omega_1^2 = \frac{a_{11}}{b_{11}} = \frac{\displaystyle\int_{x=0}^{\ell} EI_{yy} X_1''^2 dx}{\displaystyle\int_{x=0}^{\ell} \rho A X_1^2 \, dx} \; ,$$

diejenige Eigenkreisfrequenz, deren zugehörige Eigenfunktion durch X_1 angenähert wird, und die in Übereinstimmung mit dem *Rayleigh-Quotienten* steht. Diese Vorgehensweise ist auch als *Rayleigh-Ritz-Methode* bekannt.

4.6   Das Prinzip von Hamilton

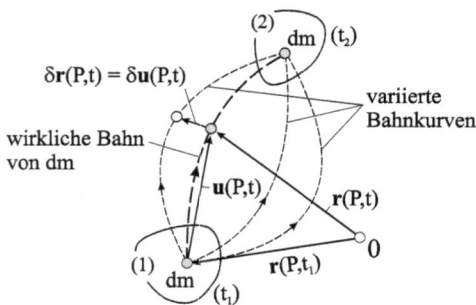

Abb. 4.9 *Wirkliche und variierte Bahnkurven des Massenelementes dm*

Auf dieses Prinzip wird man durch folgende Fragestellung geführt (Trostel, 1979):

Durch welche Eigenschaft zeichnet sich eine im endlichen Zeitintervall $t_1 \leq t \leq t_2$ durchlaufene Bahn $\mathbf{r} = \mathbf{r}(P,t)$ eines in einem kinematischen Verbund stehendes Massenelement dm gegenüber anderen kinematisch möglichen (virtuellen) Bahnen $\mathbf{r}(P,t) + \delta\mathbf{r}(P,t)$ aus?

Diese Frage wird durch das grundsätzlich zeitabhängige *Hamiltonsche*[1] *Prinzip* beantwortet. Zur Herleitung dieses Prinzips notieren wir die kinetische Energie der Masse m, also

$$E = \int_{(m)} \frac{dm}{2}\dot{\mathbf{r}}^2 \,,$$

und deren Änderung beim Übergang in die variierte Lage $\mathbf{r} + \delta\mathbf{r}$ ist dann

$$\delta E = \int_{(m)} dm\,\dot{\mathbf{r}}\cdot\delta\dot{\mathbf{r}} = \int_{(m)} dm\frac{d}{dt}(\dot{\mathbf{r}}\cdot\delta\mathbf{r}) - \int_{(m)} dm\,\ddot{\mathbf{r}}\cdot\delta\mathbf{r}\,.$$

Mit (4.33) folgt dann

$$\int_{(m)} dm\,\ddot{\mathbf{r}}\cdot\delta\mathbf{r} = \delta A^{(a)} - \delta W\,,$$

womit δE übergeht in

$$\delta E = \int_{(m)} dm\frac{d}{dt}(\dot{\mathbf{r}}\cdot\delta\mathbf{r}) + \delta W - \delta A^{(a)}\,,$$

oder

$$\delta E - \delta W + \delta A^{(a)} = \int_{(m)} dm\frac{d}{dt}(\dot{\mathbf{r}}\cdot\delta\mathbf{r})\,.$$

Integrieren wir diesen Ausdruck über die Zeitspanne $t_1 \leq t \leq t_2$, dann folgt zunächst für die rechte Seite, unter der Berücksichtigung, dass mit

$$\delta\mathbf{r}(P,t_1) = \delta\mathbf{r}(P,t_2) = 0 \tag{4.36}$$

die Zuwächse $\delta\mathbf{r}$ zu den Zeitpunkten t_1 und t_2 verschwinden:

$$\int_{t=t_1}^{t_2}\left[\int_{(m)} dm\frac{d}{dt}(\dot{\mathbf{r}}\cdot\delta\mathbf{r})\right]dt = \left[\int_{(m)} dm\,\dot{\mathbf{r}}\cdot\delta\mathbf{r}\right]\Bigg|_{t_1}^{t_2} = 0\,,$$

---

[1]   Sir William Rowan Hamilton, irischer Mathematiker und Physiker, 1805–1865

womit wir das Hamiltonsche Prinzip

$$\int_{t=t_1}^{t_2} \left(\delta E - \delta W + \delta A^{(a)} \right) dt = 0 \tag{4.37}$$

erhalten. Da bei einer mit den Lagerungsbedingungen kompatiblen Verrückungsvariation $\delta\mathbf{r}$ die Lagerreaktionskräfte keine Arbeit leisten, können wir die Variation der äußeren Arbeit $\delta A^{(a)}$ auch durch die Variation der eingeprägten Kräfte $\delta A^{(e)}$ ersetzen. Lassen sich überdies die äußeren eingeprägten Kräfte aus einem Potenzial U ableiten, ist also $\delta A^{(e)} = -\delta U$ ein totales Differential, dann lautet das Hamiltonsche Prinzip für ein konservatives System:

$$\int_{t=t_1}^{t_2} \left[\delta E - \left(\delta W + \delta U \right) \right] dt = \int_{t=t_1}^{t_2} \delta L \, dt = \delta \int_{t=t_1}^{t_2} L \, dt \,. \tag{4.38}$$

Im obigen Ausdruck bezeichnet

$$L = E - (U + W) \tag{4.39}$$

die Lagrangesche Funktion. Die Beziehung (4.38) können wir wie folgt deuten:

Das Zeitintegral[1] über die Lagrangesche Funktion ist für die wirklich eintretende Bahn stationär, es nimmt also einen Extremwert an.

Beispiel 4-6:

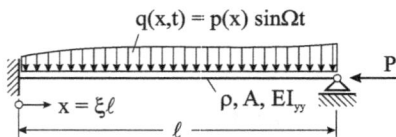

Abb. 4.10   Balken mit pulsierender Linienkraft q(x,t) und konstanter Normalkraftbeanspruchung P

Es soll die Bewegungsgleichung des transversal schwingenden Bernoulli-Balkens in Abb. 4.10 aus dem Hamiltonschen Prinzips hergeleitet werden. Der Balken wird durch eine pulsierende Linienkraftbelastung q(x,t) sowie am rechten Balkenende durch eine konstante Kraft P beansprucht.

Lösung: In das Prinzip von Hamilton gehen die kinetische Energie E, die Formänderungsenergie W und die Arbeit der äußeren Kräfte $A^{(a)}$ ein. Im Einzelnen sind:

---

[1]   weshalb solche Prinzipe auch Integralprinzipe genannt werden

$$E = \int\limits_{x=0}^{\ell} \frac{\rho A}{2}\left(\frac{\partial w}{\partial t}\right)^2 dx\,, \quad W = \int\limits_{x=0}^{\ell} \frac{EI_{yy}}{2}\left(\frac{\partial^2 w}{\partial x^2}\right)^2 dx\,, \quad A^{(a)} = \int\limits_{x=0}^{\ell} q\,w\,dx + \frac{P}{2}\int\limits_{x=0}^{\ell}\left(\frac{\partial w}{\partial x}\right)^2 dx\,.$$

Beachten wir die Variationen

$$\delta E = \int\limits_{x=0}^{\ell} \frac{\rho A}{2}\,\delta\left(\frac{\partial w}{\partial t}\right)^2 dx = \int\limits_{x=0}^{\ell} \rho A\,\frac{\partial w}{\partial t}\,\delta\left(\frac{\partial w}{\partial t}\right) dx\,,$$

$$\delta W = \int\limits_{x=0}^{\ell} \frac{EI_{yy}}{2}\,\delta\left(\frac{\partial^2 w}{\partial x^2}\right)^2 dx = \int\limits_{x=0}^{\ell} EI_{yy}\,\frac{\partial^2 w}{\partial x^2}\,\delta\left(\frac{\partial^2 w}{\partial x^2}\right) dx\,,$$

$$\delta A^{(a)} = \int\limits_{x=0}^{\ell} q\,\delta w\,dx + P\int\limits_{x=0}^{\ell} \frac{\partial w}{\partial x}\,\delta\left(\frac{\partial w}{\partial x}\right) dx\,,$$

dann folgt mit (4.37)

$$\int\limits_{t=t_1}^{t_2}\left\{\int\limits_{x=0}^{\ell}\left[\rho A\,\frac{\partial w}{\partial t}\,\delta\left(\frac{\partial w}{\partial t}\right) - EI_{yy}\,\frac{\partial^2 w}{\partial x^2}\,\delta\left(\frac{\partial^2 w}{\partial x^2}\right) + q\,\delta w + P\,\frac{\partial w}{\partial x}\,\delta\left(\frac{\partial w}{\partial x}\right)\right] dx\right\} dt = 0\,.$$

Nach der Schwarzschen Vertauschungsregel[1] gilt

$$\delta\left(\frac{\partial w}{\partial t}\right) = \frac{\partial}{\partial t}(\delta w)\,, \quad \delta\left(\frac{\partial^2 w}{\partial x^2}\right) = \frac{\partial^2}{\partial x^2}(\delta w)\,, \quad \delta\left(\frac{\partial w}{\partial x}\right) = \frac{\partial}{\partial x}(\delta w)\,,$$

und wir erhalten

$$\int\limits_{t=t_1}^{t_2}\left\{\int\limits_{x=0}^{\ell}\left[\rho A\,\frac{\partial w}{\partial t}\,\frac{\partial}{\partial t}(\delta w) - EI_{yy}\,\frac{\partial^2 w}{\partial x^2}\,\frac{\partial^2}{\partial x^2}(\delta w) + q\,\delta w + P\,\frac{\partial w}{\partial x}\,\frac{\partial}{\partial x}(\delta w)\right] dx\right\} dt = 0\,.$$

Im nächsten Schritt werden aus der obigen Beziehung die Orts- und Zeitableitungen der Verschiebungsvariationen mittels partieller Integration entfernt. Wir beginnen mit der Beseitigung der Ortsableitungen:

---

[1]   Karl Hermann Amandus Schwarz, Mathematiker, Schüler von Karl T. W. Weierstraß, 1843–1921

$$\int_{x=0}^{\ell} EI_{yy} \frac{\partial^2 w}{\partial x^2} \frac{\partial^2}{\partial x^2}(\delta w)dx = \left[EI_{yy} \frac{\partial^2 w}{\partial x^2} \frac{\partial}{\partial x}(\delta w) \right]\Bigg|_{x=0}^{\ell} - \left[\frac{\partial}{\partial x}\left(EI_{yy} \frac{\partial^2 w}{\partial x^2} \right)\delta w \right]\Bigg|_{x=0}^{\ell}$$

$$+ \int_{x=0}^{\ell} \frac{\partial^2}{\partial x^2}\left(EI_{yy} \frac{\partial^2 w}{\partial x^2} \right)\delta w \, dx = \int_{x=0}^{\ell} \frac{\partial^2}{\partial x^2}\left(EI_{yy} \frac{\partial^2 w}{\partial x^2} \right)\delta w \, dx ,$$

$$\int_{x=0}^{\ell} \frac{\partial w}{\partial x} \frac{\partial}{\partial x}(\delta w)dx = \left[\frac{\partial w}{\partial x}\delta w \right]\Bigg|_{x=0}^{\ell} - \int_{x=0}^{\ell} \frac{\partial^2 w}{\partial x^2}\delta w \, dx = - \int_{x=0}^{\ell} \frac{\partial^2 w}{\partial x^2}\delta w \, dx .$$

Das führt zunächst auf

$$\int_{t=t_1}^{t_2}\left\{ \int_{x=0}^{\ell}\left[\rho A \frac{\partial w}{\partial t}\frac{\partial}{\partial t}(\delta w) - \left(\frac{\partial^2}{\partial x^2}\left(EI_{yy}\frac{\partial^2 w}{\partial x^2} \right) - q + P\frac{\partial^2 w}{\partial x^2} \right)\delta w \right]dx \right\}dt = 0 . \tag{4.40}$$

Beachten wir weiterhin

$$\int_{t=t_1}^{t_2}\left\{ \int_{x=0}^{\ell}\left[\rho A \frac{\partial w}{\partial t}\frac{\partial}{\partial t}(\delta w) \right]dx \right\}dt = \int_{x=0}^{\ell}\left\{ \int_{t=t_1}^{t=t_2}\left[\rho A \frac{\partial w}{\partial t}\frac{\partial}{\partial t}(\delta w) \right]dt \right\}dx ,$$

dann liefert die Beseitigung der Zeitableitung

$$\int_{t=t_1}^{t=t_2} \rho A \frac{\partial w}{\partial t}\frac{\partial}{\partial t}(\delta w)dt = \left[\rho A \frac{\partial w}{\partial t}\delta w \right]\Bigg|_{t=t_1}^{t_2} - \int_{t=t_1}^{t=t_2} \rho A \frac{\partial^2 w}{\partial t^2}\delta w \, dt = - \int_{t=t_1}^{t=t_2} \rho A \frac{\partial^2 w}{\partial t^2}\delta w \, dt .$$

Wegen der Beliebigkeit der Variationen $\delta w(x)$ haben wir nur solche betrachtet, für die sämtliche Größen δw und $\delta w_{\_\_}$ an den Rändern verschwinden (homogene Randbedingungen). Dadurch entfallen in den obigen Beziehungen sämtliche Randterme, womit (4.40) übergeht in

$$\int_{t=t_1}^{t_2}\int_{x=0}^{\ell}\left[\rho A \frac{\partial w^2}{\partial t^2} + \frac{\partial^2}{\partial x^2}\left(EI_{yy}\frac{\partial^2 w}{\partial x^2} \right) - q + P\frac{\partial^2 w}{\partial x^2} \right]\delta w \, dx \, dt = 0 .$$

Da die Verrückungsvariationen δw beliebig sind, gilt die Bewegungsgleichung

$$\rho A \frac{\partial w^2}{\partial t^2} + \frac{\partial^2}{\partial x^2}\left(EI_{yy}\frac{\partial^2 w}{\partial x^2} \right) - q + P\frac{\partial^2 w}{\partial x^2} = 0 , \tag{4.41}$$

die wir unter Berücksichtigung der Rotationsträgheit bereits mit (3.58) auf anderem Wege hergeleitet haben.

4.6.1 Parametrisch kinematisch unbestimmte Probleme

Im Fall parametrisch kinematisch unbestimmter Probleme kann die im Hamiltonschen Prinzip auftretende Lagrange Funktion bei einem System mit n Freiheitsgraden immer durch die Freiheitsgradparameter $q_i(t)$ und deren Ableitungen $\dot{q}_i(t)$ in der Form

$$L = L\big(q_1(t), q_2(t), \ldots, q_n(t), \dot{q}_1(t), \dot{q}_2(t), \ldots, \dot{q}_n(t)\big)$$

ausgedrückt werden. Die Variation von L ist dann

$$\delta L = \sum_{i=1}^{n}\left(\frac{\partial L}{\partial q_i}\delta q_i + \frac{\partial L}{\partial \dot{q}_i}\delta \dot{q}_i\right).$$

Berücksichtigen wir diesen Ausdruck im Hamiltonschen Prinzip, dann haben wir

$$\int_{t=t_1}^{t_2}\left[\sum_{i=1}^{n}\left(\frac{\partial L}{\partial q_i}\delta q_i + \frac{\partial L}{\partial \dot{q}_i}\delta \dot{q}_i\right)\right]dt = 0.$$

Wir befreien uns von der Zeitableitung der Parametervariation durch partielle Integration:

$$\int_{t=t_1}^{t_2}\frac{\partial L}{\partial \dot{q}_i}\delta \dot{q}_i\, dt = \left[\frac{\partial L}{\partial \dot{q}_i}\frac{d}{dt}\delta q_i\right]\Bigg|_{t_1}^{t_2} - \int_{t=t_1}^{t_2}\frac{d}{dt}\left(\frac{\partial L}{\partial \dot{q}_i}\right)\delta q_i\, dt = -\int_{t=t_1}^{t_2}\frac{d}{dt}\left(\frac{\partial L}{\partial \dot{q}_i}\right)\delta q_i\, dt.$$

Damit ist schließlich

$$\int_{t=t_1}^{t_2}\left[\sum_{i=1}^{n}\left(\frac{\partial L}{\partial q_i} - \frac{d}{dt}\frac{\partial L}{\partial \dot{q}_i}\right)\delta q_i(t)\right]dt = 0,$$

und wegen der Beliebigkeit der Parametervariationen δq_i geht die obige Beziehung über in die *Lagrangeschen Bewegungsgleichungen 2. Art*

$$\frac{\partial L}{\partial q_i} - \frac{d}{dt}\frac{\partial L}{\partial \dot{q}_i} = 0, \qquad (i = 1,\ldots,n). \tag{4.42}$$

Die Lagrangeschen Bewegungsgleichungen werden wir im Folgenden zur Beschaffung von Näherungslösungen mittels eines Ritz-Ansatzes der Form

$$\hat{w}(x,t) = \sum_{k=1}^{n} X_k(x)q_k(t) \tag{4.43}$$

verwenden. Wir dokumentieren die Vorgehensweise anhand des folgenden Beispiels.

Beispiel 4-7:

Für den in Abb. 4.10 skizzierten Balken ist unter Berücksichtigung der Normalkraftbeanspruchung näherungsweise die kleinste Eigenkreisfrequenz mittels der Lagrangeschen Bewegungsgleichungen 2. Art zu berechnen.

<u>Lösung:</u> Die kinetische Energie, die Formänderungsenergie und die äußere Arbeit stellen sich mit dem Ansatz (4.43) wie folgt dar.

$$E = \int\limits_{x=0}^{\ell} \frac{\rho A}{2}\left[\sum_{k=1}^{n} X_k \dot{q}_k\right]^2 dx \, , \quad W = \int\limits_{x=0}^{\ell} \frac{EI_{yy}}{2}\left[\sum_{k=1}^{n} X_k'' q_k\right]^2 dx \, ,$$

$$A^{(a)} = \int\limits_{x=0}^{\ell} q(x,t)\left[\sum_{k=1}^{n} X_k q_k\right]^2 dx + \int\limits_{x=0}^{\ell} \frac{P}{2}\left[\sum_{k=1}^{n} X_k' q_k\right]^2 dx \, .$$

Die Lagrangesche Funktion $L = E - W + A^{(a)}$ ist dann

$$L = \int\limits_{x=0}^{\ell} \frac{\rho A}{2}\left[\sum_{k=1}^{n} X_k \dot{q}_k\right]^2 dx - \int\limits_{x=0}^{\ell} \frac{EI_{yy}}{2}\left[\sum_{k=1}^{n} X_k'' q_k\right]^2 dx$$

$$+ \int\limits_{x=0}^{\ell} q(x,t)\left[\sum_{k=1}^{n} X_k q_k\right]^2 dx + \int\limits_{x=0}^{\ell} \frac{P}{2}\left[\sum_{k=1}^{n} X_k' q_k\right]^2 dx.$$

Wir benötigen nach (4.42) folgende Ableitungen:

$$\frac{\partial L}{\partial q_i} = -\int\limits_{x=0}^{\ell} EI_{yy}\left[\sum_{k=1}^{n} X_k'' q_k\right]X_i'' \, dx + \int\limits_{x=0}^{\ell} q(x,t)X_i \, dx + \int\limits_{x=0}^{\ell} P\left[\sum_{k=1}^{n} X_k' q_k\right]X_i' \, dx \, ,$$

$$\frac{\partial L}{\partial \dot{q}_i} = \int\limits_{x=0}^{\ell} \rho A\left[\sum_{k=1}^{n} X_k \dot{q}_k\right]X_i \, dx \, , \quad \frac{d}{dt}\frac{\partial L}{\partial \dot{q}_i} = \int\limits_{x=0}^{\ell} \rho A\left[\sum_{k=1}^{n} X_k \ddot{q}_k\right]X_i \, dx \, .$$

Zur kompakteren Schreibweise werden folgende Abkürzungen eingeführt:

$$m_{ki} = \int\limits_{x=0}^{\ell} \rho A\, X_k X_i \, dx \, , \quad a_{ki} = \int\limits_{x=0}^{\ell} EI_{yy}\, X_k'' X_i'' \, dx \, , \quad \psi_{ki} = \int\limits_{x=0}^{\ell} X_k' X_i' \, dx \, ,$$

$$a_{i0} = \int\limits_{x=0}^{\ell} q(x,t)X_i \, dx \, .$$

Damit geht (4.42) über in

$$\sum_{k=1}^{n}\left[m_{ki}\ddot{q}_k + \left(a_{ik} - P\psi_{ki}\right)q_k\right] = a_{i0}\,, \qquad (i = 1,\ldots,n) \qquad\qquad \text{(a)}$$

oder symbolisch in Matrizenschreibweise

$$\mathbf{M}\cdot\ddot{\mathbf{q}} + \mathbf{K}\cdot\mathbf{q} = \mathbf{a}\,, \quad \mathbf{K} = \mathbf{A} - P\mathbf{\Psi}\,. \qquad\qquad\qquad\qquad \text{(b)}$$

Die Matrizen $\mathbf{M}$, $\mathbf{A}$ und $\mathbf{\Psi}$ sind symmetrisch und positiv definit, wobei $\mathbf{M}$ *Massenmatrix* und $\mathbf{K}$ *Steifigkeitsmatrix* genannt wird. Damit für allgemeine Belastungen nichttriviale Lösungen der Gleichung (b) berechnet werden können, ist

$$\det\left(\mathbf{M}\cdot\ddot{\mathbf{q}} + \mathbf{K}\cdot\mathbf{q}\right) \neq 0$$

erforderlich. Fehlt mit $\mathbf{a} = \mathbf{0}$ die äußere Querbelastung $q(x,t)$, dann ist zur Berechnung der Eigenfrequenzen der Transversalschwingungen die homogene Differenzialgleichung

$$\mathbf{M}\cdot\ddot{\mathbf{q}} + \mathbf{K}\cdot\mathbf{q} = \mathbf{0} \qquad\qquad\qquad\qquad\qquad\qquad \text{(c)}$$

zu lösen. Die Einführung des *Eigenfunktionsansatzes* $\mathbf{q}(t) = \tilde{\mathbf{q}}\cos(\omega t - \alpha)$ in das Bewegungsgesetz (c) führt auf das allgemeine Eigenwertproblem

$$\left(\mathbf{K} - \omega^2\,\mathbf{M}\right)\cdot\tilde{\mathbf{q}} = \mathbf{0}\,, \qquad\qquad\qquad\qquad\qquad\qquad \text{(d)}$$

dessen nichttriviale Lösung genau *n* reelle und positive Eigenwerte ω liefert. Maple stellt uns zur Berechnung der Eigenwerte und Eigenvektoren eines allgemeinen Eigenwertproblems die Prozedur `Eigenvectors` aus der Bibliothek `LinearAlgebra` zur Verfügung. Bei der speziellen Wahl des eingliedrigen Ansatzes

$$\hat{w}(x,t) = X_1(x)q_1(t) = X_1(x)\tilde{q}_1\cos(\omega_1 t - \alpha)$$

erhalten wir mit (d):

$$\omega_1^2 = \frac{a_{11} - P\psi_{11}}{m_{11}} = \frac{\displaystyle\int_{x=0}^{\ell} EI_{yy}\,{X_1''}^2\,dx - P\int_{x=0}^{\ell}{X_1'}^2\,dx}{\displaystyle\int_{x=0}^{\ell}\rho A\,{X_1}^2\,dx}\,.$$

Wenn wir zur Berechnung der kleinsten Eigenkreisfrequenz die zeitfreie Vergleichsfunktion

$$X_1 = \xi^2(\xi - 1)(2\xi - 3) \qquad (\xi = x/\ell) \qquad\qquad\qquad \text{(e)}$$

wählen, dann ist

$$\omega_1^2 = \frac{4536}{19}\frac{EI_{yy}}{\rho A\ell^4}\left(1 - \frac{P\ell^2}{21EI_{yy}}\right)\,, \quad \rightarrow \omega_1 = 15{,}45\sqrt{\frac{EI_{yy}}{\rho A\ell^4}\left(1 - \frac{P\ell^2}{21EI_{yy}}\right)}\,.$$

Wie die obigen Beziehungen zeigen, führt eine Druckkraft zur Verringerung der Eigenkreis-frequenz. Die kleinste kritische Knicklast wird näherungsweise mit $\omega_1 = 0$ erreicht, also für

$$P = P_{krit} = \frac{21 EI_{yy}}{\ell^2} \,.$$

Hätten wir statt der Vergleichsfunktion (e) die zulässige Funktion

$$X_1 = \xi^2(1-\xi)$$

gewählt, dann käme mit

$$\omega_1^2 = 420\frac{EI_{yy}}{\rho A\ell^4}\left(1-\frac{P\ell^2}{30\,EI_{yy}}\right), \; \rightarrow \omega_1 = 20{,}49\sqrt{\frac{EI_{yy}}{\rho A\ell^4}\left(1-\frac{P\ell^2}{30\,EI_{yy}}\right)}\,, \; P = P_{krit} = \frac{30\,EI_{yy}}{\ell^2}$$

ein bedeutend schlechteres Ergebnis.

5 Die ebene Membran

Als Membran[1] wird ein von außen vorgespanntes zweidimensionales Kontinuum mit sehr geringer und im Grenzfall verschwindender Dicke bezeichnet. Die ebene, idealisierte Membran besitzt weder eine Biege- noch eine Schubsteifigkeit und wirkt mechanisch näherungsweise wie eine zweiseitig gespannte Saite, die nur trägt, wenn sie ausgelenkt wird. Beispiele dazu sind das menschliche Trommelfell oder eine Seifenhaut in einem ebenen Rahmen.

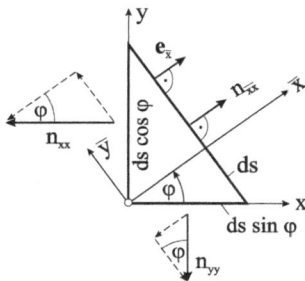

Abb. 5.1 *Kraftzustand in einer ebenen Membran*

Wir wollen zunächst eine Aussage über die in der Membran vorhandene Vorspannung treffen. Dazu betrachten wir in einem ersten Schritt den statischen Fall und schneiden aus der Membran ein dreieckförmiges Element unter dem beliebigen Winkel φ heraus (Abb. 5.1). Zur Beschreibung der Vorspannung bringen wir an den freigeschnittenen Rändern äußere Kraftgrößen **n** als Spannkraft je Längeneinheit an, wobei wir zunächst annehmen, dass die Spannkräfte in zwei zueinander senkrechten Schnitten unterschiedlich sind.

$$[\mathbf{n}] = \frac{\text{Masse}}{(\text{Zeit})^2}, \quad \text{Einheit: kg s}^{-2} = \text{N/m}$$

Aus dem Kraftgleichgewicht in Richtung $\bar{x}$ und $\bar{y}$ erhalten wir:

$\nearrow$: $\quad n_{\overline{xx}}\, ds - n_{xx} \cos\varphi\, ds \cos\varphi - n_{yy} \sin\varphi\, ds \sin\varphi = 0,$

---

[1]   von lat. membrana ›Haut‹, ›Häutchen‹

$\curvearrowleft$: $n_{xx} \sin\varphi \, ds \cos\varphi - n_{yy} \cos\varphi \, ds \sin\varphi = 0$.

Aus diesen beiden Gleichungen folgt:

$$n_{\overline{xx}} = n_{xx} = n_{yy}.$$

Damit ist in einer idealisierten Membran, in der keine Schubspannungen vorhanden sind, im statischen Fall nur eine einheitliche orts- und richtungsunabhängige Vorspannung möglich. Dieser Spannungszustand wird *Membranspannungszustand* genannt. Neben der konstanten Vorspannung ist eine weitere Kenngröße die auf die Flächeneinheit bezogene Masse μ, welche in das dynamische Grundgesetz eingeht und bei inhomogener Massenbelegung eine Ortsfunktion darstellt. Die ersten Arbeiten zur ebenen Membran gehen auf Lamé[1] und Clapeyron[2] zurück, und die allgemeine Gleichung der Membrantheorie wurde von Beltrami[3] vorgestellt. Wesentliche theoretische Beiträge zur Membrantheorie lieferten Euler und Riccati[4].

5.1   Die Bewegungsgleichung

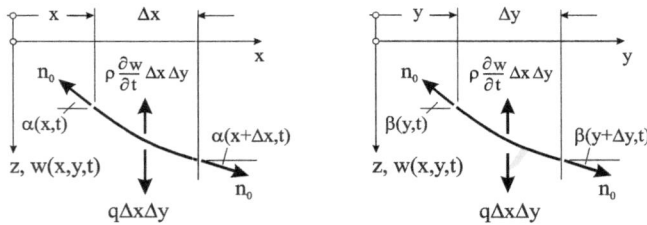

Abb. 5.2 *Ausgelenkter Zustand eines Membranelements*

Wir beschaffen uns zunächst die Bewegungsgleichung $w(x,y,t)$ für die Transversalschwingungen eine Membran in kartesischen Koordinaten. Dazu schneiden wir aus der verformten Membran ein Element mit dem Flächeninhalt $\Delta A = \Delta x \, \Delta y$ heraus. Auf das Element wirken in z-Richtung die Flächenkraft $q(x,y,t)$ und eine geschwindigkeitsproportionale Reibungskraft $\rho \partial w / \partial t$. Die Dämpfungskonstante ρ hat die Dimension

$$[\rho] = \frac{\text{Masse}}{\text{Zeit} \cdot \text{Länge}^2}, \quad \text{Einheit: kg m}^{-2}\,\text{s}^{-1}.$$

---

[1]   Gabriel Lamé, frz. Mathematiker und Physiker, 1795–1870; ging mit Clapeyron nach Petersburg

[2]   Benoit Pierre Émile Clapeyron, frz. Ingenieur, 1799–1864

[3]   Eugenio Beltrami, italien. Mathematiker, 1835–1900, Schüler von Enrico Betti und Luigi Cremona

[4]   Iacopo Francesco Graf Riccati, italien. Privatgelehrter, 1676–1754

Unter der Voraussetzung kleiner Verschiebungen w und kleiner erster Ableitungen der Verschiebungen $\partial w/\partial x$, $\partial w/\partial y \ll 1$ darf unterstellt werden, dass auch im ausgelenkten Zustand die Vorspannkraft mit $n = n_0$ konstant ist.

Betrachten wir Abb. 5.2 und wenden auf das freigeschnittene Membranelement den Schwerpunktsatz in z-Richtung an, dann erhalten wir

$$\mu \Delta x \Delta y \frac{\partial^2 w(x,y,t)}{\partial t^2} = n_0 \Delta y \left[\sin \alpha(x + \Delta x) - \sin \alpha(x)\right] + n_0 \Delta x \left[\sin \beta(y + \Delta y) - \sin \beta(y)\right]$$

$$+ q(x,y)\Delta x \Delta y - \rho \frac{\partial w(x,y,t)}{\partial t} \Delta x \Delta y.$$

Mit den Näherungen

$$\sin \alpha \approx \tan \alpha = \frac{\partial w}{\partial x} \ll 1, \quad \sin \beta \approx \tan \beta = \frac{\partial w}{\partial y} \ll 1$$

für kleine Winkel folgt nach Division mit $\Delta x \, \Delta y$

$$\mu \frac{\partial^2 w(x,y,t)}{\partial t^2} = n_0 \lim_{\Delta x, \Delta y \to 0} \left\{ \left[\frac{\frac{\partial w(x + \Delta x)}{\partial x} - \frac{\partial w(x)}{\partial x}}{\Delta x}\right] + \left[\frac{\frac{\partial w(y + \Delta y)}{\partial y} - \frac{\partial w(y)}{\partial y}}{\Delta y}\right] \right\} +$$

$$q(x,y) - \rho \frac{\partial w(x,y,t)}{\partial t}.$$

Mit der Durchführung des Grenzübergangs Δx, $\Delta y \to 0$ verbleibt die lokale Aussage:

$$\mu \frac{\partial^2 w}{\partial t^2} + \rho \frac{\partial w}{\partial t} = n_0 \left(\frac{\partial^2 w}{\partial x^2} + \frac{\partial^2 w}{\partial y^2}\right) + q.$$

Mit dem planaren Laplace-Operator[1] in kartesischen Koordinaten

$$\Delta_p = \frac{\partial^2 w}{\partial x^2} + \frac{\partial^2 w}{\partial y^2}$$

können wir die Bewegungsgleichung kompakter in folgender Form notieren:

$$\mu \frac{\partial^2 w}{\partial t^2} + \rho \frac{\partial w}{\partial t} = n_0 \Delta_p w + q . \tag{5.1}$$

---

[1]   Pierre Simon Marquis de (seit 1817) Laplace, frz. Mathematiker und Physiker, 1749-1827

Das ist die inhomogene Differenzialgleichung der schwingenden Membran, die die Funktion *w* im offenen Gebiet Ω erfüllen muss (Abb. 5.3). Führen wir mit

$$c_M = \sqrt{\frac{n_0}{\mu}} \qquad (5.2)$$

die *Wellengeschwindigkeit* der ebenen Membran ein, dann folgt aus (5.1) bei fehlender Dämpfung und Flächenkraft ($\rho = q = 0$) die homogene *hyperbolische Differenzialgleichung* der freien Membranschwingung

$$\frac{\partial^2 w}{\partial t^2} = c_M^2 \, \Delta_p w \;, \qquad (5.3)$$

die nach Helmholtz[1] zweidimensionale *Helmholtzsche Wellengleichung* genannt wird. Im statischen Fall gilt übrigens für die ebene Membran die *Poissonsche[2] Differenzialgleichung*

$$n_0 \Delta w(x, y) = -q(x, y) \;.$$

Die homogene Poissonsche Differenzialgleichung $\Delta w(x,y) = 0$ ist die *Laplace-Gleichung*, deren Lösungen die *harmonischen Funktionen* oder auch *Potenzialfunktionen* sind.

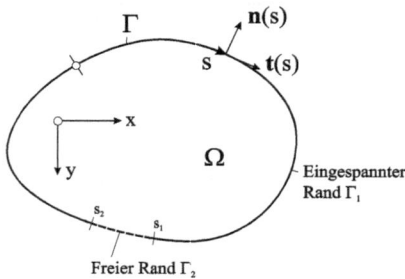

Abb. 5.3 *Lösungsgebiet einer ebenen Membran, eingespannter und freier Rand*

Neben den Gleichungen (5.1) bzw. (5.3) muss die Funktion *w(x,y)* die vorgegebenen Werte auf dem Rand der Membran erfüllen. Es sollen hier jedoch nur zwei einfache Fälle betrachtet werden. Ist die Membran in vertikaler Richtung unverschieblich gehalten, also eingeklemmt, dann muss auf dem betreffenden Randabschnitt die Verschiebung verschwinden, beispielsweise ist (Abb. 5.3)

$$w = 0 \quad \text{auf } \Gamma_1.$$

---

[1] Herman Ludwig Ferdinand von (seit 1882) Helmholtz, deutscher Physiologe und Physiker, 1821–1894

[2] Siméon Denis Poisson, frz. Mathematiker und Physiker, 1781–1840

Ist die Membran frei gelagert, dann kann dort die Vertikalkomponente der Vorspannkraft

$$n_0\, \mathbf{n} \cdot \mathbf{\nabla}_p w = n_0\, \frac{\partial w}{\partial n}$$

nicht übertragen werden. In der obigen Beziehung bezeichnet

$$\mathbf{\nabla}_p = \mathbf{e}_x\, \frac{\partial}{\partial x} + \mathbf{e}_y\, \frac{\partial}{\partial y} \qquad \left(\mathbf{\nabla}_p \cdot \mathbf{\nabla}_p = \frac{\partial^2}{\partial x^2} + \frac{\partial^2}{\partial y^2} = \Delta_p \right)$$

den planaren Nabla[1]-Operator. Auf einem freien Rand Γ_2 ist deshalb

$$\frac{\partial w}{\partial n} = 0$$

zu fordern. Ohne auf die Form des Lösungsgebietes Ω näher einzugehen, suchen wir eine allgemeine Lösung der Differenzialgleichung (5.3). Um zunächst den Zeitanteil der Funktion $w(x,y,t)$ abzuspalten, machen wir folgenden Produktansatz:

$$w(x,y,t) = W(x,y)\,T(t)\,. \tag{5.4}$$

Einsetzen von (5.4) in (5.3) liefert die Bedingung:

$$c_M^2\, \frac{\Delta_p W}{W} = \frac{\ddot{T}}{T} = -\omega^2\,.$$

Nach der Bernoullischen Schlussweise zerfällt damit die partielle Differenzialgleichung (5.3) in die beiden gewöhnlichen Differenzialgleichungen

$$\ddot{T} + \omega^2\, T = 0\,, \quad \Delta_p W + \lambda^2\, W = 0\,, \tag{5.5}$$

wobei der der Separationsparameter λ wie folgt definiert ist:

$$\lambda = \frac{\omega}{c_M} = \omega \sqrt{\frac{\mu}{n_0}}\,. \tag{5.6}$$

Der zeitabhängige Verschiebungsanteil hat die allgemeine Lösung

$$T(t) = A \cos \omega t + B \sin \omega t = H \cos(\omega t - \varphi)\,. \tag{5.7}$$

---

[1]   griech. nablás, Name eines Saiteninstruments

Die Lösungen der ortsabhängigen partiellen Differenzialgleichung sind abhängig vom Lösungsgebiet und den Randbedingungen. Ist beispielsweise der Rand der Membran eingespannt, dann erhalten wir für die zeitfreie Funktion W(x,y) das Eigenwertproblem

$$\Delta_p W + \lambda^2 W = 0, \qquad W(x,y) = 0 \qquad \forall (x,y) \in \Gamma_1. \tag{5.8}$$

Die homogene Differenzialgleichung (5.8) liefert in Verbindung mit der homogenen Randbedingung unendlich viele Eigenwerte

$$\lambda_1 \le \lambda_2 \le \lambda_3 \le \dots \quad \text{mit} \quad \lim_{n \to \infty} \lambda_n = \infty$$

mit zugehörigen Eigenfunktionen W_n. Zwei zu verschiedenen Eigenwerten λ_1 und λ_2 gehörende Eigenfunktionen W_i und W_k sind zueinander orthogonal im Sinne von

$$\iint_{(\Omega)} W_i W_k \, dx \, dy = 0 \cdot$$

Mit beliebigen reellwertigen Konstanten C_n kann dann W in der Form

$$W = \sum_{n=1}^{\infty} C_n W_n$$

geschrieben werden, und durch Entwicklung nach Eigenfunktionen erhalten wir:

$$w(x,y,t) = \sum_{n=1}^{\infty} w_n(x,y,t) = \sum_{n=1}^{\infty} W_n(x,y)\left(A_n \cos \omega_n t + B_n \sin \omega_n t\right). \tag{5.9}$$

Die Funktionen

$$w_n(x,y,t) = W_n(x,y)\left(A_n \cos \omega_n t + B_n \sin \omega_n t\right) \tag{5.10}$$

heißen *Eigenschwingungen* der ebenen Membran, wobei die noch freien Konstanten A_n und B_n aus den Anfangsbedingungen

$$w(x,y,t)\big|_{t=0} = \Phi(x,y), \qquad \dot{w}(x,y,t)\big|_{t=0} = \Psi(x,y) \tag{5.11}$$

bestimmt werden. Wir erhalten

$$A_n = \iint_{(\Omega)} \Phi(x,y) W_n(x,y) \, dx \, dy, \qquad B_n = \frac{1}{\omega_n} \iint_{(\Omega)} \Psi(x,y) W_n(x,y) \, dx \, dy. \tag{5.12}$$

5.2   Die rechteckige Membran

Wir betrachten eine rechteckige Membran, die sich über das offene Gebiet

$$\Omega := \{(x,y),\, 0 < x < a,\, y < 0 < b\}$$

erstreckt. Mit dem Produktansatz

$$W(x,y) = X(x)Y(y) \tag{5.13}$$

für die zweidimensionale Eigenfunktion ist (5.8) äquivalent zu

$$\frac{X''(x)}{X(x)} = -\left(\frac{Y''(y)}{Y(y)} + \lambda^2\right) = -\kappa_x^2,$$

wobei der Strich die Ableitung nach dem jeweiligen Argument bedeutet. Diese Gleichungen können für beliebige Koordinaten x und y nur bestehen, wenn die gewöhnlichen Differenzialgleichungen

$$X''(x) + \kappa_x^2 X(x) = 0, \quad Y''(y) + \kappa_y^2 Y(y) \qquad \text{mit} \qquad \kappa_y^2 = \lambda^2 - \kappa_x^2$$

und der Zusatzbedingung

$$\omega^2 = c_M^2 (\kappa_x^2 + \kappa_y^2)$$

erfüllt sind. Die Lösungen dieser Differenzialgleichungen sind:

$$X(x) = C\cos\kappa_x x + D\sin\kappa_x x\,, \quad X'(x) = -\kappa_x(C\sin\kappa_x x - D\cos\kappa_x x)\,,$$

$$Y(y) = E\cos\kappa_y y + F\sin\kappa_y y\,, \quad Y'(y) = -\kappa_y\big(E\sin\kappa_y y - F\cos\kappa_y y\big).$$

Diese Lösungen sind noch an die Randbedingungen anzupassen.

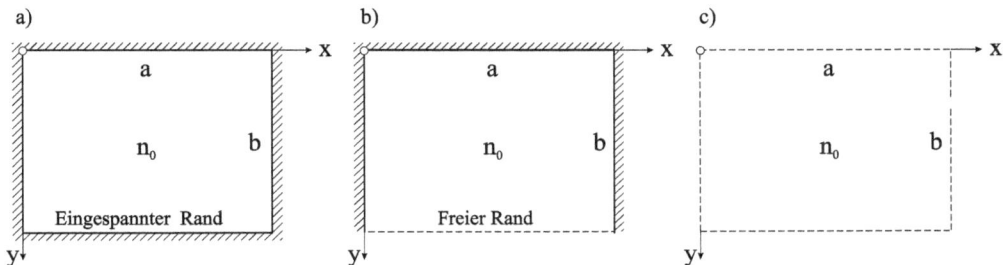

Abb. 5.4 *Randlagerungen einer Rechteckmembran*

Ist die Membran an allen vier Rändern eingespannt (Abb. 5.4, links), dann erfordern die Randbedingungen

$$X(0) = 0 = C, \quad X(a) = 0 = D \sin\kappa_x a, \quad Y(0) = 0 = E, \quad Y(b) = 0 = F \sin\kappa_y b.$$

Schließen wir die Triviallösungen D = F = 0 aus, dann müssen

$$\left.\begin{array}{l} \sin\kappa_x a = 0 \quad \rightarrow \kappa_{x,m} = \dfrac{m\pi}{a} \\[3mm] \sin\kappa_y b = 0 \quad \rightarrow \kappa_{y,n} = \dfrac{n\pi}{b} \end{array}\right\} \quad (m,n = 1,2,...,\infty). \tag{5.14}$$

erfüllt sein. Setzen wir die unwesentlichen Konstanten D = F = 1, dann erhalten wir zweimal unendlich viele harmonische Eigenfunktionen

$$W_{mn}(x,y) = X_m(x)Y_n(y) = \sin\kappa_{x,m}x \sin\kappa_{y,n}y = \sin\frac{m\pi x}{a} \sin\frac{n\pi y}{b}. \tag{5.15}$$

In Abb. 5.5 sind für das Seitenverhältnis $\alpha = a/b = 3/2$ einige *Höhenlinien* W = const der Eigenfunktionen W_{22} und W_{32} skizziert. In Erweiterung zu den von den Saitenschwingungen bekannten Schwingungsknoten erhalten wir bei der zweidimensionalen Membran *Knotenlinien*, die durch unterbrochene Linien dargestellt sind. Auf den Knotenlinien gilt W = 0.

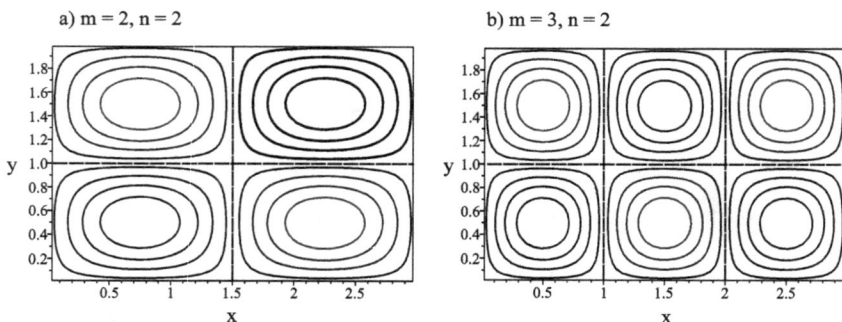

Abb. 5.5 *Höhenlinien einer Rechteckmembran, Seitenverhältnis $\alpha = a/b = 3/2$*

Die Knotenlinien stellen nichts anderes dar als die aus der Akustik bekannten Chladnischen[1] Klangfiguren.

Hinweis: Dieser geniale Experimentator und Begründer der wissenschaftlichen Akustik hat in seinem Lehrbuch „Die Akustik" (1802) ausgedehnte Messreihen zu den Schwingungsformen von Fellen visualisiert.

---

[1] Ernst Florens Friedrich Chladni, deutsch. Physiker, Privatgelehrter und freier Schriftsteller, 1756–1827

Zusammen mit den Zeitfunktionen (5.7) haben wir dann die Gesamtlösung

$$w(x,y,t) = \sum_{m=1}^{\infty} \sum_{n=1}^{\infty} \sin\frac{m\pi x}{a} \sin\frac{n\pi y}{b} \left(A_{mn}\cos\omega_{mn}t + B_{mn}\sin\omega_{mn}t\right)$$

$$\dot{w}(x,y,t) = \sum_{m=1}^{\infty} \sum_{n=1}^{\infty} \omega_{mn}\sin\frac{m\pi x}{a} \sin\frac{n\pi y}{b} \left(B_{mn}\cos\omega_{mn}t - A_{mn}\sin\omega_{mn}t\right)$$

(5.16)

Die noch verbleibenden Konstanten A_{mn} und B_{mn} sind aus den Anfangsbedingungen zu bestimmen. Zum Zeitpunkt $t = 0$ sollen die zweidimensionalen Auslenkungs- und Geschwindigkeitsverteilungen vorgegeben sein:

$$\Phi(x,y) = w(x,y,t)\big|_{t=0} = \sum_{m=1}^{\infty} \sum_{n=1}^{\infty} A_{mn}\sin\frac{m\pi x}{a}\sin\frac{n\pi y}{b},$$

$$\Psi(x,y) = \dot{w}(x,y,t)\big|_{t=0} = \sum_{m=1}^{\infty} \sum_{n=1}^{\infty} B_{mn}\omega_{mn}\sin\frac{m\pi x}{a}\sin\frac{n\pi y}{b}.$$

Diese Beziehungen stellen die Entwicklungen der Funktionen Φ und Ψ in Fouriersche Doppelreihen dar. Multiplizieren wir die obigen Beziehungen mit

$$\sin\frac{i\pi x}{a}\sin\frac{j\pi y}{b}dx\,dy$$

und integrieren über die Membranfläche, dann errechnen sich mit

$$\int\limits_{x=0}^{a}\int\limits_{y=0}^{b}\sin\frac{m\pi x}{a}\sin\frac{n\pi y}{b}\sin\frac{i\pi x}{a}\sin\frac{j\pi y}{b}dy\,dx = \begin{cases} \dfrac{ab}{4} & \text{für } m,n = i,j \\[2mm] 0 & \text{für } m,n \neq i,j \end{cases}$$

die Konstanten zu

$$A_{mn} = \frac{4}{ab}\int\limits_{x=0}^{a}\int\limits_{y=0}^{b}\Phi(x,y)\sin\frac{m\pi x}{a}\sin\frac{n\pi y}{b}dy\,dx,$$

(5.17)

$$B_{mn} = \frac{4}{ab\omega_{mn}}\int\limits_{x=0}^{a}\int\limits_{y=0}^{b}\Psi(x,y)\sin\frac{m\pi x}{a}\sin\frac{n\pi y}{b}dy\,dx.$$

Die Lösungen der Membran unterscheiden sich von der Saite dadurch, dass bei der letzteren jeder Frequenz der Eigenschwingung eine bestimmte Form zugeordnet ist. Bei einer Membran können dagegen bei ein und derselben Frequenz mehrere Eigenfunktionen $W(x,y)$ mit verschiedenen Lagen der *Knotenlinien* beobachtet werden. Mit (5.14) erhalten wir nämlich

$$\omega^2 = \omega_{mn}^2 = \left(\frac{c_M\pi}{a}\right)^2\left[m^2+(\alpha n)^2\right], \quad \omega_{mn} = \frac{c_M\pi}{a}\sqrt{m^2+(\alpha n)^2} \;, \; (\alpha = a/b),$$

und mit $m = n = 1$ ist die Grundfrequenz

$$\omega_{11} = \frac{c_M\pi}{a}\sqrt{1+\alpha^2}\;.$$

Für $\alpha = 1$ liegt eine quadratische Membran vor, womit

$$\omega_{mm} = \frac{c_M\pi}{a}\sqrt{m^2+m^2} = m\,\omega_{11}$$

ein Vielfaches der Grundfrequenz ω_{11} ist. Zu diesem *entarteten* Fall gehören zu ein und derselben Eigenkreisfrequenz $\omega_{mn} = \omega_{nm}$ zwei verschiedene Eigenfunktionen

$$W_{23}(x,y) = \sin\frac{2\pi x}{a}\sin\frac{3\pi y}{a}\;, \quad W_{32}(x,y) = \sin\frac{3\pi x}{a}\sin\frac{2\pi y}{a}\;.$$

Hinweis: In geschlossenen Räumen hallen die Töne entarteter Frequenzen stärker wider als die nichtentarteten, so dass etwa bei der Konstruktion von Konzertsälen darauf geachtet werden muss, die entarteten Frequenzen im hörbaren Bereich möglichst weitgehend zu vermeiden.

Da die Membran bei dieser Eigenkreisfrequenz nicht nur mit einer von beiden Eigenfunktionen sondern auch mit jeder beliebigen Mischung aus beiden schwingen kann, beschreibt

$$w_{mn}(x,y,t) = W_{mn}(x,y)\cos\gamma\,T_{mn}(t) + W_{nm}(x,y)\sin\gamma\,T_{nm}(t)$$
$$= \left[W_{mn}(x,y)\cos\gamma + W_{nm}(x,y)\sin\gamma\right]T_{mn}(t)$$

eine Lösung der Bewegungsgleichung, bei der die Knotenlinien $w_{mn}(x,y,t) = 0$ unter einem beliebigen Winkel γ auftreten können (Abb. 5.6).

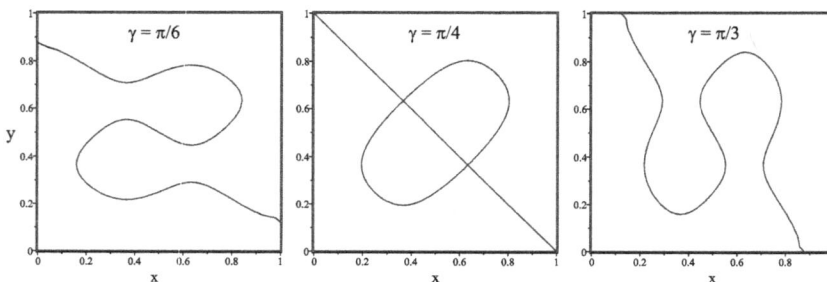

Abb. 5.6 *Knotenlinien unter verschiedenen Winkeln γ (m = 1, n = 4)*

Knotenlinien können aber auch mit der Zeit im Kreise umlaufen, wie die *Wellenlösung*

$$w_{mn}(x,y,t) = W_{mn}(x,y)A\cos\omega_{mn}t + W_{nm}(x,y)A\sin\omega_{nm}t$$
$$= A\left[W_{mn}(x,y)\cos\omega_{mn}t + W_{nm}(x,y)\sin\omega_{mn}t\right]$$

einer quadratischen Membran zeigt. Bei der rechteckigen Membran treten immer dann mehrfache Eigenkreisfrequenzen $\omega_{mn} = \omega_{rs}$ auf, wenn α eine rationale Zahl ist, etwa $\alpha = p/q$. Dann besitzt die Gleichung $\omega_{mn}^2 = \omega_{rs}^2$ nichttriviale Lösungen, die aus der Beziehung

$$q^2(m^2 - r^2) + p^2(n^2 - s^2) = 0$$

ermittelt werden. Beispielsweise führt das Seitenverhältnis $\alpha = 3/2$ auf die mehrfachen Eigenkreisfrequenzen

$$\omega_{1,8} = \omega_{8,6}, \quad \omega_{1,12} = \omega_{10,10} = \omega_{17,4}.$$

Hinweis: Ist das Seitenverhältnis α nicht rational, dann kann jede irrationale Zahl α durch eine Folge rationaler Zahlen $\alpha_n = p_n/q_n$ dargestellt werden, die mit wachsendem n gegen den Grenzwert α konvergiert. Ist beispielsweise $\alpha = \sqrt{3}$, dann liefert uns Maple mit den Prozeduren `numtheory[cfrac]` einerseits die Kettenbruchentwicklung von α und mit dem Befehl `convert(expr,confrac,'cvgts')` die Folge [1, 2, 5/3, 7/4,...]. Ersetzen wir nun den Wert $\alpha = \sqrt{3}$ durch die dritte Näherung $\alpha_3 = 5/3$ der Kettenbruchentwicklung, dann sind näherungsweise mit $p = 5$ und $q = 3$: $\omega_{1,42} = \omega_{26,39} = \omega_{49,30}$.

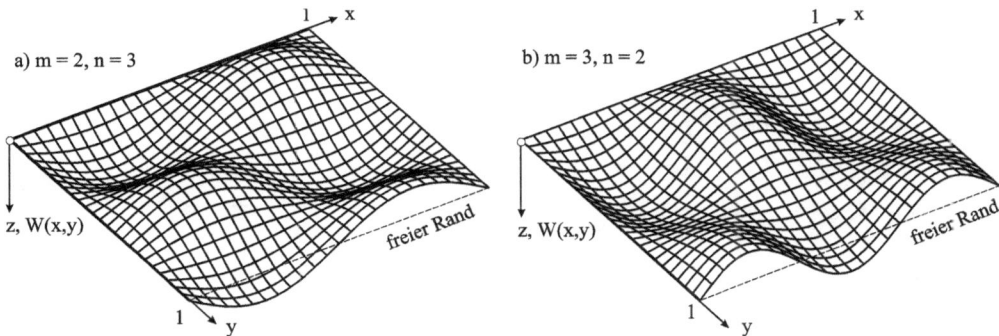

Abb. 5.7 *Eigenfunktionen einer quadratischen Membran mit einem freien Rand*

Ist die Membran an drei benachbarten Seiten eingespannt und an der vierten Seite frei verschieblich gelagert (s.h. Abb. 5.4), dann liefern die Randbedingungen

$$X(0) = 0 = C, \quad X(a) = 0 = D\sin\kappa_x a, \quad Y(0) = 0 = E, \quad Y'(b) = 0 = F\cos\kappa_y b$$

und damit

$$\left.\begin{array}{l} \sin \kappa_x a = 0 \quad \rightarrow \kappa_{x,m} = \dfrac{m\pi}{a} \\[3mm] \cos \kappa_y b = 0 \quad \rightarrow \kappa_{y,n} = \dfrac{(2n-1)\pi}{2b} \end{array}\right\} \quad (m,n = 1,2,...,\infty).$$

Setzen wir die unwesentlichen Konstanten $D = F = 1$, dann erhalten wir zweimal unendlich viele harmonische Eigenfunktionen

$$W_{mn}(x,y) = X_m(x)Y_n(y) = \sin \kappa_{x,m} x \, \sin \kappa_{y,n} y = \sin \frac{m\pi x}{a} \sin \frac{(2n-1)\pi y}{2b}.$$

Übungsvorschlag: Ermitteln Sie die harmonischen Eigenfunktionen der allseits frei gelagerten Membran (s.h. Abb. 5.4, rechts).

Beispiel 5-1:

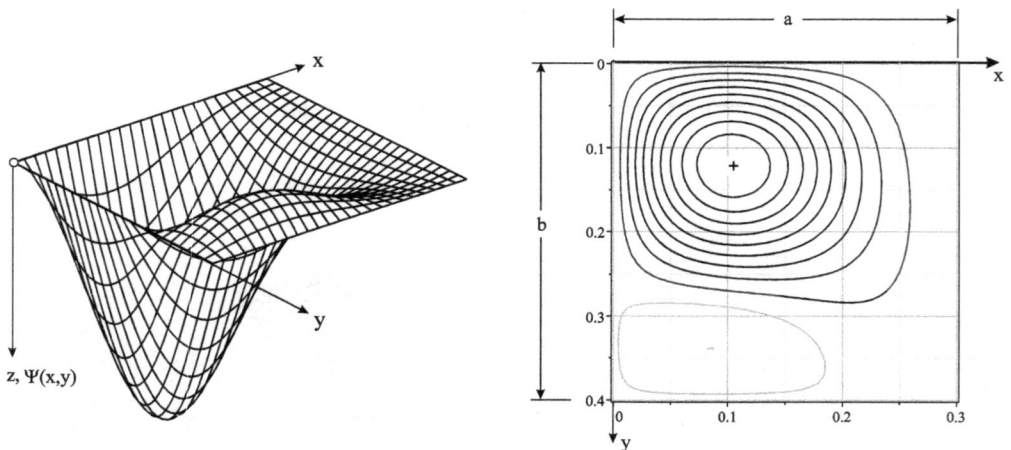

Abb. 5.8   Rechteckige Membran mit Anfangsgeschwindigkeit $\Psi(x,y)$

Eine rechteckige Membran wird am Punkt $P(x = u, y = v)$ in der Ruhelage zum Zeitpunkt $t = 0$ von einem starren Körper getroffen und so zu transversalen Schwingungen angeregt. Aus Messungen ergibt sich die zweidimensionale Verteilung der Anfangsgeschwindigkeit $\Psi(x,y)$ (Abb. 5.8, links, Höhenliniendarstellung rechts)

$$\Psi(x,y) = v_0 \sum_{m,n=1}^{2} \sin \frac{m\pi u}{a} \sin \frac{m\pi c}{a} \sin \frac{n\pi v}{b} \sin \frac{n\pi d}{b} \sin \frac{m\pi x}{a} \sin \frac{n\pi y}{b}.$$

Es sind der Ausschlag $w(x,y,t)$ und die Geschwindigkeit $\dot{w}(x,y,t)$ für $t > 0$ zu berechnen. Animieren Sie mit Maple den Bewegungsvorgang.

<u>Geg.</u>: $\mu = 0{,}05$ kg/m^2, a = 30 cm, b = 40 cm, $n_0 = 2$ N/m, $v_0 = 500$ m/s, u = a/3, v = b/4,

c = a/20, d = b/30.

<u>Lösung</u>: Da keine Anfangsauslenkung vorhanden ist, sind alle $A_{mn} = 0$, und es verbleiben

$$w(x,y,t) = \sum_{m=1}^{\infty}\sum_{n=1}^{\infty} B_{mn} \sin\frac{m\pi x}{a}\sin\frac{n\pi y}{b}\sin\omega_{mn}t\,,$$

$$\dot{w}(x,y,t) = \sum_{m=1}^{\infty}\sum_{n=1}^{\infty} B_{mn}\omega_{mn}\sin\frac{m\pi x}{a}\sin\frac{n\pi y}{b}\cos\omega_{mn}t\,,$$

wobei nach (5.17) die Koeffizienten B_{mn} aus der Beziehung

$$B_{mn} = \frac{4}{ab\,\omega_{mn}}\int_{x=0}^{a}\int_{y=0}^{b}\Psi(x,y)\sin\frac{m\pi x}{a}\sin\frac{n\pi y}{b}\,dy\,dx$$

zu berechnen sind.

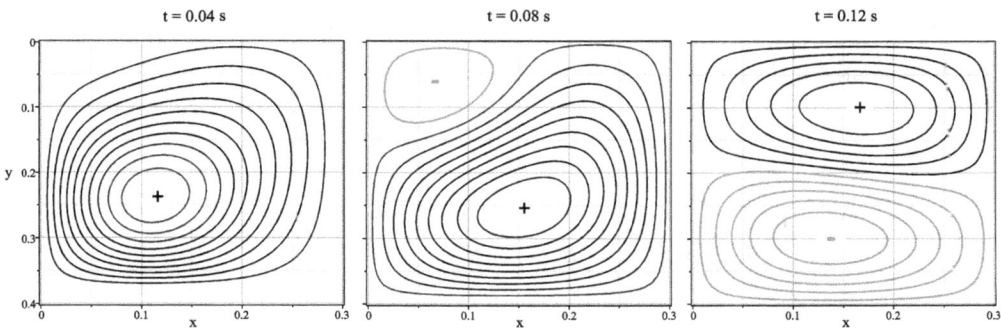

Abb. 5.9 *Verschiebungsfeld in Höhenliniendarstellung für eine Membran mit Anfangsgeschwindigkeit Ψ(x,y)*

In Abb. 5.9 geben zu verschiedenen Zeitpunkten jeweils 10 Höhenlinien einen ersten Eindruck vom Verschiebungsfeld der Membran. Die Animationen von Auslenkung und Geschwindigkeit können dem entsprechenden Maple-Arbeitsblatt entnommen werden.

5.2.1   Freie gedämpfte Schwingungen

Wir beschränken uns auf geschwindigkeitsproportional gedämpfte freie Schwingungen und verweisen in dem Zusammenhang auf die in Kap. 1.6 zur Saite gemachten Ausführungen. Die Differenzialgleichung der freien gedämpften Schwingung lautet nach (5.1):

$$\frac{\partial^2 w}{\partial t^2} + 2\delta \frac{\partial w}{\partial t} - c_M^2 \Delta_p w = 0 , \qquad \delta = \frac{\rho}{2\mu} . \tag{5.18}$$

Mit dem Separationsansatz (5.4) für W(x,y) und T(t) erhalten wir:

$$c_M^2 \frac{\Delta_p W}{W} = \frac{\ddot{T} + 2\delta \dot{T}}{T} = -\omega^2 .$$

An der zeitfreien Gleichung

$$\Delta_p W + \lambda^2 W = 0 , \qquad (\lambda = \omega/c_M)$$

hat sich gegenüber (5.8) nichts verändert, womit wir Lösungen des Eigenwertproblems einer entsprechend gelagerten Rechteckmembran übernehmen können. Der zeitabhängige Verschiebungsanteil erfüllt die Differenzialgleichung

$$\ddot{T} + 2\delta \dot{T} + \omega^2 T = 0$$

mit der allgemeinen Lösung

$$T(t) = A e^{\zeta_1 t} + B e^{\zeta_2 t} , \qquad \zeta_{1,2} = -\delta \pm \sqrt{\delta^2 - \omega^2} .$$

Durch Entwicklung nach Eigenfunktionen erhalten wir:

$$w(x,y,t) = \sum_{n=1}^{\infty} w_n(x,y,t) = \sum_{n=1}^{\infty} W_n(x,y)\left(A_n e^{\zeta_{1,n} t} + B_n e^{\zeta_{2,n} t}\right),$$

$$\dot{w}(x,y,t) = \sum_{n=1}^{\infty} \dot{w}_n(x,y,t) = \sum_{n=1}^{\infty} W_n(x,y)\left(A_n \zeta_{1,n} e^{\zeta_{1,n} t} + B_n \zeta_{2,n} e^{\zeta_{2,n} t}\right).$$

Die Konstanten A_n und B_n sind aus den Anfangsbedingungen zu bestimmen. Wir rechnen hierzu ein Beispiel.

Beispiel 5-2:

Für eine allseits eingespannte Membran sind die gedämpften Schwingungen w(x,y,t) zu ermitteln, wenn sich die Membran in einem Medium der Dichte ρ bewegt. Zum Zeitpunkt t = 0 besitzt die Membran die Anfangsauslenkung

$$\Phi(x,y) = w_0 \sum_{m,n=1}^{2} \sin\frac{m\pi u}{a} \sin\frac{m\pi c}{a} \sin\frac{n\pi v}{b} \sin\frac{n\pi d}{b} \sin\frac{m\pi x}{a} \sin\frac{n\pi y}{b} .$$

Animieren Sie mit Maple den Bewegungsvorgang.

<u>Geg.</u>: $\mu = 0,05$ kg/m², a = 40 cm, b = 30 cm, $n_0 = 2$ N/m, $w_0 = 100$ cm, u = a/3, v = b/4,

c = a/20, d = b/30.

<u>Lösung</u>: Beachten wir die Orthogonalitätsrelationen der Eigenfunktionen, dann folgen aus den Beziehungen

$$I_{1,mn} \equiv \int\limits_{x=0}^{a} \int\limits_{y=0}^{b} \Phi(x,y) \sin\frac{m\pi x}{a} \sin\frac{n\pi y}{b} \, dy \, dx = \frac{ab}{4}\left(A_{mn} + B_{mn}\right),$$

$$I_{2,mn} \equiv \int\limits_{x=0}^{a} \int\limits_{y=0}^{b} \Psi(x,y) \sin\frac{m\pi x}{a} \sin\frac{n\pi y}{b} \, dy \, dx = \frac{ab}{4}\left(A_{mn}\zeta_{1,mn} + B_{mn}\zeta_{2,mn}\right)$$

die Integrationskonstanten

$$A_{mn} = -\frac{4}{ab}\frac{I_{1,mn}\zeta_{2,mn} - I_{2,mn}}{\zeta_{1,mn} - \zeta_{2,mn}}, \quad B_{mn} = \frac{4}{ab}\frac{I_{1,mn}\zeta_{1,mn} - I_{2,mn}}{\zeta_{1,mn} - \zeta_{2,mn}},$$

mit

$$\zeta_{(1,2),mn} = -\delta \pm \sqrt{\delta^2 - \omega_{mn}^2} \ , \quad \omega_{mn} = \frac{c_M \pi}{a}\sqrt{m^2 + (\alpha n)^2} \ .$$

Da keine Anfangsgeschwindigkeit vorliegt ($\Psi = 0$), sind alle $I_{2,mn} = 0$, und es verbleiben:

$$A_{mn} = -\frac{4}{ab}\frac{I_{1,mn}\zeta_{2,mn}}{\zeta_{1,mn} - \zeta_{2,mn}}, \qquad B_{mn} = \frac{4}{ab}\frac{I_{1,mn}\zeta_{1,mn}}{\zeta_{1,mn} - \zeta_{2,mn}} \ .$$

Die umfangreichen Auswertungen der obigen Beziehungen überlassen wir selbstverständlich Maple und verweisen stattdessen auf das entsprechende Arbeitsblatt.

<u>Hinweis</u>: In praktischen Anwendungen können bei sehr kleinen Dämpfungswerten δ die Ausschläge w(x,y,t) zunächst so bestimmt werden, als wäre die Bewegung ungedämpft. Die Dämpfung wird dann erst im Nachhinein berücksichtigt, indem die "ungedämpfte Lösung ' mit $e^{-\delta t}$ multipliziert wird, also

$$w(x,y,t) = \sum_{m,n=1}^{\infty} w_{mn}(x,y,t) = e^{-\delta t}\sum_{n=1}^{\infty}(A_{mn}\cos\omega_{mn}t + B_{mn}\sin\omega_{mn}t)W_{mn}(x,y) \ .$$

Diese Lösung erfüllt allerdings nicht die Bewegungsgleichung (5.18).

5.2.2   Wellenausbreitung

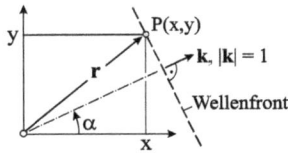

Abb. 5.10 *Ausbildung einer Wellenfront in einer ebenen Membran*

In Kap. 1.3 haben wir eindimensionale Wellen betrachtet, die sich längs einer Geraden (x-Achse) ausbreiteten. Im Folgenden interessieren wir uns für ebene Wellen, deren Lösungen von der Art

$$w(\mathbf{r}, t) = f\left[\frac{\omega}{c_M}(\mathbf{k} \cdot \mathbf{r} - c_M t) - \varphi\right] \tag{5.19}$$

sind. Darin bezeichnen **r** den planaren Ortsvektor zum Punkt P(x,y) und **k** einen konstanten Vektor, der *Wellenvektor* genannt wird (Abb. 5.10):

$$\mathbf{r} = \begin{bmatrix} x \\ y \end{bmatrix}, \qquad \mathbf{k} = \begin{bmatrix} k_x \\ k_y \end{bmatrix}.$$

Für alle Punkte P(x,y) auf der Wellenfront ist das Skalarprodukt **k·r** = const (Hessesche Normalform). Führen wir diesen Ansatz in die Bewegungsgleichung (5.8) ein, dann folgt, wenn ()' die Ableitung nach dem Argument der Funktion *f* bedeutet:

$$\omega^2 f''(1 - |\mathbf{k}|^2) = 0 \,.$$

Diese Beziehung ist offensichtlich für alle zweimal stetig differenzierbaren Funktionen *f* genau dann erfüllt, wenn **k** der Einheitsvektor ist. Da für feste Zeiten *t* die Amplitude w(**r**, t) am festen Ort **r** konstant ist, bekommen wir im ebenen Fall Wellenfronten, die sich unverzerrt mit der Geschwindigkeit c_M in Richtung von **k** ausbreiten. Diese Wellen beanspruchen die Membran so, als ob diese aus unendlich vielen parallelen Saiten bestünde. Neben (5.19) ist selbstverständlich auch

$$g\left[\frac{\omega}{c_M}(\mathbf{k} \cdot \mathbf{r} + c_M t) - \varphi_2\right]$$

eine Lösung und damit jede Linearkombination

$$w(\mathbf{r}, t) = C_1 f\left[\frac{\omega}{c_M}(\mathbf{k} \cdot \mathbf{r} - c_M t) - \varphi_1\right] + C_2 g\left[\frac{\omega}{c_M}(\mathbf{k} \cdot \mathbf{r} + c_M t) - \varphi_2\right]$$

mit zweimal stetig differenzierbaren Funktionen *f* und *g*. Im Sonderfall f = (cos, sin) wird von einer *harmonischen Welle* gesprochen, etwa

$$w(\mathbf{r},t) = \cos\left[\frac{\omega}{c_M}(\mathbf{k}\cdot\mathbf{r}-c_M t)-\varphi\right].$$

Laufen mehre harmonische Wellen der Art (5.19) in verschiedene Richtungen, dann führt die Superposition dieser Teilwellen zu eine zweidimensionalen Verwölbung der Membran, wie das folgende Beispiel anschaulich zeigt.

Beispiel 5-3:

Gegeben sind die Wellenlösungen

$$w_i(\mathbf{r},t) = A_i \cos\left[\frac{\omega_i}{c_{M,i}}(\mathbf{k}_i\cdot\mathbf{r}-c_{M,i}t)-\varphi_i\right], \quad \mathbf{k}_i = \begin{bmatrix}\cos\alpha_i \\ \sin\alpha_i\end{bmatrix}, \quad (i=1,\dots,n).$$

Stellen Sie eine Maple-Prozedur zur Verfügung, mit deren Hilfe die Teillösungen $w_i(\mathbf{r},t)$ und deren Überlagerung

$$w(\mathbf{r},t) = \frac{1}{n}\sum_{i=1}^{n} w_i(\mathbf{r},t)$$

animiert werden. Untersuchen Sie den Spezialfall der Überlagerung von vier parallelen Wellen der Form

$$w(\mathbf{r},t) = \frac{A}{4}\left\{\begin{array}{l}\cos\left[\frac{\omega}{c_M}(x\cos\alpha+y\sin\alpha-c_M t)-\varphi_1\right]+\cos\left[\frac{\omega}{c_M}(x\cos\alpha-y\sin\alpha-c_M t)-\varphi_2\right]+ \\[2mm] \cos\left[\frac{\omega}{c_M}(x\cos\alpha+y\sin\alpha+c_M t)-\varphi_3\right]+\cos\left[\frac{\omega}{c_M}(x\cos\alpha-y\sin\alpha+c_M t)-\varphi_4\right]\end{array}\right\} \quad \text{(a)}$$

mit $\varphi_4 = \varphi_2 + \varphi_3 - \varphi_1$, die mit den Geschwindigkeiten $\pm c_M$ in die Richtungen $\pm\alpha$ laufen. Unter Beachtung der trigonometrischen Beziehung

$$\cos\alpha + \cos\beta = 2\cos\frac{\alpha+\beta}{2}\cos\frac{\alpha-\beta}{2},$$

kann (a) auch in die Form

$$w(\mathbf{r},t) = A\cos\left(\frac{\omega}{c_M}x\cos\alpha-\varphi_x\right)\cos\left(\frac{\omega}{c_M}y\sin\alpha-\varphi_y\right)\cos(\omega t-\varphi) \quad \text{(b)}$$

gebracht werden, wobei die Abkürzungen

$$\varphi_x = \frac{1}{2}(\varphi_2 + \varphi_3), \ \varphi_y = \frac{1}{2}(\varphi_1 - \varphi_2), \ \varphi = \frac{1}{2}(\varphi_3 - \varphi_1) \qquad \text{(c)}$$

verwendet wurden. Soll beispielsweise die laufende Welle (b) die Randbedingungen einer bei x = (0,a) und y = (0,b) eingespannten Membran erfüllen, dann müssen die ortsabhängigen Anteile in (b) die Bedingungen

$$\cos\varphi_x = 0 \rightarrow \varphi_x = \frac{\pi}{2}, \quad \cos\left(\frac{\omega}{c_M} a\cos\alpha - \varphi_x\right) = 0, \quad \rightarrow \frac{\omega}{c_M} a\cos\alpha = m\pi$$

$$\cos\varphi_y = 0 \rightarrow \varphi_y = \frac{\pi}{2}, \quad \cos\left(\frac{\omega}{c_M} b\sin\alpha - \varphi_y\right) = 0, \quad \rightarrow \frac{\omega}{c_M} b\sin\alpha = n\pi$$

erfüllen. Aus den rechts stehenden Gleichungen folgt das bereits bekannte Ergebnis

$$\omega_{mn} = \frac{\pi c_M}{a}\sqrt{m^2 + (\alpha n)^2} \ .$$

Übungsvorschlag: Zeigen Sie, dass die Wellenformen

$$\hat{w}_x(r,t) = \cos\left[\frac{\omega}{c_M}(x\cos\alpha + y\sin\alpha - c_M t)\right] - \cos\left[\frac{\omega}{c_M}(x\cos\alpha - y\sin\alpha + c_M t)\right]$$

und

$$\hat{w}_y(r,t) = \cos\left[\frac{\omega}{c_M}(x\cos\alpha + y\sin\alpha - c_M t)\right] - \cos\left[\frac{\omega}{c_M}(x\cos\alpha - y\sin\alpha - c_M t)\right]$$

die Bedingungen einer an den Rändern x = 0 (y-Achse) bzw. y = 0 (x-Achse) eingespannten Membran erfüllen.

5.2.3   Erzwungene ungedämpfte Bewegungen

Die erzwungenen ungedämpften Bewegungen genügen der Differenzialgleichung

$$\frac{\partial^2 w(x,y,t)}{\partial t^2} - c_M^2 \Delta_p w(x,y,t) = \frac{q(x,y,t)}{\mu} \ . \qquad (5.20)$$

Der Lösungsweg dieser Aufgabe unterscheidet sich nicht wesentlich von demjenigen, den wir in Kap. 2.5 für den Stab gegangen sind. Hier ist lediglich zu beachten, dass bei der Membran ein zweidimensionales Problem in den Ortsvariablen vorliegt. Wir entwickeln demzufolge die Auslenkung w in eine Fourier-Doppelreihe

$$w(x,y,t) = \sum_{m=1}^{\infty}\sum_{n=1}^{\infty} w_{mn}(x,y,t) = \sum_{m=1}^{\infty}\sum_{n=1}^{\infty} W_{mn}(x,y)T_{mn}^*(t) \qquad (5.21)$$

nach den Eigenfunktionen $W_{mn}(x,y)$ der frei schwingenden Membran. Einsetzen von (5.21) in (5.20) ergibt zunächst

$$\sum_{m=1}^{\infty}\sum_{n=1}^{\infty}\left(W_{mn}\ddot{T}^*_{mn} - c_M^2\,\Delta_p\,W_{mn}T^*_{mn}\right) = \frac{q(x,y,t)}{\mu}\,.$$

Da die Eigenfunktionen die Differenzialgleichung

$$\Delta_p W_{mn} + \lambda^2\,W_{mn} = 0$$

erfüllen, erhalten wir

$$\sum_{m=1}^{\infty}\sum_{n=1}^{\infty}\left(\ddot{T}^*_{mn} + \omega_{mn}^2 T^*_{mn}\right)W_{mn} = \frac{q(x,y,t)}{\mu}\,.$$

Zur Entkopplung dieser Gleichungen benutzen wir die Orthogonalitätsrelationen der Eigenfunktionen und erhalten

$$\ddot{T}^*_{mn} + \omega_{mn}^2 T^*_{mn} = \frac{4}{a\,b\,\mu}\int_{x=0}^{a}\int_{y=0}^{b} q(x,y,t)W_{mn}\,dy\,dx = \varphi_{mn}(t)\,.$$

Diese inhomogenen Differenzialgleichungen besitzen die partikulären Lösungen

$$T^*_{mn}(t) = \frac{1}{\omega_{mn}}\int_{\tau=0}^{t}\varphi_{mn}(\tau)\sin\omega_{mn}(t-\tau)d\tau\,,\quad \dot{T}^*_{mn}(t) = \int_{\tau=0}^{t}\varphi_{mn}(\tau)\cos\omega_{mn}(t-\tau)d\tau\,,$$

womit das Problem als gelöst gelten kann.

5.3   Die kreisförmige Membran

Im Fall der kreisförmigen Membran verwenden wir zur Beschreibung der Zustandsgrößen die dem Problem angepassten *Polarkoordinaten* (r, φ). Der planare Δ-Operator ist ein koordinateninvarianter Skalar und lautet in Polarkoordinaten

$$\Delta_p = \frac{\partial^2}{\partial r^2} + \frac{1}{r}\frac{\partial}{\partial r} + \frac{1}{r^2}\frac{\partial^2}{\partial\varphi^2}\,.$$

Damit erhalten wir aus (5.3) die Bewegungsgleichung der freien Schwingung in Polarkoordinaten

$$\frac{\partial^2 w}{\partial t^2} - c_M^2\left(\frac{\partial^2 w}{\partial r^2} + \frac{1}{r}\frac{\partial w}{\partial r} + \frac{1}{r^2}\frac{\partial^2 w}{\partial\varphi^2}\right) = 0\,,\qquad c_M = \sqrt{\frac{n_0}{\mu}}\,. \tag{5.22}$$

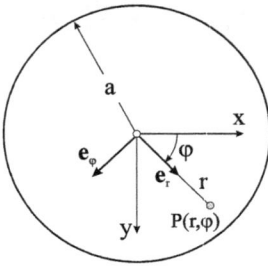

Abb. 5.11   *Polarkoordinaten oder ebene Zylinderkoordinaten*

Der Bernoullische Produktansatz

$$w(r,\varphi,t) = W(r,\varphi)\,T(t) \tag{5.23}$$

überführt die Differenzialgleichung in

$$\frac{\ddot{T}}{T} = c_M^2\,\frac{\Delta_p W}{W}\,.$$

Mit der bekannten Schlussweise erhalten wir

$$\ddot{T} + \omega^2 T = 0 \tag{5.24}$$

und

$$\Delta_p W + \lambda^2 W = 0\,, \qquad \lambda = \omega / c_M \tag{5.25}$$

Zur Lösung von (5.25) wird ebenfalls ein Produktansatz der Form

$$W(r,\varphi) = R(r)\,\Phi(\varphi) \tag{5.26}$$

gemacht. Das führt zu der Beziehung

$$r^2\,\frac{R''}{R} + r\,\frac{R'}{R} + (\lambda r)^2 = -\frac{\Phi''}{\Phi} = p^2$$

und damit auf die beiden gewöhnlichen Differenzialgleichungen

$$\Phi'' + p^2 \Phi = 0 \tag{5.27}$$

und

$$r^2 \frac{R''}{R} + r \frac{R'}{R} + (\lambda r)^2 = -\frac{\Phi''}{\Phi} = p^2 \qquad (5.28)$$

Lösungen von (5.24) und (5.27) sind

$$T(t) = A \cos \omega t + B \sin \omega t \qquad (5.29)$$

und

$$\Phi(\varphi) = C \cos p\varphi + D \sin p\varphi . \qquad (5.30)$$

Da die Verschiebung der Membran in Umfangsrichtung stetig verlaufen soll, ist $\Phi(\varphi)$ mit $2\pi n$ periodisch anzunehmen, was nur durch ganzzahlige $p = n = 0, 1, 2, \ldots, \infty$ erreicht wird. Das liefert in Konkretisierung von (5.30)

$$\Phi_n(\varphi) = C_n \cos n\varphi + D_n \sin n\varphi . \qquad (5.31)$$

Die Funktion $R_n(r)$ genügt der Besselschen Differenzialgleichung (5.28), wenn dort *p* durch *n* ersetzt wird, also

$$R_n'' + \frac{1}{r} R_n' + R_n \left(\lambda^2 - \frac{n^2}{r^2} \right) = 0 . \qquad (5.32)$$

Sie hat die Lösung

$$R_n(r) = E_n J_n(\lambda r) + F_n Y_n(\lambda r) . \qquad (5.33)$$

Darin sind:

J_n: Die Besselschen Funktionen erster Art *n*-ter Ordnung.

Y_n: Die Besselschen Funktionen zweiter Art *n*-ter Ordnung (Webersche Funktionen).

Bezeichnet $Z_n(z)$ allgemein die Funktionen $J_n(z)$ oder $Y_n(z)$, dann gelten folgende wichtige Funktionsgleichungen (Rekursionsformeln) der Besselfunktionen:

$$Z_{n-1}(z) + Z_{n+1}(z) = \frac{2n}{z} Z_n(z), \qquad Z_{n-1}(z) - Z_{n+1}(z) = 2 Z_n'(z),$$

$$Z_n'(z) = Z_{n-1}(z) - \frac{n}{z} Z_n(z), \qquad Z_n'(z) = -Z_{n+1}(z) + \frac{n}{z} Z_n(z).$$

Beispielsweise liefert die letzte Gleichung: $J_0'(z) = -J_1(z)$, $Y_0'(z) = -Y_1(z)$.

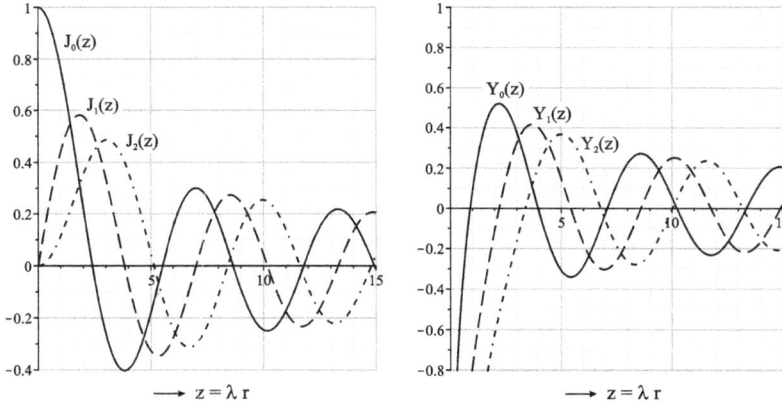

Abb. 5.12   *Besselsche Funktionen erster und zweiter Art*

<u>Hinweis:</u> Für die Vollkreismembran müssen in (5.33) alle $F_n = 0$ gesetzt werden, da die Weberschen Funktionen $Y_n(\lambda r)$ für *r* gegen Null eine logarithmische Singularität besitzen. Es verbleibt dann $R_n(r) = E_n \, J_n(\lambda r)$.

Ist die Membran bei *r* = a eingespannt, dann muss $w_n(r = a, \varphi, t) = 0$ bzw. $R_n(a) = 0$ gelten, und die Randbedingung erfordert dann das Bestehen der transzendenten Gleichung

$$J_n(\zeta) = 0 , \quad \zeta = \lambda a .$$ (5.34)

Tab. 5.1   *Nullstellen ζ_{nm} der Besselschen Funktionen J_n*

	n = 0	n = 1	n = 2	n = 3	n = 4	n = 5
m = 1	2,4048256	3,8317060	5,1356223	6,3801619	7,5883424	8,7714838
m = 2	5,5200781	7,0155867	8,4172441	9,7610231	11,0647095	12,3386042
m = 3	8,6537279	10,1734681	11,6198412	13,0152007	14,3725367	15,7001741
m = 4	11,7915344	13,3236919	14,7959518	16,2234662	17,6159661	18,9801339
m = 5	14,9309177	16,4706301	17,9598195	19,4094152	20,8269330	22,2177999
m = 6	18,0710640	19,6158585	21,1169971	22,5827296	24,0190195	25,4303412
m = 7	21,2116366	22,7600844	24,2701123	25,7481667	27,1990878	28,6266183
m = 8	24,3524715	25,9036721	27,4205736	28,9083508	30,3710077	31,8117167
m = 9	27,4934791	29,0468285	30,5692045	32,0648524	33,5371377	34,9887813

Die Besselschen Funktionen J_n besitzen für jede Ordnung n unendlich viele positive Nullstellen $\zeta_{n\,m}$ ($m = 1, 2, 3\ldots$), zu deren Berechnung uns Maple die Prozeduren `BesselJZeros` und `BesselYZeros` zur Verfügung stellt. Auflistungen dieser Nullstellen können dem entsprechenden Maple-Arbeitsblatt oder für J_n der Tab. 5.1 entnommen werden. Weitere Nullstellen können nach der Näherungsformel (hier ohne Beweis)

$$\zeta_{n\,m} \approx \frac{1}{4}\pi(2n + 4m - 1) - \frac{4n^2 - 1}{\pi(2n + 4m - 1)}$$

berechnet werden. Mit bekannten Nullstellen folgen sodann die Eigenkreisfrequenzen $\omega_{n\,m}$ und Eigenfrequenzen $f_{n\,m}$, denn mit $\lambda_{n\,m} = \zeta_{n\,m}/a$ sind:

$$\omega_{n\,m} = \lambda_{n\,m}c_M = \frac{\zeta_{n\,m}c_M}{a}, \quad f_{n\,m} = \frac{\omega_{n\,m}}{2\pi} = \frac{\zeta_{n\,m}c_M}{2\pi a}.$$

Die Lösungen der Gleichungen $J_n(\zeta) = 0$ sind die *Eigenwerte* und die linear unabhängigen Funktionen

$$W_{n\,m}(r,\varphi) = J_n(\lambda_{n\,m}r)\big(C_{n\,m}\cos n\varphi + D_{n\,m}\sin n\varphi\big)$$

die zugehörigen *Eigenfunktionen* der Besselschen Differenzialgleichung. Durch Summation aller Teillösungen

$$w_{n\,m}(r,\varphi,t) = J_n(\lambda_{n\,m}r)\big(C_{n\,m}\cos n\varphi + D_{n\,m}\sin n\varphi\big)\big(A_{n\,m}\cos\omega_{n\,m}t + B_{n\,m}\sin\omega_{n\,m}t\big)$$

folgen dann mit neuen Konstanten die Verschiebung

$$w(r,\varphi,t) = \sum_{n=0}^{\infty}\sum_{m=1}^{\infty} J_n(\lambda_{n\,m}r)\begin{Bmatrix} A_{n\,m}\cos n\varphi\cos\omega_{n\,m}t + B_{n\,m}\sin n\varphi\cos\omega_{n\,m}t + \\ C_{n\,m}\cos n\varphi\sin\omega_{n\,m}t + D_{n\,m}\sin n\varphi\sin\omega_{n\,m}t \end{Bmatrix}$$

und die Geschwindigkeit

$$\dot{w}(r,\varphi,t) = -\sum_{n=0}^{\infty}\sum_{m=1}^{\infty}\omega_{n\,m} J_n(\lambda_{n\,m}r)\begin{Bmatrix} A_{n\,m}\cos n\varphi\sin\omega_{n\,m}t + B_{n\,m}\sin n\varphi\sin\omega_{n\,m}t - \\ C_{n\,m}\cos n\varphi\cos\omega_{n\,m}t - D_{n\,m}\sin n\varphi\cos\omega_{n\,m}t \end{Bmatrix}.$$

Die noch verbleibenden Konstanten $A_{n\,m}$, $B_{n\,m}$, $C_{n\,m}$, $D_{n\,m}$ ergeben sich aus den Anfangsbedingungen für die Auslenkung

$$w(r,\varphi,t)\big|_{t=0} \equiv \Phi(r,\varphi) = \sum_{n=0}^{\infty}\sum_{m=1}^{\infty} J_n(\lambda_{n\,m}r)\big(A_{n\,m}\cos n\varphi + B_{n\,m}\sin n\varphi\big) \tag{5.35}$$

und die Geschwindigkeit

$$\dot{w}(r,\varphi,t)\big|_{t=0} \equiv \Psi(r,\varphi) = \sum_{n=0}^{\infty}\sum_{m=1}^{\infty} J_n(\lambda_{nm}r)\omega_{nm}\big(C_{nm}\cos n\varphi + D_{nm}\sin n\varphi\big). \qquad (5.36)$$

Wir konzentrieren uns in einem ersten Schritt auf die Bestimmung der Konstanten A_{nm}. Dazu multiplizieren wir (5.35) beidseits mit $\cos p\varphi\, d\varphi$ und integrieren von $\varphi = 0$ bis $\varphi = 2\pi$. Das Ergebnis ist

$$\int_{\varphi=0}^{2\pi} \Phi(r,\varphi)\cos n\varphi\, d\varphi = \pi \sum_{m=1}^{\infty} A_{nm}\, J_n(\lambda_{nm}r)\,.$$

Diese Gleichung multiplizieren wir nun beidseits mit $J_n(\lambda_{nq}r)\, r\, dr$ und integrieren von $r = 0$ bis $r = a$. Das ergibt unter Beachtung der verallgemeinerten Orthogonalitätsrelation der Besselfunktionen

$$\int_{r=0}^{a} J_n(\lambda_{nm}r) J_n(\lambda_{nq}r)\, r\, dr = \begin{cases} 0 & \text{für } m \neq q \\ \dfrac{a^2}{2} J_{n+1}^2(\lambda_{nm}a) & \text{für } q = m \end{cases}$$

die Konstanten

$$A_{nm} = \frac{2}{a^2 \pi J_{n+1}^2(\lambda_{nm}a)} \int_{r=0}^{a}\int_{\varphi=0}^{2\pi} \Phi(r,\varphi) J_n(\lambda_{nm}r)\cos n\varphi\, r\, dr\, d\varphi\,. \qquad (5.37)$$

In entsprechender Weise folgen

$$B_{nm} = \frac{2}{a^2 \pi J_{n+1}^2(\lambda_{nm}a)} \int_{r=0}^{a}\int_{\varphi=0}^{2\pi} \Phi(r,\varphi) J_n(\lambda_{nm}r)\sin n\varphi\, r\, dr\, d\varphi\,,$$

$$C_{nm} = \frac{2}{a^2 \pi J_{n+1}^2(\lambda_{nm}a)\,\omega_{nm}} \int_{r=0}^{a}\int_{\varphi=0}^{2\pi} \Psi(r,\varphi) J_n(\lambda_{nm}r)\cos n\varphi\, r\, dr\, d\varphi\,,$$

$$D_{nm} = \frac{2}{a^2 \pi J_{n+1}^2(\lambda_{nm}a)\,\omega_{nm}} \int_{r=0}^{a}\int_{\varphi=0}^{2\pi} \Psi(r,\varphi) J_n(\lambda_{nm}r)\sin n\varphi\, r\, dr\, d\varphi\,.$$

Wir bestätigen leicht, dass für den Fall $n = 0$ die Ausdrücke noch durch zwei zu dividieren sind. Bei fehlender Anfangsgeschwindigkeit entfallen alle Glieder mit den Konstanten C_{nm} und D_{nm}.

Beispiel 5-4:

Eine kreisförmige Membran erhält durch einen zentrischen Schlag mit einem Trommelstock eine rotationssymmetrische Anfangsauslenkung

$$\Phi(\rho) = w_0(1 - 3\rho^2 + 2\rho^3), \qquad (\rho = r/a).$$

Animieren Sie mit Maple den daraus resultierenden Bewegungssvorgang. Der Wert w_0 ist in Maple variabel aber fest.

<u>Geg.</u>: a = 0,4 m, n_0 = 2000 N m^{-1}, μ = 0,1 kg m^{-2}.

<u>Lösung</u>: Aufgrund der rotationssymmetrischen Anfangsauslenkung werden auch nur die rotationssymmetrischen Eigenschwingungen angeregt. Das bedeutet mit (5.37)

$$A_{0m} = \frac{1}{a^2\pi J_1^2(\lambda_{0m}a)} \int_{r=0}^{a} \Phi(r)J_0(\lambda_{0m}r)\,r\,dr \int_{\varphi=0}^{2\pi} d\varphi = \frac{2}{a^2 J_1^2(\lambda_{0m}a)} \int_{r=0}^{a} \Phi(r)J_0(\lambda_{0m}r)\,r\,dr.$$

Das Integral kann unter Verwendung der Struve[1]-Funktion $H_\alpha(x)$ (Abramowitz & Stegun, 1972) in geschlossener Form dargestellt werden. Maple liefert uns:

$$A_{0m} = \frac{6w_0}{\zeta_{0m}^4 J_1^2(\zeta_{0m})}\left[3\pi H_0(\zeta_{0m}) - 2\zeta_{0m}\right].$$

Die Animationen von Auslenkung und Geschwindigkeit, also

$$w(r,t) = \sum_{m=1}^{\infty} A_{0m}J_0(\lambda_{0m}r)\cos\omega_{0m}t, \quad \dot{w}(r,t) = -\sum_{m=1}^{\infty} A_{0m}\,\omega_{0m}J_0(\lambda_{0m}r)\sin\omega_{0m}t,$$

können dem entsprechenden Maple-Arbeitsblatt entnommen werden.

Beispiel 5-5:

Eine aus dünner Aluminiumfolie der Dicke d = 3,6·10^{-5} m und der Dichte ρ = 2,7·10^3 kg/m^3 bestehende Membran wird über einen kreisförmigen Rahmen mit dem Radius a = 2·10^{-2} m gespannt. Die konstante Vorspannung beträgt n_0 = 5,4·10^3 N/m. Es sind die Eigenkreisfrequenzen ω_{nm} (n = 0, 1; m = 1, 2) und die zugehörigen Eigenfunktionen $W_{nm}(r, \varphi)$ zu berechnen und mit Maple grafisch darzustellen.

<u>Lösung</u>: Die konstante Massenbelegung der Membran ist μ = ρd =2,7·10^3·3,6·10^{-5} = 0,0972 kg/m^2. Die Wellengeschwindigkeit beträgt c_M = 235,70 m/s.

Mit $\lambda_{nm} = \zeta_{nm}/a$, $\omega_{nm} = \zeta_{nm} c_M/a$, $f_{nm} = \omega_{nm}/(2\pi)$ liefert uns Maple die in Tab. 5.2 aufgelisteten Ergebnisse.

Tab. 5.2 *Eigenwerte und Eigenfrequenzen einer kreisförmigen Membran*

n = 0, m = 1	ζ_{01} = 2,4048	λ_{01} = 120,24	ω_{01} = 28341 s^{-1}	f_{01} = 4510 Hz
n = 0, m = 2	ζ_{02} = 5,5201	λ_{02} = 276,00	ω_{02} = 65055 s^{-1}	f_{02} = 10354 Hz

---

[1]   Karl Hermann von Struve, dt.-russ. Astronom, 1854-1920

$n = 1, m = 1$	$\zeta_{11} = 3{,}8317$	$\lambda_{11} = 191{,}59$	$\omega_{11} = 45157\ s^{-1}$	$f_{11} = 7187\ Hz$
$n = 1, m = 2$	$\zeta_{12} = 7{,}0156$	$\lambda_{12} = 350{,}78$	$\omega_{12} = 82679\ s^{-1}$	$f_{12} = 13159\ Hz$

Für $n = 0$ und $C_{0\,m} = 1$ erhalten wir rotationssymmetrische Eigenfunktionen

$$W_{0m}(r, \varphi) = J_0(\lambda_{0m}\, r) = J_0(\zeta_{0m} r / a)\,.$$

n = 0, m = 1   n = 0, m = 2   n = 0, m = 3

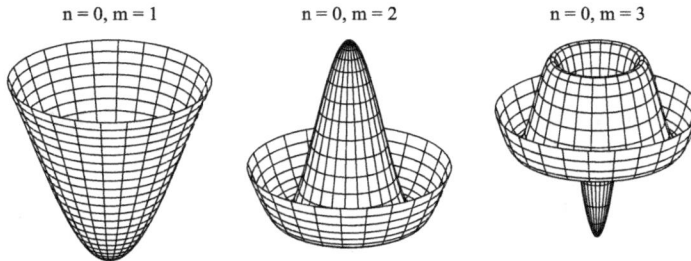

Abb. 5.13   *Rotationssymmetrische Schwingungsformen*

Von Interesse sind noch die Knotenlinien. Für die Grundschwingungen mit $n = 0$ und $m \geq 2$ sind das konzentrische Kreise um den Mittelpunkt $r = 0$.

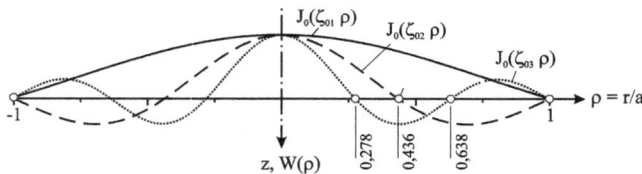

Abb. 5.14   *Schnittbilder von Grundschwingungen für m = 1,2,3*

Für $m \geq 2$ ermitteln wir die Radien r^* der Knotenlinien aus der Beziehung

$$0 = J_0(\zeta_{0m}\, r / a) = J_0(\zeta_{0p}) \qquad (p = m - 1,\ m - 2, \ldots,\ 1),$$

also

$$\zeta_{0m} \frac{r^*}{a} = \zeta_{0p}, \qquad \rightarrow \frac{r^*}{a} = \frac{\zeta_{0p}}{\zeta_{0m}}\,.$$

Beispielsweise werden für

$m = 2:\quad r^*/a = \zeta_{0\,1}/\zeta_{0\,2} = 2{,}405/5{,}520 = 0{,}436$

m = 3: $r^*/a = \zeta_{0\,2}/\zeta_{0\,3} = 5{,}520/8{,}654 = 0{,}638$, $r^*/a = \zeta_{0\,1}/\zeta_{0\,3} = 2{,}405/8{,}654 = 0{,}278$.

<u>Hinweis</u>: Neben kreisförmigen treten auch radiale Knotenlinien auf, wie die Abb. 5.15 an einigen Beispielen zeigt.

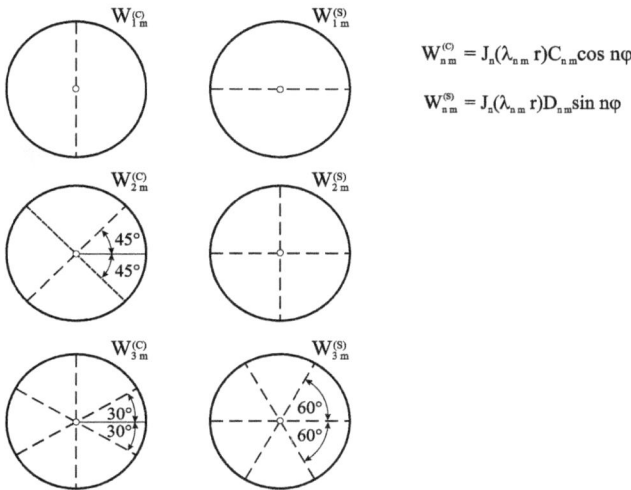

$$W_{n\,m}^{(C)} = J_n(\lambda_{n\,m}\,r)C_{n\,m}\cos n\varphi$$

$$W_{n\,m}^{(S)} = J_n(\lambda_{n\,m}\,r)D_{n\,m}\sin n\varphi$$

Abb. 5.15   *Radiale Knotenlinien für ausgewählte Schwingungsformen*

Beispiel 5-6:

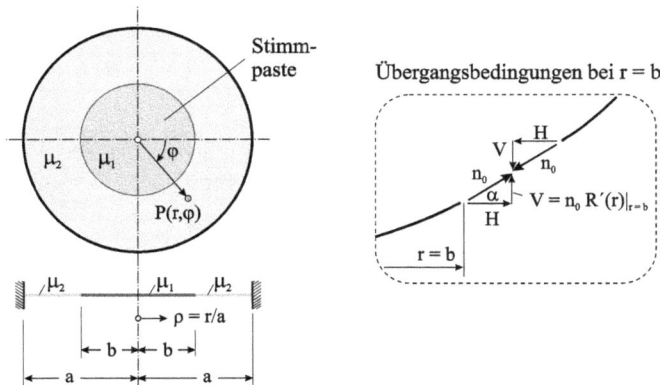

Abb. 5.16   *Die indische Trommel*

Die indische Trommel *Tabla*, die auch *Dayan* genannt wird, besteht in ihrer Bespannung aus drei übereinandergeschichteten Ziegenfellen, wobei die untere und obere Haut im Zentrum kreisringförmig ausgeschnitten sind. Dieser Ausschnitt wird mehrfach mit Stimmpaste bestrichen, poliert und anschließend kontrolliert gebrochen. Als Modell zur Berechnung der Eigenfrequenzen der freien Schwingungen gehen wir von einer Membran mit bereichsweise konstanten Massenverteilungen aus. Im mittleren Bereich der Bespannung ist $\mu = \mu_1$, im Außenbereich dagegen $\mu = \mu_2$ (Abb. 5.16). Die Membran ist mit der konstanten Kraft n_0 vorgespannt. In Ermangelung realer Materialdaten für die Dichten werden diese fiktiv angenommen. Für die Massenverhältnisse $\mu_2/\mu_1 = (0.5, 1.0, 2.0)$ sind die Eigenfrequenzen zu berechnen.

Geg.: a = 0,15 m, b = 0,075 m, $\mu_1 = 0{,}2$ kg/m^2, $n_0 = 1200$ N/m.

Lösung: Die in der Umgebung von r = b unstetig verlaufende Massenbelegung μ hat zur Folge, dass die Lösung bereichsweise beschafft werden muss. An der Stelle r = b sind Übergangsbedingungen zu formulieren, die beide Lösungen zusammenführen.

Bereich I: $(0 \leq r < b)$

In diesem Bereich gilt $\lambda_n^I = \omega_n \sqrt{\mu_1/n_0}$. Da R(r) bei r = 0 endlich bleiben muss, sind

$$R_n^I(r) = A_n J_n(\lambda_n^I r) \text{ und damit } R_n^{I\,'}(r) = \frac{d}{dr} R_n^I(r) = A_n \left[\frac{n}{r} J_n(\lambda_n^I r) - \lambda_n^I J_{n+1}(\lambda_n^I r) \right].$$

Bereich II: $(b < r < a)$

Hier gilt $\lambda_n^{II} = \omega_n \sqrt{\mu_2/n_0}$, $R_n^{II}(r) = B_n J_n(\lambda_n^{II} r) + C_n Y_n(\lambda_n^{II} r)$ und

$$R_n^{II\,'}(r) = \frac{d}{dr} R_n^{II}(r) = B_n \left[\frac{n}{r} J_n(\lambda_n^{II} r) - \lambda_n^{II} J_{n+1}(\lambda_n^{II} r) \right] + C_n \left[\frac{n}{r} Y_n(\lambda_n^{II} r) - \lambda_n^{II} Y_{n+1}(\lambda_n^{II} r) \right].$$

Randbedingung: Die Verschiebung w(r,φ,t) muss bei r = a für alle Zeiten *t* verschwinden. Das erreichen wir mit der Forderung

$$R_n^{II}(r = a) = 0 = B_n J_n(\lambda_n^{II} a) + C_n Y_n(\lambda_n^{II} a) . \tag{a}$$

Übergangsbedingungen: An der Stelle r = b müssen die Verschiebung *w* sowie die Vertikalkomponente *V* der schrägen Vorspannkraft n_0 übereinstimmen. Das erfordert

$$R_n^I(r = b) - R_n^{II}(r = b) = 0 \tag{b}$$

und

$$R_n^{I\,'}(r = b) - R_n^{II\,'}(r = b) = 0 . \tag{c}$$

Das homogene Gleichungssystem (a), (b) und (c) besitzt nur dann eine nichttriviale Lösung z_n, wenn die Determinante der Koeffizientenmatrix

$$
\mathbf{A} = \begin{bmatrix}
0 & J_n(\kappa z_n) & Y_n(\kappa z_n) \\
-J_n(\beta z_n) & J_n(\eta z_n) & Y_n(\eta z_n) \\
-nJ_n(\beta z_n)+b\lambda_n^I J_{n+1}(\beta z_n) & nJ_n(\eta z_n)-b\lambda_n^{II}J_{n+1}(\eta z_n) & nY_n(\eta z_n)-b\lambda_n^{II}Y_{n+1}(\eta z_n)
\end{bmatrix}
$$

verschwindet, auf deren Wiedergabe wir hier aus schreibtechnischen Gründen verzichten. Für die nummerische Auswertung ist es vorteilhaft, die folgenden Abkürzungen einzuführen:

$$
\lambda_n^{II} = \kappa \lambda_n^I , \quad \kappa = \sqrt{\mu_2/\mu_1} , \quad z_n = \lambda_n^I a , \quad \beta = b/a , \quad \eta = \beta \kappa .
$$

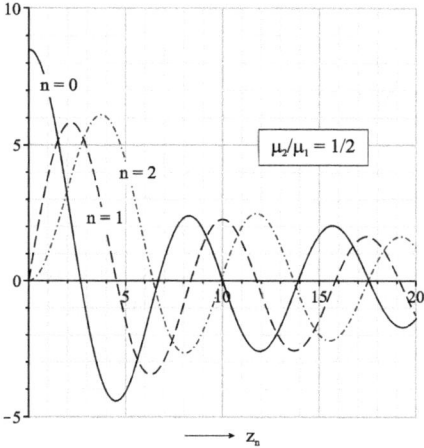

Abb. 5.17 *Verlauf der Eigenwertgleichungen für die Ordnungszahlen n = 0,1,2 der Besselfunktionen*

Sind die Eigenwerte berechnet, dann folgen wegen $z_{nm} = \lambda_{nm}^I a = a\omega_{nm}\sqrt{\mu_1/n_0}$ die Eigenfrequenzen (s.h. auch Tab. 5.3)

$$
f_{nm} = \frac{\omega_{nm}}{2\pi} = \frac{z_{nm}}{2\pi a} \sqrt{\frac{n_0}{\mu_1}} .
$$

Tab. 5.3 *Eigenfrequenzen (m = 1) für die Ordnungszahlen n = 0,1,2*

	$\mu_2/\mu_1 = 2$	$\mu_2/\mu_1 = 1$	$\mu_2/\mu_1 = 1/2$
$n = 0$	168,08 Hz	197,65 Hz	216,27 Hz
$n = 1$	244,25 Hz	314,92 Hz	372,03 Hz
$n = 2$	312,72 Hz	422,08 Hz	528,97 Hz

Beispiel 5-7:

Die in Abb. 5.18 skizzierte Kreisringmembran (engl. *annular membrane*) wird am Innenrand durch eine harmonische Linienkraftbelastung f(t) zu Schwingungen angeregt.

Ermitteln Sie Auslenkung und Geschwindigkeit, und animieren Sie beide Zustandsgrößen mit Maple.

<u>Geg.</u>: $a = 2 \cdot 10^{-2}$ m, $\beta = b/a = (1/2, 1/3, 1/6)$, $n_0 = 5{,}4 \cdot 10^3$ N m^{-1}, $\mu = 0{,}1$ kg m^{-2}.

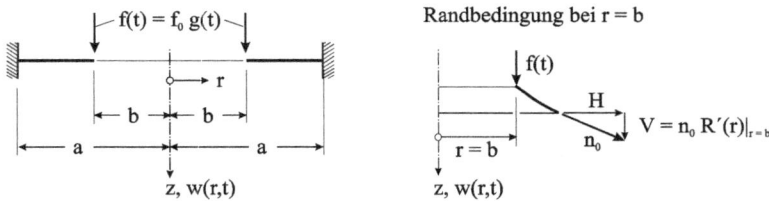

Abb. 5.18   *Kreisringmembran mit Linienkraftanregung f(t) am Innenrand*

<u>Lösung:</u> Da die äußere Belastung unabhängig von der Koordinate φ ist, können sich auch nur radiale Schwingungen w(r,t) einstellen. Wir haben somit die harmonische Lösung

$$w(r,t) = R_0(r) T(t) \tag{a}$$

mit der zeitfreien Radialkomponente

$$R_0(r) = A J_0(\lambda r) + B Y_0(\lambda r), \qquad (b < r < a, \ \lambda = \omega/c_M) \tag{b}$$

und deren Ableitung

$$R_0'(r) = -\lambda \left[A J_1(\lambda r) + B Y_1(\lambda r) \right]. \tag{c}$$

Die Verschiebungsfunktion w(r,t) ist an die Randbedingungen anzupassen. Bei r = a muss die Auslenkung verschwinden, und am Innenrand r = b ist sicherzustellen, dass die dortige Vertikalkomponente der schrägen Vorspannung der eingeprägten äußeren Belastung entspricht (Abb. 5.18). Die Einarbeitung dieser Randbedingungen in (a) erreichen wir mit

$$R_0(a) = 0 = A J_0(\lambda a) + B Y_0(\lambda a), \tag{d}$$

und

$$n_0 R_0'(r)\big|_{r=b} T(t) + f_0 g(t) = 0. \tag{e}$$

Mit g(t) = T(t) und der resultierenden Kraft $F_0 = 2 f_0 \pi b$ erhalten wir das lineare inhomogene Gleichungssystem

$$\begin{bmatrix} J_0(\lambda a) & Y_0(\lambda a) \\ J_1(\lambda b) & Y_1(\lambda b) \end{bmatrix} \cdot \begin{bmatrix} A \\ B \end{bmatrix} = \begin{bmatrix} 0 \\ F_0/(2n_0\pi b\lambda) \end{bmatrix}$$

zur Bestimmung der Konstanten A und B. Das Ergebnis ist

$$A = \frac{1}{2}\frac{F_0}{n_0\pi b\lambda}\frac{Y_0(\lambda a)}{Y_0(\lambda a)J_1(\lambda b)-J_0(\lambda a)Y_1(\lambda b)}, \ B = -\frac{1}{2}\frac{F_0}{n_0\pi b\lambda}\frac{J_0(\lambda a)}{Y_0(\lambda a)J_1(\lambda b)-J_0(\lambda a)Y_1(\lambda b)}.$$

Damit ist

$$R(r) = \frac{1}{2}\frac{F_0}{n_0\pi b\lambda}\frac{J_0(\lambda r)Y_0(\lambda a)-J_0(\lambda a)Y_0(\lambda r)}{J_1(\lambda b)Y_0(\lambda a)-J_0(\lambda a)Y_1(\lambda b)}, \tag{f}$$

und für die Auslenkung und die Geschwindigkeit folgen mit (5.29):

$$w(r,t) = \frac{1}{2}\frac{F_0}{n_0\pi b\lambda}\frac{J_0(\lambda r)Y_0(\lambda a)-J_0(\lambda a)Y_0(\lambda r)}{J_1(\lambda b)Y_0(\lambda a)-J_0(\lambda a)Y_1(\lambda b)}(C\cos\omega t + D\sin\omega t),$$

$$\dot{w}(r,t) = -\frac{1}{2}\frac{F_0\omega}{n_0\pi b\lambda}\frac{J_0(\lambda r)Y_0(\lambda a)-J_0(\lambda a)Y_0(\lambda r)}{J_1(\lambda b)Y_0(\lambda a)-J_0(\lambda a)Y_1(\lambda b)}(C\sin\omega t - D\cos\omega t).$$

Insbesondere gilt für die zeitfreie Verschiebung am Innenrand
(Eulersche Konstante: $\gamma = 0{,}57722$):

$$\begin{aligned}
R(b) &= \frac{1}{2}\frac{F_0}{n_0\pi b\lambda}\frac{J_0(\lambda b)Y_0(\lambda a)-J_0(\lambda a)Y_0(\lambda b)}{J_1(\lambda b)Y_0(\lambda a)-J_0(\lambda a)Y_1(\lambda b)} \\
&= \frac{1}{4}\frac{F_0}{n_0\pi}\frac{\pi Y_0(\lambda a)-2[\gamma-\ln 2 + \ln(\lambda b)]J_0(\lambda a)}{J_0(\lambda a)}+O(b^2).
\end{aligned} \tag{g}$$

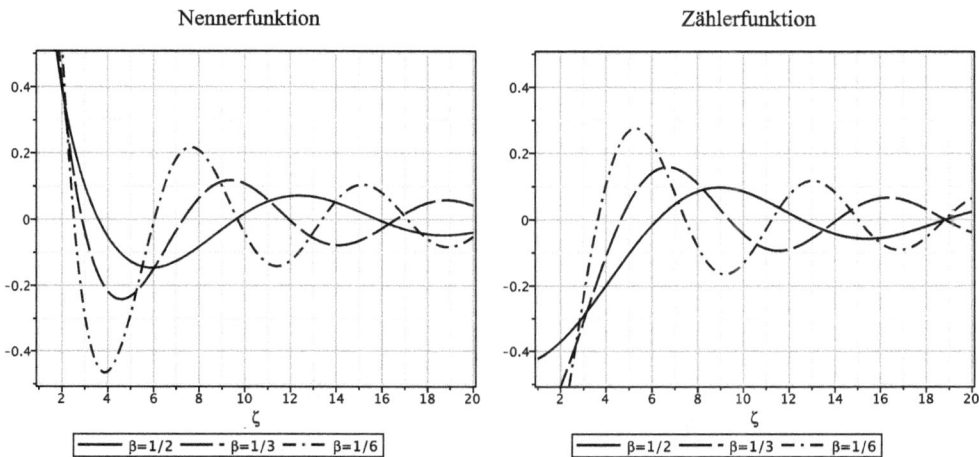

Nennerfunktion

Zählerfunktion

— β=1/2 — · β=1/3 — · — β=1/6

— β=1/2 — · β=1/3 — · — β=1/6

Abb. 5.19 *Verlauf von Nenner- und Zählerfunktion*

Die Verschiebungen wachsen theoretisch über alle Grenzen, wenn die Nennerfunktion (*Resonanzfunktion*) in Abb. 5.19

$$N = J_1(\zeta\beta)Y_0(\zeta) - J_0(\zeta)Y_1(\zeta\beta) \qquad (\zeta = \lambda a,\ \beta = b/a) \qquad\qquad (h)$$

in R(r) verschwindet. Das ist der Resonanzfall. Die erste Nullstelle für $\beta = 1/2$ ist $\zeta_1 = 3{,}588$. Die zugehörige kleinste kritische Eigenkreisfrequenz errechnet sich mit den Werten des Beispiels unter Beachtung von

$$c_M = \sqrt{n_0/\mu} = 232{,}38\,\mathrm{m\,s^{-1}}$$

zu

$$\omega_{1,kr} = \frac{\zeta_1 c_M}{a} = \frac{3{,}588 \cdot 232{,}38}{0{,}02} = 41689\ \mathrm{s^{-1}}, \quad f_{1,kr} = \frac{\omega_{1,kr}}{2\pi} = 6635\ \mathrm{Hz}.$$

Wird in (f) der Zähler

$$Z = J_0(\lambda b)Y_0(\lambda a) - J_0(\lambda a)Y_0(\lambda b) \qquad\qquad (i)$$

identisch Null, dann verschwindet am Innenrand r = b die Verschiebung. Das tritt für $\beta = 1/2$ als Erstes auf für $\zeta_{1,0} = 6{,}246$ oder

$$\omega_{1,0} = \frac{\zeta_1 c_M}{a} = \frac{6{,}246 \cdot 232{,}38}{0{,}02} = 72572\ \mathrm{s^{-1}}, \quad f_{1,0} = \frac{\omega_{1,0}}{2\pi} = 11550\ \mathrm{Hz}.$$

5.3.1   Erzwungene ungedämpfte Bewegungen

Die erzwungenen ungedämpften Bewegungen einer kreisförmigen Membran genügen der Differenzialgleichung

$$\frac{\partial^2 w(r,\varphi,t)}{\partial t^2} - c_M^2 \Delta_p w(r,\varphi,t) = \frac{q(r,\varphi,t)}{\mu} \qquad\qquad (5.38)$$

deren Behandlung entsprechend Kap. 5.2.3 erfolgen kann, indem wir die gesuchte Funktion *w* und die äußere Belastung *q* wieder in Doppelreihen nach Eigenfunktionen entwickeln. Wir können uns deshalb an dieser Stelle kurz fassen und wollen hier nur darauf hinweisen, dass sich die Lösungen der eindimensionalen Saite und der zweidimensionalen Membran grundlegend voneinander unterscheiden. Wir zeigen das am Beispiel einer Einzelkraft. Wie in Beispiel 3-4 gezeigt, bleibt die Verschiebung der Saite unter einer Einzelkraft endlich, allerdings tritt in der Umgebung des Lastangriffs eine Unstetigkeit (Knick) in der Verformungsfigur auf. Bei der Membran erhalten wir dagegen ein völlig anderes Tragverhalten, wobei wir uns auf den statischen Fall einer unendlich ausgedehnten Membran beschränken.

Wir notieren zunächst die Gleichung (6.60) für die von Flächenlasten freie Membran und beachten, dass im rotationssymmetrischen Fall mit $\partial/\partial\varphi = 0$ der Δ-Operator als koordinateninvarianter Skalar übergeht in

$$\Delta_p = \frac{d^2}{dr^2} + \frac{1}{r}\frac{d}{dr} = \frac{1}{r}\frac{d}{dr}\left(r\frac{d}{dr}\right).$$

Somit verbleibt von (6.60)

$$\Delta_p w = \frac{1}{r}\frac{d}{dr}\left(r\frac{dw}{dr}\right) = 0.$$

Diese Gleichung kann direkt integriert werden und liefert die allgemeine Lösung

$$w(r) = C_1 + C_2 \ln r, \qquad (r \neq 0).$$

Ist *a* eine beliebige Bezugslänge, dann wird

$$w(r) = \frac{F}{2\pi n_0}\ln\frac{r}{a} \qquad (r \neq 0)$$

als *Fundamentallösung* einer Einzelkraft der Membrantheorie bezeichnet, die man entweder errät (ein durchaus probates Mittel bei der Behandlung partieller Differenzialgleichungen) oder aber durch einen Grenzübergang flächenhaft verteilter Belastungen erhält.

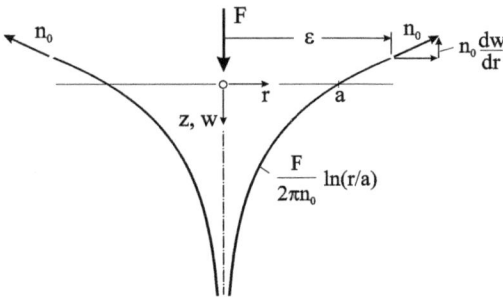

Abb. 5.20   *Unendlich ausgedehnte Membran, singuläre Lösung Einzelkraft*

Dass diese Lösung tatsächlich einer Einzelkraft *F* im Punkt r = 0 zugeordnet ist, sehen wir wie folgt: Wir schneiden dazu die unendlich ausgedehnte Membran an der Stelle r = ε kreisförmig auf (Abb. 5.20) und notieren das vertikale Kraftgleichgewicht. Mit der infinitesimalen Kraft

$$dV = \varepsilon\, d\varphi\, n_0 \frac{dw}{dr}\bigg|_{r=\varepsilon} = \frac{F}{2\pi}d\varphi \qquad \text{ist dann} \qquad V = \int dV = \frac{F}{2\pi}\int_0^{2\pi} d\varphi = F.$$

Die Lösung besitzt bei Annäherung an den Punkt r = 0 eine logarithmische Singularität, womit diese nur für die punktierte Vollebene besteht. Im Fall der Saite setzt sich die Auslenkung aus Geradenabschnitten zusammen, und die Auslenkung bleibt endlich.

6   Biegeschwingungen von Platten

Eine Platte ist ein dünnes ebenes Flächentragwerk, welches nur Lasten senkrecht zur Plattenmittelfläche aufnimmt. Erfolgt die Belastung ausschließlich in der Mittelebene, dann wird von einer Scheibe gesprochen. Die im Folgenden vorgestellte Theorie der dünnen Platte geht in ihren theoretischen und experimentellen Grundlagen auf Arbeiten von Jakob II Bernoulli[1], Chladni, Euler, Sophie Germain[2], Lagrange, Navier[3], Poisson[4] und Kirchhoff[5] zurück. Mit den Arbeiten von Kirchhoff kam die Entwicklung der klassischen Plattentheorie zu einem vorläufigen Ende, weshalb auch von der *Kirchhoffschen Plattentheorie* gesprochen wird. Erweiterte Theorien, die eng mit den Namen *Reissner* und *Mindlin* verbunden sind, versuchen die Diskrepanz der klassischen Plattentheorie zwischen zwei möglichen Randbedingungen für die Biegefläche und den dort auftretenden drei Schnittlasten zu beseitigen. Das führt bei Reissner auf eine partielle Differentialgleichung 6. Ordnung (Reissner, 1944) für die Biegefläche und bei Mindlin (Mindlin, 1951) auf ein Differentialgleichungssystem zweier partieller Differentialgleichungen, die in der Summe ein Integrationsproblem 6. Ordnung darstellen und somit ebenfalls die Erfüllung dreier Randbedingungen ermöglichen.

Ist die Membran das zweidimensionale Analogon der Saite, so kann die Platte als zweidimensionales Analogon des Balkens angesehen werden. Von der Membran unterscheidet sich die Platte durch ihre Biegesteifigkeit, durch das Fehlen einer Vorspannung und durch eine endliche Dicke. Es werden folgende Voraussetzungen getroffen:

- Die Platte ist ein dünnes ebenes Flächentragwerk.

- Die Plattendicke h ist klein gegenüber den Abmessungen in der Ebene.

- Die Plattendicke h ist konstant.

- Es gilt das Hookesche Gesetz.

- Die Schnittlasten werden am unverformten System ermittelt (Theorie 1. Ordnung).

---

[1] Enkel des großen Johann I Bernoulli, ertrank beim Baden in der Newa

[2] Sophie Germain, frz. Mathematikerin, 1776–1831

[3] Claude Louis Marie Henri Navier, frz. Physiker, 1785–1836

[4] Simeón Dénis Poisson, frz. Mathematiker und Physiker, 1781–1840

[5] Gustav Robert Kirchhoff, Physiker, 1824–1887

6.1   Die Grundgleichungen der schubweichen Platte

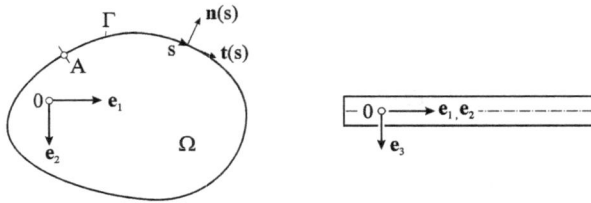

Abb. 6.1 *Plattengebiet und Koordinatensysteme*

Neben einer orthogonalen Einheitsvektorbasis $<\mathbf{e}_1, \mathbf{e}_2, \mathbf{e}_3>$ wird auf dem Gebietsrand Γ eine orthogonale Einheitsvektorbasis $<\mathbf{n}(s), \mathbf{t}(s)>$ vorgegeben, wobei s die von einem beliebigen Randpunkt A aus zählende Bogenlänge bezeichnet (Abb. 6.1). Der Vektor $\mathbf{t}$ tangiert die Randkurve, und $\mathbf{n}$ steht senkrecht auf $\mathbf{t}$. Die Plattennormale ist durch den Vektor $\mathbf{e}_3 = \mathbf{e}_1 \times \mathbf{e}_2$ festgelegt, und der Tangentenvektor ist

$$\mathbf{t}(s) = \mathbf{e}_3 \times \mathbf{n}(s).$$

Hinsichtlich der Notationsweise der folgenden koordinateninvarianten Beziehungen wird auf (Trostel, 1993) verwiesen.

6.1.1   Verformungen

Der Ortsvektor der Plattenpunkte in der unverformten Ausgangslage ist

$$\mathbf{r} = \mathbf{r}_M + z\,\mathbf{e}_3.\tag{6.1}$$

Die Fläche $z = 0$ heißt *Mittelfläche* der Platte. Zur Reduzierung des dreidimensionalen Problems auf ein zweidimensionales wird folgender Ansatz für die Querschnittsverformung gemacht (Mindlin, 1951):

$$\mathbf{u}(\mathbf{r}_M, z) = \hat{\mathbf{u}}(\mathbf{r}_M) + \boldsymbol{\psi}_p(\mathbf{r}_M) \times z\,\mathbf{e}_3.\tag{6.2}$$

Eine im Ausgangszustand parallel zur Plattennormale liegende materielle Linie verschiebt und dreht sich demnach wie ein starrer Körper um eine Achse senkrecht zur Normalenrichtung. In (6.2) beschreibt

$$\hat{\mathbf{u}}(\mathbf{r}_M) = u_1\,\mathbf{e}_1 + u_2\,\mathbf{e}_2 + w\,\mathbf{e}_3 = \hat{\mathbf{u}}_p + w\,\mathbf{e}_3\tag{6.3}$$

die Verschiebung der Mittelfläche, und mit

$$\boldsymbol{\psi}_p(\mathbf{r}_M) = \psi_1\,\mathbf{e}_1 + \psi_2\,\mathbf{e}_2 \tag{6.4}$$

wird die Drehung der ursprünglichen Normalen gegenüber dem Raum festgelegt. Mit Einführung von

$$\boldsymbol{\omega}_p(\mathbf{r}_M) = \boldsymbol{\psi}_p(\mathbf{r}_M)\times\mathbf{e}_3 = \psi_2\,\mathbf{e}_1 - \psi_1\,\mathbf{e}_2 \tag{6.5}$$

können wir dann (6.2) kürzer in die Form

$$\mathbf{u}(\mathbf{r}_M, z) = \hat{\mathbf{u}}(\mathbf{r}_M) + z\,\boldsymbol{\omega}_p(\mathbf{r}_M) \tag{6.6}$$

bringen. Da wir uns auf kleine Verformungen und kleine erste Ableitungen der Verformungen beschränken, errechnet sich der Verzerrungstensor $\mathbf{E}$ als symmetrischer Teil des Verschiebungsgradienten, also

$$\mathbf{E} = \text{sym}(\nabla \otimes \mathbf{u}) = \frac{1}{2}(\nabla \otimes \mathbf{u} + \mathbf{u} \otimes \nabla)\,. \tag{6.7}$$

<u>Hinweis</u>: Das Symbol $\otimes$ steht für das dyadische oder tensorielle Produkt zweier Vektoren (s.h. auch Kap. 3.1).

Mit dem räumlichen Gradienten

$$\nabla = \mathbf{e}_1\frac{\partial}{\partial s_1} + \mathbf{e}_2\frac{\partial}{\partial s_2} + \mathbf{e}_3\frac{\partial}{\partial z} = \nabla_p + \mathbf{e}_3\frac{\partial}{\partial z} \tag{6.8}$$

und dem Einheitstensor

$$\mathbf{1} = \mathbf{e}_1 \otimes \mathbf{e}_1 + \mathbf{e}_2 \otimes \mathbf{e}_2 + \mathbf{e}_3 \otimes \mathbf{e}_3 = \mathbf{1}_p + \mathbf{e}_3 \otimes \mathbf{e}_3 \tag{6.9}$$

erhalten wir mit (6.2)

$$\mathbf{E} = \text{sym}(\nabla \otimes \mathbf{u}) = \mathbf{E}_M + z\mathbf{B} + \text{sym}(\mathbf{e}_3 \otimes \boldsymbol{\gamma})\,, \tag{6.10}$$

wobei *sym* den symmetrischen Teil des Tensors bezeichnet. In (6.10) sind im Einzelnen

$$\mathbf{E}_M = \text{sym}(\nabla_p \otimes \hat{\mathbf{u}}_p) \tag{6.11}$$

die planare *Mittelflächenverzerrung,*

$$\mathbf{B} = \mathrm{sym}(\nabla_p \otimes \omega_p) \tag{6.12}$$

die planare *Biegeverzerrung* und

$$\gamma = \nabla_p w + \omega_p \tag{6.13}$$

der von der *z*-Richtung unabhängige *Schubwinkelvektor*. Der Übergang zur Kirchofftheorie wird durch $\gamma = 0$ und damit

$$\omega_p = -\nabla_p w \tag{6.14}$$

vollzogen.

6.1.2   Das dreidimensionale isotrope Hookesche Gesetz

In der klassischen Theorie dünner Platten werden hinsichtlich der Verzerrungen und der Spannungen Annahmen getroffen, auf die wir hier kurz eingehen wollen. Der Verschiebungsansatz (6.2) führt dazu, dass die Plattenverschiebung *w* nur von den planaren Koordinaten und nicht von der *z*-Richtung abhängt, womit $\varepsilon_{33} = \partial w / \partial z = 0$ gilt.

Das nach den Spannungen aufgelöste dreidimensionale Hookesche[1] Gesetz lautet in tensorieller Form:

$$\mathbf{S} = 2G\left[\mathbf{E} + \frac{\nu}{1-2\nu}(\mathrm{Sp}\mathbf{E})\mathbf{1}\right], \qquad G = \frac{E}{2(1+\nu)} : \text{Schubmodul.} \tag{6.15}$$

Die Summe der Hauptdiagonalglieder von $\mathbf{E}$ werden als *Spur* von $\mathbf{E}$ oder kurz $\mathrm{Sp}(\mathbf{E})$ bezeichnet (engl. *trace*). Zerlegen wir die Verzerrungen und Spannungen in

$$\mathbf{E} = \mathbf{E}_p + e_{33}\,\mathbf{e}_3 \otimes \mathbf{e}_3 + \frac{1}{2}\gamma \otimes \mathbf{e}_3 + \frac{1}{2}\mathbf{e}_3 \otimes \gamma \tag{6.16}$$

bzw.

$$\mathbf{S} = \mathbf{S}_p + \sigma_{33}\,\mathbf{e}_3 \otimes \mathbf{e}_3 + \tau \otimes \mathbf{e}_3 + \mathbf{e}_3 \otimes \tau \tag{6.17}$$

und setzen (6.16) und (6.17) in (6.15) ein, dann ist mit $\mathrm{Sp}\mathbf{E} = \mathrm{Sp}\mathbf{E}_p + e_{33}$ und $\mathbf{1} = \mathbf{1}_p + \mathbf{e}_3 \otimes \mathbf{e}_3$

$$(\mathrm{Sp}\mathbf{E})\mathbf{1} = (\mathrm{Sp}\mathbf{E}_p)\mathbf{1}_p + (\mathrm{Sp}\mathbf{E}_p)\mathbf{e}_3 \otimes \mathbf{e}_3 + \varepsilon_{33}\mathbf{1}_p + \varepsilon_{33}\mathbf{e}_3 \otimes \mathbf{e}_3$$

---

[1]   Robert Hooke, engl. Naturforscher, 1635–1703

und damit

$$\mathbf{S}_p + \sigma_{33}\mathbf{e}_3 \otimes \mathbf{e}_3 + \boldsymbol{\tau} \otimes \mathbf{e}_3 + \mathbf{e}_3 \otimes \boldsymbol{\tau} =$$

$$2G\left\{ \begin{array}{l} \mathbf{E}_p + \varepsilon_{33}\mathbf{e}_3 \otimes \mathbf{e}_3 + \dfrac{1}{2}\boldsymbol{\gamma} \otimes \mathbf{e}_3 + \dfrac{1}{2}\mathbf{e}_3 \otimes \boldsymbol{\gamma} + \\[2mm] \dfrac{\nu}{1-2\nu}\left[(\mathrm{Sp}\mathbf{E}_p)\mathbf{1}_p + (\mathrm{Sp}\mathbf{E}_p)\mathbf{e}_3 \otimes \mathbf{e}_3 + \varepsilon_{33}\mathbf{1}_p + \varepsilon_{33}\mathbf{e}_3 \otimes \mathbf{e}_3\right] \end{array} \right\}.$$

Ein Komponentenvergleich zeigt

$$\mathbf{S}_p = 2G\left[\mathbf{E}_p + \frac{\nu}{1-2\nu}(\mathrm{Sp}\mathbf{E}_p + \varepsilon_{33})\mathbf{1}_p \right], \qquad (6.18)$$

und

$$\sigma_{33} = 2G\left[\varepsilon_{33} + \frac{\nu}{1-2\nu}(\mathrm{Sp}\mathbf{E}_p + \varepsilon_{33}) \right], \qquad (6.19)$$

sowie

$$\boldsymbol{\tau} = G\boldsymbol{\gamma}. \qquad (6.20)$$

Im Fall des *ebenen Verzerrungszustandes* ist $\varepsilon_{33} = 0$ und damit

$$\sigma_{33} = \frac{2G\nu}{1-2\nu}\mathrm{Sp}\mathbf{E}_p. \qquad (6.21)$$

Für den Fall des *ebenen Spannungszustandes* mit $\sigma_{33} = 0$ gilt

$$\varepsilon_{33} = -\frac{\nu}{1-\nu}\mathrm{Sp}\mathbf{E}_p. \qquad (6.22)$$

Einsetzen von (6.22) in (6.18) liefert

$$\mathbf{S}_p = 2G\left[\mathbf{E}_p + \frac{\nu}{1-\nu}(\mathrm{Sp}\mathbf{E}_p)\mathbf{1}_p \right]. \qquad (6.23)$$

Da die Deckflächen einer Platte weitestgehend frei von Normalspannungen sind, wird in der Regel mit einem ebenen Spannungszustand gerechnet, womit der aus dem Verschiebungsansatz resultierende kinematische Zwang nach (6.22) damit allerdings nur für $\nu = 0$ erfüllt ist. Die nach (6.20) zu berechnenden Schubspannungen sind konstant über die Plattendicke h verteilt. Diese Tatsache steht im Widerspruch zu den lokalen Gleichgewichtsbedingungen an der Ober- und Unterseite der Platte. Aus energetischen Überlegungen wird bei Ansatz quadratisch verteilter Schubspannungen mit

$$\tau = G_3\,\gamma = \kappa\,G\,\gamma\,, \qquad \kappa = G_3\,/\,G < 1 \tag{6.24}$$

ein gegenüber (6.20) verbesserter Wert erreicht (Reissner, 1944).

6.1.3   Die Schnittlasten

Wie beim Balken, so wird auch in der Plattentheorie vorteilhaft mit Spannungsresultierenden gearbeitet. Allerdings werden bei der Platte die Spannungen nur über die Plattendicke h integriert. Die so definierten Schnittgrößen haben dann die Dimension *"Kraft/Länge"* oder *"Moment/Länge"*. Zur Unterscheidung von den Schnittlasten N, Q, M, T des Stabes bzw. Balkens, werden die Plattenschnittlasten mit Kleinbuchstaben q und m bezeichnet.

Mit dem ebenen Spannungstensor $\mathbf{S}_p$ nach (6.23) definiert man den *Schnittmomententensor*

$$\mathbf{M} = \int_{-h/2}^{h/2} \mathbf{S}_p\, z\, dz = 2G\,\frac{h^3}{12}\left[\mathbf{B} + \frac{\nu}{1-\nu}(Sp\mathbf{B})\mathbf{1}_p\right] \tag{6.25}$$

sowie den planaren *Querkraftoperator*

$$\mathbf{q}_p = G_3 h\,\gamma = G_3 h\left(\boldsymbol{\nabla}_p w + \boldsymbol{\omega}_p\right) = \kappa\,G\,h\left(\boldsymbol{\nabla}_p w + \boldsymbol{\omega}_p\right). \tag{6.26}$$

Mit den so festgelegten Schnittlasten ergeben sich die planaren Spannungen zu

$$\mathbf{S}_p = \frac{12\,z}{h^3}\mathbf{M}\,, \qquad \tau = \frac{1}{h}\mathbf{q}_p = G_3\,\gamma\,. \tag{6.27}$$

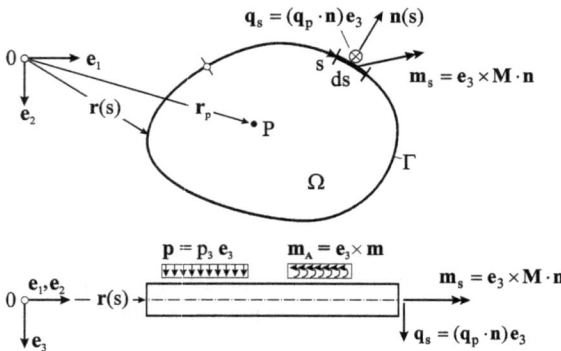

Abb. 6.2   *Plattengebiet mit äußerer eingeprägter Belastung und Randbeanspruchung*

Die obige Abbildung zeigt ein Plattengebiet mit der offenen Punktmenge Ω und dem Rand Γ. Auf die Platte wirken normal zur Mittelfläche die *Flächenkraft* $\mathbf{p} = p_3\,\mathbf{e}_3$ sowie *Schüttmomente* $\mathbf{m}_A = \mathbf{e}_3 \times \mathbf{m}$. Am freigeschnittenen Plattenrand mit dem Randnormalenvektor $\mathbf{n}(s)$ erscheinen dann, bezogen auf die Schnittlängeneinheit, die Querkräfte

$$\mathbf{q}_s = (\mathbf{q}_p \cdot \mathbf{n})\,\mathbf{e}_3 \tag{6.28}$$

und die Momente

$$\mathbf{m}_s = \mathbf{e}_3 \times \mathbf{M} \cdot \mathbf{n}\;. \tag{6.29}$$

6.1.4   Die dynamischen Grundgleichungen

Zur Herleitung der Bewegungsgleichungen einer Platte stehen uns wieder der *Schwerpunktsatz* und der *Drallsatz* zur Verfügung. Im Fall der Schwingungen hängen nun alle Zustandsgrößen noch zusätzlich von der Zeit t ab. Der übergesetzte Punkt bedeutet wieder die Ableitung nach der Zeit t. Die Anwendung des Schwerpunktsatzes in z-Richtung auf das Plattenelement liefert:

$$\mu\,\ddot{w} = \nabla_p \cdot \mathbf{q}_p + p_3\,, \qquad (\mu = \rho h)\,. \tag{6.30}$$

Die auf die Flächeneinheit $d\Omega$ bezogenen Massenträgheit ist $d\Theta = \rho\,h^3/12$, und bei Drehung des Plattenelementes mit $\boldsymbol{\omega}_p$ liefert der Drallsatz:

$$\frac{1}{12}\mu h^2\,\ddot{\boldsymbol{\omega}}_p = \nabla_p \cdot \mathbf{M} - \mathbf{q}_p + \mathbf{m}\;. \tag{6.31}$$

Aus (6.31) lässt sich mit (6.30) noch der planare Querkraftoperator $\mathbf{q}_p$ eliminieren, was auf

$$\frac{1}{12}\mu h^2\,\frac{\partial^2}{\partial t^2}\big(\nabla_p \cdot \boldsymbol{\omega}_p\big) + \mu\,\ddot{w} = \nabla_p \cdot (\nabla_p \cdot \mathbf{M}) + p_3 + \nabla_p \cdot \mathbf{m} \tag{6.32}$$

führt.

<u>Hinweis</u>: Zur Reduktion der Gleichungen (6.30), (6.31) bzw. (6.32) gehen wir den Weg der Elimination der Spannungen. Das Resultat dieser Vorgehensweise ist in der Mechanik als *Deformationsmethode* oder auch *Weggrößenverfahren* bekannt.

Einsetzen des Stoffgesetzes für das Biegemoment (6.25) in den Drallsatz (6.31) liefert

$$\mathbf{q}_p = \frac{1-\nu}{2}\,N\left[\Delta_p\boldsymbol{\omega}_p + \frac{1+\nu}{1-\nu}\nabla_p(\nabla_p \cdot \boldsymbol{\omega}_p)\right] - \frac{1}{12}\mu h^2\,\ddot{\boldsymbol{\omega}}_p + \mathbf{m}\;. \tag{6.33}$$

Mit Berücksichtigung des Schwerpunktsatzes (6.30) unter Beachtung von (6.26) folgt aus (6.33)

$$\left(N\Delta_p - \frac{1}{12}\mu h^2 \frac{\partial^2}{\partial t^2}\right)\left(\nabla_p \cdot \omega_p\right) - \mu \ddot{w} = -p_3 - \nabla_p \cdot \mathbf{m} \,. \tag{6.34}$$

Das Materialgesetz (6.26) für die Querkräfte in Verbindung mit (6.13) liefert mit (6.30):

$$\nabla_p \cdot \omega_p = \frac{1}{G_3 h}(\mu \ddot{w} - p_3) - \Delta_p w \,, \qquad (\Delta_p = \nabla_p \cdot \nabla_p). \tag{6.35}$$

Die Anwendung des Δ_p-Operators auf die Gleichung (6.26) liefert

$$\Delta_p \omega_p = \frac{1}{G_3 h}\Delta_p \mathbf{q}_p - \nabla_p(\Delta_p w) \,. \tag{6.36}$$

Berücksichtigen wir (6.35) und (6.36) in (6.33), dann ist

$$\left(1 - \frac{h^2}{12\kappa}\Delta_p\right)\mathbf{q}_p = -N\nabla_p(\Delta_p w) - \frac{1+\nu}{1-\nu}\frac{h^2}{12\kappa}\left(\nabla_p p_3 - \mu\nabla_p \ddot{w}\right) - \frac{1}{12}\mu h^2 \ddot{\omega}_p + \mathbf{m} \,. \tag{6.37}$$

Mit dem Werkstoffgesetz (6.25) für die Biegemomente liefert (6.32) unter Beachtung von

$$\nabla_p \cdot \mathbf{M} = \frac{1-\nu}{2}N\left[\Delta_p \omega_p + \frac{1+\nu}{1-\nu}\nabla_p(\nabla_p \cdot \omega_p)\right]$$

sowie

$$\nabla_p \cdot \left(\nabla_p \cdot \mathbf{M}\right) = N\Delta_p\left(\nabla_p \cdot \omega_p\right)$$

die Beziehung

$$\frac{1}{12}\mu h^2 \frac{\partial^2}{\partial t^2}\left(\nabla_p \cdot \omega_p\right) + \mu \ddot{w} = N\Delta_p\left(\nabla_p \cdot \omega_p\right) + p_3 + \nabla_p \cdot \mathbf{m} \,, \tag{6.38}$$

in der mit

$$N = \frac{Gh^3}{6(1-\nu)} = \frac{Eh^3}{12(1-\nu^2)} \tag{6.39}$$

die *Plattensteifigkeit* (*engl.* plate flexural rigidity) eingeführt wurde. Aus (6.38) kann mit (6.35) noch der Drehwinkel ω_p eliminiert werden. Wir erhalten dann

$$\frac{1}{12}\mu h^2\underline{\left[\frac{1}{G_3 h}(\mu\,\dddot{w}-\ddot{p}_3)-\Delta_p\ddot{w}\right]}+\mu\,\ddot{w}=$$

$$N\Delta_p\left[\frac{1}{G_3 h}(\mu\,\ddot{w}-p_3)-\Delta_p w\right]+p_3+\nabla_p\cdot\mathbf{m}$$

(6.40)

und damit eine Differenzialgleichung für die transversale Verschiebung w allein. Der unterstrichene Term in (6.40) beschreibt den Einfluss der Drehträgheit, wobei Vergleichsrechnungen zeigen, dass im Fall dünner isotroper Platten in praktischen Anwendungen die Drehträgheit gegenüber der Schubverformung vernachlässigt werden kann. Mit (6.37) und (6.40) liegt insgesamt ein Integrationsproblem 6. Ordnung vor, womit für jeden Punkt eines Plattenrandes genau drei Randbedingungen vorgegeben werden können.

Aus (6.40) lassen sich noch die folgenden Sonderfälle ableiten:

1. Vernachlässigung der Drehträgheit

$$N\left(\Delta_p-\frac{\mu}{G_3 h}\frac{\partial^2}{\partial t^2}\right)\Delta_p w+\mu\,\ddot{w}=\left(1-\frac{N}{G_3 h}\Delta_p\right)p_3+\nabla_p\cdot\mathbf{m},$$

$$\left(1-\frac{h^2}{12\kappa}\Delta_p\right)\mathbf{q}_p=-N\nabla_p(\Delta_p w)-\frac{1+\nu}{1-\nu}\frac{h^2}{12\kappa}\left(\nabla_p p_3-\mu\nabla_p\ddot{w}\right)+\mathbf{m}.$$

(6.41)

2. Vernachlässigung der Schubsteifigkeit (schubstarre Platte mit Drehträgheit)

$$\left(N\Delta_p-\frac{\mu h^2}{12}\frac{\partial^2}{\partial t^2}\right)\Delta_p w+\mu\,\ddot{w}=p_3+\nabla_p\cdot\mathbf{m},$$

$$\mathbf{q}_p=-N\nabla_p(\Delta_p w)-\frac{1}{12}\mu h^2\,\ddot{\boldsymbol{\omega}}_p+\mathbf{m}.$$

(6.42)

3. Vernachlässigung von Drehträgheit und Schubsteifigkeit

$$N\Delta_p\Delta_p w+\mu\,\ddot{w}=p_3+\nabla_p\cdot\mathbf{m},$$

$$\mathbf{q}_p=-N\nabla_p(\Delta_p w)+\mathbf{m}.$$

(6.43)

Für die schubstarre Platte mit $\boldsymbol{\omega}_p=-\nabla_p w$ steht das Werkstoffgesetz (6.26) für die Querkräfte nicht mehr zur Verfügung. Stattdessen werden in der klassischen Plattentheorie die Querkräfte aus dem Drallsatz (6.31) berechnet. Mit

$$\nabla_p\cdot\mathbf{M}=-N\nabla_p(\Delta_p w)$$

folgt in diesem Fall der planare Querkraftoperator

$$\mathbf{q}_p=-N\nabla_p(\Delta_p w)+\frac{1}{12}\mu h^2\,\nabla_p\ddot{w}+\mathbf{m}$$

(6.44)

aus der Verschiebung *w* allein. Damit sind bei der schubstarren Platte alle Zustandsgrößen durch das Verschiebungsfeld *w* festgelegt. Mit (6.43) liegt für *w* lediglich eine partielle Differenzialgleichung 4. Ordnung vor, womit beispielsweise an zwei gegenüberliegenden Rändern auch nur zwei Randbedingungen erfüllt werden können.

6.1.5 Randbedingungen

Mit den drei unabhängigen Deformationsgrößen

$$w, \quad \omega_n = \boldsymbol{\omega}_p \cdot \mathbf{n}, \quad \omega_t = \boldsymbol{\omega}_p \cdot \mathbf{t} \tag{6.45}$$

und den drei zugeordneten Schnittlasten

$$q_n = \mathbf{q}_p \cdot \mathbf{n}, \quad m_{nn} = \mathbf{n} \cdot \mathbf{M} \cdot \mathbf{n}, \quad m_{nt} = \mathbf{n} \cdot \mathbf{M} \cdot \mathbf{t} \tag{6.46}$$

lassen sich genau acht physikalisch sinnvolle Randwertprobleme stellen (Tab. 6.1). Die in der klassischen Plattentheorie für die Randlagerungen verwendete Symbolik (Girkmann, 1978) muss im Fall der schubweichen Platte entsprechend ergänzt werden.

Tab. 6.1 *Randbedingungen der schubweichen Platte nach Mindlin*

1	$w = 0$	$\omega_n = 0$	$\omega_t = 0$	Einspannung
2	$w = 0$	$\omega_n = 0$	$m_{nt} = 0$	
3	$w = 0$	$m_{nn} = 0$	$m_{nt} = 0$	Gelenkige Lagerung
4	$w = 0$	$m_{nn} = 0$	$\omega_t = 0$	
5	$q_n = 0$	$m_{nn} = 0$	$m_{nt} = 0$	Freier Rand
6	$q_n = 0$	$m_{nn} = 0$	$\omega_t = 0$	
7	$q_n = 0$	$\omega_n = 0$	$m_{nt} = 0$	Gleitlager
8	$q_n = 0$	$\omega_n = 0$	$\omega_t = 0$	

In der klassischen Plattentheorie gilt $\omega_t = \boldsymbol{\omega}_p \cdot \mathbf{t} = -\nabla_p w \cdot \mathbf{t}$. Legt man also am Rand die Verschiebung *w* fest, dann ist damit auch der Drehwinkel ω_t bestimmt, und es existieren nur noch zwei geometrische Freiheitsgrade, nämlich die Durchbiegung *w* und der Drehwinkel ω_n. Einem Vorschlag von *William Thomson* (1824–1907) und *Peter Guthrie Tait* (1831–1901) folgend, werden in der klassischen Plattentheorie die den beiden geometrischen Freiheitsgraden zugeordneten Randlasten zu der *Randquerkraft*

$$\overline{q}_n = q_n + \frac{\partial m_{ns}}{\partial s}. \tag{6.47}$$

und einem Randbiegemoment m_{nn} zusammengefasst. Die Randquerkraft, die nach dem *Prinzip von de Saint-Venant*[1] für <u>ebene</u> Flächentragwerke nur eine geringe Auswirkung auf das Platteninnere hat, bildet die endgültige Auflagerkraft. Die Randwerte sind durch Anfangswerte der Durchbiegung und der Drehwinkel zu ergänzen.

6.1.6 Die flächenlastfreie Platte ohne Berücksichtigung der Drehträgheit

Ist die Platte mit $p_3 = 0$ sowie $\mathbf{m} = \mathbf{0}$ frei von Flächenlasten, und vernachlässigen wir überdies die Drehträgheit, dann verbleiben mit (6.40) und (6.37) die beiden gekoppelten partiellen Differenzialgleichungen

$$\Delta_p \Delta_p w - \frac{\mu}{G_3 h} \Delta_p \ddot{w} + \frac{\mu}{N} \ddot{w} = 0 \tag{6.48}$$

und

$$\left(1 - \frac{h^2}{12\kappa} \Delta_p\right) \mathbf{q}_p = -N \nabla_p (\Delta_p w) + \frac{1+\nu}{1-\nu} \frac{h^2}{12\kappa} \mu \nabla_p \ddot{w} . \tag{6.49}$$

Nach einem Satz von Helmholtz[2] lässt sich ein Vektorfeld (hier $\mathbf{q}_p$) stets eindeutig als Summe des Gradienten eines Skalarfeldes sowie des Rotors eines Vektorfeldes mit beliebiger Divergenz darstellen. Für die Vektorgleichung (6.49) machen wir demzufolge den Ansatz

$$\widetilde{\mathbf{q}}_p = \frac{\mathbf{q}_p}{N} = -\nabla_p (\Delta_p w) + \frac{\mu}{G_3 h} \nabla_p \ddot{w} + \nabla_p \Phi + \mathbf{e}_3 \times \nabla_p \Theta \tag{6.50}$$

mit den beiden noch unbekannten Funktionen Φ und Θ. Die Forderung nach Erfüllung des Schwerpunktsatzes

$$\nabla_p \cdot \widetilde{\mathbf{q}}_p = -\Delta_p \Delta_p w + \frac{\mu}{G_3 h} \Delta_p \ddot{w} + \Delta_p \Phi = \frac{\mu}{N} \ddot{w}$$

lässt erkennen, dass unter Berücksichtigung von (6.48) die Funktion Φ der Laplace-Gleichung

$$\Delta_p \Phi = 0 \tag{6.51}$$

genügen muss. Wird der Ansatz (6.50) in (6.49) eingeführt, dann folgt mit (6.48) und (6.51)

---

[1]   Adhémar Jean Claude Barré de Saint-Venant, frz. Ingenieur, Mathematiker und Physiker, 1797–1886

[2]   Hermann Ludwig Ferdinand von (seit 1882) Helmholtz, Physiologe und Physiker, 1821–1894

$$\nabla_p \Phi = -\mathbf{e}_3 \times \nabla_p \left(\Theta - \frac{h^2}{12\kappa} \Delta_p \Theta \right).$$ (6.52)

Mit der Abkürzung

$$H = \Theta - \frac{h^2}{12\kappa} \Delta_p \Theta$$ (6.53)

erscheint dann (6.52) zunächst in der Form

$$\nabla_p \Phi = -\mathbf{e}_3 \times \nabla_p H.$$ (6.54)

Die Komponenten dieser Gleichung hinsichtlich einer kartesischen Basis entsprechen den *Cauchy-Riemannschen Differenzialgleichungen* (Bronstein & Semendjajew, 1983). Φ und H sind konjugiert harmonisch, und die Funktion H erfüllt die Laplace-Gleichung

$$\Delta_p H = \Delta_p \Theta - \frac{h^2}{12\kappa} \Delta_p \Delta_p \Theta = 0.$$ (6.55)

Setzen wir zur Abkürzung

$$\eta = \frac{h^2}{12\kappa} \Delta_p \Theta,$$ (6.56)

dann wird aus (6.55)

$$\eta - \frac{h^2}{12\kappa} \Delta_p \eta = 0,$$ (6.57)

und die Gleichung (6.52) kann umgeformt werden in die Darstellung

$$\nabla_p \Phi + \mathbf{e}_3 \times \nabla_p \Theta = \mathbf{e}_3 \times \nabla_p \eta.$$ (6.58)

Damit ist

$$\mathbf{q}_p = -N \left[\nabla_p \left(\Delta_p w - \frac{\mu}{G_3 h} \ddot{w} \right) - \mathbf{e}_3 \times \nabla_p \eta \right].$$ (6.59)

Aus dem Werkstoffgesetz (6.26) folgt der Drehwinkel

$$\boldsymbol{\omega}_p = -\nabla_p \left[w + \frac{N}{G_3 h} \left(\Delta_p w - \frac{\mu}{G_3 h} \ddot{w} \right) \right] + \frac{N}{G_3 h} \mathbf{e}_3 \times \nabla_p \eta.$$ (6.60)

Somit kann folgende Liste der Verformungs- und Schnittlastgrößen einer flächenlastfreien, schubweichen Platte angegeben werden, in der als unbekannte Größen nur die Durchbiegung w und die Funktion η auftreten:

$$\Delta_p\Delta_p w - \frac{\mu}{G_3 h}\Delta_p\ddot{w} + \frac{\mu}{N}\ddot{w} = 0\,, \qquad \eta - \frac{h^2}{12\kappa}\Delta_p\eta = 0\,,$$

$$\boldsymbol{\omega}_p = -\boldsymbol{\nabla}_p\left[w + \frac{N}{G_3 h}\left(\Delta_p w - \frac{\mu}{G_3 h}\ddot{w}\right)\right] + \frac{N}{G_3 h}\mathbf{e}_3\times\boldsymbol{\nabla}_p\eta\,,$$

$$\mathbf{M} = 2G\frac{h^3}{12}\left[\mathbf{B} + \frac{\nu}{1-\nu}(\mathrm{Sp}\mathbf{B})\mathbf{1}_p\right]\,, \qquad \mathbf{B} = \mathrm{sym}(\boldsymbol{\nabla}_p\otimes\boldsymbol{\omega}_p)\,,$$

$$\mathbf{q}_p = -N\left[\boldsymbol{\nabla}_p\left(\Delta_p w - \frac{\mu}{G_3 h}\ddot{w}\right) - \mathbf{e}_3\times\boldsymbol{\nabla}_p\eta\right]\,.$$

Die Grundgleichungen in kartesischen Koordinaten

$$\mathbf{e}_x\times\mathbf{e}_y = \mathbf{e}_z\,, \quad \boldsymbol{\nabla}_p = \mathbf{e}_x\frac{\partial}{\partial x} + \mathbf{e}_y\frac{\partial}{\partial y}\,, \quad \Delta_p = \boldsymbol{\nabla}_p\cdot\boldsymbol{\nabla}_p = \frac{\partial^2}{\partial x^2} + \frac{\partial^2}{\partial y^2}\,,$$

$$\Delta_p\Delta_p w = \frac{\partial^4 w}{\partial x^4} + 2\frac{\partial^4 w}{\partial x^2\partial y^2} + \frac{\partial^4 w}{\partial y^4}\,,$$

$$\Delta_p\Delta_p w - \frac{\mu}{G_3 h}\Delta_p\ddot{w} + \frac{\mu}{N}\ddot{w} = 0\,, \qquad \eta - \frac{h^2}{12\kappa}\Delta_p\eta = 0\,,$$

$$\omega_x = -\frac{\partial}{\partial x}\left[w + \frac{N}{G_3 h}\left(\Delta_p w - \frac{\mu}{G_3 h}\ddot{w}\right)\right] - \frac{N}{G_3 h}\frac{\partial\eta}{\partial y}\,,$$

$$\omega_y = -\frac{\partial}{\partial y}\left[w + \frac{N}{G_3 h}\left(\Delta_p w - \frac{\mu}{G_3 h}\ddot{w}\right)\right] + \frac{N}{G_3 h}\frac{\partial\eta}{\partial x}\,,$$

$$m_{xx} = N\left(\frac{\partial\omega_x}{\partial x} + \nu\frac{\partial\omega_y}{\partial y}\right)\,, \quad m_{yy} = N\left(\frac{\partial\omega_y}{\partial y} + \nu\frac{\partial\omega_x}{\partial x}\right)\,, \quad m_{xy} = \frac{1-\nu}{2}N\left(\frac{\partial\omega_y}{\partial x} + \frac{\partial\omega_x}{\partial y}\right)\,,$$

$$q_x = G_3 h\left(\frac{\partial w}{\partial x} + \omega_x\right)\,, \qquad q_y = G_3 h\left(\frac{\partial w}{\partial y} + \omega_y\right)\,.$$

Für die schubstarre Platte gilt:

$$\Delta_p \Delta_p w + \frac{\mu}{N}\ddot{w} = 0, \qquad \eta = 0,$$

$$\omega_x = -\frac{\partial w}{\partial x}, \quad \omega_y = -\frac{\partial w}{\partial y},$$

$$m_{xx} = -N\left(\frac{\partial^2 w}{\partial x^2} + \nu\frac{\partial^2 w}{\partial y^2}\right), \quad m_{yy} = -N\left(\frac{\partial^2 w}{\partial y^2} + \nu\frac{\partial^2}{\partial x^2}\right), \quad m_{xy} = -(1-\nu)\,N\,\frac{\partial^2 w}{\partial x \partial y},$$

$$q_x = -N\frac{\partial}{\partial x}\left(\Delta_p w\right), \qquad q_y = -N\frac{\partial}{\partial y}\left(\Delta_p w\right).$$

Hinweis: Die mit

$$\bar{q}_x = -N\frac{\partial}{\partial x}\left[\frac{\partial^2 w}{\partial x^2} + (2-\nu)\frac{\partial^2 w}{\partial y^2}\right], \quad \bar{q}_y = -N\frac{\partial}{\partial y}\left[\frac{\partial^2 w}{\partial y^2} + (2-\nu)\frac{\partial^2 w}{\partial x^2}\right].$$

gegebenen Randquerkräfte bilden die endgültige Auflagerkraft.

Die Grundgleichungen in Polarkoordinaten

$$\mathbf{e}_r \times \mathbf{e}_\varphi = \mathbf{e}_z, \qquad \nabla_p = \mathbf{e}_r\frac{\partial}{\partial r} + \frac{1}{r}\frac{\partial}{\partial \varphi}\mathbf{e}_\varphi, \qquad \Delta_p = \nabla_p \cdot \nabla_p = \frac{1}{r}\frac{\partial}{\partial r}\left(r\frac{\partial}{\partial r}\right) + \frac{1}{r^2}\frac{\partial^2}{\partial \varphi^2},$$

$$\Delta_p \Delta_p w = \left[\frac{1}{r}\frac{\partial}{\partial r}\left(r\frac{\partial}{\partial r}\right) + \frac{1}{r^2}\frac{\partial^2}{\partial \varphi^2}\right]\left[\frac{1}{r}\frac{\partial}{\partial r}\left(r\frac{\partial}{\partial r}\right) + \frac{1}{r^2}\frac{\partial^2}{\partial \varphi^2}\right]$$

$$= \frac{\partial^4 w}{\partial r^4} + \frac{2}{r}\frac{\partial^3 w}{\partial r^3} - \frac{1}{r^2}\frac{\partial^2 w}{\partial r^2} + \frac{1}{r^3}\frac{\partial w}{\partial r} + \frac{2}{r^2}\frac{\partial^4 w}{\partial r^2 \partial \varphi^2} -$$

$$- \frac{2}{r^3}\frac{\partial^3 w}{\partial r \partial \varphi^2} + \frac{4}{r^4}\frac{\partial^2 w}{\partial \varphi^2} + \frac{1}{r^4}\frac{\partial^4 w}{\partial \varphi^4}.$$

$$\Delta_p \Delta_p w - \frac{\mu}{G_3 h}\Delta_p\ddot{w} + \frac{\mu}{N}\ddot{w} = 0, \qquad \eta - \frac{h^2}{12\kappa}\Delta_p \eta = 0,$$

$$\omega_r = -\frac{\partial}{\partial r}\left[w + \frac{N}{G_3 h}\left(\Delta_p w - \frac{\mu}{G_3 h}\ddot{w}\right)\right] - \frac{N}{G_3 h}\frac{1}{r}\frac{\partial \eta}{\partial \varphi}$$

$$\omega_\varphi = -\frac{1}{r}\frac{\partial}{\partial \varphi}\left[w + \frac{N}{G_3 h}\left(\Delta_p w - \frac{\mu}{G_3 h}\ddot{w}\right)\right] + \frac{N}{G_3 h}\frac{\partial \eta}{\partial r}$$

$$m_{rr} = N\left[\frac{\partial \omega_r}{\partial r} + \frac{\nu}{r}\left(\omega_r + \frac{\partial \omega_\varphi}{\partial \varphi}\right)\right], \qquad m_{\varphi\varphi} = N\left[\frac{1}{r}\left(\frac{\partial \omega_\varphi}{\partial \varphi} + \omega_r\right) + \nu\frac{\partial \omega_r}{\partial r}\right],$$

$$m_{r\varphi} = \frac{1-\nu}{2}N\left(\frac{1}{r}\frac{\partial \omega_r}{\partial \varphi} + \frac{\partial \omega_\varphi}{\partial r} - \frac{\omega_\varphi}{r}\right),$$

$$q_r = G_3 h\left(\frac{\partial w}{\partial r} + \omega_r\right), \quad q_\varphi = G_3 h\left(\frac{1}{r}\frac{\partial w}{\partial \varphi} + \omega_\varphi\right).$$

Für die schubstarre Platte gilt:

$$\Delta_p\Delta_p w + \frac{\mu}{N}\ddot{w} = 0, \qquad\qquad \eta = 0,$$

$$\omega_r = -\frac{\partial w}{\partial r}, \quad \omega_\varphi = -\frac{1}{r}\frac{\partial w}{\partial \varphi},$$

$$m_{rr} = -N\left[\frac{\partial^2 w}{\partial r^2} + \nu\left(\frac{1}{r}\frac{\partial w}{\partial r} + \frac{1}{r^2}\frac{\partial^2 w}{\partial \varphi^2}\right)\right], \quad m_{\varphi\varphi} = -N\left[\frac{1}{r}\frac{\partial w}{\partial r} + \frac{1}{r^2}\frac{\partial^2 w}{\partial \varphi^2} + \nu\frac{\partial^2 w}{\partial r^2}\right],$$

$$m_{r\varphi} = -(1-\nu)N\frac{\partial}{\partial r}\left(\frac{1}{r}\frac{\partial w}{\partial \varphi}\right),$$

$$q_r = -N\frac{\partial}{\partial r}\left(\Delta_p w\right), \quad q_\varphi = -N\frac{1}{r}\frac{\partial}{\partial \varphi}\left(\Delta_p w\right),$$

und im Fall der Rotationssymmetrie sind:

$$\Delta_p\Delta_p w = w'''' + \frac{2}{r}w''' - \frac{1}{r^2}w'' + \frac{1}{r^3}w',$$

$$m_{rr} = -N\left(w'' + \nu\frac{1}{r}w'\right), \quad m_{\varphi\varphi} = -N\left(\frac{1}{r}w' + \nu w''\right), \quad m_{r\varphi} = 0,$$

$$q_r = -N\frac{d}{dr}\left[\frac{1}{r}\frac{d}{dr}\left(r\frac{dw}{dr}\right)\right] = -N\left(w''' + \frac{1}{r}w'' - \frac{1}{r^2}w'\right), \quad q_\varphi = 0.$$

Beispiel 6-1:

Für die freien und ungedämpften Transversalschwingungen einer an den beiden gegenüberliegenden Rändern x = 0 und x = a gelenkig gelagerten aber sonst gelenkig bzw. freien schub-

starren Rechteckplatte (Abb. 6.3, links) ermittle man die Eigenkreisfrequenzen ohne Berücksichtigung der Drehträgheit nach der Methode von M. Lévy (1899). Berechnen Sie zusätzlich die Eigenkreisfrequenzen für die allseits drehbar gelagerte Rechteckplatte (Abb. 6.3, rechts).

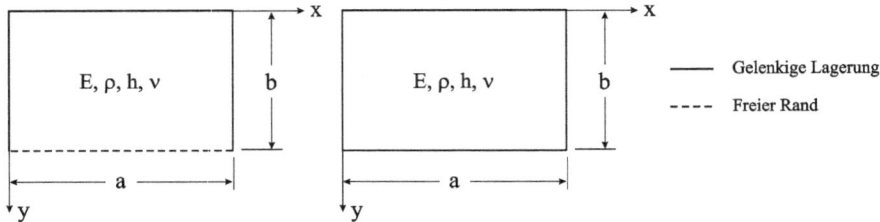

Abb. 6.3   *Rechteckplatten, zwei gegenüberliegende Ränder gelenkig gelagert*

<u>Geg.</u>: a = 40 cm, b = 60 cm, h = 0,14 cm, E = $2,1 \cdot 10^{11}$ N/m², ν = 0,3, ρ = 8400 kg/m³.

<u>Lösung</u>: Aus der Bewegungsgleichung

$$\Delta_p \Delta_p w + \frac{\mu}{N} \ddot{w} = 0 \,,$$

lässt sich durch den Ansatz

$$w(x, y, t) = W(x, y) T(t)$$

der harmonische Zeitfaktor

$$T(t) = A_1 \cos \omega t + A_2 \sin \omega t$$

abspalten. Für das quasistatische Verschiebungsfeld W(x,y) verbleibt dann

$$\Delta_p \Delta_p W - \lambda^4 W = 0 \,, \qquad \lambda^4 = \frac{\mu}{N} \omega^2 \,. \qquad (a)$$

An den gelenkig gelagerten Rändern bei $x_0 = (0, a)$ = const sind

$$w(x_0, y) = 0, \quad m_{xx}(x_0, y) = 0 \qquad (b)$$

zu fordern. Wegen w = 0 gelten auch $\partial w/\partial y = 0$ und $\partial^2 w/\partial y^2 = 0$. Dann ist

$$m_{xx} = -N \left[\frac{\partial^2 w}{\partial x^2} + \nu \frac{\partial^2 w}{\partial y^2} \right]\Bigg|_{x_0, y} = -N \frac{\partial^2 w}{\partial x^2}\Bigg|_{x_0, y} \,.$$

Um die Randbedingung m_{xx} = 0 zu erfüllen, ist somit nur noch $\partial^2 w/\partial x^2 = 0$ erforderlich, womit dann auch $\Delta_p w = 0$ ist. Statt (b) kann dann auch

$$w(x_0, y) = 0, \quad \frac{\partial^2 w}{\partial x^2}\bigg|_{x_0, y} = 0$$

oder

$$w(x_0, y) = 0, \quad \Delta_p w(x_0, y) = 0 \qquad\qquad\qquad (c)$$

geschrieben werden. Im Falle von (c) wird von *Navierschen Randbedingungen* gesprochen. Zur Lösung von (a) wird der Produktansatz

$$W(x, y) = X(x) Y(y)$$

gemacht. Im Sinne von Lévy erfüllt der Ansatz

$$X(x) = \sum_{j=1}^{\infty} C_j \sin\alpha_j x \quad \text{mit} \quad \alpha_j = \frac{j\pi}{a} \qquad\qquad (d)$$

bereits die Randbedingungen bei $x = 0$ und $x = a$. Einsetzen von (d) in (a) führt auf die gewöhnliche Differenzialgleichung

$$\alpha_j^4 \, Y(y) - 2\alpha_j^2 \, Y''(y) + Y''''(y) - \lambda^4 Y(y) = 0$$

mit der allgemeinen Lösung

$$Y(y) = C_1 \cosh\kappa_j y + C_2 \sinh\kappa_j y + C_3 \cos\eta_j y + C_4 \sin\eta_j y \qquad (e)$$

und den Abkürzungen

$$\kappa_j = \sqrt{\lambda^2 + \alpha_j^2}, \quad \eta_j = \sqrt{\lambda^2 - \alpha_j^2} \, . \qquad\qquad\qquad (f)$$

<u>Hinweis:</u> Für den in *y*-Richtung unendlich ausgedehnten Plattenhalbstreifen mit $0 < y < \infty$ sind $C_1 = C_2 = 0$ zu setzen.

Die vier freien Konstanten in (e) werden aus den Randbedingungen bei $y = 0$ und $y = b$ bestimmt, wobei diese Ränder dann beliebig gelagert sein können. Wir notieren die Randwerte von drei wichtigen Lagerungsarten einer schubstarren Platte:

1. Der eingespannte Rand $y = y_0 = \text{const}$:

$$w(x, y_0) = 0, \quad \frac{\partial w}{\partial y}\bigg|_{x, y_0} = 0 \, . \text{ Damit sind}$$

$$m_{xy}(x, y_0) = 0, \quad \overline{q}(x, y_0) = q(x, y_0) \, .$$

2. Der gelenkig gelagerte Rand $y = y_0 = \text{const}$:

$w(x, y_0) = 0, \quad m_{yy}(x, y_0) = 0 \;$ und damit

$$w(x, y_0) = 0, \quad \left.\frac{\partial^2 w}{\partial y^2}\right|_{x, y_0} = 0 \,.$$

3. Der freie Rand $y = y_0 = $ const:

$m_{yy}(x, y_0) = 0, \quad \overline{q}_y(x, y_0) = 0 \;$ und damit

$$\left[\frac{\partial^2 w}{\partial y^2} + \nu \frac{\partial^2 w}{\partial x^2}\right]\Bigg|_{x, y_0} = 0 \,, \quad \frac{\partial}{\partial y}\left[\frac{\partial^2 w}{\partial y^2} + (2 - \nu)\frac{\partial^2 w}{\partial x^2}\right]\Bigg|_{x, y_0} = 0 \,.$$

Mit diesen drei Lagerungsarten lassen sich genau sechs verschiedene Lagerungsvarianten einer schubstarren Rechteckplatte bilden, bei der zwei gegenüberliegende Ränder gelenkig gelagert sind. In unserem Beispiel liegen bei $y = 0$ ein gelenkig gelagerter und gegenüberliegend ein freier Rand vor. Die Randbedingungen bei $y = 0$ sind:

$$w(x, 0) = 0 = C_1 + C_3 \,, \quad \left.\frac{\partial^2 w}{\partial y^2}\right|_{x, 0} = 0 = \nu(C_1 + C_3)\alpha_j^2 - C_1\kappa_j^2 + C_3\eta_j^2 \,,$$

was $C_1 = C_3 = 0$ bedingt, und von (e) verbleibt dann lediglich

$$Y(y) = C_2 \sinh\kappa_j y + C_4 \sin\eta_j y \,.$$

Am freien Rand $y = b$ gilt:

$$m_{yy}(x, b) = 0, \quad \overline{q}_y(x, b) = 0$$

oder

$$C_2(\nu\alpha_j^2 - \kappa_j^2)\sinh\kappa_j b + C_4(\nu\alpha_j^2 + \eta_j^2)\sin\eta_j b = 0 \,,$$

$$C_2\kappa_j\left|(\nu - 2)\alpha_j^2 + \kappa_j^2\right|\cosh\kappa_j b + C_4\eta_j\left|(\nu - 2)\alpha_j^2 - \eta_j^2\right|\cos\eta_j b = 0 \,.$$

Die Forderung nach dem Verschwinden der Koeffizientendeterminante des obigen Gleichungssystems führt auf die Eigenwertgleichung

$$f(z, \gamma_j)\tan\sqrt{z^2 - \gamma_j^2} - \tanh\sqrt{z^2 + \gamma_j^2} = 0 \,,$$

wobei zur Abkürzung

$$f(z, \gamma_j) = \left[\frac{(1 - \nu)\gamma_j^2 - z^2}{(1 - \nu)\gamma_j^2 + z^2}\right]^2 \sqrt{\frac{z^2 + \gamma_j^2}{z^2 - \gamma_j^2}} \,, \quad \gamma_j = j\pi\beta, \quad \beta = b/a, \quad z = \lambda b,$$

gesetzt wurde. Für $j = 1,...,\infty$ ergeben sich aus der obigen Eigenwertgleichung unendlich viele Nullstellen (Eigenwerte) z_{jk}. Sind diese nummerisch berechnet, dann folgen die Eigenkreisfrequenzen aus der Beziehung

$$\omega_{jk} = z_{jk}^2 \sqrt{\frac{N}{\mu b^4}} \, .$$

Die ersten fünf Nullstellen der Eigenwertgleichung können für $j = 1$ der Abb. 6.4 entnommen werden.

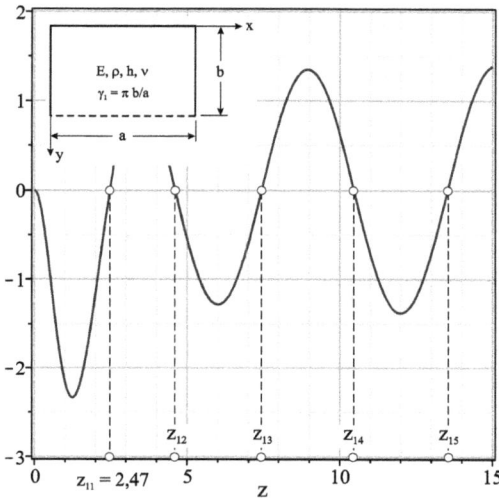

Abb. 6.4 *Eigenwertgleichung mit Nullstellen z_{1k} $(k = 1...5)$*

Für $j = 1$ erhalten wir mit $z_{11} = 2{,}47$: $\lambda_{11} = 6{,}17$, $\omega_{11} = 80{,}68$ s^{-1}, $f_{11} = 12{,}84$ Hz.

Wir benötigen noch die Konstanten C_2 und C_4. Wählen wir $C_4 = -1$, dann ist

$$C_2 = \frac{(\nu\alpha_j^2 + \eta_j^2)\sin \eta_j b}{(\nu\alpha_j^2 - \kappa_j^2)\sinh \kappa_j b} ,$$

und die quasistatische Verschiebungsfunktion lautet mit neuen Konstanten:

$$W_{jk}(x,y) = \left[(\nu\alpha_j^2 + \eta_j^2)\sin \eta_j b \sinh \kappa_j y - (\nu\alpha_j^2 - \kappa_j^2)\sinh \kappa_j b \sin \eta_j y\right]\sin \alpha_j x .$$

Durch Summation ergibt sich dann die Gesamtlösung

$$w(x,y,t) = \sum_{j=1}^{\infty}\sum_{k=1}^{\infty} W_{jk}(x,y)\left[A_{jk}\cos\omega_{jk}t + B_{jk}\sin\omega_{jk}t\right].$$

Die noch verbleibenden freien Konstanten A_{jk} und B_{jk} müssen aus den Anfangsverteilungen von Auslenkung und Geschwindigkeit ermittelt werden.

Relativ einfach kann die Lösung für die allseits gelenkig gelagerte Rechteckplatte notiert werden, die wir an dieser Stelle ergänzend anführen. Die Randbedingungen

$$w(x,0) = 0, \quad \left.\frac{\partial^2 w}{\partial y^2}\right|_{x,0} = 0, \quad w(x,b) = 0, \quad \left.\frac{\partial^2 w}{\partial y^2}\right|_{x,b} = 0$$

führen unter Beachtung von $C_1 = C_3 = 0$ auf die Eigenwertgleichung

$$\sin\eta_j b = 0.$$

Das erfordert $\eta_j b = k\pi$ und damit

$$\omega_{jk} = \pi^2\left[j^2 + \left(\frac{ka}{b}\right)^2\right]\sqrt{\frac{N}{\mu a^4}}, \quad f_{jk} = \frac{\pi}{2}\left[j^2 + \left(\frac{ka}{b}\right)^2\right]\sqrt{\frac{N}{\mu a^4}}.$$

Mit $j = k = 1$ ist die Grundfrequenz

$$\omega_{11} = \pi^2\left[1 + \left(\frac{a}{b}\right)^2\right]\sqrt{\frac{N}{\mu a^4}},$$

und für $a = b$ liegt eine quadratische Membran vor, womit

$$\omega_{jj} = j^2\omega_{11}$$

ein Vielfaches der Grundfrequenz ω_{11} ist. Weiterhin gilt für die quadratische Platte

$$\omega_{jk} = \pi^2\left(j^2 + k^2\right)\sqrt{\frac{N}{\mu a^4}} = \omega_{kj}.$$

Zu diesem *degenerierten* Fall gehören zu ein und derselben Eigenkreisfrequenz $\omega_{jk} = \omega_{kj}$ zwei verschiedene Eigenfunktionen.

Wählen wir wieder $C_4 = 1$, dann ist $C_2 = 0$, und die quasistatische Verschiebungsfunktion lautet mit neuen Konstanten:

$$W_{jk}(x,y) = C_{jk}\sin(\eta_k y)\sin(\alpha_j x) = C_{jk}\sin\left(\frac{k\pi y}{b}\right)\sin\left(\frac{j\pi x}{a}\right).$$

Offensichtlich sind in diesem Fall die Eigenfunktionen der Rechteckplatte identisch mit denen der Rechteckmembran (Kap. 5.2).

Beispiel 6-2:

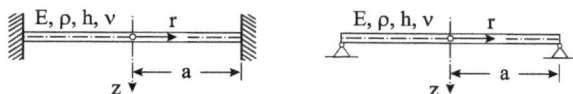

Abb. 6.5 *Die eingespannte und die gelenkig gelagerte Vollkreisplatte*

Für freie ungedämpfte Transversalschwingungen einer eingespannten und einer gelenkig gelagerten schubstarren Vollkreisplatte ermittle man die Eigenkreisfrequenzen ohne Berücksichtigung der Drehträgheit.

<u>Geg.</u>: a = 50 cm, h = 0,14 cm, E = 2,1·10^11 N/m^2, ν = 0,3, ρ = 8400 kg/m^3.

<u>Lösung</u>: Die koordinateninvariante Differenzialgleichung

$$\Delta_p \Delta_p W - \lambda^4 W = 0 , \qquad \lambda^4 = \frac{\mu}{N}\omega^2 \tag{a}$$

schreiben wir in der Form

$$(\Delta_p - \lambda^2)(\Delta_p + \lambda^2)W(r,\varphi) = 0 .$$

Lösungen von

$$(\Delta_p - \lambda^2)W(r,\varphi) = 0 \qquad \text{oder} \qquad (\Delta_p + \lambda^2)W(r,\varphi) = 0$$

sind dann zugleich auch Lösungen von (a).

Aus $(\Delta_p + \lambda^2)W(r,\varphi) = 0$ folgt mit dem Produktansatz $W(r,\varphi) = R(r)\,\Phi(\varphi)$

$$\left(R'' + \frac{1}{r}R'\right)\Phi + \frac{1}{r^2}R\,\Phi'' + \lambda^2 R\,\Phi = 0 ,$$

und mit

$$\Phi(\varphi) = C_5 \cos p\varphi + C_6 \sin p\varphi ,$$

was

$$\Phi'' = -p^2\Phi$$

bedeutet, verbleibt für R(r) die Besselsche Differenzialgleichung

$$R'' + \frac{1}{r}R' + \left(\lambda_2 - \frac{p^2}{r^2}\right)R = 0 .$$

Sie hat die allgemeine Lösung

$$R_+(r) = C_1 J_p(\lambda r) + C_2 Y_p(\lambda r).$$

Aus $(\Delta_p - \lambda^2)W(r,\varphi) = 0$ folgt mit $W(r,\varphi) = R(r)\,\Phi(\varphi)$ und der gleichen Funktion für $\Phi(\varphi)$ die Besselsche Differenzialgleichung

$$R'' + \frac{1}{r}R' - \left(\lambda_2 + \frac{p^2}{r^2}\right)R = 0$$

mit der allgemeinen Lösung

$$R_-(r) = C_3 I_p(\lambda r) + C_4 K_p(\lambda r).$$

Die Gesamtlösung von (a) ist dann

$$W(r,\varphi) = (R_+ + R_-)\Phi$$
$$= \left[C_1 J_p(\lambda r) + C_2 Y_p(\lambda r) + C_3 I_p(\lambda r) + C_4 K_p(\lambda r)\right]\!\left[C_5 \cos p\varphi + C_6 \sin p\varphi\right].$$

Bei $W(r, \varphi + 2\pi) = W(r,\varphi)$ muss $p = n$ ganzzahlig sein. Im Falle $p = 0$ ist $\Phi(\varphi) = C_5 + C_6\,\varphi$ und somit

$$W(r,\varphi) = \left[C_1 J_0(\lambda r) + C_2 Y_0(\lambda r) + C_3 I_0(\lambda r) + C_4 K_0(\lambda r)\right]\!\left[C_5 + C_6\,\varphi\right].$$

Aus dieser Beziehung folgt für den Fall der Rotationssymmetrie mit $C_6 = 0$ und neuen Konstanten

$$W(r,\varphi) = C_1 J_0(\lambda r) + C_2 Y_0(\lambda r) + C_3 I_0(\lambda r) + C_4 K_0(\lambda r).$$

In allen Fällen ist

$$w(r,\varphi) = W(r,\varphi)\,T(t) = W(r,\varphi)\left[A_1 \cos \omega t + A_2 \sin \omega t\right].$$

Für die Vollkreisplatte sind wegen $w(0,\varphi) \neq \infty$ die Konstanten C_2 und C_4 zu Null zu fordern, womit für das quasistatische Verschiebungsfeld

$$W(r,\varphi) = \left[C_1 J_n(\lambda r) + C_3 I_n(\lambda r)\right]\!\left[C_5 \cos n\varphi + C_6 \sin n\varphi\right] \qquad (b)$$

verbleibt. Wir behandeln zunächst die eingespannte Vollkreisplatte. Am Rand $r = a$ sind die beiden in $W(r,\varphi)$ formulierten Randbedingungen,

$$W(a,\varphi) = 0, \quad \left.\frac{\partial W}{\partial r}\right|_{a,\varphi} = 0, \qquad (c)$$

zu erfüllen. Wir benötigen die Ableitungen der Besselfunktionen $J_n(z)$ und $I_n(z)$. Dazu beachten wir die folgenden Rekursionsformeln:

$$J_{n-1}(z) + J_{n+1}(z) = \frac{2n}{z} J_n(z), \quad \frac{dJ_n(z)}{dz} = \frac{n}{z} J_n(z) - J_{n+1}(z),$$

$$J_{n-1}(z) - I_{n+1}(z) = \frac{2n}{z} I_n(z), \quad \frac{dI_n(z)}{dz} = \frac{n}{z} I_n(z) + I_{n+1}(z).$$

(d)

Setzen wir $\lambda a = z$, dann gehen die Randbedingungen (c) über in

$$C_1 J_n(z) + C_3 I_n(z) = 0 ,$$

$$C_1 \left[\frac{n}{z} J_n(z) - J_{n+1}(z) \right] + C_3 \left[\frac{n}{z} I_n(z) + I_{n+1}(z) \right] = 0 .$$

Dieses homogene Gleichungssystem liefert die Eigenwertgleichung

$$J_n(z) I_{n+1}(z) + I_n(z) J_{n+1}(z) = 0$$

mit unendlich vielen Lösungen $z = z_{nm}$. Damit sind die Eigenkreisfrequenzen

$$\omega_{nm} = z_{nm}^2 \sqrt{\frac{N}{\mu a^4}} .$$

(e)

Wir benötigen noch die Konstanten C_1 und C_3. Wählen wir $C_3 = -1$, dann ist

$$C_1 = \frac{I_n(z)}{J_n(z)} ,$$

und mit neuen Konstanten folgt

$$R(r) = I_n(\lambda a) J_n(\lambda r) - J_n(\lambda a) I_n(\lambda r) .$$

Abschließend behandeln wir die gelenkig gelagerte Vollkreisplatte (Abb. 6.5, rechts). Am Rand $r = a$ sind nun folgende Randbedingungen zu erfüllen:

$$w(a, \varphi, t) = 0 , \quad m_{rr}(a, \varphi, t) = 0 .$$

(f)

Wegen

$$m_{rr} = -N \left[\frac{\partial^2 w}{\partial r^2} + v \left(\frac{1}{r} \frac{\partial w}{\partial r} + \frac{1}{r^2} \frac{\partial^2 w}{\partial \varphi^2} \right) \right]$$

wäre zunächst

$$\frac{\partial^2 w}{\partial r^2} + v \left(\frac{1}{r} \frac{\partial w}{\partial r} + \frac{1}{r^2} \frac{\partial^2 w}{\partial \varphi^2} \right) = 0$$

zu fordern. Da aber bereits $w(a, \varphi, t) = 0$ ist, verbleibt

$$\frac{\partial^2 w}{\partial r^2} + \frac{\nu}{r}\frac{\partial w}{\partial r}\bigg|_{a,\varphi,t} = 0 \qquad\qquad\qquad (g)$$

Unter Beachtung von

$$\frac{d^2}{dz^2}J_n(z) = \left[\frac{n(n-1)}{z^2}-1\right]J_n(z)+\frac{1}{z}J_{n+1}(z),$$

$$\frac{d^2}{dz^2}I_n(z) = \left[\frac{n(n-1)}{z^2}+1\right]I_n(z)-\frac{1}{z}I_{n+1}(z)$$

gehen die Randbedingungen (e) über in

$$C_1 J_n(z) + C_3 I_n(z) = 0,$$

$$C_1\left\{n\left[n-(1-\nu)-z^2\right]J_n(z)+(1-\nu)zJ_{n+1}(z)\right\}+ \qquad\qquad (h)$$

$$C_3\left\{n\left[n-(1-\nu)+z^2\right]I_n(z)-(1-\nu)zI_{n+1}(z)\right\}=0.$$

Die gleich Null gesetzte Koeffizientendeterminante dieses homogenen linearen Gleichungssystems führt auf die Eigenwertgleichung

$$2zJ_n(z)I_n(z)-(1-\nu)\left[J_n(z)I_{n+1}(z)+I_n(z)J_{n+1}(z)\right]=0 , \qquad\qquad (i)$$

aus der unendlich viele Lösungen $z = z_{nm}$ mit den Eigenkreisfrequenzen

$$\omega_{nm} = z_{nm}^2\sqrt{\frac{N}{\mu a^4}}$$

berechnet werden können. Aus der ersten Gleichung in (h) folgt

$$C_1 = -C_3\frac{I_n(z)}{J_n(z)} ,$$

und mit neuen Konstanten ergeben sich folgende Eigenfunktionen

$$W_{nm}(r,\varphi) = \left[I_n(\lambda a)J_n(\lambda r)-J_n(\lambda a)I_n(\lambda r)\right]\left[C_5\cos n\varphi+C_6\sin n\varphi\right].$$

7   Literaturverzeichnis

Abramowitz, M. & Stegun, I. A., 1972. *Handbook of Mathematical Functions.* NewYork: Dover Publications, Inc..

Bernoulli, J., 1694. Curvatura laminae elasticae, ejus identitas cum curvatura lintei a pondere inclusi fluidi expansi. Radii circulorum osculantium in terminis simplicissimis exhibiti, etc.. *Acta Eruditorum*, Juni.

Bronstein, I. & Semendjajew, K., 1983. *Taschenbuch der Mathematik, 21. Auflage, herausgegeben von G. Grosche, V. Ziegler und D. Ziegler.* Leipzig: Gemeinschaftsausgabe Verlag Nauka Moskau, BSG B. G. Teubner Verlagsgesellschaft, Leipzig.

Courant, R. & Hilbert, D., 1968. *Methoden der Mathematischen Physik II, 2. Auflage.* Berlin, Heidelberg, NewYork: Springer Verlag.

Euler, L., 1744. *Methodus inveniendi Lineas Curvas Maximi Minimive proprietate gaudentes, sive Solutio problematis isoperometrici latissimo sensu accepti..* Lausanne & Genevae: Marcum-Michaelem Bousquet & Socios..

Fuhrke, H., 1955. Bestimmung von Balkenschwingungen mit Hilfe des Matrizenkalküls. *Ingenieur Archiv*, Band 23.

Girkmann, K., 1978. *Flächentragwerke, Einführung in die Elastostatik der Scheiben, Schalen und Faltwerke.* Wien-New York: Springer-Verlag.

Jahnke, E. & Emde, F., 1938. *Funktionstafeln mit Formeln und Kurven.* 3. neubearbeitete Auflage Hrsg. Leipzig und Berlin: Verlag und Druck von B.G.Teubner.

Kauderer, H., 1958. *Nichtlineare Mechanik.* Berlin/Göttingen/Heidelberg: Springer-Verlag.

Kersten, R. & Falk, S., 1982. *Das Reduktionsverfahren der Baustatik, Verfahren der Übertragungsmatrizen mit einer Anleitung zum Programmieren von S. Falk.* Zweite, erweiterte und verbesserte Auflage Hrsg. Berlin Heidelberg New York: Springer-Verlag.

Kirchhoff, G. R., 1897. *Vorlesungen über Mechanik.* 4. Auflage , S. 440 Gl. (16) Hrsg. Leipzig: Druck und Verlag von B. G. Teubner.

Maplesoft, 2015. [Online]
Available at: http://www.maplesoft.com/
[Zugriff am Juni 2015].

Mathiak, F. U., 2010. *Strukturdynamik diskreter Systeme.* München: Oldenbourg Wissenschaftsverlag GmbH.

Mathiak, F. U., 2013. *Technische Mechanik 2: Festigkeitslehre mit Maple-Anwendungen.* München: Oldenbourg Wissenschaftsverlag GmbH.

Mathiak, F. U., 2015. [Online]
Available at: http://www.mechanik-info.de/maple-files.html

Mindlin, R. D., 1951. Influence of Rotatory Inertia and Shear on Flexural Motions of Isotropic, Elastic Plates. *Journal of Applied Mechanics.*

Oberhettinger, F. & Magnus, W., 1949. *Anwendungen der elliptischen Funktionen in Physik und Technik.* Berlin/Göttingen/Heidelberg: Springer-Verlag.

Reissner, E., 1944. On the Theory of Bending of Elastic Plates. *J. Math. Phys. 23.*

Ritz, W., 1909. Über eine neue Methode zur Lösung gewisser Variationsprobleme der mathematischen Physik. *Journal für die reine und angewandte Mathematik*, pp. 1-61.

Schwarz, H. R., 1997. *Numerische Mathematik.* Stuttgart: B.G.Teubner.

Smirnow, W. I., 1977. *Lehrgang der höheren Mathematik, Teil II.* Berlin: VEB Deutscher Verlag der Wissenschaften.

Szabó, I., 1977. *Höhere Technische Mechanik.* 5. Auflage Hrsg. Berlin-Heidelberg-New York: Springer-Verlag.

Timoshenko, S. P., 1921. On the Correction for Shear of the Differential Equation for Transverse Vibrations of Prismatic Bars. *Philosophical Magazine Ser. 6, Nr. 41*, pp. 774-776.

Trostel, R., 1979. *MECHANIK III, Energieprinzipien der Mechanik, Schriftenreihe Physikalische Ingenieurwissenschaften, Band 3.* Berlin: Universitätsbibliothek der Technischen Universität Berlin.

Trostel, R., 1993. *Mathematische Grundlagen der Technischen Mechanik I: Vektor- und Tensoralgebra.* Braunschweig/Wiesbaden: Friedr. Vieweg & Sohn Verlagsgesellschaft mbH.

Sachregister

www.ingramcontent.com/pod-product-compliance
Lightning Source LLC
Chambersburg PA
CBHW082107220326
41598CB00066BA/5647